Der Erklärungswert der Transaktionskostentheorie für den Handel mit nordischem Nadelschnittholz

Sozialwissenschaftliche Schriften zur Forst- und Holzwirtschaft

Herausgegeben von Udo Mantau

Band 5

PETER LANG
Frankfurt am Main · Berlin · Bern · Bruxelles · New York · Oxford · Wien

Hubert Speth

Der Erklärungswert der Transaktionskostentheorie für den Handel mit nordischem Nadelschnittholz

PETER LANG
Europäischer Verlag der Wissenschaften

Bibliografische Information Der Deutschen Bibliothek
Die Deutsche Bibliothek verzeichnet diese Publikation in der Deutschen Nationalbibliografie; detaillierte bibliografische Daten sind im Internet über <http://dnb.ddb.de> abrufbar.

Zugl.: Hamburg, Univ., Diss., 2005

D 18
ISSN 1439-9830
ISBN 3-631-53667-4

www.peterlang.de

Man liebt den Handlungsreisenden nicht, ich weiß.
Man denkt, er verdient ein Heidengeld und führt dabei
ein schönes Leben. Man hat eben keine besondere
Veranlassung, dieses Vorurteil besser zu durchdenken.

(aus: Franz Kafka, Die Verwandlung)

Danksagung

Die Erstellung der vorliegenden Dissertationsschrift war ein hartes Stück Arbeit, die nicht zu meistern gewesen wäre ohne die Unterstützung einer ganzen Reihe von Personen.

Zuallererst möchte ich Herrn Professor Dr. Udo Mantau recht herzlich danken - nicht nur allein für die formale Übernahme der Betreuung des Themas, welches bei der Durchführung einer externen Dissertationsarbeit nicht selbstverständlich ist. Vor allem aber gebührt ihm herzlichen Dank für seine Bereitschaft, sich in immer wiederkehrenden intensiven Diskussionen kritisch mit dem Inhalt der Arbeit auseinanderzusetzen. Seinem differenzierten Hinterfragen sowie seinen nutzbringenden Tipps und Ratschlägen ist es zu verdanken, dass die Arbeit Schritt für Schritt weiterentwickelt und schließlich zu dem vorliegenden Ergebnis geführt werden konnte. Diese Stunden der intensiven Diskussionen empfand ich fachlich als sehr konstruktiv und effizient sowie persönlich immer als sehr angenehm. Des Weiteren möchte ich auch Herrn Professor Dr. Anders Baudin für die Übernahme des Zweitgutachtens recht herzlich danken. Auch dies erscheint mir schon allein aufgrund des räumlichen Abstandes zwischen Hamburg und Växjö nicht selbstverständlich.

Ebenfalls recht herzlichen Dank gebührt vielen Freunden, Bekannten und Kollegen für ihre Mithilfe beim Korrekturlesen sowie ihre Bereitschaft, durch regelmäßige intensive Diskussionen zur Entstehung dieser Arbeit beizutragen. Ihnen sowie meiner Familie danke ich aufrichtig für die moralische Unterstützung, die sie mir in den letzten Jahren haben zukommen lassen. Ebenfalls danken möchte ich allen befragten Unternehmen für ihre Bereitschaft zur Durchführung der Interviews.

Widmen möchte ich diese Schrift meiner Lebensgefährtin Regine für die schwierige Lebensphase der beiden letzten Jahre. Ich wünsche mir, dass sie im Kampf gegen ihre Krankheit nie den Lebensmut verlieren und immer so viel Beistand erfahren möge wie ich bei der Entstehung dieser Dissertationsarbeit.

Hamburg, den 25. Sep. 2004 Hubert Speth

Inhaltsverzeichnis

Abbildungsverzeichnis

Tabellenverzeichnis

Abkürzungsverzeichnis

(A)	Holzimportagentur
AB	Aktiebolaget (schwedische Unternehmensform)
AHK	Außenhandelskammern
AWG	Außenwirtschaftsgesetz
AWV	Außenwirtschaftsverordnung
BD-Holz	Bundesverband Deutscher Holzhandel e.V.
BGB	Bürgerliches Gesetzbuch
BSH	Brettschichtholz
cbm	Kubikmeter
CEN	Comité Européen de Normalisation (Europäisches Komitee für Normung)
CFR	Cost And Freight (INCOTERM)
CIF	Cost, Insurance and Freight (INCOTERM)
CIP	Carriage And Insurance Paid To (INCOTERM)
Co.	Compagnie
Corp.	Corporation
CPT	Carriage Paid To (INCOTERM)
DAF	Delivered At Frontier (INCOTERM)
DDP	Delivered Duty Paid (INCOTERM)
DDR	Deutsche Demokratische Republik
DDU	Delivered Duty Unpaid (INCOTERM)
DEQ	Delivered Ex Quai (INCOTERM)
DES	Delivered Ex Ship (INCOTERM)
EDV	Elektronische Datenverarbeitung
EFTA	European Free Trade Association
EU	Europäische Union
EUWID	Europäischer Wirtschaftsdienst
EXW	Ex Works (INCOTERM)
FAS	Free Alongside Ship (INCOTERM)
FCA	Free Carrier (Incoterm)
FEBO	Fédération Européenne du Négoce de Bois (Europäischer Holzhandelsverband)
fm	Festmeter
FOB	Free On Board (INCOTERM)
FSC	Forest Stewardship Council

GATT	General Agreement on Tarifs and Trade (Allgemeines Zoll- und Handelsabkommen)
GD-Holz	Gesamtverband deutscher Holzhandel e.V.
GmbH	Gesellschaft mit beschränkter Haftung
ha	Hektar
HGB	Handelsgesetzbuch
Hrsg.	Herausgeber
(I/S)	Importgroßhändler / Streckengeschäftsabteilung
IHK	Industrie- und Handelskammer
Incoterms	International Commercial Terms (Internationale Regeln für die Auslegung der handelsüblichen Vertragsformeln)
IuK	Information und Kommunikation
Jg.	Jahrgang
Kap.	Kapitel
KG	Kommanditgesellschaft
KVH	Konstruktionsvollholz
MDF	Mitteldichte Faserplatte
MoB	Make or Buy
MwSt.	Mehrwertsteuer
n.	nach
NTC	Nordic Timber Council
OSB	Oriented Strand Board (Spanplatte aus gerichteten Holzspänen)
OY	finnische Unternehmensform
p.a.	per anno (pro Jahr)
PEFC	Pan European Forest Certification
PR	Public Relation
(r)	Rohholzäquivalent
SAP	Systeme, Anwendungen, Produkte (Computerprogramm)
sf	sägefallend (Holzqualität)
TAK	Transaktionskosten
ü.d.M.	über dem Meeresspiegel
u/s	unsortiert (Holzqualität)
USt.	Umsatzsteuer
(V)	Verkaufsbüro
VDH	Verein deutscher Holzeinfuhrhäuser e.V.
Vol.	Volumen
vs.	versus
ZMP	Zentrale Markt- und Preisberichtstelle

1 Problemstellung und Zielsetzung

1.1 Entwicklung des Handels mit nordischem Nadelschnittholz

Holz war in Europa zu allen Zeiten ein wichtiger Rohstoff der über viele Jahrhunderte hinweg vor allem für Feuerungszwecke zur Energiegewinnung genutzt wurde. Erst die Industrialisierung Zentraleuropas, Mitte des 19. Jahrhunderts, brachte eine deutliche Änderung dieser Bedarfstruktur mit sich. Einerseits wurde das Brennholz durch die Steinkohle ersetzt. Andererseits benötigte die Bauwirtschaft für die ständig wachsende Industrie sowie die damit zusammenhängende Verstädterung eine große Menge an (Nadel-)holz mit hochwertigen technischen Eigenschaften. Dieser Bedarf konnte (v.a. in Norddeutschland) in erster Linie durch die relativ leicht zu erschließenden, nadelholzreichen Wälder Skandinaviens[1] gedeckt werden.

Diese Zunahme der Nachfrage in Mitteleuropa hatte eine immer stärkere Erhöhung der Nadelschnittholzproduktion in den skandinavischen Ländern zur Folge. In Kombination mit dem technischen Fortschritt der skandinavischen Sägeindustrie sowie der Erfindung der Eisenbahn führte diese Entwicklung dazu, dass sich Deutschland bis zur Wende ins 20. Jahrhundert neben Großbritannien zur bedeutendsten Importnation für Nadelschnittholz aus den Ländern Nordeuropas entwickelte.

Trotz der vielen technischen vor allem aber gesellschaftlichen Umbrüche und Veränderungen im 20. Jahrhundert, hat sich die Grundstruktur dieser Situation bis auf den heutigen Tag kaum verändert. Deutschland ist bis heute eines der wichtigsten Importländer für Nadelschnittholz aus den nordeuropäischen Nachbarstaaten. Allerdings haben sich sowohl die Produktionsweise in den nordischen Ländern als auch die Art und Abwicklung des Nadelschnittholzhandels erheblich gewandelt.

---

[1] Unter dem Begriff „Skandinavien" werden in diesem Kontext die drei nordischen Länder „Norwegen, Schweden und Finnland" zusammengefasst. Dem Autor ist sehr wohl bewusst, dass dieser Begriff geografisch nicht völlig korrekt ist, da man richtigerweise unter Skandinavien eigentlich nur die beiden Länder „Norwegen und Schweden" versteht und unter Einbezug von Finnland die korrekte Bezeichnung „Fennoskandien" ist. Trotzdem wird im Rahmen dieser Arbeit der Begriff „Skandinavien" i.d.R. für alle drei nordischen Nationen verwendet, da dies auch der gängigen Sprachpraxis der Gesellschaft im allgemeinen sowie der Holzbranche im besonderen in allen beteiligten Ländern entspricht.

In Skandinavien bildete sich eine Forstindustrie[2] heraus, deren jeweilige Unternehmenszweige sich bei weitem nicht mehr auf die nordischen Länder beschränken. Stattdessen sind einige dieser Unternehmen zu den weltweit führenden Vertretern dieses Industriezweigs zu zählen. In Deutschland entwickelte sich währenddessen eine holzverarbeitende Industrie, die trotz vieler struktureller Veränderungen bis zum heutigen Tag noch weitgehend mittelstandsgeprägt ist.

Nicht zuletzt[3] die technischen Neuerungen des Informations- und Kommunikationssystems[4] des letzten Jahrhunderts brachten erhebliche Veränderungen in der Abwicklung des Holzwarenhandels mit sich. Noch zu Beginn der zweiten Hälfte des 20. Jahrhunderts war ein klar strukturiertes System von skandinavischen Produzenten und Exporteuren einerseits sowie Holzimportagenten,[5] Holzimporteuren und Importgroßhändlern andererseits vorhanden, die die Distribution des nordischen Nadelschnittholzes übernahmen.

Heutzutage ist dieses System durch eine wesentlich veränderte und vielschichtigere Abwicklungsstruktur abgelöst worden. Insbesondere in den letzten drei Jahrzehnten hat es bei allen beteiligten Akteuren starke strukturelle Veränderungen gegeben, die zum Teil noch immer nicht vollständig abgeschlossen sind. Die heutige Form der Distribution von nordischem Nadelschnittholz kann nicht mehr als isoliert voneinander agierende holzbe- und verarbeitende Produktionsstätten mit dazwischen geschaltetem Handel beschrieben werden. An seiner Stelle hat sich ein vielschichtig miteinander verwobenes Netzwerk von Unternehmen her-

2 Die skandinavischen Forstindustrieunternehmen besitzen nicht nur Waldeigentum, sondern haben auch Unternehmen der Zellstoff-, Papier- und Kartonindustrie sowie Sägewerke, Sperrholz-, Spanplatten- und Holzfaserplattenproduktionen in ihrem Eigentum.

3 Auch die persönlichen Zugangsvoraussetzungen zum Markt haben sich verändert. War es noch bis vor wenigen Jahren Usus, dass jede im nordischen Holzgeschäft aktive Person schwedisch sprechen sollte, ist dies heute keine zwingende Voraussetzung mehr. Einerseits hat Englisch mittlerweile die schwedische Sprache als Hauptsprache abgelöst, andererseits trifft man auch mehr und mehr auf deutschsprachige Unternehmer in Skandinavien, wodurch z.B. der Holzagent in der Form des reinen Dolmetschers nicht mehr so häufig gebraucht wird.

4 Hiermit sind nicht nur die Änderungen der Kommunikationsmittel in den vergangenen Jahrzehnten wie Internet, E-Mail-Nutzung, Mobiltelefone etc. gemeint. Mit einer hohen Wahrscheinlichkeit waren die Einführung des Telexschreibers sowie die Ablösung dessen durch das Telefaxgerät genauso bedeutende Fortschritte für den Handel in der Entwicklung der Kommunikation.

5 Häufig waren auch noch in Skandinavien Holzexportagenten dazwischengeschaltet.

ausgebildet,[6] die in allen Phasen der Geschäftsabwicklung versuchen, durch eine reflexive, sich ständig entwickelnde Kommunikation, auf Marktveränderungen schnell und flexibel reagieren zu können.

1.2 Projekt „Forschung und Entwicklung von Markt und Management in der Holzbranche"

Eine schwedisch-deutsche Forschungskooperation[7] beschäftigt sich im Rahmen einer empirischen Untersuchung mit einer Fragestellung, die das Entwicklungspotential der Holzdistribution zwischen schwedischen Produzenten und deutschen Abnehmern mit besonderer Beachtung neuer Kooperationsformen ermitteln soll. Das Projekt soll ergründen, welche verschiedenen Formen der Zusammenarbeit zwischen der schwedischen Sägeindustrie und den deutschen holzverarbeitenden Unternehmen möglich sind.

Das primäre Ziel dieses Forschungsvorhabens ist, Marktinformationen über vorhandene Strukturen zu erhalten sowie mögliche Anhaltspunkte auf Abnehmerseite für potentiell neue Kooperationsformen zu erkennen. Ausgehend davon ist beabsichtigt, ein Planungsmodell zu entwickeln, welches auf die Situation der einzelnen Sägeunternehmen übertragen werden kann. Dabei ist vorgesehen, für den jeweiligen Lieferanten die Möglichkeit zu schaffen, strategische, taktische und operative Entscheidungen, basierend auf umfangreichen, wissenschaftlich abgesicherten Erkenntnissen durchzuführen. Der Zweck für die Sägewerke liegt darin, mit diesem Planungsmodell ihre mittel- bis langfristig durchzuführende Produktions- und Distributionsplanung entsprechend flexibel und marktorientiert anpassen zu können.

Das Projekt ist eingeteilt in mehrere Stufen.

1. In Stufe eins wird die (nord)deutsche holzverarbeitende Industrie analysiert. Dabei sollen insbesondere Hersteller von holzbasierenden

---

[6] Dies betrifft sowohl die Zusammenarbeit rechtlich selbständiger Unternehmen als auch insbesondere eine in Form der skandinavischen Forstindustrie aktiv betriebene Vorwärtsintegration. Von der Einrichtung eigener Verkaufsbüros bis hin zur vollständigen Übernahme deutscher holzverarbeitender Industriezweige samt deren Distributionsnetz können hier verschiedene Beispiele angeführt werden.

[7] Diese Kooperation wird gebildet aus einem Forschungsteam der schwedischen Universität Växjö in Zusammenarbeit mit dem Arbeitsbereich Ökonomie der Holz- und Forstwirtschaft des Zentrums Holzwirtschaft an der Universität Hamburg.

Fertigwaren für den Innenausbau ermittelt und interviewt werden.[8] Das Ergebnis soll das potentielle Marktvolumen sowohl der Region als auch der beteiligten Branchen darstellen. Des Weiteren werden Einkaufsverhalten sowie Anforderungen der deutschen Unternehmen an das Kooperations- und Lieferverhalten des schwedischen Lieferanten sowie an die Produkteigenschaften ermittelt.
Ausgehend davon wird durch Fallstudien der Versuch unternommen, herauszufinden, auf welche Art und Weise die beteiligten Akteure beider Seiten ihre Geschäftsabwicklungen strukturieren. Dabei soll sowohl das externe als auch interne Logistiksystem der beteiligten Unternehmen ermittelt werden, um Möglichkeiten für potentielle neue Kooperationsformen zu erkennen. Schließlich ist vorgesehen, diese Daten durch Interviews empirisch abzusichern.

2. Die Stufe zwei des Projektes beinhaltet eine Zusammenfassung der ermittelten Daten. Daraus abgeleitet erfolgt eine deskriptive Darstellung allgemeiner Richtlinien der Zusammenarbeit zwischen der schwedischen Sägeindustrie sowie deutscher holzverarbeitender Unternehmen.

3. Schließlich soll in Stufe drei, basierend auf den ermittelten Anforderungen der Abnehmer, ein Planungsmodell[9] entwickelt werden, welches bei den einzelnen Sägewerken eingesetzt werden kann, um die Aktivitäten in der Produktion besser koordinieren und steuern zu können. Dieses Modell soll den schwedischen Unternehmen helfen, unternehmensintern spezifische Marktuntersuchungen und -analysen durchzuführen, um die Ergebnisse für ihre strategischen und taktischen Planungen ein- und operativ umsetzen zu können.

Die vorliegende Arbeit ist eingebettet in Stufe eins und zwei dieses Projektablaufs. Sie basiert auf einer grundlegenden Untersuchung und Beschreibung der historischen und aktuellen Distributionsformen des Nadelschnittholzes von Skandinavien nach Deutschland. Im Verlauf der Arbeit soll anhand der Neuen Institutionenökonomik und insbesondere der Transaktionskostentheorie beschrieben und erläutert werden, warum die Transaktion des Nadelschnittholzverkaufs in verschiedener Art und Wei-

---

8 Von besonderem Interesse sind dabei vor allem Fenster-, Türen- und Treppenhersteller, Produzenten von Wand- und Fußbodenverkleidungen samt Parketthersteller usw.

9 Verbunden damit soll eine Computersoftware erstellt werden, in die die gesamten ermittelten Daten einfließen, um die schwedischen Unternehmen bei der Umsetzung ihrer strategischen Überlegungen zu unterstützen.

se durch unterschiedliche Vertriebswege mehr oder weniger effizient abgewickelt und organisiert wird.

Die hierbei betrachtete Wirtschaftstheorie der Neuen Institutionenökonomik erweitert den Betrachtungshorizont der bisher vorherrschenden, jedoch weitgehend als zu abstrakt und realitätsfern angesehenen Neoklassik, indem sie deren Anwendungsbereich um realitätsnähere Annahmen ergänzt. Kernpunkt dabei ist die Anerkennung von Koordinations- und Motivationsproblemen bei der Interaktion von Menschen in einer arbeitsteiligen Wirtschaft, zu deren Bewältigung Institutionen nötig sind. Durch die Entwicklung der Neuen Institutionenökonomik ergibt sich eine Möglichkeit, eine volkswirtschaftliche Theorie zur Anwendung in der Betriebswirtschaftslehre, über den bisher eingeschränkten Bereich der Produktionstheorie hinaus, nutzbar zu machen.[10]

Im Rahmen der Transaktionskostentheorie setzt sich die Neue Institutionenökonomik intensiv mit der Thematik des „Make-or-Buy“ auseinander. Wichtig dabei ist die Klärung der Fragestellung, ob sich die ökonomischen Ziele eines Unternehmens am besten durch interne, hybride oder externe Markttransaktionen verwirklichen lassen. Als grundlegend für die jeweilige Entscheidung werden dabei die Höhe der jeweiligen Kosten der Marktbearbeitung, die sogenannten Transaktionskosten, angesehen.

Bei der Definition des Untersuchungsumfanges der vorliegenden Forschungsarbeit, wird der Bereich der Distribution von Nadelschnittholz zwischen skandinavischen Produzenten bzw. Exporteuren und deutschen Importeuren ausgewählt. Eine intensivere bzw. weitere vertiefende oder breitere inhaltliche Betrachtung des Marktgeschehens wäre zu komplex, um die Theorie der Neuen Institutionenökonomik zweifelsfrei überprüfen zu können.

Gleichzeitig wählt diese Betrachtung einen weiteren geografischen Rahmen, als es das schwedisch-deutsche Forschungsprojekt vorsieht. So bezieht die Untersuchung zusätzlich die beiden Länder Norwegen und Finnland in die Untersuchung mit ein. Finnland wird u.a.[11] aus unternehmensstrukturellen Gründen mit betrachtet, da die Internalisierung der Vertriebswege der dortigen Forstunternehmen in den letzten Jahrzehn-

---

[10] vgl. Göbel, E.: Neue Institutionenökonomik, Konzeption und betriebswirtschaftliche Anwendungen, UTB-Verlag Lucius und Lucius, Stuttgart 2002, S. VII ff.

[11] Außerdem hat die Exportmenge an Nadelschnittholz von Finnland nach Deutschland die schwedischen Exportmengen in den letzten Jahren überschritten (vgl. Abbildung 4). Somit wird allein aus diesem Grund eine Miteinbeziehung dieses Landes als notwendig angesehen, um ein umfassendes Bild über das tatsächliche Marktgeschehen zu erhalten.

ten wesentlich stärker intensiviert wurde, als dies in Schweden der Fall gewesen ist. Somit können die finnischen Forstkonzerne besser als Vergleichsmaßstab für unternehmensinterne Abwicklungsformen herangezogen werden. Da Norwegen aus quantitativer Sicht der Holzverkäufe vergleichsweise weniger bedeutsam ist, als die beiden Nachbarländer, erfolgt die Einbindung dieses Landes in die Untersuchung, um bei der Beschreibung der Marktsituation im nordischen Nadelschnittholzhandel ein vollständiges Bild zu erhalten.

Das Ziel dieser Forschungsarbeit liegt zum einen darin, festzustellen, ob die theoretischen Überlegungen der Neuen Institutionenökonomik anhand der in der Praxis beobachtbaren Distributionspolitik der verschiedenen skandinavischen Sägewerksunternehmen bestätigt werden können. Insbesondere die in bisherigen empirischen Forschungsarbeiten weitgehend vernachlässigten hybriden Koordinationsformen, sollen dabei besondere Beachtung erfahren. Zum anderen soll im Rahmen dieser Arbeit der Versuch unternommen werden, eine Entscheidungshilfe für skandinavische Sägewerke zur Findung einer für sie optimalen Vertriebsform zu entwickeln.

1.3 Stand der Forschung und Forschungsbedarf

Anschließend erfolgt eine Beschreibung des aktuellen Forschungsstandes sowie -bedarfes in den Bereichen:

- Handel mit nordischem Nadelschnittholz nach Deutschland;
- Neue Institutionenökonomik im Holzhandel;
- Hybride Koordinationsform innerhalb des Transaktionskostenansatzes.

1.3.1 Stand der Forschung beim Handel mit nordischem Nadelschnittholz nach Deutschland

In der jüngeren deutschsprachigen themenbezogenen Fachliteratur wurde der Handel mit nordischem Nadelschnittholz im Prinzip fast vollständig ausgeblendet. Die letzten Dissertationen zu der Thematik Nadelschnittholzimport nach Westdeutschland aus Skandinavien an der Universität Hamburg liegen mittlerweile ein halbes Jahrhundert zurück. Eine aktuelle, den nordischen Nadelschnittholzhandel umfassende, Beschreibung des Marktgeschehens, ist dem Autor nicht bekannt.

Als Veröffentlichung, die den allgemeinen Holzhandel ausführlicher beschreibt, ist das Buch, „Holz Import-Export Praxis“ von BEGEMANN aus dem Jahre 1979 zu nennen.[12] In diesem Werk finden sich ebenfalls einige Berührungspunkte zu dem Handel mit nordischem Nadelschnittholz.

Die skandinavische Literatur hingegen hat sich mit der Thematik des nordischen Nadelschnittholzhandels auch in jüngerer Zeit etwas intensiver auseinandergesetzt. In den Jahren 1998 bis 2002 wurde im Auftrag der schwedischen Messegesellschaft ELMIA AB an der Internationalen Handelshochschule in Jönköping ein mehrstufiges Forschungsprojekt durchgeführt. In dieser Untersuchung wurden schwedische, englische und französische Holzproduktions- und -handelsunternehmen im Zusammenhang mit der Distribution von schwedischem Nadelschnittholz und anderen Holzprodukten interviewt.[13] Ziel dieser Arbeit war es herauszufinden, auf welche Weise der Vertrieb von schwedischem Nadelschnittholz organisiert ist und welche zukünftigen Entwicklungen diesbezüglich aus heutiger Sicht der Beteiligten zu erwarten sind. Allerdings haben diese Arbeiten zum einen darauf verzichtet, eine umfangreiche Darstellung der Marktstrukturen sowie des Marktgeschehens wiederzugeben, außerdem beschäftigen sich diese nur peripher mit dem deutschen Marktgeschehen.

Somit ist festzuhalten, dass eine ausführliche Betrachtung und Darstellung des Handels von nordischem Nadelschnittholz nach Deutschland in der Literatur bis dato noch nicht erfolgt ist.

1.3.2 Stand der Forschung zur Neuen Institutionenökonomik im Holzhandel

Scheint es für den Handel mit nordischem Nadelschnittholz zumindest in Skandinavien noch aktuellere Literatur zu geben, so sieht die Situation bei der Betrachtung des Holzmarktgeschehens vor dem wirtschaftswissenschaftlichen Hintergrund der Neuen Institutionenökonomik vollkommen anders aus. Nach intensiven Nachforschungen des Autors konnten lediglich wenige themenbezogene Arbeiten innerhalb der Holzbranche recherchiert werden. Als ein Beispiel hierfür sind die von GLOBERMANN und SCHWIND im Jahre 1986 durchgeführten empirischen Befragungen

---

[12] vgl. Begemann, H. F.: Holz Import-Export Praxis, Deutscher Betriebswirte-Verlag GmbH, Gernsbach, 1979

[13] vgl. Belkert, J.; Sjögren, E.: Trävaruindustrin, Mellanhänder och agentled, Internationella Handelshögskolan Jönköping, August 1999; siehe auch: Belkert, J.; Hedberg, P.; Sjögren, E.: Agenter, Kärnkompetens i en föråldrad bransch, Internationella Handelshögskolan Jönköping, Juni 2000; sowie: Belkert, J.; Hedberg, P.; Sjögren, E.: Träindustrin, Sågverk, grossister och industriella kunder, Internationella Handelshögskolan Jönköping, Juni - Dezember 2000

kanadischer holzverarbeitender Unternehmen zur Rückwärtsintegration mit Hilfe des Transaktionskostenansatzes zu nennen. Diese Arbeit konzentriert sich jedoch vor allem auf den Bereich der Papier- und Zellstoffindustrie.[14]

Selbst die bereits zitierte Untersuchung an der Handelshochschule in Jönköping geht lediglich am Rande auf einen möglichen Zusammenhang des nordischen Nadelschnittholzhandels mit der Prinzipal-Agent-Theorie[15] ein.

Schließlich beschäftigte sich noch eine Diplomarbeit an der Universität Hamburg aus dem Jahre 1995 mit den Transaktionskosten des internationalen Holzhandels inklusive deren praktischer Abwicklung und Organisation.[16]

Zusammenfassend ist auch hier zu sagen, dass sich der Stand der bisherigen institutionenökonomischen Forschung im Bezug auf das Holzmarktgeschehen auf einem niedrigen Niveau befindet.

1.3.3 Stand der Forschung zur hybriden Koordinationsform innerhalb des Transaktionskostenansatzes

Obwohl die Anerkennung der hybriden Koordinationsform als Zwischenform zwischen den beiden Grundformen Markt und Hierarchie mittlerweile von allen Transaktionskostentheoretikern gegeben sein dürfte, scheint der Forschungsbedarf in diesem Bereich noch nicht erschöpft zu sein.

Vor allem im deutschen Sprachraum sind dem Autor nur wenige empirische Arbeiten zu dieser Thematik bekannt. Zu nennen ist hier beispielhaft die Dissertationsschrift von MANDEWIRTH „Transaktionskosten von Handelskooperationen“, die sich mit Verbundgruppen und Franchise-Systemen auseinandersetzt.[17]

---

[14] vgl. Globermann, S.; Schwind, R.: The Organization of Vertically Related Transactions in the Canadian Forest Products Industries, in: Journal of economic behavior & organization, 7. Jg., 1986, S. 199-212

[15] Die Prinzipal-Agent-Theorie ist neben der bereits erwähnten Transaktionskostentheorie und der Property-Rights-Theorie eine der drei wesentlichen Theoriestränge der Neuen Institutionenökonomik.

[16] vgl. Link, H.: Transaktionskosten des internationalen Holzhandels, seine praktische Abwicklung und Organisation, Diplomarbeit an der Universität Hamburg, Studiengang Holzwirtschaft, Hamburg 1995

[17] Mandewirth, S.O.: Transaktionskosten von Handelskooperationen: ein Effizienzkriterium für Verbundgruppen und Franchise-Systeme, Schriften zur Handelsforschung, Bd. 91, Physica-Verlag, Heidelberg 1997

Des Weiteren ist hier die Dissertation von BLETTNER am Institut für Mittelstandsökonomie an der Universität Trier aus dem Jahre 1998 zu erwähnen. Diese Untersuchung beschäftigt sich mit dem Strukturwandel in der Warendistribution aus Sicht der Handelsvertretungen und integriert dabei auch die Überlegungen der Transaktionskostentheorie.[18]

In Deutschland beschäftigt sich vor allem FISCHER seit über einem Jahrzehnt mit der weiteren Verfeinerung der hybriden Koordinationsformen.[19] Allerdings sind dem Autor bisher von dieser Seite keine expliziten empirischen Untersuchungen bekannt.

Der englische Sprachraum ist diesbezüglich deutlich weiter fortgeschritten. Als herausragendes Beispiel ist hier der amerikanische Wirtschaftswissenschaftler PENG zu nennen. Dieser hat in zahlreichen empirischen Studien und Veröffentlichungen das Marktverhalten intermediärer Unternehmungen untersucht.[20] Als weiteres Beispiel können hier die Arbeiten der amerikanischen Wirtschaftswissenschaftlerin ANDERSON angeführt werden. Sie hat sich mit der Fragestellung auseinandergesetzt, welche Vertriebswege für verschiedene Unternehmensformen als geeignet erscheinen können und sich dabei intensiv den hybriden Koordinationsformen gewidmet.[21]

Alle Wissenschaftler, die sich mit dieser Thematik beschäftigen, weisen jedoch mehr oder weniger einhellig darauf hin, dass in diesem Studienfeld, noch umfangreiche weitere Untersuchungsarbeit zu leisten ist. Insbesondere bezüglich einer weiteren Differenzierung der unterschiedlichen hybriden Koordinationsformen besteht noch Forschungsbedarf.

---

[18] Blettner, K. et al.: Strukturwandel in der Warendistribution: Wettbewerbsposition und Entwicklungsperspektiven für die Handelsvertretung, Münster 1998

[19] Für einen Überblick über die in der vorliegenden Arbeit verwendeten Veröffentlichungen von FISCHER, siehe Literaturverzeichnis.

[20] Für einen Überblick über die in der vorliegenden Arbeit verwendeten Veröffentlichungen von PENG, siehe Literaturverzeichnis.

[21] Für einen Überblick über die in der vorliegenden Arbeit verwendeten Veröffentlichungen von ANDERSON, siehe Literaturverzeichnis.

1.4 Übersicht über den weiteren Aufbau der Arbeit

In den beiden nachstehenden Kapiteln (**Kapitel 2 und 3**) erfolgt eine grundlegende und umfassende Darstellung der Marktstrukturen sowie der Abläufe des Handels mit nordischem Nadelschnittholz aus den Ländern Norwegen, Schweden und Finnland nach Deutschland.

Diese Darstellung beinhaltet eine detaillierte Beschreibung der gegebenen Marktsituation samt der zu beachtenden handels- und zollrechtlichen Vorgaben. Des Weiteren erfolgt eine genaue Analyse der Geschäftsabwicklung von nordischem Nadelschnittholz und der daran direkt und indirekt beteiligten Unternehmens- bzw. Organisationsformen. Dabei wird bereits bei der Darstellung der unterschiedlichen Distributionsmöglichkeiten (Verkaufsbüros der nordischen Forstunternehmen, Holzimportagenturen, Holzimportgroßhändler) eine erste Einteilung hinsichtlich der später in der Transaktionskostentheorie zu untersuchenden Aufgliederung der unterschiedlichen Distributionsformen Markt-, Hybrid-, und Hierarchievariante vorgenommen.

Abschließend beschreibt das Kapitel die verwendeten Transportmittel für Nadelschnittholz sowie die für die Geschäftsabwicklung notwendigen Dokumente.

Das **Kapitel 4** setzt sich ausführlich mit den theoretischen Inhalten der Neuen Institutionenökonomik auseinander. Nach einem kurzen historischen Abriss über die Entstehung der Neuen Institutionenökonomik erfolgt eine Definition der grundlegenden institutionenökonomischen Begriffe. Darauf aufbauend werden die drei fundamentalen Forschungszweige dieser Theorie (Property-Rights-Theorie, Prinzipal-Agent-Theorie und Transaktionskostentheorie) einer intensiven separaten Betrachtung unterzogen. Dies geschieht, zum einen um herauszufinden, welcher der drei unterschiedlichen Ansätze sich am besten zum Erreichen der vorgegebenen Zielsetzung (s.o.) eignet. Zum anderen soll dabei als Basis für weitere Untersuchungen ermittelt werden, in welchen weiteren Bereichen des betrachteten Marktgeschehens, die jeweiligen Forschungsansätze außerdem Verwendung finden können.

Das **Kapitel 5** analysiert intensiv die drei institutionellen Arrangements Markt, Hierarchie und hybride Unternehmensformen. Im weiteren Vorgehen erfolgt eine Verfeinerung der hybriden Koordinationsformen zwischen den beiden Extrema Markt und Hierarchie. Darauf aufbauend werden mit Hilfe von Literaturrecherchen Hypothesen erstellt, die begründen sollen, welche transaktionskostenrelevanten Faktoren zur Entscheidungsfindung von Unternehmen für oder gegen einen der unterschiedlichen Distributionswege beitragen.

Das **Kapitel 6** beschäftigt sich mit den theoretischen Überlegungen qualitativer Marktuntersuchungen und bereitet die Arbeit methodisch auf die durchzuführende empirische Überprüfung und Auswertung der erstellten Hypothesen vor.

Im **Kapitel 7** erfolgt die Auswertung der durchgeführten qualitativen Interviews. Dabei werden in einem ersten Arbeitsschritt die Ergebnisse der Befragungen der drei unterschiedlichen Vertriebswege (Markt, Hierarchie und Hybride) miteinander verglichen. Im Anschluss daran, wird eine intensivere Betrachtung der hybriden Vertriebsform „Holzimportagentur" vor dem transaktionskostentheoretischen Hintergrund vorgenommen.

Das **Kapitel 8** beleuchtet in einer Schlussbetrachtung kritisch die gewonnenen Erkenntnisse sowie die angewandte Methodik. Außerdem wird in diesem Kapitel eine Entscheidungshilfe generiert, die skandinavischen Sägewerken bei der Auswahl ihrer jeweiligen Vertriebsform behilflich sein soll.

Abschließend fasst das **Kapitel 9** die wesentlichen Inhalte der Arbeit zusammen.

Abbildung 1 zeigt den strukturellen Aufbau der vorliegenden Forschungsarbeit. Basierend auf den drei Grundsäulen „skandinavische Holzwirtschaft – nordischer Nadelschnittholzhandel und Neue Institutionenökonomik" fügt das Kapitel 5 diese Themenblöcke inhaltlich zusammen, um gleichzeitig als Grundlage für die darauf aufbauende empirische Untersuchung zu dienen. Die Schlussbetrachtung und die Zusammenfassung (Z.) bilden die Spitze des Themengebäudes.

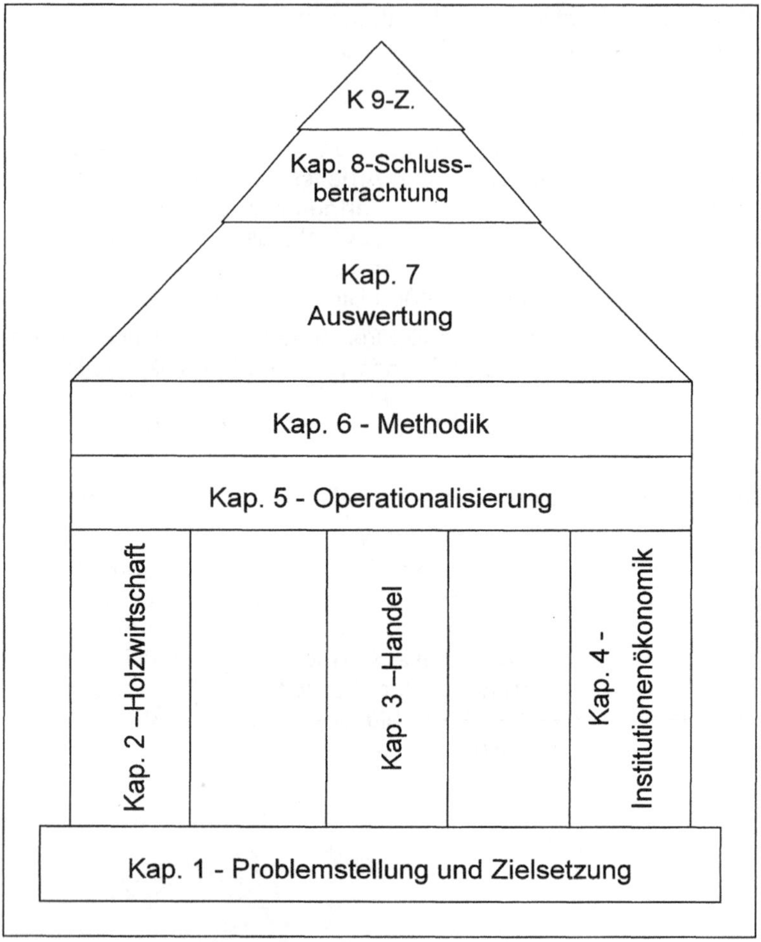

Abbildung 1: Struktureller Aufbau der Arbeit

2 Die Holzwirtschaft der nordischen Länder und ihre Beziehungen zu Deutschland

In diesem Kapitel erfolgt eine detaillierte Beschreibung der natürlichen und strukturellen Situation der skandinavischen Forstwirtschaft sowie der mit ihr verbundenen Sägeindustrie. Dabei wird besonderer Wert auf die Darstellung der unterschiedlichen Strukturen der drei skandinavischen Länder Norwegen, Schweden und Finnland gelegt. Ein weiterer Schwerpunkt dieses Kapitels liegt auf der Betrachtung des Handelsgutes „nordisches Nadelschnittholz“ inklusive dessen Produktionsweise, Eigenschaften, Qualitäten, Dimensionen und Einsatzbereiche. Abschließend werden die holzwirtschaftlichen Beziehungen der skandinavischen Länder mit Deutschland aus traditioneller sowie heutiger Perspektive erläutert.

Abbildung 2 verdeutlicht die Strukturierung dieses Kapitels.

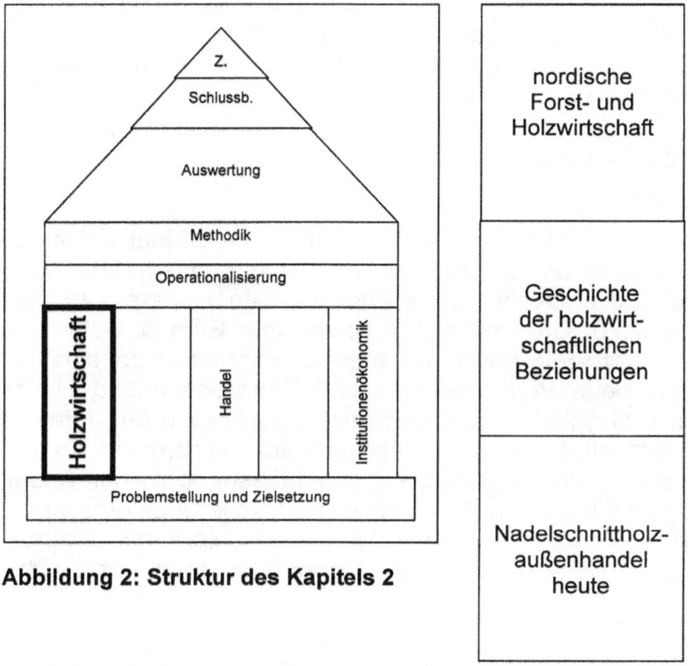

Abbildung 2: Struktur des Kapitels 2

2.1 Die Forst- und Holzwirtschaft der nordischen Länder Westeuropas

Der Wald ist für Skandinavien von großer Bedeutung. Über Jahrhunderte hinweg wurde der Wald bewirtschaftet. Er hat den Menschen den Lebensunterhalt gesichert und ihnen Wohlstand geschaffen. Die Holz- und Papierindustrie ist das wirtschaftliche Rückgrat der skandinavischen Volkswirtschaft. Bereits im 19. Jahrhundert bildete die beginnende industrielle Holzverarbeitung den Kern der skandinavischen Industrie. Die mit der Ausfuhr von Holz und Papier erzielten Einnahmen und die industriellen Arbeitsplätze haben ein kontinuierliches Wirtschaftswachstum aufrechterhalten. Als Abnehmer des produzierten Holzes verhalf die Holz- und Papierindustrie mit Hilfe der Erlöse aus Holzverkäufen und durch Nachfrage nach Arbeitsleistungen auch peripheren ländlichen Regionen zu Einkommen und Wohlstand.

2.1.1 Die nordischen Länder Westeuropas

Unter dem Begriff „nordische Länder" werden im Rahmen dieser Arbeit die drei im Norden Westeuropas gelegenen skandinavischen Staaten Norwegen, Schweden und Finnland gezählt.

2.1.1.1 Die nördliche Nadelwaldzone

Borealer Nadelwald

Die nordischen Länder gehören zu einem Großteil ihres Staatsgebietes[22] der borealen Waldzone an. Der boreale Nadelwald ist das größte Waldgebiet der Erde und erstreckt sich als geschlossener Gürtel zwischen etwa dem 50. und 70. Grad nördlicher Breite über Europa, Asien und Nordamerika. Die Nord-Süd Ausdehnung dieser Vegetationszone variiert zwischen 700 Kilometer in Nordeuropa und Westkanada und bis zu 2.000 Kilometer in Ostsibirien. Die polwärtige Abgrenzung der borealen Nadelwaldzone fällt mit der subpolaren Baumgrenze zusammen, an welcher die subpolare Tundra beginnt. Der Verlauf dieser nördlichen Baumgrenze ist unregelmäßig und bildet weniger eine scharfe Linie, sondern ist vielmehr ein „Kampfraum", in dem sich die geschlossenen Waldbestände allmählich auflösen. Ist dieser „Kampfraum" breit ausgebildet,

[22] Die südlichen Landesteile der drei Länder (jeweils ein schmaler Küstenstreifen in Südnorwegen und Südfinnland, sowie der als Götaland bezeichnete Teil Schwedens) werden der subborrealen Laub-Mischwaldzone zugezählt. Die Grenze zur borealen Waldzone verläuft ungefähr auf der Linie Oslo-Stockholm-Helsinki. vgl. Mayer, H.: Europäische Wälder, Gustav Fischer Verlag, Stuttgart, New York, S. 27

spricht man von einer Waldtundra. Äquatorwärts geht der boreale Nadelwald in den südlichen Landesteilen der fennoskandischen Länder in die ozeanisch getönten Gebiete der Laub- und Mischwaldzone über.[23]

Vegetation

Wie bereits der Name dieser Subzone ausdrückt, prägt der Nadelwald das Erscheinungsbild dieses Naturraumes.[24] Auf großen Arealen entspricht die aktuelle Vegetation noch der potentiell natürlichen Vegetation, obwohl auch hier durch die menschliche Nutzung immer größere Veränderungen eintreten. Keines der anderen großen zusammenhängenden Waldgebiete der Erde ist so artenarm wie die Taiga. Im Grunde wird in Fennoskandien die Baumschicht lediglich aus den beiden Nadelbaumgattungen Fichte (Picea) und Kiefer (Pinus) gebildet. Daneben gibt es noch ein paar kleinblättrige Laubholzgattungen wie Birke (Betula), Zitterpappel (Populus) oder Weide (Salix).[25]

2.1.1.2 Norwegen

Norwegen liegt im Westen der skandinavischen Halbinsel und grenzt im Süden an den Skagerrak, einem Seitenarm der Nordsee, im Westen an das Europäische Nordmeer, im Norden an die Barentssee und im Osten an Russland, Finnland und Schweden.

Das sich vom 58. bis zum 71. Breitengrad nördlicher Breite über 1750 km erstreckende Territorium ist an der breitesten Stelle 450 km, an manchen Stellen weniger als 80 km breit. Die erdgeschichtlich alte Granitform, auf der Norwegen ruht, wurde durch Eiszeitgletscher zergliedert und zu hohen Bergen und tiefen Tälern geformt. Das Land hat 160.000 Seen. Die Fjorde (von Gletschern tief eingeschnittene Meeresbuchten) verwandeln die Küste in ein Labyrinth, dem etwa 50.000 kleine Inseln vorgelagert sind. Die Landschaft im Südosten mit der Hauptstadt Oslo ist eben.

Unterhalb des Polarkreises besitzt Norwegen dank des Golfstromes ein relativ gemäßigtes Klima. Ostnorwegen hingegen hat kältere Winter,

---

[23] vgl. Bundesministerium für Verbraucherschutz, Ernährung und Landwirtschaft: Gesamtwaldbericht der Bundesregierung, Juli 2001, abrufbar über: http://www.verbraucherministerium.de/wald_forst/gesamtwaldbericht-07-2001.pdf, S. 10 f. (Zugriff: 03.03.02)

[24] Die russische Bezeichnung für diese Subzone ist „Taiga".

[25] vgl. Bundesministerium für Verbraucherschutz, Ernährung und Landwirtschaft: Gesamtwaldbericht, S. 11

wärmere Sommer und weniger Niederschläge. Die Länge der durchschnittlichen Vegetationsperiode variiert von 180-190 Tagen im Süden des Landes und geht auf etwa 110 Tage in Nordnorwegen zurück.

Etwa ein Viertel des Landes ist bewaldet.[26] Wie in den beiden benachbarten Ländern Schweden und Finnland ist die gesamte norwegische Vegetation erst nach Ende der letzten Eiszeit vor 10.000 Jahren wieder eingewandert. Die Wälder Norwegens können, abgesehen von einigen klimabegünstigten Küstenlaubwäldern, als die westlichen Außenposten der Eurasischen Taiga betrachtet werden.

Norwegen ist mit seinen etwa 4,5 Mio. Menschen relativ dünn besiedelt. Die Bevölkerungsdichte liegt bei 13,7 Menschen je qkm. Das Land ist Mitglied der 1960 in Stockholm gegründeten Europäischen Freihandelsassoziation (EFTA).[27]

Norwegen besitzt eine Waldfläche von ca. 12 Mio. ha. Davon sind etwa 7 Mio. ha als forstlich produktiv anzusehen. Mehr als 80 Prozent der norwegischen Wälder ist in Familienbesitz und werden in der Regel zusammen mit landwirtschaftlichen Höfen bewirtschaftet. Ungefähr 125.000 Waldeigentümer besitzen eine Fläche von durchschnittlich unter 50 ha. Die nachfolgende Statistik gibt Auskunft über die forstwirtschaftlichen Verhältnisse des Landes.[28]

Tabelle 1: Forstliche Grunddaten Norwegens[29]

Norwegens Gesamtfläche	32.4 Mio. ha
Gesamtwaldfläche Norwegens	12 Mio. ha
Forstliche Produktionsfläche Norwegens	7 Mio. ha
Gesamtholzvorrat Norwegens	600 Mio. cbm
Jährlicher Holzzuwachs Norwegens	20 Mio. cbm
Jährliche Holznutzung Norwegens	8 Mio. cbm
Naturschutzflächen Norwegens	0,2 Mio. ha

[26] vgl. Norwegen in: http://www.erdkunde-online.de/1241.htm (Zugriff: 03.03.02)

[27] Die EFTA hat nach dem Ausscheiden von Finnland, Schweden und Österreich an Bedeutung verloren. In Norwegen wurde, wie in Finnland und Schweden, im Herbst 1994 ein Referendum über den Beitritt des Landes zur Europäischen Union abgehalten. Die Norwegische Bevölkerung hat sich dabei gegen den Beitritt entschieden.

[28] vgl. Norges Skogeierforbund: The Forest in Norway, in: http://www.skog.no/foreststatist.htm (Zugriff: 03.03.02)

[29] vgl. ebenda

2.1.1.3 Finnland

Das „Land der tausend Seen" liegt zwischen dem sechzigsten und siebzigsten Grad nördlicher Breite. Etwa ein Drittel der Landesfläche erstreckt sich nördlich des Polarkreises. Im Nordwesten grenzt Finnland an Schweden, im Norden an Norwegen, im Osten an Russland und am Gegenufer des Finnischen Meerbusens, im Süden, an Estland. Ein großer Teil des Landes ist eine sanft gewellte Ebene mit uraltem Felsgrund und borealen Wäldern. Im nördlichen Teil des Landes, Finnisch-Lappland, prägen hohe, abgerundete Fjälls[30] das Landschaftsbild.[31]

Durch die skandinavische Halbinsel vom Atlantik abgeschnitten, wird Finnland stark vom Kontinentalklima beherrscht, das durch kalte Winter und warme Sommer gekennzeichnet ist. Trotzdem herrschen, dank des Einflusses des Golfstroms, im Winter deutlich mildere Temperaturen als in anderen Erdregionen gleicher Breite. Die mittlere Jahrestemperatur in der Hauptstadt Helsinki beträgt 5,3°C.[32] Finnland ist ein Land mit relativ geringen Niederschlägen. In Südfinnland beträgt die Niederschlagsmenge durchschnittlich 700 Millimeter, im Norden lediglich 400 Millimeter im Jahr. Die Niederschläge fallen zur Hälfte als Schnee.[33]

Finnland hat etwa 5,2 Mio. Einwohner und ist mit seinen 338.000 qkm flächenmäßig das sechstgrößte Land Europas. Die Bevölkerungsdichte beträgt etwa 17 Einwohner pro qkm. Der überwiegende Teil der Finnen, rund 65%, wohnt in Städten und urbanen Räumen.[34] Finnland ist 1995 der Europäischen Union beigetreten und ist eines der zwölf Länder, die den Euro als gemeinsame Währung eingeführt haben.

Finnland hat von allen europäischen Staaten die größte Waldausstattung. Über drei Viertel der Landfläche sind bewaldet oder umfassen andere holzbestockte Flächen.[35]

---

[30] Fjälls sind baumlose Hochflächen in Nordskandinavien mit einer Vegetation von Flechten, Moosen und Zwergsträuchern.

[31] vgl. Fakten über Finnland in: http://virtual.finland.fi/finfo/saksa/factde.html (Zugriff: 03.03.02)

[32] vgl. ebenda

[33] vgl. Finnish Ministry of Agriculture and Forestry: Finnlands Wald - Beschäftigung, Einkommen, Natur und Erlebnisse in: http://www.mmm.fi:800/julkaisut/esitteet/met.doc (Zugriff: 02.03.02)

[34] vgl. Fakten über Finnland in: http://virtual.finland.fi/finfo/saksa/factde.html (Zugriff: 03.03.02)

[35] vgl. Finnish Ministry of Agriculture and Forestry: Finnlands Wald a.a.O., (Zugriff: 02.03.02)

Etwa 8% der finnischen Wälder gehören Forstkonzernen. Der Staats- und Kommunalwaldanteil liegt bei etwa 28%. Der Großteil der Waldungen befindet sich im Privateigentum (ca. 64%).[36] Die Privatwaldflächen sind mit durchschnittlich 20-30 Hektar relativ klein. Für die meisten ihrer Eigentümer stellt der Wald jedoch noch immer eine wichtige Einkommensquelle dar. Mit ihren Holzverkäufen werden 4/5 des industriellen Rundholzbedarfes des Landes gedeckt.[37]

2.1.1.4 Schweden

Schweden befindet sich im Zentrum Fennoskandiens mit seinen Nachbarn Norwegen im Westen und Norden, Finnland im Nordosten sowie Dänemark im Südwesten. Der größte Teil des Landes weist eine gleichmäßige Topographie auf und liegt niedriger als 300 m ü.d.M. Nur die nordwestlichen Grenzgebiete zu Norwegen, die zur Skandinavischen Gebirgskette gehörenden Fjälls, weisen Höhen zwischen 1.000 m und 2.000 m ü.d.M. auf.[38]

Trotz der nördlichen Lage (Schweden liegt etwa zwischen dem 55. und 69. Grad nördlicher Breite) ist das Klima dank des warmen Golfstroms vergleichsweise mild und gemäßigt. Die jährliche Niederschlagsmenge schwankt zwischen 1.500 mm in den westlichen Teilen des Landes und 300 mm in den östlichen. Die Vegetationsperiode beträgt 240 Tage im Süden und 100 Tage im Norden. Die Tagestemperatur schwankt zwischen durchschnittlich 14 und 17°C im Juli und +1 und -14°C im Januar und Februar.[39]

Die Vegetationsausstattung ist ebenfalls durch die geographische Lage bestimmt. Der größte Teil der schwedischen Wälder gehört zur borealen Nadelwaldzone. In Südschweden kommen auch Nadelholz-Laubholz Mischwälder mit Laubbäumen wie Birken und Aspen vor. An den Küsten im Süden und Südwesten wuchsen früher Buchen- und Eichenlaubwäl-

---

[36] vgl. Jokela Tuija: Verflechtung der Holzwirtschaft Finnlands mit der EG - Entwicklung und Perspektiven, Diplomarbeit zur Erlangung des akademischen Grades „Diplom-Holzwirt" an der Universität Hamburg - Fachbereich Biologie, Hamburg, 1992, S. 12

[37] vgl. Finnish Ministry of Agriculture and Forestry: Finnlands Wald a.a.O., (Zugriff: 02.03.02)

[38] vgl. Svenska Institutet: Forstwirtschaft und holzverarbeitende Industrie vom 28.02.02:in: http://www.si.se/infosweden/523.cs (Zugriff: 02.03.02)

[39] vgl. Schweden in: http://www.erdkunde-online.de/1501.htm (Zugriff: 03.03.02)

der. Diese haben jedoch überwiegend dem Ackerbau weichen müssen bzw. sind durch Nadelholzforste ersetzt worden.[40]

Mit einer Landesfläche von 450.000 qkm zählt Schweden zu den größten Flächenstaaten Westeuropas. Es ist allerdings mit einer Bevölkerungsdichte von 19,8 Einwohnern je qkm ähnlich dünn besiedelt, wie seine beiden nördlichen Nachbarn Norwegen und Finnland. Gemeinsam mit Finnland und Österreich trat Schweden im Jahre 1995 in die Europäische Union ein, ist jedoch nicht Teil der Europäischen Währungsunion.

Eine Besonderheit Schwedens ist, dass der Staat nur noch Besitzer eines verhältnismäßig kleinen Teils der Waldgebiete (5%) ist. Im Jahre 1993 wurde der größte Teil des in staatlichem Besitz befindlichen Waldes auf eine Gesellschaft mit dem Namen AssiDomän übertragen. An dieser Gesellschaft besitzt der schwedische Staat 51% der Aktien, die restlichen 49% sind an der Börse notiert.[41]

Die privaten Waldeigentümer besitzen den größten Waldanteil in Schweden. Im südlichen Teil des Landes sind sie mit einem Anteil von 80% die vorherrschende Eigentümergruppe.[42]

Die zweite große Eigentümerfraktion sind die Forstwirtschaftsunternehmen. Ihre Waldbesitzungen sind auf Mittelschweden und das nordschwedischen Küstenland konzentriert.[43]

2.1.2 Die nordische Holzwirtschaftsindustrie

Die Holzindustrie gliedert sich allgemein in die beiden Bereiche Holzbearbeitung (Primärindustrie) und Holzverarbeitung (Sekundärindustrie). Die holzbearbeitende Industrie umfasst die Herstellung von Primärprodukten wie Schnitt- und Bauholz sowie alle Arten von Holzwerkstoffplatten. Dazu zählen die Veredlungs- und Vergütungsprozesse wie Trocknung, Hobeln, Keilzinken, Imprägnieren und Oberflächenvergütung durch Laminat-, Folien- und Furnierbeschichtung samt Lackieren. Die holzverarbeitende Industrie verarbeitet die Primärprodukte zunächst zu Halbwaren. Aus diesen wiederum werden Fertigprodukte wie z.B. Fenster, Türen, Parkett, Treppen, Block- und Fertighäuser, Möbel und Innen-

[40] vgl. Svenska Institutet: Forstwirtschaft und holzverarbeitende Industrie a.a.O., (Zugriff: 02.03.02)

[41] vgl. ebenda

[42] vgl. ebenda

[43] vgl. ebenda

ausbauelemente, Transport- und Verpackungsmittel und sonstige Holzwaren erzeugt.[44]

2.1.2.1 Die norwegische Sägeindustrie

Die norwegische Sägeindustrie besteht aus über zweihundert im ganzen Land verteilten Sägewerken unterschiedlicher Größenordnung. Die meisten davon befinden sich in ländlichen Gebieten, nahe der Rohstoffquelle Holz. Dadurch besitzt sie eine wichtige Funktion für die Ökonomie und Beschäftigung der ländlichen Regionen. Die Gesamtzahl der in der norwegischen Sägeindustrie beschäftigten Arbeitnehmer beträgt zum heutigen Zeitpunkt etwa 5.000 Personen.

Die Gesamtproduktion an Schnittholz lag im Jahre 2000 bei etwa 2,3 Mio. cbm. Der Gesamtumsatz wird auf 935 Mio. € geschätzt. Die Hauptprodukte sind vor allem Bauholz für den konstruktiven Holzbau. Ein Großteil des Schnittholzes wird auch in den eigenen und kontinentalen[45] Hobelwerken weiterveredelt. Als bedeutsame norwegische Unternehmen der Sägeindustrie können Norske Skog[46] und Moelven[47] angesehen werden.

2.1.2.2 Die finnische Sägeindustrie

Finnland ist nach Schweden und Deutschland Europas drittgrößter Schnittholzproduzent. In erster Linie wird Nadelschnittholz hergestellt. Die Produktion ist in den 90er Jahren des 20. Jahrhunderts gestiegen und hat 2002 ihren bisherigen Rekord von 13,3 Mio. cbm erreicht.[48]

---

[44] vgl. Invest in Finland Bureau: Möglichkeiten für Investitionen in die Holzbe- und -verarbeitende Industrie in Finnland, Januar 2000 in: http://www.investin-finland.fi/invest/mechwoodger.pdf (Zugriff: 28.02.02)

[45] Ähnlich wie in Großbritannien werden in Skandinavien die zentraleuropäisch gelegenen Staaten wie Frankreich, Deutschland, Polen etc. zusammengefasst und vereinfacht als Kontinent bezeichnet.

[46] siehe: http://www.norske-skog.com (Zugriff: 21.11.03)

[47] siehe: http://www.moelven.com (Zugriff: 21.11.03); Die norwegische Moelven Industrier gehört zu 61% mehrheitlich zu dem finnischen Forstkonzern Finnforest und zu weiteren 16% der Metsäliitto Gruppe, die selbst wiederum die Muttergesellschaft von Finnforest ist. Die restlichen Anteile teilen sich die norwegischen Waldbesitzerorganisationen Glommen (15%) und Mjøsen (7,5%). vgl. Holz-Zentralblatt, Nummer 92, 2. August 2002, S 1090

[48] vgl. Europäischer Wirtschaftsdienst (EUWID): Fachzeitschrift Holz und Holzwerkstoffe, Kontakt Verlag Gernsbach, Nr. 45 v. 06.11.2003, S. 5

In Finnland gibt es etwa 170 gewerblich betriebene Sägewerke. Die so genannten integrierten Sägewerke der großen Zellstoff- und Papierkonzerne liefern rund 60% der gesamten Schnittholzproduktion. Auf die eigenständigen Sägewerke entfällt ein Anteil von 35% der Gesamtproduktion. Darüber hinaus gibt es über ganz Finnland verstreut mehrere tausend kleinere, mobile oder ortsfeste Sägewerke.[49]

Die Produktionskapazität eines integrierten Sägewerks liegt im Allgemeinen zwischen 200.000 und 700.000 cbm/Jahr. Die eigenständigen Sägewerksbetriebe haben mit 50.000 bis 200.000 cbm/Jahr im Durchschnitt eine geringere Kapazität.[50] Aber auch in dieser Gruppe gibt es mittlerweile leistungsfähige Unternehmen mit einer Produktionskapazität bis zu 450.000 cbm/Jahr.

Ab Mitte der 80er Jahre des 20. Jahrhunderts reagierten die Unternehmen der finnischen Holzwirtschaft auf den verschärften internationalen Konkurrenzkampf, indem sie sich zu immer größeren Einheiten zusammenschlossen. Dieser Konzentrationsprozess führte dazu, dass sich die drei finnischen Forstkonzerne[51] Stora-Enso[52], Finnforest[53] (Teil der Metsäliitto Gruppe[54]) und UPM-Kymmene[55] mittlerweile zu den drei größten Schnittholzproduzenten Europas entwickelt haben (siehe auch Tabelle 2, Seite 45). Weitere große finnische Schnittholzproduzenten sind Luvian Saha,[56] Keitele Timber,[57] Vapo,[58] Vierumäen Teollisuus,[59] usw.[60]

---

49 vgl. Invest in Finland Bureau: a.a.O., (Zugriff: 28.02.02)

50 vgl. ebenda

51 Der Begriff Forstkonzern (und nicht Sägeindustrie) wird deswegen verwendet, da diese Unternehmen i.d.R. vom Waldbesitz bis zur Endbearbeitung mehrere Bearbeitungsstufen besitzen. Die Bearbeitungsstufe „Holzbearbeitung" stellt innerhalb des Gesamtkonzerns nur einen relativ geringen Teil da. In der Regel ist die Zellstoff-, bzw. Papierproduktion der Unternehmen wesentlich bedeutsamer.

52 siehe: http://www.storaenso.com (Zugriff: 21.11.03)

53 siehe: http://www.finnforest.de (Zugriff: 21.11.03)

54 siehe: http://www.metsaliitto.com (Zugriff: 21.11.03)

55 siehe: http://www.upm-kymmene.com (Zugriff: 21.11.03)

56 siehe: http://www.luviansaha.fi (Zugriff: 21.11.03)

57 siehe: http://www.keitele-timber.com (Zugriff: 21.11.03)

58 siehe: http://www.vapo.fi (Zugriff: 21.11.03) Vapo Timber gehört seit dem Jahre 2002 zu 33,3% zu der Metsäliitto Gruppe zu der u.a. auch das Unternehmen Finnforest Timber gehört., vgl. Ministry of Trade and Industry signed a contract of sale for Vapo, in: http://rhino.digia.com/ktm/bulletin.nsf/HeadlinesPublicEngArch/FE0E6FDEA420F15BC2256BA5003A9BE2 (Zugriff: 20.11.03)

59 siehe: http://www.vierumaenteollisuus.fi (Zugriff: 21.11.03)

2.1.2.3 Die schwedische Sägeindustrie

Die schwedische Sägewerksindustrie hat eine mehr als 500-jährige Tradition. Das erste wasserbetriebene Sägewerk wurde bereits um das Jahr 1440 auf dem Gut Forsvik des Klosters Vadstena in Västergötland errichtet. In der 1. Hälfte des 19. Jahrhunderts führten neue Sägetechniken und Betriebsformen sowie die Abschaffung von Handelsbarrieren zu einer Verzehnfachung des schwedischen Exports an Holzwaren.[61] Im Jahre 2000 gab es in Schweden 245 Sägewerke[62] mit einer Gesamtproduktion von ca. 16,4 Mio. cbm, von denen etwa 11 Mio. cbm exportiert wurden. Die schwedischen Sägebetriebe werden laut Sägewerksinventur in drei verschiedene Eigentümerkategorien unterteilt.[63]

- **206 unabhängige Sägewerke, so genannte Kaufsägewerke**[64] produzieren ca. 66% der schwedischen Jahresschnittholzproduktion;
- **21 Sägewerke der Forstkonzerne** decken ca. 22% der schwedischen Produktion ab. Hierzu gehören Unternehmen wie AssiDomän, SCA, Stora-Enso,[65] MoDo,[66] usw. Diese Forstkonzerne besitzen, ähnlich wie die finnischen Konzerne, häufig große eigene Waldflächen;
- **18 Sägewerke der Waldbesitzervereinigungen**[67] schneiden ungefähr 12% der schwedischen Produktion ein.

---

60 vgl. Invest in Finland Bureau: a.a.O., (Zugriff: 28.02.02)

61 vgl. Sveriges Lantbruksuniversitet, Institutionen för skogshushållning, Schweden, in: http://www.sh.slu.se/svensk/Saginv95/saginv/deutsch/schweden.html (Zugriff: 05.03.03)

62 Bei dieser alle 5 Jahre in Schweden durchgeführten Sägewerksinventur werden lediglich Sägewerke mit einer Jahresproduktion über 5.000 cbm berücksichtigt. Die Anzahl der Sägewerke mit einer Kapazität kleiner 5.000 cbm wird mit 80 angegeben, die Sägewerke mit einer Jahresproduktion unter 1.000 cbm werden auf etwa 1.600 geschätzt. Bei der Inventur im Jahre 1995 waren es noch 306 Unternehmen mit einer Kapazität größer 5.000 cbm.

63 vgl. Sveriges Lantbruksuniversitet, Institutionen för skogshushållning, Sågfakta 2000 in: http://www.sh.slu.se/saw2000/Sagfakta%20pdf%20korrfinal.pdf (Zugriff: 05.03.03)

64 Als Kaufsägewerke werden Unternehmen bezeichnet, deren Produktion überwiegend auf gekaufter Rohware basiert.

65 Stora-Enso ist ein finnisch-schwedisch-österreichischer Forstkonzern, der sich 1998 aus dem schwedischen Unternehmen Stora und der finnischen Enso OY sowie der österreichischen Holzindustrie Schweighofer AG) zusammengeschlossen hat. Daher wird dieser Konzern bei beiden skandinavischen Ländern Finnland und Schweden aufgeführt.

66 siehe: http://www.modoskog.modogroup.com (Zugriff: 21.11.03)

67 Die schwedischen Waldbesitzervereinigungen besitzen diese Sägewerke und versorgen sie mit Rohstoffen.

Bemerkenswert ist, dass die 48 größten Sägewerke mit einer Produktion von über 100.000 cbm, für etwa 50% der Gesamtproduktion verantwortlich sind. Rechnet man noch die 62 Sägewerke mit einer Größenordnung zwischen 50-100.000 cbm Jahresproduktion hinzu, so erreicht man mit diesen 110 Unternehmen (= 44% der Sägewerke) fast 80% des Produktionsvolumens[68] des gesamten Landes.[69] Die schwedische Sägewerksindustrie beschäftigte im Jahr 2002 etwa 12.500 Menschen.[70]

2.1.2.4 Zusammenfassung

Tabelle 2 gibt eine Übersicht der zehn größten Schnittholzproduzenten Europas.

Tabelle 2: Die zehn größten Schnittholzproduzenten Europas[71]

Nr.	Unternehmen	Land	Kapazität/Jahr
1	Stora-Enso Timber	Finnland/Schweden/Österreich	5,31 Mio. cbm
2	Finnforest Timber	Finnland	2,35 Mio. cbm
3	UPM-Kymmene Wood	Finnland	2,00 Mio. cbm
4	Moelven und Forestia	Norwegen	1,70 Mio. cbm
5	AssiDomän[72]	Schweden	1,20 Mio. cbm
6	Klausner[73]	Österreich	1,03 Mio. cbm
7	Södra Timber[74]	Schweden	1,00 Mio. cbm
8	Vapo Timber	Finnland	0,77 Mio. cbm
9	Scaninge[75]	Schweden	0,77 Mio. cbm
10	Klenk Holz [76]	Deutschland	0,73 Mio. cbm

---

[68] Dadurch wird auch hier der häufig in Form einer so genannten Lorenzkurve dargestellte Konzentrationseffekt wirtschaftlicher Größen erkennbar.

[69] vgl. Sveriges Lantbruksuniversitet, Institutionen för skogshushållning, Sågfakta 2000 a.a.O., (Zugriff: 05.03.03)

[70] vgl. Sågverkens Riksförbund in: http://www.sagverk.se/stats/bransch.htm (Zugriff: 28.02.02)

[71] vgl. Verband der Finnischen Forstindustrie Helsinki 6/2001 ISSN 1238-4151: Fakten und Zahlen 2001, S. 33 in: http://www.forestindustries.fi/index_2.htm (Zugriff 11.03.02)

[72] siehe: http://www.timber.asdo.com (Zugriff: 21.11.03)

[73] Das österreichische Unternehmen besitzt in Deutschland zwei Sägewerkstandorte, zum einen die Klausner Nordic Timber in Wismar, siehe: http://www.knt.de (Zugriff: 21.11.03) und das Sägewerk Klausner Holz Thüringen in Saalburg. siehe: http://www.kht.de (Zugriff: 21.11.03)

[74] siehe: http://www.sodra.se (Zugriff: 21.11.03)

[75] siehe: http://www.sca.com (Zugriff: 21.11.03)

[76] siehe: http://www.klenk.de (Zugriff: 21.11.03)

2.1.3 Nordisches Nadelschnittholz

Unter dem Begriff „nordisches Nadelholz“ werden im Rahmen dieser Arbeit die beiden nordischen Nadelbaumarten Kiefer (Pinus sylvestris) und Fichte (Picea abies)[77] verstanden.[78]

2.1.3.1 Handelsnamen für nordisches Nadelschnittholz

Nach dem Einschnitt im Sägewerk zu Nadelschnittholz werden die beiden genannten Holzarten beim Export aus Skandinavien in den deutschsprachigen Raum unter dem Namen Rotholz (für nordisches Kiefernschnittholz) und Weißholz (für nordisches Fichtenschnittholz) gehandelt.[79]

2.1.3.2 Sortierungsregeln für nordisches Nadelschnittholz

Sortenvergleich

Die Schnittholzsortierung in den Ländern Schweden, Finnland und Norwegen hat eine lange Tradition. Bereits in den 80er Jahren des 19. Jahrhunderts gab es in Schweden die ersten Sortierungsbestimmungen.[80]

Die nachfolgend beschriebenen Sortierungsregeln basieren auf den Inhalten des so genannten Grünen Buches. Dieses wurde Anfang der sechziger Jahre des 20. Jahrhunderts gleichzeitig und weitestgehend inhaltsgleich in Finnland und Schweden herausgegeben. Die Sortierungsregeln gelten gleichermaßen sowohl für Rotholz als auch für Weißholz. Allerdings erfolgt die Sortierung getrennt nach den beiden Holzarten anhand von Qualitätskriterien und der Beschaffenheit.[81] [82]

---

[77] In eingeschränktem Maße ist auch die Mitverwendung der beiden Tannenarten (Abies alba bzw. Abies obovata) zulässig, daher wird das nordische Weißholz in Deutschland auch unter dem Handelsnamen „Nordische Fichte/Tanne“ weiterveräußert.

[78] Unter dem Begriff „nordisches Nadelschnittholz“ wird ansonsten nicht nur das in der vorliegenden Arbeit betrachtete Nadelschnittholz der drei nordeuropäischen Länder Norwegen, Schweden und Finnland verstanden. Auch das Holz, das aus den baltischen Staaten sowie insbesondere aus Nordrussland (Archangelsk, Igarka, Karelien usw.) kommt, wird unter dieser Bezeichnung zusammengefasst.

[79] Diese Namen leiten sich von der Farbe des Schnittholzes ab, die Kiefer hat eine etwas rötlichere Färbung, während die Fichte vergleichsweise heller ist.

[80] vgl. Föreningen Svenska Sågverkmän, Suomen Sahateollisuusmiesten Yhdistys & Treindustriens Tekniske Forening i Norge: Nordisches Holz, a.a.O., S. 61 ff.

[81] Die Sortierung erfolgt anhand der folgenden Holzeigenschaften: Äste, (Art/Form/Lage/Größe), Risse, Baumkante, Harzgallen, Rindeneinwuchs, Überwallungsstellen, Faserneigung, Wipfelbruch, Reaktionsholz, Wirbelwuchs, Kienholz, Nass-

Das Nadelschnittholz wird im Grünen Buch in die Güteklassen Prima-Sexta (I-VI)[83] unterteilt. Dabei beschreibt die Güteklasse Prima die beste Güteklasse, analog dazu entspricht die Klasse Sexta der schlechtesten Qualität.[84] Es ist heute mehr oder weniger die Regel, dass das nordische Nadelschnittholz in einem so genannten Sortenmix sortiert und verkauft wird. So sind die gängigsten Kombinationen zum einen die so genannte u/s-Qualität,[85] welches eine Zusammenfassung der Güteklassen Prima bis Quarta entspricht. Zum anderen ist dies der Sortenmix sägefallend (sf) welches einer u/s-Qualität inklusive Quinta gleichkommt. Die Quinta respektive die Sexta Qualität wird i.d.R. separat verkauft.

Mittlerweile wurden die nordischen Sortierbestimmungen bereits zweimal überarbeitet. Neben verschiedenen inhaltlichen Änderungen und Konkretisierungen wurden die Sortenbezeichnungen bei der ersten Überarbeitung, dem so genannten Blauen Buch[86] (1991), in die Hauptgüteklassen A, B, C und D, mit den Unterklassen A1 (höchste Unterklasse) bis A4 geändert.[87] Im Rahmen der europäischen Vereinheitlichungsbemühung erfolgte durch die so genannten CEN-Regeln (2000) eine erneute Umbenennung der Sorten in die Klassen G4-0 bis G4-4 (bzw. G2-0 bis G2-4).[88] [89] Die gängige Holzhandelspraxis hat diese Änderung jedoch (noch)

---

kern, Pilzbefall, Verformung. vgl. Föreningen Svenska Sågverkmän, Suomen Sahateollisuusmiesten Yhdistys & Treindustriens Tekniske Forening i Norge: Nordisches Holz, a.a.O.

82 vgl. Föreningen Svenska Sågverkmän, Suomen Sahateollisuusmiesten Yhdistys & Treindustriens Tekniske Forening i Norge: a.a.O., S. 61 ff.

83 Die Sorten sind benannt nach den lateinischen Zahlen eins bis sechs in: Prima, Sekunda, Tertia, Quarta, Quinta und Sexta.

84 vgl. Föreningen Svenska Sågverkmän, Sortering av sågat virke av furu och gran, Stockholm 1982, S. 18 ff.

85 Der Sortenmix „u/s" steht für „unsortiert".

86 Dieses so genannte Blaue Buch vereinheitlichte erstmals die verschiedenen Sortierungsregeln der Länder Norwegen Schweden und Finnland in einer einzigen Sortierungsregel.

87 vgl. Föreningen Svenska Sågverkmän, Suomen Sahateollisuusmiesten Yhdistys & Treindustriens Tekniske Forening i Norge: a.a.O., S. 16 ff.

88 Je nachdem, ob die Schmalseiten der Sägeware bei der Sortierung mit beurteilt werden oder nicht, wird eine vierseitige Sortierung (G4) oder eine zweiseitige Sortierung (G2) durchgeführt.

89 vgl. Malmberg, T.; Wadell, T.: Virkessorteringskurs angående nya CEN-standard för marknadsföringskursen, Skinnskatteberg, 25-26 maj 1999, Stiftelsen Skog & Trä, S. 12 ff.

nicht mitvollzogen.[90] So wird noch heute in nahezu allen Teilen Europas das nordische Nadelschnittholz in den Güteklassen Prima bis Sexta nach dem so genannten Grünen Buch gehandelt.[91]

Tabelle 3 gibt einen Vergleich der verschiedenen Sortenbezeichnungen der unterschiedlichen Sortierungsregeln.

Tabelle 3: Sortenvergleich von Nadelschnittholz der verschiedenen nordischen Sortierungsregeln[92]

SORTENVERGLEICH							
Grünes Buch	Prima I	Sekunda II	Tertia III	Quarta IV	Quinta V	Sexta VI	Aus-schuss[93]
	u/s = unsortiert						
	sf = sägefallend						
Blaues Buch	A				B	C	D
	A1	A2	A3	A4			
CEN Regeln	G4-0	G4-1			G4-2	G4-3	G4-4

Verschiffungsmarken

Die skandinavischen Sägewerke markieren jedes Stück Nadelschnittholz an den Stirnseiten mit einer farbigen Verschiffungsmarke, die die Herkunft und die Qualität erkennen lässt. Dadurch wird dokumentiert, dass die Ware nach den üblichen Vorschriften klassifiziert wurde. Die Listen mit den aktuellen Verschiffungsmarken werden regelmäßig veröffentlicht.

Nachfolgende Abbildung zeigt beispielhaft die Verschiffungsmarken des finnischen Sägewerkunternehmens Keitele Timber OY. Die Buchstaben

---

[90] Demzufolge wird auch im weiteren Verlauf dieser Arbeit bei der Nennung von Sorten immer die Nomenklatur des „Grünen Buchs" verwendet.

[91] Dies ist der Fall, obwohl bei der Einführung des so genannten Blauen Buchs das Grüne Buch von den skandinavischen Sägewerksverbänden offiziell für ungültig erklärt wurde. Der Verband Deutscher Holzimporthäuser hat das Blaue Buch jedoch niemals offiziell anerkannt. Schwarz K., für den Außenhandel zuständiger Mitarbeiter des Gesamtverbands Holzhandel: Telefonische Auskunft vom 11.03.02

[92] eigene Darstellung

[93] Die Qualitätssorte „Ausschuss" wird nur in Finnland bei Seitenbrettern sortiert.

„K T S" stehen für Keiteleen Teollisuus Saha[94] - die Symbole „Krone - Kreuz - Stern - Leer - Strich" stehen für die jeweiligen Holzqualitäten.

K♔T♔S	K + T + S	K ★ T ★ S	K T S	K - T - S
u/s	Knotty	sf	Quinta	Sexta

Abbildung 3: Verschiffungsmarken für nordisches Nadelschnittholz[95]

2.1.3.3 Abmessungen und Längen

In skandinavischen Sägewerken werden folgende Standarddimensionen von nordischem Nadelschnittholz hergestellt:

- **Stärken:** 16, 19, 22, 25, 32, 38, 44, 50, 63 und 75 mm;
- **Breiten:** 75, 100, 115, 125, 150, 175, 200 und 225 mm;
- **Längen:** 1,8-5,4 m (6,0m) in Modulen von 30 cm Länge.

Die Längenverteilung richtet sich nach den herkunftsspezifischen Möglichkeiten der Lieferanten. Dabei wird bei nordischer Ware davon ausgegangen, dass alle Längen von 2,70 m bis 5,40 m in 30 cm-Modulen, in etwa nach der Gaußschen Normalverteilungskurve verteilt sind. In relativ unbedeutenden Quantitäten werden die Längen 1,80 m, 2,10 m und 2,40 m als so genannte Enden hergestellt.[96]

In zunehmendem Maße wird heutzutage auch nach den Standardabmessungen des Käuferlandes bzw. den Spezialabmessungen individueller Käuferwünsche produziert. Viele Produzenten können z.B. in 10-cm-Modulen, oder Längen exakt nach den Wünschen des Auftraggebers liefern.[97]

2.1.3.4 Trockenheit

Bei der nordischen Ware wird für den deutschen Markt hinsichtlich der Trockenheit zwischen nachfolgenden vier Kategorien unterschieden:[98]

---

[94] Keiteleen Teollisuus Saha war der frühere finnische Name dieses Unternehmens und heißt übersetzt: „Keiteles Industrie Sägewerk".

[95] siehe: Verschiffungsmarken von Keitele Timber Oy, in: http://www.keitele-timber.com (Zugriff: 21.11.03)

[96] vgl. Falger, U.; Mohr, A.: Handbuch MassivHolz: Arbeitskreis Massivholz, Hamburg April 1995, S. 41

[97] vgl. Nordic Timber Council: in: http://www.nordictimber.org/german/productrange/dimensions.htm (Zugriff: 05.03.03)

[98] vgl. Allgemeine Bedingungen des Schlussscheins „Germania 1998" angenommen von dem Verband der Finnischen Forstindustrie (FFIF) dem Verein Schwedischer

- **verschiffungstrocken:** die Ware muss so geliefert werden, dass bei sorgfältiger Verladung und Lieferung weder beim Transport noch bei der anschließenden Lagerung in gedeckten Hallen beim Käufer feuchtigkeitsbedingte Schäden entstehen;
- **bearbeitungstrocken:** dies entspricht i.d.R. einer Holzfeuchte von 16% ± 2%;[99]
- **spezial getrocknet:** die zulässige prozentuale Holzfeuchte wird individuell zwischen den Vertragspartnern ausgehandelt;
- **frische Ware:** ungetrocknete Ware.

2.1.3.5 Verwendung der verschiedenen Holzqualitäten

Die verschiedenen Qualitäten des nordischen Nadelschnittholzes haben ihre unterschiedlichen Einsatzbereiche. Beispielsweise werden für die Herstellung von Profilholz, Rahmen und Hobelwerksprodukten überwiegend u/s und sf-Qualitäten eingesetzt. Die Sorte Quarta findet u.a. Verwendung für den Innenausbau oder zur Herstellung von Möbelteilen. Die Quinta-Qualität wird in ähnlichen Bereichen wie die u/s-Qualität eingesetzt, wenn ein geringerer Qualitätsstandard zulässig ist. Sie findet ihre Hauptverwendung im Bau-, sowie im Konstruktionsbereich. Bei der Sexta-Sortierung fallen Bretter und Bohlen mit größeren Fehleranteilen wie z.B. Baumkante, Durchfalläste etc. an. Sie wird häufig für die Verschalung im Baubereich eingesetzt bzw. zu Rauspund gehobelt.[100] Nachfolgende Aufgliederung gibt einen detaillierten Überblick über die Verwendungszwecke der unterschiedlichen Schnittholzqualitäten.

Profilholz/Paneele

Paneele und Profilhölzer sind mindestens an den Längskanten genutete und mit einer Feder versehene Hobelbretter. Profilhölzer werden als sichtbare Oberfläche im Innen- und Außenanbau eingesetzt, wie z.B. an Fassaden, Brüstungen, Wänden und Decken. Im Gegensatz dazu werden Paneele überwiegend im Innenausbau zur Wand- und Deckenver-

---

Holzexporteure (STEF) dem Verband der Norwegischen Sägeindustrie (NSIA) und dem Gesamtverband Holzhandel (BD Holz — VDH) e.V. 2. Auflage Mai 2000, § 5 (vgl. Kap. 3.2.5.2)

[99] Die Bestimmung sagt, dass 15% der Stückzahl pro Paket diesen Rahmen um 1% nach oben und unten überschreiten dürfen. Sollten 0,5% der Stückzahl einen Feuchtigkeitsgehalt aufweisen, der auch über diesen erweiterten Rahmen nach oben oder unten hinausgeht, so gilt dies wegen der unregelmäßigen Trocknungskurve nicht als Reklamationsgrund.

[100] vgl. Falger, U.; Mohr, A.: a.a.O., S. 38 ff.

kleidung verwendet. Für die Profilholz- bzw. Paneeleproduktion wird i.d.R. der Sortenmix „sägefallend“ bzw. bei qualitativ hochwertigeren Einsatzbereichen auch „u/s“-Qualität genutzt. Schnittholz für Fassadenbekleidungen sollte mindestens der Sorte Quinta entnommen werden.[101]

Massivholz-Fußböden

Am deutschen Markt erfreut sich die massive Landhaus- oder Fußbodendiele großer Beliebtheit. Da dieses Produkt hohe Qualitätsansprüche erfüllen soll, wird es i.d.R. aus einer u/s-Sortierung produziert. Weiterhin kommt hierfür häufig auch eine so genannte Gesundast-Sortierung (Knotty-Sortierung)[102] zum Einsatz.[103]
Bei Fußböden ist außerdem der richtige Trocknungsgrad besonders wichtig, um Spannungen und Risse zu vermeiden. Bretter für Holzfußböden werden daher bis auf etwa 8-10% Holzfeuchte künstlich heruntergetrocknet.[104]

Schalungshölzer

An Schalungshölzer für Betonarbeiten werden normalerweise geringe Qualitätsansprüche gestellt. Gängige Praxis ist es, für die Oberflächengestaltung des Betons sägeraue Oberflächen der Sexta-, bzw. Ausschussqualität zu verwenden.[105]

Holz für den Innenausbau

In der holzverarbeitenden Industrie und in Schreinereien wird nordisches Nadelschnittholz für verschiedene Zwecke eingesetzt, zum Beispiel für den Treppen-, Türen- und Fensterbau. Das Holz sollte dabei mindestens sägefallende Qualität aufweisen.

In der Regel findet hier Rotholz Verwendung. Zum einen geschieht dies wegen der Möglichkeit, eine gute Oberflächen-Qualität zu erzielen, zum

---

[101] vgl. Gesamtverband Holzhandel e.V.: Gütevorschriften und technische Standards, in: Handbuch Holzhandel, 4. Auflage, Wiesbaden 2000, S. 36 ff.

[102] Zur genaueren Erklärung der „Knotty Sortierung“ siehe unten unter „Holz für die Möbelindustrie“.

[103] vgl. Gesamtverband Holzhandel e.V.: Gütevorschriften und technische Standards, a.a.O., S. 36 ff.

[104] vgl. ebenda

[105] vgl. Falger, U.; Mohr, A.: a.a.O., S. 38 ff.

anderen wegen der Widerstandsfähigkeit des Kernholzes für besonders beanspruchte Bauteile.[106]

Holz für die Möbelindustrie

Die Möbelindustrie hat Bedarf sowohl an Massivholz als auch für Holzwerkstoff-Platten.
Typische Beispiele für Massivholz-Verwendung sind:

- Tischplatten;
- Tisch- und Stuhlbeine;
- Rahmen und Zargen;
- Kantenleisten.

Die Möbelindustrie nutzt für ihre Produktion ebenfalls überwiegend Rotholz. Weißholz kommt dagegen dort zum Einsatz, wo eine hellere Oberfläche gewünscht wird. Falls astfreies Holz gewünscht wird, wählt man die astreinen Seitenbretter des Kiefern-Erdstammes. Schnittholz mit gesunden, festsitzenden Ästen wird normalerweise dem vollen Zopfholz entnommen, und unter dem Namen „Möbel Quinta“ oder „Knotty Pine“ (White)[107] gehandelt.

Je nach Verwendungszweck entspricht Holz für die Möbelindustrie den Sorten Prima bis Quinta (in Ausnahmefällen auch Sexta).

Tabelle 4 stellt eine Gesamtübersicht der möglichen Einsatzbereiche der verschiedenen nordischen Holzqualitäten dar.

---

106 vgl. . Falger, U.; Mohr, A.: a.a.O., S. 38 ff.

107 Je nach Holzart wird für Rotholz die Bezeichnung „Knotty Pine“ und für Weißholz die Bezeichnung „Knotty White“ verwendet.

Tabelle 4: Anwendungsbereiche der verschiedenen nordischen Qualitätsklassen für Nadelschnittholz[108]

Sorten / Anwendungsbereich	u/s Sägefallend (sf) I	II	III	IV	V	VI	Ausschuss
Sichtbares Tischlerholz	■	■	■	■	■		
Schnittholz Bausektor			■	■	■	■	
Schalung, Blindböden							■
Leisten	■						
Innenvertäfelung		■	■	■			
Bekleidungsbretter, Geländestangen			■	■	■		
Latten, Säumlinge					■	■	
Europaletten					■		
Einwegpaletten						■	■
Verpackung						■	■
Fußbodendielen	■	■	■	■	■		
Unterböden					■	■	■
Rauspund						■	■
Umzäunungen					■		
Verkleidete Tafelfelder					■	■	
Wind-/ Schnee-abweisbretter					■		
Schalung						■	
Bootsbau, Deckblanken	■	■	■	■			
Handwerkszwecke	■						
Profilholz für Sauna	■	■	■	■	■		
Frischastholz			■	■	■	■	
Rahmenholz, Fenster, Türen			■	■	■		
Möbelholz, Massivholzplatten				■	■	■	

108 verändert nach: Föreningen Svenska Sågverkmän, Suomen Sahateollisuusmiesten Yhdistys & Treindustriens Tekniske Forening i Norge: Nordisches Holz, a.a.O., S. 20

2.2 Die Geschichte der holzwirtschaftlichen Beziehungen Deutschlands mit den nordischen Ländern

Holzhandel zwischen den nordischen Ländern und dem Gebiet des heutigen Deutschlands wurde nachweislich bereits vor einem Jahrtausend betrieben. Aus alten Urkunden geht hervor, dass bereits im Jahre 1016 n. Chr. ein Bremer Holzkaufmann in Norwegen von einem Isländer namens Thorfin Karlsefne einen amerikanischen Ahornstamm für eine halbe Goldmark erworben hat.[109]

Der schwedische Holzexport wurde erstmals in einer hanseatischen Urkunde des Jahres 1366 erwähnt. In dieser wird beschrieben, dass verschiedene Hansestädte am schwedischen Ausfuhrhandel mit Erzen, Pelzwerk und Holz beteiligt seien. Hauptsächlich wurden damals Schiffsbauhölzer wie Masten, Planken und Dielen gehandelt. Weitere Handelsgüter waren Brennholz, Holzteer und Holzgefäße. Dem Schwedenkönig Gustav Vasa gelang es im Jahre 1523 erstmals durch Verordnungen, den schwedischen Holzexport unter Kontrolle zu bekommen.[110]

Bis ins 19. Jahrhundert hinein wurden die Holzimporte aus Skandinavien jedoch nicht aus volkswirtschaftlicher Notwendigkeit durchgeführt, sondern entsprangen lediglich kaufmännischem Unternehmergeist. Ab Mitte des 19. Jahrhunderts bedingte die Industrialisierung Zentraleuropas und die damit zusammenhängende Bevölkerungszunahme, den wachsenden Bedarf der Bauwirtschaft an Holz mit einheitlicher Struktur und hochwertigen technischen Eigenschaften.[111] Dieser Bedarf konnte in erster Linie durch die relativ leicht zu erschließenden Nadelwälder Skandinaviens

---

[109] vgl. Stoll, H-L.: Abhängigkeit des westdeutschen Holzmarktes von Importen aus den nordeuropäischen Ländern unter besonderer Berücksichtigung des Nadelschnittholz-Sortimentes, Dissertation zur Erlangung des Doktorgrades der Mathematisch-Naturwissenschaftlichen Fakultät der Universität Hamburg, Hamburg 1953, S. 5

[110] vgl. Brockstedt, H-P.: Der Nadelschnittholzimport der Bundesrepublik Deutschland aus Schweden seit 1952, Diplomarbeit zur Erlangung des akademischen Grades eines Diplom-Holzwirtes an der Mathematisch-Naturwissenschaftlichen Fakultät der Universität Hamburg, Hamburg 1964, S. 4

[111] Während im Jahre 1830 der gesamte deutsche Holzverbrauch bei 32 Mio. fm(r) lag, hatte er sich zur Jahrhundertwende nahezu verdoppelt. vgl. Rosen von, G-F.: Der Holzimport Deutschlands unter besonderer Berücksichtigung der zukünftigen deutschen Holzversorgung, Dissertation zur Erlangung des Doktorgrades der Mathematisch-Naturwissenschaftlichen Fakultät der Universität Hamburg, Hamburg 1953, S. 7

gedeckt werden. Damit einhergehend kam es zu einer immer stärkeren Produktionsausweitung in diesen Ländern.[112]

Um 1860 begann der industrielle Aufschwung in Deutschland. Dieser war auch durch die Kriege in den Jahren 1864, 1866 und 1870/71 nicht mehr aufzuhalten. Im Jahre 1864 überstieg in Deutschland erstmals der Holzimport die Holzausfuhr.[113] [114] Eine analoge Wirtschaftsentwicklung war auch im skandinavischen Exportgeschäft zu beobachten. Lag im Jahre 1846 der schwedische Holzexportwert noch bei etwa 15% des gesamten Exportwertes, waren es bereits zwanzig Jahre später über 50%.[115]

Ein weiterer bedeutsamer Faktor ist in der technischen Entwicklung der skandinavischen Sägeindustrie zu sehen. Diese nahm durch den Aufbau des ersten dampfbetriebenen Sägewerks[116] im Jahre 1848 im schwedischen Tunadal[117] ihren Anfang.[118] In den folgenden Jahrzehnten kam eine große Anzahl an Dampfsägewerken hinzu. Dadurch verfünffachte sich nahezu die schwedische Holzexportmenge innerhalb von 20 Jahren.[119] Tabelle 5 verdeutlicht die rasante Entwicklung der dampfbetriebenen Sägewerke in Schweden zwischen den Jahren 1850 und 1900.

---

[112] vgl. Stoll, H-L.: a.a.O., S. 6

[113] Die deutsche Holzbilanz weist im Jahre 1864 eine Exportmenge von 2,1 Mio. fm(r) aus, während der Import mit 3,0 Mio. fm(r) beschrieben wird. vgl. Rosen von, G-F.: a.a.O., S. 9 ff.

[114] vgl. Stoll, H-L.: a.a.O., S. 6

[115] vgl. Brockstedt, H-P.: a.a.O., S. 4

[116] Bis zu dieser Zeit wurden die Sägewerke ausschließlich mit Wasserkraft betrieben. Das Problem dabei war, dass man diese Werke lediglich im Inland an Bächen und Wasserfällen platzieren konnte. Die neuen Dampfsägewerke konnten dagegen an der Küste gebaut werden, was deutliche Erleichterungen beim Transport der Fertigware mit sich brachte.

[117] Das bei Sundsvall gelegene Sägewerk Tunadal gehört heute zum SCA Konzern und zählt mit einer Produktionskapazität von über 300.000cbm/Jahr Nadelschnittholz zu den leistungsfähigeren Sägewerke Schwedens. vgl. SCA Timber: Tunadals sågverk, För mervärde i utvecklat trä, in: http://www.timber.sca.com/-pdf/TUNADALSSAGVERK.pdf (Zugriff: 01.12.03)

[118] vgl. Stoll, H-L.: a.a.O., S. 5

[119] vgl. Innovatum Kunskapens Hus: Kraftkällan, in: http://kh.innovatum.se/Files/Kraftkallan.pdf (Zugriff: 01.12.03), S. 20

Tabelle 5: Entwicklung der Dampfsägewerke in Schweden von 1850-1900[120]

Jahr	1850	1862	1871	1880	1890	1900
Anzahl der Dampfsägewerke	1	22	61	121	185	230

Den alles entscheidenden Fortschritt brachte die Erfindung der Eisenbahn und der damit verbundene Ausbau des Verkehrsnetzes. Das Holz konnte nun problemlos über weite Strecken von den Holzüberschussgebieten zu den Holzmangelgebieten transportiert werden.[121]

Bis zur Jahrhundertwende des 20. Jahrhunderts hatte sich Deutschland neben Großbritannien zur bedeutendsten Holzimportnation Europas entwickelt.[122] Vor allem die verkehrsgünstig mit Ostseehäfen ausgestatteten Mecklenburger Küstenstädte sowie die Hansestadt Lübeck waren hierzulande im Import von nordischem Nadelschnittholz führend. Von dort wurde die Ware über das Eisenbahnnetz in das nord- und mitteldeutsche Binnenland transportiert.[123] [124]

Während des ersten Weltkrieges ging der deutsche Holzimport auf fast 1/10 seines Vorkriegswertes zurück.[125] Im verstärkten Maße wurde in dieser Zeit auf die Ressourcen der eigenen Forstwirtschaft zurückgegriffen. Die unruhigen Nachkriegsjahre mit wirtschaftlichen Schwierigkeiten und Inflation machten nicht zuletzt dem Holzhandel zu schaffen. Erst durch die Einführung der Rentenmark im Jahre 1923 und die dadurch erhaltene Stärkung der deutschen Wirtschaftskraft, entwickelte sich das Land wieder zu einem der bedeutenden Holzimportländer der Welt.[126] [127]

---

120 vgl. Innovatum Kunskapens Hus: Kraftkällan, in: http://kh.innovatum.se/Files/Kraftkallan.pdf (Zugriff: 01.12.03), S. 20

121 vgl. Brockstedt, H-P.: a.a.O., S. 5

122 Die Importmenge überschritt im Jahre 1904 erstmals die 10 Mio. fm (r) Grenze.

123 Selbst der Hamburger Raum wurde von Lübeck aus versorgt, der Hamburger Hafen wurde nie im großen Umfang zum Holzumschlag genutzt. Erst durch den Bau des Nord-Ostseekanals entstand in den Bremer Häfen ein weiteres Holzzentrum.

124 vgl. Stoll, H-L.: a.a.O., S. 6

125 Die Importmenge im Jahre 1907-13 lag bei durchschnittlich 14,23 Mio. fm (r). Die Holzeinfuhr im Jahre 1920 erreichte dagegen nur noch eine Menge von 1,64 Mio. fm (r). vgl. Rosen von, G-F.: a.a.O., S. 24 ff.

126 Im Jahre 1928 erreicht der Holzimport mit einem Volumen von 20,4 Mio. fm (r) bis dato sein Maximum. vgl. Rosen von, G-F.: a.a.O., S. 53

127 vgl. Stoll, H-L.: a.a.O., S. 6

Durch die politischen Entwicklungen bedingt, versuchte Deutschland ab dem Jahre 1933 einen von der Weltwirtschaft unabhängigen Weg einzuschlagen. Die Holzeinfuhr wurde dabei bis auf ca. 10,5 Mio. fm(r) zu Beginn des 2. Weltkrieges gedrosselt. Der verheerende Krieg und der dadurch verursachte politische und wirtschaftliche Zusammenbruch des Landes brachten den Holzaußenhandel fast gänzlich zum Erliegen. Mit dem Wiederaufbau, dem damit zusammenhängenden Wirtschaftsaufschwung und der Aktivierung der deutschen Zahlungsbilanz gegenüber der Europäischen Zahlungsunion, nahm der Holzimport ab dem Jahre 1949 wieder stark zu.[128] Abbildung 4 zeigt den Holzimport der Bundesrepublik Deutschland aus den nordischen Ländern von 1955-2003.

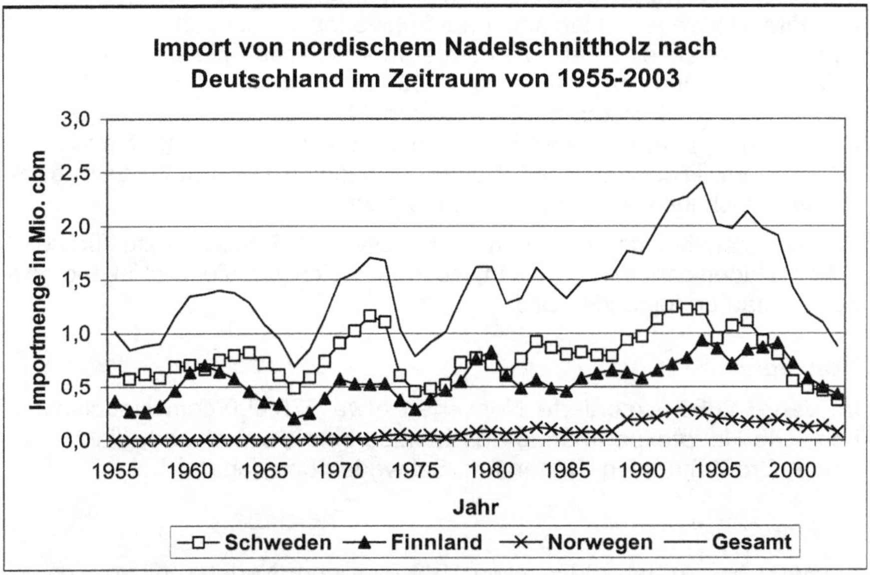

Abbildung 4: Import von nordischem Nadelschnittholz nach Deutschland im Zeitraum von 1955-2003[129]

[128] vgl. Kroth, W.; Bartelheimer, P.: Holzmarktlehre, Verlag Paul Parey, Hamburg und Berlin, 1993, S. 47

[129] Eigene Darstellung. Quelle: Zentrale Markt- und Preisberichtstelle für Erzeugnisse der Land-, Forst- und Ernährungswirtschaft GmbH, (ZMP) Jahrbücher, Bonn 1955-2003, sowie Europäischer Wirtschaftsdienst (EUWID): Fachzeitschrift Holz und Holzwerkstoffe, Verlag Gernsbach

2.3 Der Nadelschnittholz-Außenhandel der nordischen Länder aus heutiger Sicht

Anhand der Abbildung 4 lässt sich die Entwicklung des Nadelschnittholzimportes aus den nordischen Ländern nach Deutschland in den letzten Jahren nachvollziehen. Die Gesamteinfuhr ging gegenüber dem Spitzenjahr 1994 (2.404.332 cbm) um 63,4% auf 880.139 cbm im Jahre 2003 zurück. Am stärksten war Schweden von diesem Mengeneinbruch betroffen, welches gegenüber seinem Spitzenjahr 1992 (1.244.815 cbm) einen Rückgang von über 70,1% auf 371.796 cbm im Jahre 2003 erfahren musste.[130]

Vergleicht man die deutschen Importmengen aus den drei nordischen Ländern Norwegen, Finnland und Schweden miteinander, so fällt auf, dass Norwegen eine relativ untergeordnete Rolle spielt. Während beispielsweise Finnland im Jahre 2003 eine Menge von 430.787 cbm (ca. 49%) und Schweden 371.796 cbm (42,2%) Nadelschnittholz nach Deutschland lieferte, exportierte Norwegen lediglich eine Menge von 77.556 cbm. Dieses entspricht einem Prozentsatz von 8,8% beim direkten Vergleich innerhalb der drei benachbarten Länder.[131]

Bezieht man bei der Betrachtung die anderen Exportmärkte für nordisches Nadelschnittholz mit ein, so ergibt sich für die drei skandinavischen Staaten folgendes Bild:

Norwegen

Im Jahre 2000 exportierte Norwegen etwa 570.000 cbm Nadelschnittholz. Die Hauptexportmärkte des Landes sind Deutschland, die Niederlande, Großbritannien, Dänemark, Schweden und Japan.[132]

Finnland

Finnland hat im Jahr 2000 etwa 13,3 Mio. cbm Nadelschnittholz produziert. Davon wurden etwa 8,4 Mio. cbm exportiert. Etwa zwei Drittel der

---

130 Dabei ist zu berücksichtigen, dass die starke Zunahme der Importmenge an Nadelschnittholz Anfang der 90er Jahre des 20. Jahrhunderts auf den großen Bedarf zurückzuführen ist, der durch die deutsche Wiedervereinigung und den damit verursachten Bauboom im Osten der Republik hervorgerufen wurde.

131 Europäischer Wirtschaftsdienst (EUWID): Fachzeitschrift Holz und Holzwerkstoffe, Verlag Gernsbach

132 vgl. Trelastindustriens Landsforening: Tabeller og figurer er hentet fra TLs statistikhefte og årsberetning år 2000 in: http://www.trelast.no/aarstat.htm (Zugriff: 11.03.02)

Exporte gingen in die Länder Westeuropas. Die wichtigsten Märkte für finnisches Nadelschnittholz sind Großbritannien mit Nordirland, Deutschland, Frankreich und die Niederlande. Weitere bedeutende Märkte sind Nordafrika und Japan. Die Vereinigten Staaten und China entwickeln sich in den letzen Jahren zu neuen Märkten für die finnische Sägeindustrie.[133]

Schweden

Schweden ist nach Kanada größter Exporteur von Nadelschnittholz der Welt. Im Jahre 2000 exportierte das Land etwas mehr als 11 Mio. cbm. Die wichtigsten Exportländer sind Großbritannien, Dänemark, Deutschland, Niederlande, Norwegen, Japan, Ägypten, Spanien, Frankreich, Irland, Italien und Griechenland.

Schwedens Anteil am europäischen Schnittholzhandel liegt im Jahre 2000 bei ca. 28%. In Europa konkurriert Schweden vor allem mit Finnland. Weltweit gesehen ist der Markt für schwedisches Schnittholz vor allem in Ostasien zunehmend.[134]

---

[133] vgl. Verband der Finnischen Forstindustrie Helsinki 6/2001 ISSN 1238-4151: Fakten und Zahlen 2001 a.a.O. (Zugriff: 11.03.02)

[134] vgl. Sveriges Lantbruksuniversitet, Institutionen för skogshushållning, Holzabsatzmärkte, in: http://www.sh.slu.se/svensk/Saginv95/saginv/deutsch/markte.html (Zugriff: 05.03.03)

3 Strukturelle Entwicklung, Organisation und Ablauf von Handelsgeschäften in Bezug auf den nordischen Nadelschnittholzmarkt

Das Kapitel 3 beschäftigt sich ausführlich mit der Beschreibung der gegebenen Marktsituation im nordischen Nadelschnittholzhandel samt der zu beachtenden handels- und zollrechtlichen Vorgaben. Des Weiteren erfolgt eine genaue Analyse der Geschäftsabwicklung von nordischem Nadelschnittholz und der daran direkt und indirekt beteiligten Unternehmens- bzw. Organisationsformen. Abschließend setzt sich das Kapitel mit den Transportmitteln für Nadelschnittholz sowie den für die Geschäftsabwicklung notwendigen Dokumenten auseinander.[135] Abbildung 5 gibt einen Überblick über die Struktur des Kapitels.

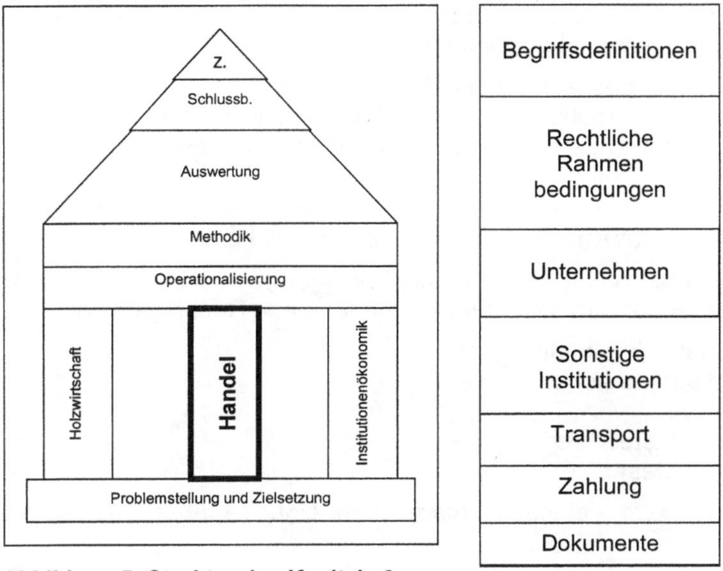

Abbildung 5: Struktur des Kapitels 3

---

135 Die Organisation und Überwachung der Transporte sowie die Abwicklung der Dokumente stellt einen wesentlichen Arbeitsinhalt der jeweiligen Vertriebsunternehmen für nordisches Nadelschnittholz dar. Daher wird auf die Beschreibung dieser Themenbereiche besonderer Wert gelegt.

3.1 Allgemeine Begriffsdefinitionen des Außenhandels

Unter Außenhandel versteht man alle betriebswirtschaftlichen Tätigkeiten zur Unterhaltung von wirtschaftlichen Beziehungen zum Ausland auf der Grundlage des grenzüberschreitenden Waren- und Dienstleistungsverkehrs sowie von Übertragungen von Rechten.[136]

Die Grundformen des Außenhandels sind:

- **Import**: Unter Import wird der (entgeltliche) grenzüberschreitende Bezug von wirtschaftlichen Dienstleistungen (überwiegend Waren) aus dem Ausland verstanden;
- **Export**: Export ist die (entgeltliche) grenzüberschreitende Bereitstellung von wirtschaftlichen Leistungen (vor allem Waren) an das Ausland;
- **Transithandel**: Unter Transithandel ist die grenzüberschreitende Durchführung von wirtschaftlichen Leistungen (i.d.R. Warenhandel) zu verstehen. Dabei hat der ausführende Transithändler seinen Sitz weder im Import- noch im Exportland.

Als Sonderformen des Außenhandels bezeichnet man Rechtsgeschäfte, die aufgrund ihres Rechtscharakters oder hinsichtlich ihres wirtschaftlichen Ablaufs nicht eindeutig den Grundformen zuzuordnen sind.[137] [138]

3.2 Rechtliche Rahmenbedingungen beim Import von Nadelschnittholz aus den nordischen Ländern

Zu den relevanten rechtlichen Rahmenbedingungen im Zusammenhang mit der vorliegenden Fragestellung zählen folgende Rechtsgebiete:

- Internationale Vereinbarungen;
- Außenwirtschaftsrecht;
- Zollwesen;
- Einfuhrumsatzsteuerrecht;
- Kaufvertragswesen.

Im Folgenden werden diese Rechtsbereiche einer genauen Analyse unterzogen.

---

[136] vgl. Jahrmann, F.-U.: Außenhandel, 10. überarbeitete und erweiterte Auflage, Friedrich Kiehl Verlag GmbH, Ludwigshafen 2001, 602 Seiten, S. 25

[137] Hierzu zählen: Veredelungsverkehr, Lizenzfertigung, Direktinvestitionen, Kooperationen, Auslandsprojektgesellschaften, Kompensationsgeschäfte.

[138] vgl. Jahrmann, F.-U.: Außenhandel, a.a.O., S. 26

3.2.1 Internationale Vereinbarungen

An erster Stelle ist hier das GATT[139] zu nennen sowie die vielen regionalen Freihandelszonen und nicht zuletzt die Europäische Union (EU). Zu unterscheiden von diesen internationalen Handelsverträgen sind kurzfristige Handelsabkommen, die meist nur konkrete Einfuhrformalitäten oder den Devisenverkehr regeln.[140]

3.2.2 Außenwirtschaftsrecht

Das deutsche Außenwirtschaftsrecht gliedert sich in folgende Teilbereiche auf:

- Außenwirtschaftsgesetz (AWG);
- Außenwirtschaftsverordnung (AWV);
- Zuständigkeitsverordnung.[141]

Außenwirtschaftsgesetz und Außenwirtschaftsverordnung

Das Außenwirtschaftsgesetz kommt innerhalb der EU in der ursprünglichen Form nicht mehr zur Anwendung. Es ist zwar noch weiterhin als nationales Recht vorhanden, beinhaltet jedoch bereits alle EU-Verordnungen für den gemeinschaftlichen Außenwirtschaftsverkehr.[142]

Im Grundsatz ist der grenzüberschreitende Waren-, Dienstleistungs-, Kapital- und Zahlungsverkehr frei. Ausnahmen müssen durch ein Gesetz und entsprechende Rechtsverordnungen eindeutig definiert werden. In die Freiheit der wirtschaftlichen Betätigung darf nur so wenig wie möglich eingegriffen werden. Die das Gesetz konkretisierenden Rechtsverordnungen werden in der Außenwirtschaftsverordnung zusammengefasst.[143]

---

139 General Agreement on Tarifs and Trade (Allgemeines Zoll- und Handelsabkommen). Das Hauptanliegen des GATT ist der Abbau von Handelsbeschränkungen.

140 vgl. Jahrmann, F.-U.: Außenhandel, a.a.O., S. 34 ff. sowie S. 88 ff.

141 Hinzu kommt noch das Kriegswaffenkontrollgesetz, welches jedoch in diesem Fall unrelevant ist.

142 Der deutsche Gesetzgeber hat aus verschiedenen Gründen die EU-Verordnungen in das deutsche Außenwirtschaftsrecht einbezogen. Dies wäre rein formell nicht notwendig gewesen, da EU-Verordnungen in den jeweiligen Ländern unmittelbar anzuwendendes Recht sind. vgl. Jahrmann, F.-U.: Außenhandel, a.a.O., S. 89

143 vgl. Jahrmann, F.-U.: Außenhandel, a.a.O., S. 87 ff.

Ein- und Ausfuhrverfahren

Das Verbringen von beweglichen Sachen[144] in den oder aus dem Wirtschaftsraum wird als Ein- respektive Ausfuhr[145] bezeichnet. Einführer und Ausführer sind demnach diejenigen, die eine Ein- bzw. Ausfuhr veranlassen.[146]

Es gibt folgende unterschiedliche Arten des Ein- bzw. Ausfuhrverfahrens:[147]

- genehmigungsfreie Einfuhr/Ausfuhr;
- genehmigungsbedürftige Einfuhr/Ausfuhr;
- vereinfachte Einfuhr/Ausfuhr.

Der Import von Nadelschnittholz in die Bundesrepublik Deutschland ist generell als genehmigungsfreie Einfuhr eingestuft.[148] [149]

Ergänzungen durch europäisches Recht

Das gemeinsame Ziel der EU-Regelungen ist, dass sich ein innergemeinschaftlicher Verkehr nicht mehr von der Behandlung innerhalb eines EU-Landes unterscheiden soll. Der Handel innerhalb der Europäischen Union ist demnach Binnenhandel. Insofern spricht man hier nicht mehr von Im- und Export sondern von Eingang und Versendung. Zu diesem Zweck werden die Waren als Gemeinschaftswaren definiert. Gemeinschaftswaren sind demzufolge Waren, die entweder in der EU hergestellt, oder Drittlandswaren, die zum freien Verkehr innerhalb der EU abgefertigt wurden. Der Außenhandel wird als Handel der EU-Staaten mit Drittländern definiert. Hier spricht man weiterhin von Im- und Export.[150]

---

144 Hierzu zählen z.B. auch Elektrizität, Wertpapiere und Zahlungsmittel.

145 Als Synonyme hierfür finden die internationalen Begriffe „Import“ und „Export“ Anwendung.

146 Spediteure und Frachtführer sind keine Ein-/Ausführer in diesem Sinne, da sie nur im Auftrag Dritter handeln.

147 vgl. Jahrmann, F.-U.: Außenhandel, a.a.O., S. 93 ff.

148 Da der Nadelschnittholzhandel mit Schweden bzw. Finnland aufgrund deren Mitgliedschaft in der EU als Binnenhandel angesehen wird, betrifft dies im vorliegenden Kontext lediglich den Import von Nadelschnittholz aus dem Nicht-EU-Land Norwegen.

149 vgl. Kroth, W.; Bartelheimer, P.: Holzmarktlehre, a.a.O., S. 99

150 vgl. Jahrmann, F.-U.: Außenhandel, a.a.O., S. 36 ff.

3.2.3 Zollwesen

Außer den bereits aufgezählten Gesetzen und Verordnungen gehört zum deutschen Außenwirtschaftsrecht noch das Zollrecht.[151]

Das Zollgebiet umfasst grundsätzlich das gesamte Hoheitsgebiet der Europäischen Union. Zollfreie Gebiete sind Freihäfen in Luft- und Schifffahrt, Sonderregionen (z.B. Helgoland) sowie Schiffe und Flugzeuge in Freihäfen, die teilweise das Hoheitsgebiet anderer Staaten darstellen. Seit der Verlagerung der Zollformalitäten in die Unternehmen sind die Binnengrenzen innerhalb der EU nicht mehr von Bedeutung. Dies bedeutet, dass der Warenverkehr von Gemeinschaftswaren innerhalb der Europäischen Union zollrechtlich gleichbehandelt wird wie Warenverkehr innerhalb eines jeweiligen Staates.[152]

Waren, die von außen in das Zollgebiet der EU verbracht werden und noch nicht verzollt sind, werden als Drittlandsgut bezeichnet. In der EU erzeugte Waren[153] werden dagegen als Gemeinschaftsgüter bezeichnet, für die es keine Zollformalitäten mehr gibt.

Alle Drittlandsgüter sind im Grundsatz immer Zollgut und unterliegen den Einschränkungen des Zollrechtes. Erst nach der Zollabfertigung wird daraus Freigut, über das nach Belieben verfügt werden darf.[154]

Der Zolltarif für Nadelschnittholz

Der gemeinsame Außenzoll der EU sieht für (Nadel-)Schnittholz generell Zollfreiheit vor.[155] Hinzu kommt, dass auch Einfuhren aus EFTA-Ländern (Norwegen) aufgrund bilateraler Zollabkommen zollfrei sind.[156]

---

151 Während das AWG die Grundsätze, Beschränkungsmöglichkeiten sowie die Abwicklung des Außenwirtschaftsverkehrs festlegt, regelt das Zollrecht die zolltechnische Warenbehandlung sowie die Abgabenbelastung.

152 vgl. Jahrmann, F.-U.: Außenhandel, a.a.O., S. 106 f.

153 Außerdem fallen hierunter auch noch die zum freien Verkehr abgefertigten Drittlandsgüter.

154 vgl. Jahrmann, F.-U.: Außenhandel, a.a.O., S. 106 f.

155 Damit soll das Defizit an Holz im Bereich der EU gemildert werden. vgl. Kroth, W.; Bartelheimer, P.: Holzmarktlehre a.a.O., S. 96

156 vgl. Kroth, W.; Bartelheimer, P.: Holzmarktlehre, a.a.O., S. 95

Ablauf der zolltechnischen Warenbehandlung von Nadelschnittholz aus Drittländern

Bei der Einfuhr von Nadelschnittholz[157] aus den Drittländern (wie z.B. Norwegen) in die EU wird das so genannte externe Versandverfahren (T 1) angewandt. Importiert ein deutsches Unternehmen ein Drittlandsgut im Versandverfahren, so erfolgt die Zollbehandlung erst bei der Bestimmungszollstelle in Deutschland durch den Zollbeteiligten.[158] In der Regel stellt der Spediteur im Auftrag des zollpflichtigen Unternehmens bei der zuständigen Behörde einen Zollantrag. Die Zollbehörde entscheidet über die Zulässigkeit der Einfuhr und über die Art der Zollbehandlung. Dem Zollantrag ist die Zollanmeldung[159] beigelegt, die alle notwendigen Angaben wie Warenwert, Gewicht etc. über die Ware enthält. Die Ware wird dann im Zuge der Zollbeschau begutachtet und der Befund im Zollbefund bescheinigt. Der Zolltarif wird ermittelt[160] und der Zollbescheid oder, wie im Falle von Nadelschnittholz, der Freistellungsbescheid erstellt.[161] Für Unternehmen, die regelmäßig importieren, können Vereinfachungen zugelassen werden, die die Gestellung am Ort der Verladung oder im Betrieb des Empfängers erlauben.[162]

3.2.4 Einfuhrumsatzsteuer beim Import von nordischem Nadelschnittholz

Trotz des europäischen Binnenmarktes gilt im Warenverkehr zwischen den EU-Ländern weiterhin[163] das so genannte Bestimmungslandprinzip.

---

[157] Nadelschnittholz wird aktuell mit den Zollnummern 4407-10-91, 4407-10-93, 4407-10-98 geführt. vgl. http://www.zoll-d.de/index.html (Zugriff: 11.03.02)

[158] Die Ware wird vom Zollbeteiligten bei der Abgangszollstelle gestellt und dokumentiert und unter Zollverschluss versandt. Die Grenzübergangsstelle überprüft die Ware nur noch im Verdachtsfalle.

[159] Die Zollanmeldung wird i.d.R. auf dem EU-Einheitspapier abgewickelt.

[160] Bei Nadelschnittholz liegt der Zolltarif bei 0,0%. vgl. http://www.zoll-d.de/index.html (11.03.02)

[161] vgl. Jahrmann, F.-U.: Außenhandel, a.a.O., 106 ff.

[162] Ebert, J.: mündliche Aussage des Prokuristen des Importhobelwerkes Finke + Bünemann GmbH, Bremen, vgl. auch Jahrmann, F.-U.: Außenhandel, a.a.O., S. 129

[163] Das angestrebte Ursprungslandprinzip (Besteuerung im Land, in dem die Ware gekauft worden ist) konnte bisher beim gewerblichen Handel nicht durchgesetzt werden.

Dies bedeutet, dass bei der Besteuerung der eingeführten Ware, die im jeweiligen Importland geltenden Steuersätze anzuwenden sind.[164]

Dies bedeutet in der praktischen Umsetzung, dass bei der Ausfuhr aus Schweden oder Finnland nordisches Nadelschnittholz im Ursprungsland von der Umsatzsteuer grundsätzlich befreit ist. Bei der Einfuhr nach Deutschland hingegen wird die Ware mit dem hier gültigen Umsatzsteuersatz von derzeit[165] 16% belegt. Durch die Ausfuhrentlastung und die Einfuhrbelastung sollen steuerbedingte Wettbewerbsverzerrungen zwischen importierten und einheimischen Produkten vermieden werden.[166]

Gemeinschaftswaren können somit innerhalb der EU ohne größere Formalitäten verschickt werden. Voraussetzung für steuerfreie innergemeinschaftliche Lieferungen ist die Angabe der Umsatzsteuer-Identifikationsnummer des Handelspartners. Diese weist im Zusammenhang mit der Rechnungslegung eine juristische oder natürliche Person aus, die im Bestimmungsland der Erwerbsbesteuerung (Einfuhrumsatzsteuer) unterliegt. Somit kann der Versender die Ware ohne weitere aufwendige Prüfung umsatzsteuerfrei in das Bestimmungsland senden.[167]

Die Einfuhrumsatzsteuer für Waren aus Drittländern wie z.B. Norwegen wird durch die Zollbehörden bei der Zollabwicklung (vgl. Kap. 3.2.3) im Rahmen der Einfuhrabgaben erhoben.[168]

3.2.5 Kaufvertragswesen

Als Vertrag wird ein zweiseitiges Rechtsgeschäft bezeichnet, welches durch zwei einander entsprechende Willenserklärungen (Antrag und Annahme) auf der Grundlage von Leistung und Gegenleistung beruht. Zu den Grundformen der Verträge zählt u.a. der Kaufvertrag. Weitere, im Zusammenhang mit der vorliegenden Thematik relevante Vertragsarten sind z.B. der Dienstleistungsvertrag und der Liefervertrag.[169]

---

164 Die Mehrwertsteuersätze sind in Schweden 25%, Finnland 22% und in Norwegen 24% (Stand 2003).

165 Stand 2004

166 vgl. Jahrmann, F.-U.: Außenhandel, a.a.O., S. 42 f.

167 vgl. ebenda, S. 119 f.

168 vgl. ebenda

169 vgl. Altmann, J.: Außenwirtschaft für Unternehmen, 2. völlig neubearbeitete und erweiterte Auflage, Stuttgart, Lucius und Lucius, 2001, S. 161

3.2.5.1 Allgemein Aussagen zum Kaufvertragswesen

Das Grundproblem bei der vertragsrechtlichen Betrachtung des Außenhandels im Allgemeinen und des Nadelschnittholzimports im Speziellen ist darin zu sehen, dass immer mindestens zwei verschiedene Rechtsgebiete berührt werden. In diesen Rechtsgebieten können unter Umständen teilweise erheblich voneinander abweichende Rechtsauffassungen bestehen.[170] Diese müssen durch den Vertragsinhalt oder durch Rahmenvereinbarungen für das konkrete Außenhandelsgeschäft in Einklang gebracht werden.[171]

So enthält das internationale Privatrecht[172] Vorschriften, die der Konfliktlösung dienen sollen. Es legt fest, welche Rechtsordnung bei Rechtsgeschäften mit Personen aus verschiedenen Staaten anzuwenden ist.[173] Maßgeblich soll immer der Wille der Vertragsparteien sein, so dass grundsätzlich der Vertrag dem von ihnen gewählten Recht unterliegt. Mangelt es an einer derartigen Bestimmung, unterliegt der Vertrag dem Recht des Staates, mit dem er die engste Verbindung aufweist.[174] Eng verknüpft mit der Rechtswahl ist die Klärung der gerichtlichen Zuständigkeit. Im Bereich der EU gilt seit 1973 das „Übereinkommen über die gerichtliche Zuständigkeit und die Vollstreckung gerichtlicher Entscheidungen in Zivil- und Handelssachen." Darüber hinaus gilt auf internationaler Ebene das „New Yorker Übereinkommen über die Anerkennung und Vollstreckung ausländischer Schiedssprüche."[175]

3.2.5.2 Kaufvertragswesen beim Import von nordischem Nadelschnittholz

Die Holzimporte früherer Jahrhunderte wurden ausnahmslos im Rahmen der allgemein anerkannten Gebräuche abgewickelt. Dabei war der Kaufmann bei der Abwicklung seiner Geschäfte nahezu völlig auf sich alleine gestellt, zumal es an einer internationalen Gerichtsbarkeit fast völlig mangelte. Die Kontrakte jener Zeit waren individuell und einfach aufgebaut. Es gab zwar gewisse Übereinstimmungen, wie z.B. bei Zah-

---

170 Es wird jedoch versucht, diese Rechtsunterschiede im Rahmen der Rechtsangleichung innerhalb der EU mehr und mehr aufzuheben.

171 vgl. Jahrmann, F.-U.: Außenhandel, a.a.O., S. 130 ff.

172 Das internationale Privatrecht ist Bestandteil der jeweiligen staatlichen Rechtsordnung.

173 Hierbei haben internationale Vereinbarungen immer Vorrang und die ausländischen Rechtsnormen dürfen nicht gegen die Grundrechte verstoßen.

174 In der Regel ist dies der Staat aus dem der Exporteur stammt.

175 vgl. Jahrmann, F.-U.: Außenhandel, a.a.O., S. 130 ff.

lungsgewohnheiten, der Warenspezifikation sowie Transportvereinbarungen. Diese waren jedoch nicht so ausgereift, dass man sie als eine Art Rahmenvertrag hätte bezeichnen können.[176]

Noch zu Beginn des 20. Jahrhunderts enthielt ein Holzkontrakt nicht viel mehr als Namen und Adressen der Vertragspartner und eventuell des Vermittlers sowie Angaben zu Spezifikation, Preis und Lieferzeit. Gelegentlich wurden noch zusätzlich Vereinbarungen über Zahlungsbedingungen, eine Force-Majeure-Klausel[177] sowie die Reklamationsfrist eingefügt. Jedoch waren alle Bestimmungen eher summarisch formuliert. Bestimmungen, die nicht ausdrücklich im Kontrakt standen, wusste man aus Erfahrung und handelte auch danach.[178] [179]

In der 2. Hälfte des 19. Jahrhunderts begann sich der Holzimport aus den nordischen Ländern nach West- und Mitteleuropa in gewisse, allgemein anerkannte Formen zu fügen. Zuerst in England, später auch in den zentraleuropäischen Ländern Deutschland, Niederlande und Frankreich, entwickelte man auf allgemein gewohnheitsrechtlicher Grundlage Rahmenkontrakte, bei denen es nur noch darauf ankam, die jeweiligen besonderen Einzelheiten zwischen den Vertragspartnern zu spezifizieren.[180] Der erste Rahmenvertrag in gedruckter Form ist in Deutschland im Jahre 1909 entstanden.[181]

Der erste Rahmenvertrag für den nordischen Holzimport wurde im Jahre 1915 geschlossen[182] und Ende der 20er Jahre des letzten Jahrhunderts

---

176 vgl. Brockstedt, H-P.: a.a.O., S. 2 ff.

177 Force Majeure = Höhere Gewalt.

178 Das Anwachsen der Kontraktklauseln zu mittlerweile 23 Paragraphen kann im Prinzip als eine Niederschrift dessen angesehen werden, was zur damaligen Zeit die Vertragspartner als selbstverständlich ansahen.

179 vgl. Brockstedt, H-P.: a.a.O., S. 2 ff.

180 Diese Verträge sollten damals wie heute nur den Rahmen eines Individualvertrages bilden und keinesfalls in die gesetzliche Vertragsfreiheit der beteiligten Parteien eingreifen.

181 Dieser wurde zwischen der amerikanischen „Gulf Coast Lumber Exporters Association" und der „Vereinigung Hamburger Pitchpine-Importeure" getroffen.

182 Die Partner dieses Abkommens waren auf deutscher Seite der „Verein der Holzhändler und Sägemühlenbesitzer Lübecks und der Umgebung" sowie die „Vereinigung Hamburger Pitchpine-Importeure". Auf schwedischer Seite waren dies die „Svenska Trävaruexportföreningen" und in Finnland die „Finska Sågverksägareföreningen". Der Vertrag enthielt Bestimmungen über die Durchführung von Arbitragen, den Mengenspielraum des Verkäufers bei Verschiffung sowie über die Agentenprovision.

durch den F.O.B[183]-Schlussschein[184] „Germania 1928" abgelöst. Aus diesem entwickelten sich wiederum die (ersten umfassenden) Bedingungen des F.A.S-Schlussscheins[185] „Germania 1952". Dieser Germania-Kontrakt hatte bereits aufgrund der in dieser Zeit stark zunehmenden Waggonfrachten mit dem so genannten „Slip für Waggongeschäfte zum Schlussschein (F.A.S) Germania 1952" eine entsprechende Ergänzungsregelung bekommen (vgl. Kap. 3.5.2).[186] [187]

Im Jahre 1966 wurde der „Germania 1952" durch den Rahmenvertrag „Deutschwaggon 1966" ergänzt, welcher nun zusätzlich die Lieferung per Eisenbahnwaggon regelte.[188] Beide Rahmenverträge sind vom Verein Deutscher Holzeinfuhrhäuser - VDH (vgl. Kap. 3.4.1.1), vom Verein Schwedischer Holzexporteure und vom Verein Finnischer Sägewerksbesitzer angenommen worden.

Anfang der 80er Jahre des 20. Jahrhunderts wurde der F.A.S-Schlussschein „Finn-Germania 1982" zwischen dem VDH und dem Verein Finnischer Sägewerksbesitzer ausgehandelt und fand seitdem als Handelsgrundlage bei Schiffslieferungen aus Finnland Verwendung.[189] Die seit 1998 gültigen Allgemeinen Bedingungen des Schlussscheins „Germania 1998" führen die Inhalte aus den Kontrakten der Jahre 1952, 1966 und 1982 zusammen und beinhalten zum ersten mal auch Aussagen über den Transport mittels LKW. Sie bilden heute die Basis des Na-

183 F.O.B: = Free on Board (INCOTERMS - vgl. Kap. 3.5.4). Obwohl die Internationale Handelskammer in Paris erst im Jahre 1936 die ersten einheitlichen Interpretationen der üblichen Lieferbedingungsregeln herausgegeben hat, wurde der Rahmenvertrag „Germania 1928" als F.O.B-Kontrakt bezeichnet. Es gab zwar die unterschiedlichen Lieferbedingungen schon vorher, sie wurden jedoch erst 1936 vereinheitlicht.

184 Das Wort „Schlussschein" charakterisiert die Bedeutung des Rahmenvertrages. Mit vollzogener Unterschrift der Vertragspartner ist ein Kaufvertrag in seiner ganzen juristischen und handelsusancemäßigen Bedeutung geschlossen.

185 F.A.S. = Free Alongside Ship (Zur genauen Erläuterung der INCOTERMS siehe Kap. 3.5.4).

186 Beide Kontrakte galten ebenso wie ihr Vorgänger für nordisches Nadelschnittholz. Hobelware spielte zur damaligen Zeit noch keine Rolle und wurde demnach, im Gegensatz zum heutigen Germania 1998, nicht berücksichtigt.

187 vgl. Brockstedt, H-P.: a.a.O., S. 2 ff.

188 Obwohl der Deutschwaggon 1966 ursprünglich für den Waggontransport entwickelt wurde, wurden auch die Nadelschnittholztransporte per LKW auf Basis dieses Rahmenvertrages abgeschlossen. Schulzebeer, Jan Fr.: mündliche Aussage des Inhabers der Holzimportagentur Jan Fr. Schulzebeer & Co. (17.03.02)

189 vgl. HOLZLEXIKON, DRW-Verlag Stuttgart, 3. Auflage, Stichwort Germania-Kontrakt, 1988

delschnittholz- und Hobelwarenhandels zwischen Finnland, Schweden, Norwegen und der Bundesrepublik Deutschland.[190]

Dieser Germania-Kontrakt ist definiert als ein kodifizierter Schlussschein für den Import nordischen Nadelschnittholzes[191] und steckt in Form eines feststehenden Textes den Rahmen des Vertrages zwischen den Handelspartnern ab. Der Schlussschein behandelt in 23 Paragraphen die Bedingungen betreffend der Preisbasis, des Gefahrenübergangs und der Befrachtung für den Schiffs- bzw. Waggon- und LKW-Transport, Bestimmungen für Sortierung, Trockenheit und Maßhaltigkeit des Schnittholzes. Durch ihn werden Abholfristen, Spielraum des Verkäufers, Eigentumsvorbehalt, Probleme überliegender Ware, Fragen der Aus- und Einfuhrgenehmigungen, Annahmeverweigerung, Maßnahmen bei höherer Gewalt, Reklamationen und Zahlungsbedingungen geregelt. Des Weiteren enthält der Schlussschein die Vorschriften für die Schlichtung von Streitigkeiten durch Arbitrage[192] und die Bestimmung des Obmanns, der den Schiedsspruch fällt, sowie Anordnungen zur Rechtskraft der Arbitrageentscheidung und Verteilung der Arbitragekosten (vgl. Kap. 3.4.3).[193]

Die Bedingungen des Schlussscheins „Germania 1998“ können dem Anhang 1 entnommen werden.

3.3 Beschreibung der im nordischen Holzgeschäft beteiligten Unternehmen

Im Abschnitt „Die nordische Holzwirtschaftsindustrie“ (vgl. Kap. 2.1.2) wurde bereits die Holzwirtschaftsindustrie der nordischen Länder im Allgemeinen sowie die Sägeindustrie der drei Länder Norwegen, Schweden und Finnland im Speziellen beschrieben. Ergänzend dazu sollen im Anschluss nachfolgende, im Handel von nordischem Nadelschnittholz aktive Unternehmensformen einer eingehenden Betrachtung unterzogen werden:

---

[190] Dieser Rahmenkontrakt wurde vom Gesamtverband Holzhandel (BD Holz - VDH), dem Verband der Finnischen Forstindustrie (FFIF), dem Verein Schwedischer Holzexporteure (STEF) und erstmalig vom Verband der Norwegischen Sägeindustrie (NSIA) angenommen.

[191] Dies ist der erste Schlussschein seiner Art, der auch für Hobelware Gültigkeit besitzt.

[192] Arbitrage - die Erstellung eines Schiedsgutachtens, wenn im internationalen Handel die Vertragsparteien Streitigkeiten nicht auf gütlichem Wege beilegen können, vgl. HOLZLEXIKON, DRW-Verlag Stuttgart, 3. Auflage, 1988

[193] vgl. Gesamtverband Deutscher Holzhandel (GD-Holz) in www.gdholz.de Intranet (Zugriff: 11.03.02)

- Exporteur/Ablader;
- Makler/Agenten;
- Verkaufsbüros der nordischen Forstkonzerne;
- Importeure von nordischem Nadelschnittholz.

3.3.1 Exporteur/Ablader

Als Exporteur wird definiert, wer Waren in fremde Wirtschaftsgebiete verbringt oder verbringen lässt. Liegt der Ausfuhr ein Ausfuhrvertrag mit einem Gebietsfremden zugrunde, so ist nur der gebietsansässige Vertragspartner Exporteur. Als Exporteur kann daher sowohl ein Sägewerk als auch ein Exportgroßhändler auftreten, welcher die Waren von den verschiedenen Produzenten erwirbt und außer Landes verkauft. Wer lediglich als Spediteur oder Frachtführer beim Verbringen von Waren tätig ist, ist nicht Exporteur (vgl. Kap. 3.1).[194] Als ein Beispiel für einen „nichtproduzierenden“ Exporteur kann der Kaiexporteur genannt werden.[195] Kaiexporteure sind im Ursprungsland ansässige Unternehmen, die Nadelschnittholz auf F.A.S-Basis[196] einkaufen, die Partien zusammenstellen und sie ins Ausland an ihre dortigen Kunden weiterveräußern. Sie übernehmen für die Produzenten somit die Zahlungsüberwachung bzw. das Kreditrisiko sowie die sonstigen Abwicklungsformalitäten und werden daher von den Produzenten, insbesondere beim Verkauf in die so genannten „unsichereren Länder“,[197] gerne genutzt.[198]

Als Ablader (=Befrachter) wird allgemein der Verlader oder Verschiffer bezeichnet, der dem Schiffsverfrachter aufgrund des Frachtvertrages die Güter körperlich im eigenen Namen anliefert. Ablader kann sowohl der Ausführer (Exporteur) selber als auch der Spediteur sein. Ablader ist meistens auch derjenige, in dessen Namen die Verschiffung/der Versand erfolgt und der im Transportdokument als Absender erscheint.[199]

---

[194] vgl. Intraha Reederei-Kontor GmbH Lexikon, in: http://www.intraha.de/de/Lexikon/e.htm (Zugriff: 11.03.02)

[195] Kaiexporteure spielen zwar in Skandinavien heutzutage für den zentraleuropäischen Markt kaum noch eine Rolle, besitzen jedoch auf den überseeischen bzw. afrikanischen Märkten noch immer eine gewisse Bedeutung.

[196] vgl. INCOTERMS, Kap. 3.5.4

[197] Mit unsicheren Ländern sind in diesem Zusammenhang in erster Linie die Levante Länder sowie die Länder Vorderasiens gemeint.

[198] vgl. Belkert, J.; Sjögren E.: Trävaruindustrin, Mellanhänder och agentled, Internationella Handelshögskolan Jönköping, August 1999, S. 14

[199] vgl. Intraha Reederei-Kontor GmbH Lexikon, in: http://www.intraha.de/de/Lexikon/a.htm (Zugriff: 11.03.02)

Beide Begriffe werden im importierenden Holzhandel häufig synonym für alle ausländischen Produzenten/Exporteure gebraucht. Dies geschieht unabhängig davon, mit welchen Transportmitteln die Unternehmen ihre Ware verfrachten und auch ohne Berücksichtigung dessen, dass das Holz seit Einführung des EU-Binnenmarktes de jure nicht mehr exportiert, sondern lediglich versandt wird (vgl. Kap. 3.2).

3.3.2 Makler/Agenten (Absatzmittler im Außenhandel)

Der Maklerberuf[200] ist ein Zweig der vielfältigen Vermittlertätigkeiten, deren sich der Handel in aller Welt bedient. Der Arbeitsbereich des Maklers erstreckt sich in erster Linie auf die Vermittlung von Rohstoffen, Rohprodukten sowie Halbfabrikaten, vor allem in den Bereichen Lebensmittelrohstoffe, wie z.B. Getreide, Kaffee, Tee, Kakao, Tabak. Hinzu kommen noch die Bereiche Textilrohstoffe, wie z.B. Wolle oder Baumwolle sowie Baurohstoffe, wie z.B. Holz.[201]

Die Anfänge des Berufszweiges gehen bis ins Altertum zurück. Im Mittelalter findet man das Maklerwesen insbesondere in den großen Handelszentren der Hanse sowie den großen Handelsplätzen Italiens, wie z.B. in Venedig, Florenz, Genua und Pisa vor.[202]

Die aufkommende kapitalistische Wirtschaftsweise im 19. Jahrhundert förderte durch Verbesserungen im Transport sowie Kommunikationswesen den internationalen Handel. Diese veränderte Marktsituation verlangte ein bewegliches Maklerwesen, das imstande war, den Marktpartnern auf internationalen Märkten Übersicht zu verschaffen und für sie Geschäftsmöglichkeiten aufzuspüren.[203]

3.3.2.1 Formen des Absatzmittlers im Außenhandel

Als Absatzmittler im Außenhandel werden Unternehmen bezeichnet, die für einen oder mehrere Produzenten grenzüberschreitend Ware vermitteln. Rein juristisch stellen Absatzmittler keine selbständige Handelsstufe dar, sondern besitzen je nach Vermittlungsstufe eine mehr oder weniger feste Bindung an den Auftraggeber. Reine Absatzmittler besitzen keine

---

200 Das Wort „Makler" leitet sich vom Niederländischen „maken" (machen) ab. vgl. Deutscher Taschenbuch Verlag: Etymologisches Wörterbuch des Deutschen, DTV-Verlag, München 1999, S. 827

201 vgl. Begemann, H. F.: Holz Import-Export Praxis, Deutscher Betriebswirte-Verlag GmbH, Gernsbach, 1979, S. 57

202 vgl. ebenda

203 vgl. ebenda

Eigentumsrechte an der vermittelten Ware und verfügen selten über eigene Lagermöglichkeiten.[204]

Das deutsche Handelsrecht enthält keine allgemeinen Regelungen für den Fall, dass Kaufleute bzw. Unternehmen sich anderer, rechtlich selbständiger Unternehmen bedienen. Im Handelsgesetzbuch (HGB) finden sich jedoch einzelne, schon im vorletzten Jahrhundert bekannte Passagen über:

- Handelsvertreter (§§ 84 ff. HGB);
- Handelsmakler (§§ 93 ff. HGB).

Im Außenhandelsgeschäft unterscheidet man allgemein zwischen **Auslandsagenten** und **Handelsmaklern.**[205]

- **Auslandsagent:** Der Auslandsagent ist ein rechtlich selbständiger Handelsmittler im Ausland, der im fremden Namen und für fremde Rechnung tätig wird. Er entspricht dem deutschen Handelsvertreter nach § 84 ff. HGB. Er schließt Verträge zu den vom Exporteur festgelegten Bedingungen in dessen Namen und für dessen Rechnung mit Abnehmern, die er für das Geschäft im Ausland akquiriert. Grundlage der Provision und der Geschäftsabwicklung ist der Agenturvertrag.

- **Handelsmakler:** Der Handelsmakler übernimmt die Vermittlung und Anbahnung eines Geschäftes, er handelt weder im eigenen noch im fremden Namen, sondern vermittelt den Kontakt zwischen dem Käufer und dem Verkäufer gegen eine Courtage (§ 93 ff. HGB). Handelsmakler sind häufig auf bestimmte Branchen oder Waren spezialisiert.[206]

Im nordischen Holzhandelsgeschäft kommen beide oben beschriebenen Formen vor, obwohl der eigentliche Auslandsagent mit Agenturvertrag heute sehr selten geworden ist. In der Regel arbeiten die meisten Agenturen in Vermittlung von nordischem Holz ohne feste Agenturvertretung de jure als Makler.[207] Trotzdem bezeichnen sich die Unternehmen i.d.R.

---

204 vgl. Jahrmann, F.-U.: Außenhandel, a.a.O., S 79 ff.

205 vgl. ebenda

206 Daneben gibt es noch einige Sonderformen, wie den im Ostasiengeschäft tätigen Comprador, die selbständigen englischen Confirming Houses sowie die so genannten Cif-Agenten: (CIF steht für Cost, insurance und freight, vgl. INCOTERMS Kap. 3.5.4), die jedoch für das vorliegende Thema unrelevant sind und deshalb nicht weiter darauf eingegangen wird.

207 Auch Alleinvertretungsverträge (Sole Agent) für ein bestimmtes Gebiet bzw. eine bestimme Handelsware sind im nordischen Holzgeschäft mittlerweile die Ausnahme.

weiterhin als Holzagenturen. Dieser Begriff leitet sich vor allem aus dem englischen Recht sowie der internationalen Usance ab.[208] Daher wird im weiteren Verlauf der Arbeit der im Holzgeschäft als Makler tätige Vermittler als Holzagent bezeichnet, was auch dem Selbstverständnis der Branche entspricht.

Grundsätzlich muss noch zwischen **Export- und Importagent** unterschieden werden. Exportagenten haben ihren Sitz im Land des Produzenten und sind diesem bei der Vermittlung der Ware ins Ausland behilflich. Importagenturen befinden sich im Land des Käufers und vermitteln dort für ihre ausländischen Lieferanten die Ware an ihre inländischen Kunden.

3.3.2.2 Bedeutung des Agenten bzw. Maklers

Makler bzw. Agenten nehmen in der Distribution von Waren allgemein eine wichtige Rolle ein. Etwa ein Drittel aller Warenströme innerhalb der EU werden durch die Einschaltung von Handelsvermittlern beeinflusst. Der Agent ist für viele Firmen ein unentbehrliches Werkzeug für den internationalen Vertrieb ihrer Produkte. Er öffnet den Markt als Vertriebspartner für die vertretene Firma. Dadurch profitieren insbesondere ausländische Firmen von der Marktkenntnis des inländischen Handelsvertreters, um Geschäftsbeziehungen für die hergestellten Waren oder Dienstleistungen zu schaffen. Die erfolgsbezogene Vergütung sichert vertretenen Firmen zudem eine kostengünstige Alternative zum Aufbau eines eigenen Vertriebsnetzes. Der Handelsvertreter trägt die Kosten selbst, die als Aufwendungen zur Ausübung der Vermittlungstätigkeit entstehen, wie z. B. Personal, Büro und Reisekosten.

Ein Absatzmittler besitzt eine charakteristische Mittlerrolle zwischen anbietenden und nachfragenden Parteien. Grundsätzlich ist er für beide Parteien verantwortlicher Vermittler und zu einem zweiseitigen Interessensausgleich verpflichtet. Daher sollte ein Agent immer gute Marktkenntnis besitzen.[209] Als Mittler muss er insbesondere darauf bedacht sein, eine objektive Stellung zu beiden Vertragsparteien einzunehmen,

---

208 Im englischsprachigen Raum wird der Holz-Vermittler als „Timber-Agent“ bezeichnet.

209 Berät er seinen Ablader oder seinen Kunden falsch, kann möglicherweise ein großer finanzieller Verlust auftreten. Letztendlich könnte das dazu führen, dass der Agent seine Kontaktunternehmen verliert.

um sich die für seine Tätigkeit unbedingt notwendige Vertrauensbasis zu schaffen.[210]

Die Aufgabenbereiche des Agenten können folgendermaßen zusammengefasst werden:[211]

- Zusammenführung von Verkäufer und Käufer;
- Auskünfte über die Seriosität der Parteien, die Leistungsfähigkeit des Lieferanten sowie die Liquidität des Käufers;
- Interessensausgleich der beiden jeweiligen Vertragsparteien;
- Besorgung eines reibungslosen Geschäftsablaufes;
- Ansprechpartner bei Schwierigkeiten, Abwicklung von Reklamationen;
- Lieferung von Marktinformationen;
- Kundenberatung und Betreuung;
- Finanzierung;
- usw.[212]

3.3.2.3 Die Holzagenturen im Geschäft mit nordischem Nadelschnittholz

Wie bereits erwähnt, wird allgemein zwischen Holzexportagenturen sowie Holzimportagenturen unterschieden. Holzexportagenturen für nordisches Nadelschnittholz haben ihren Sitz in den skandinavischen Ländern und unterstützen die Produzenten beim Export ihrer Holzwaren ins Ausland.[213]

Die Holzimportagentur hat ihren Sitz per Definition im Importland. Die Mitgliederliste des Gesamtverbandes deutscher Holzhandel (vgl. Kap. 3.4.1.2) weist in seiner Fachabteilung Makler und Agenten Anfang 2004 eine Mitgliederzahl von etwa 30 Unternehmen aus, die im nordischen Markt aktiv sind. Jedoch sind nicht alle in diesem Geschäftsbereich täti-

---

210 Hier wird dem Agenten i.d.R. aufgrund seiner relativen Unabhängigkeit größeres Vertrauen von Käuferseite zuteil als dies z.B. Verkaufsbüros besitzen.

211 vgl. Link, H.: Transaktionskosten des internationalen Holzhandels, seine praktische Abwicklung und Organisation, Diplomarbeit an der Universität Hamburg, Studiengang Holzwirtschaft, Hamburg, 1995, S. 113 ff.

212 Die wichtigste Aufgabe eines Holzagenten ist es, nicht Holz sondern Mentalitäten zu vermitteln. Schulzebeer: Jan Fr., mündliche Aussage des Eigentümers der Holzimportagentur Jan Fr. Schulzebeer & Co., Hamburg, Juli 2001

213 Die Anzahl der Exportagenturen wird von Jahr zu Jahr geringer. Lediglich kleinere Produktionsunternehmen bedienen sich noch Ihrer Hilfe, um häufig auch die Sprachbarrieren zu überwinden. Größere Sägewerke arbeiten i.d.R. ganz ohne bzw. in den meisten Fällen lediglich aus Traditionsgründen noch mit einer Holzexportagentur zusammen.

gen Holzimportagenturen Mitglied des Verbandes. Auch die aktuelle Ausgabe des Buches „Handbook of the northern wood industries 2002/2003", das etwa 18-20[214] deutsche Makler- und Agenturunternehmen im nordischen Markt ausweist, erfasst nicht alle Unternehmen.[215]

In beiden Verzeichnissen lässt sich ein Schwerpunkt der Unternehmensstandorte im norddeutschen Bereich feststellen. Von den im o.g. „Handbook of the northern wood industries" beschriebenen Agenturen befinden sich fast 70% der Unternehmen in den Bundesländern Hamburg, Bremen, Schleswig Holstein und Niedersachsen. Die Standortwahl hatte in der Vergangenheit wie heute strategische Ursachen, die in der räumlichen Nähe zu den nordischen Märkten zu suchen sind (vgl. Kap. 2.2).[216]

Die ältesten, heute noch tätigen deutschen Holzimportagenturen wurden bereits im vorletzten Jahrhundert gegründet. Hierzu zählen z.B. die Unternehmen F.W. Barth & Co. GmbH in Hamburg (1873), Gratenau Holz GmbH & Co. KG in Bremen (1874), Jacob Jürgensen GmbH, Hamburg (1882) und Axel Berlin GmbH in Buchholz Nordheide (1902). Viele der heute aktiven Agenturen sind aus den o.g. Unternehmen hervorgegangen, wie z.B. die Holzagentur Wettergren & Co. GmbH, die sich in den 60er Jahren des 20. Jahrhunderts aus der Firma Axel Berlin GmbH abgespalten hatte.

Die gesellschaftlich bzw. wirtschaftlich bedingten Umstrukturierungen der jeweiligen Zeit sowie die technischen Fortschritte vor allem im Kommunikationsbereich[217] sind selbstverständlich nicht an der Arbeitsweise sowie der personellen Ausstattung der Agenturen vorbeigegangen. Anhand vieler Unternehmen dieser Branche lassen sich diese strukturell bedingten Veränderungen exemplarisch dokumentieren. Hatten z.B. die größeren Holzimportagenturen in den 60er und 70er Jahren des 20. Jahrhun-

---

214 Es ist nicht immer deutlich erkennbar, ob alle verzeichneten Unternehmen auch im nordischen Markt aktiv sind.

215 vgl. Handbook of the northern Wood Industries, 2002/2003, Timber-Wood Pulp-Paper, 18. Auflage, Verlag Mentor Comunications AB, Stockholm 2002, S. 300 ff.

216 Zum Beispiel können dies infrastrukturelle Gründe, wie die Nähe zu Flughäfen, Fernbahnverbindungen etc., sein. Da die Mitarbeiter der Agenturen im Vergleich zu anderen Berufen häufig reisen, ist ein kurzer Anreiseweg zu Flug- bzw. Fernbahnverbindungen ein nicht unbedeutendes Kriterium der Standortwahl.

217 Gemeint ist die Entwicklung vom Telex über das Telefax bis zur heutigen E-mail-Kommunikation (vgl. Kap. 4.6.6.3).

derts mit mehreren Alleinvertretungsverträgen[218] häufig 30-40 Mitarbeiter, haben die veränderten Geschäftsbedingungen sowie die Neuerungen des technischen Fortschritts dazu geführt, dass diese Unternehmen heute i.d.R. mit weniger als fünf Mitarbeiter ihre Geschäfte führen. Andere Unternehmen, die bis in die 80er Jahre als führende Agenturbüros der damaligen Bundesrepublik in vielen Bereichen der Holzvermittlung tätig waren, konzentrieren sich heute mit der Inhaberfamilie und wenigen Angestellten auf ihr nordisches Kerngeschäft.

Die meisten Agenturen im nordischen Holzgeschäft vertreten heute ihre skandinavischen[219] Ablader mit Produkten verschiedener Veredelungsstufen.[220] In der Regel wird neben dem Nadelschnittholz auch Hobelware mit angeboten. Ferner werden mittlerweile von einigen Agenturen noch weitere Sonderprodukte wie z.B. Thermoholz, Konstruktionsholz, Brettschichtholz usw. vermittelt.

3.3.2.4 Provision/Kommission

Diese beiden Begriffe werden heute überwiegend synonym benutzt[221] und bezeichnen die dem Holzagenten für seine Tätigkeit zustehende Maklercourtage bzw. den Maklerlohn. Der § 99 des HGBs sagt aus, dass der Maklerlohn in Ermangelung eines abweichenden Ortsgebrauchs und falls unter den Parteien nichts darüber vereinbart wurde, von jeder Partei zur Hälfte zu entrichten ist. Die Praxis im nordischen Holzgeschäft zeigt jedoch, dass nur noch in den seltensten Fällen vom Importeur eine Pro-

---

218 Viele der früher von den größeren Agenturen vertretenen Ablader sind heute im Eigentum der großen Forstkonzerne und werden mittlerweile durch die unternehmenseigenen Verkaufsbüros vertreten (vgl. Kap 3.3.3).

219 Durch die Unabhängigkeit der baltischen Staaten vertreten viele Agenturen mittlerweile auch Unternehmen aus den Ländern Estland, Lettland, Litauen. Außerdem nutzen diejenigen Holzimportagenturen, die zu Sowjetzeiten bereits die russische Ware aus den Gebieten Archangelsk, Igarka usw. vermittelten, ihre damaligen Kontakte, um dieses Geschäft weiterhin abzuwickeln.

220 Die Agenturen haben sich der Strukturveränderung ihrer Ablader angepasst, indem sie die weiterveredelten Waren ihrer Lieferanten ebenfalls mit vermitteln, um eine höhere Wertschöpfung zu erzielen.

221 Die Kommission war ursprünglich die Vergütung für die Kommissionäre, d.h. für Unternehmen, die im eigenen Namen, aber für fremde Rechnung, Geschäfte besorgen. Stattdessen ist die Provision als Vermittlungsgebühr für Handelsgeschäfte definiert. Da jedoch dem Außenhandelskommissionär kaum noch Bedeutung zukommt und sich auf internationaler Ebene der Begriff „Commission" durchgesetzt hat, werden heute diese beiden Begriffe synonym verwendet. Der Maklerlohn wird i.d.R. Provision genannt und die dazugehörende Rechnung Kommissionsnota (Commissionnote).

vision an den Agenten gezahlt wird. Im Regelfall wird die Provision in einer frei zu vereinbarenden Höhe (zwischen 2-3% des Warenwertes[222]) vom Ablader getragen.[223] Übernimmt der Agent Delkrederefunktion,[224] das heißt, steht der Agent für die Forderungsausfälle der Importeure gegenüber dem Ablader ein, ist die Provision je nach Vereinbarung um etwa 0,5-1% höher.

3.3.3 Verkaufsbüros der nordischen Forstkonzerne

Wie beschrieben (vgl. Kap. 2.1.2), unterlag die skandinavische Sägeindustrie in den 80er und 90er Jahren des 20. Jahrhunderts starken Strukturveränderungen. Aus diesen Veränderungen heraus entstanden schließlich die skandinavischen Forstkonzerne, die heute einen Großteil des Nadelschnittholzmarktes unter sich aufteilen. Einige dieser Konzerne[225] gingen dazu über, ihre Ware nach Deutschland[226] nicht mehr über Agenturen zu vertreiben, sondern stattdessen eigene Verkaufsbüros aufzubauen.[227]

Obwohl diese Verkaufsniederlassungen rein rechtlich keine Makler bzw. Agenten sind, sondern wirtschaftlich und rechtlich unselbständige Subsysteme, nehmen sie teilweise ähnliche Aufgaben war wie die Holzimportagenturen.[228] Nicht zuletzt deswegen wurde ihnen vom damaligen

---

222 Arbeitet der Holzimportagent im Ausfuhrland mit einem Holzexportagenten zusammen, so wird die Provision nach einem zwischen diesen beiden Parteien frei zu vereinbarenden Verhältnis aufgeteilt.

223 Dies ist allerdings i.d.R. auch vom Ablader so gewünscht, da er sonst befürchten müsste, dass der Agent einen für ihn ungünstigen Preis mit dem Käufer aushandeln könnte.

224 Bei einer Delkrederefunktion übernimmt der Agent das Risiko der Zahlungsunfähigkeit des Importeurs. Dies geschieht immer, wenn der Importeur innerhalb einer gewissen Nachfrist nicht zahlt, unabhängig davon, warum dies geschieht (vgl. Kap. 3.7.5.2).

225 Namentlich betrifft dies die Firmen AssiDomän AB, Finnforest OY, Stora-Enso-Timber OY, UPM Kymmene Corp., Vapo Timber OY usw.

226 Die Vertriebspolitik der Forstkonzerne in den verschiedenen europäischen Ländern ist nicht einheitlich. Währenddessen z.B. UPM-Kymmene in Deutschland ein eigenes Verkaufsbüro unterhält, vertreibt es seine Ware in den Niederlanden weiterhin über eine Agentur.

227 Andere Konzerne, wie z.B. die schwedischen Unternehmen Södra Skogsägarna und SCA oder der norwegische Konzern Moelven (heute mehrheitlich zu Finnforest/Metsäliitto gehörend), behielten dagegen ihre Vertriebswege über die Agenturen teilweise bei.

228 Viele der Mitarbeiter der Verkaufsniederlassungen wurden von den nordischen Forstkonzernen aus den vorhandenen deutschen Holzimportagenturen rekrutiert,

Verein deutscher Holzimporthäuser - VDH (vgl. Kap. 3.4.1.1) die Aufnahme in die Fachabteilung Makler und Agenten gewährt.

3.3.4 Importeure von nordischem Nadelschnittholz

In der Frühzeit des Nadelschnittholzimports aus den nordischen Ländern trat häufig der Schiffseigner, der das Holz nach Deutschland brachte, als Importeur auf. Später, als sich die Handelsbeziehungen verstärkten, wurde er vom Handelsherrn abgelöst, der entweder auf eigene oder fremde Rechnung Holz importierte. Bis zur Mitte des 19. Jahrhunderts wurde der Import von nordischem Nadelschnittholz über die Ostseehäfen von Gemischtwarenhandlungen durchgeführt. Erst danach begannen sich die Unternehmen mehr und mehr auf den Holzimport zu spezialisieren. Insbesondere Lübeck entwickelte sich zum führenden Handelsplatz für nordisches Schnittholz. So ist es nicht verwunderlich, dass das 1733 gegründete Lübecker Unternehmen und heutige Importhobelwerk Jost Hinr. Havemann & Sohn GmbH & Co.[229] zu den ältesten, noch heute existierenden Holzimportunternehmen zählt. Diese beschriebene Entwicklung gilt nicht im gleichen Maße für die Nordseehäfen.[230] Hier waren die Firmen im Großen und Ganzen von Beginn an auf den Holzimport spezialisiert.[231]

Zum Schutz der deutschen Industrie im Wettbewerb mit dem Ausland, setzte der damalige Reichskanzler Otto Fürst von Bismarck im Jahre 1879 in Deutschland ein Schutzzoll auf Fertigprodukte aus Holz durch. Um auf dem deutschen Markt mit nordischer Hobelware weiterhin wettbewerbsfähig zu bleiben, entschloss sich ein Teil der Importeure, ihren bestehenden Importgroßhandel Hobelwerke anzugliedern.[232] Um den großen Bedarf an Hobelware in den Hauptgebieten der Industrialisierung[233] zu decken, entstanden viele zum großen Teil noch heute existie-

---

nicht zuletzt, um deren Marktkenntnis für die Distribution ihrer Produkte zu nutzen.

229 siehe: http://www.havemann-holz.de (Zugriff: 20.11.03)

230 Dies betrifft v.a. die Holzimportfirmen in Hamburg, Bremen und den Emshäfen.

231 vgl. Schneider, O.: Die für den deutschen Holzimport wichtigsten Rahmenverträge unter besonderer Berücksichtigung des nordischen Marktes (Entstehung, Bedeutung und Erläuterung der verschiedenen Verträge), Diplom-Arbeit zur Erlangung des akademischen Grades eines Diplom-Holzwirtes an der Mathematisch-naturwissenschaftlichen Fakultät der Universität Hamburg, Hamburg 1958, S. 2

232 vgl. Brockstedt, H-P.: a.a.O., S. 6

233 Die Hauptgebiete der Industrialisierung lagen zur damaligen Zeit v.a. im Rheinland, Westfalen, Berlin, Mitteldeutschland um Leipzig und in Thüringen.

rende Importhobelwerke im norddeutschen Raum, z.B. in Hamburg, Bremen, Papenburg und Lübeck.[234] Diese Unternehmen erfüllten zweierlei Funktionen. Einerseits importierten sie nordisches Nadelschnittholz, um die Ware in ihren eigenen Hobelwerken zu veredeln, andererseits behielten sie die klassische Funktion des Importeurs bei, der das importierte Schnittholz weiter an seine deutschen Kunden verkaufte.[235]

Erst nach dem 2. Weltkrieg hat die Importhobelindustrie von nordischem Nadelschnittholz auch in Süddeutschland an Bedeutung gewonnen. Die zunehmende Industrialisierung und die ansteigende Bautätigkeit mit ihrer traditionellen Verwendung von Holz in allen Bereichen bewirkten eine weitere Steigerung der Nachfrage von Hobelware. Dies führte zur Gründung von neuen Importhobelwerken bzw. zu einer Anhebung des Produktionsvolumens und Bildung neuer, größer dimensionierter Produktionsbetriebe.[236] Das Problem dieser süddeutschen Unternehmen war die jahrzehntelange Weigerung des damaligen Holzverbandes „Verein Deutscher Holzeinfuhrhäuser“ - VDH (vgl. Kap. 3.4.1.1), diese Firmen in den Verband aufzunehmen. Dies hatte den Effekt, dass diese Hobelwerke auch kein Nadelschnittholz direkt aus Skandinavien importieren durften. Stattdessen mussten sie ihre Rohware über die „klassischen“ norddeutschen Holzimporteure beziehen.[237]

Parallel zu der oben beschriebenen Entwicklung der Importhobelwerke hat sich auch der importierende Holzgroßhandel (mit seinen klassischen Handelsfunktionen[238]) weiterhin im traditionellen Holzimport betätigt.[239]

---

234 Der Grund der Standortwahl war vor allem der Hafenanschluss und somit die Möglichkeit des Schifftransportes.

235 Noch bis zum heutigen Tage haben viele der klassischen, norddeutschen Importeure ihrem Hause eine eigene so genannte Streckengeschäftsabteilung angegliedert. Diese ist dafür zuständig, skandinavisches Nadelschnittholz direkt (d.h. ohne die Ware über das eigene Lager zu nehmen) an ihre Kunden zu verkaufen.

236 Zu den größten Holzimporthobelwerken Süddeutschlands zählen heutzutage einerseits das Unternehmen J.A. Molfenter & Co (http://www.moco.de) mit ihrem Hauptsitz in Ulm, die Firma Pinus GmbH & Co. (http://www.pinus.de) in Karlsruhe sowie das Hobelwerk Häussermann GmbH & Co. KG (http://www.haeussermann.de) in Sulzbach a.d. Murr; vgl. Scheuffele, F. (1987): Das Profilholz, ein Produkt mit guter Vergangenheit und Zukunft, HZB, 113. Jahrgang, Nr. 50, S. 703; Internetseiten Stand: (11.03.02)

237 Dieses Problem hat sich etwa Mitte der 70er Jahre des 20. Jahrhunderts durch die Aufnahme dieser Unternehmen in den Verein deutscher Holzimporthäuser (VDH) gelöst.

238 Zu den klassischen Handelsfunktionen zählen Raumausgleichs-, Zeitüberbrückungs-, Markterschließungs-, Beratungs- und Kreditfunktion sowie Preis-, Mengen-, Qualitäts- und Sortimentsausgleichsfunktion.

Somit können unter dem Begriff des Importeurs von nordischem Nadelschnittholz, sowohl die (nord- und süddeutschen) Importhobelwerke als auch der Importgroßhandel zusammengefasst werden.[240]

Seit Mitte der 80er Jahre, spätestens jedoch ab Beginn der 90er Jahre des 20. Jahrhunderts, ist in Deutschland eine zunehmende Produktionsausweitung im Bereich der Holztechnologie-Produkte zu beobachten, wie z.B. bei Brettschichtholz (BSH), Konstruktionsvollholz (KVH), Leimholzplatten usw. Je nach Qualitätsanforderungen an das Endprodukt benötigt diese Industrie ebenfalls Schnittholz aus den nordischen Ländern. Mittlerweile importiert ein Teil dieser Unternehmen auch im großen Umfang eigenständig nordisches Nadelschnittholz. Somit hat sich dieser Industriezweig als weitere große Holzimportgruppe neben den klassischen Importeuren etabliert.

Nicht unerwähnt in diesem Zusammenhang sollen weitere holzverarbeitende Unternehmensbereiche sein, wie z.B. die Fenster- und Türenproduzenten oder die Möbel- und Leistenindustrie. Diese stellen, je nach Produktionsziel und Verwendungszweck, für manches skandinavische Sägewerk einen sehr guten Absatzbereich dar.

Weiterhin muss noch darauf hingewiesen werden, dass sich auch die klassischen Abwicklungsstrukturen beim Import von nordischem Nadelschnittholz in den letzten Jahrzehnten mehr und mehr verwischt haben. Insbesondere die traditionelle Abgrenzung zwischen Import- und Binnenhandel hat deutlich an Schärfe verloren. Dies wurde einerseits durch den EU-Binnenhandel, andererseits vor allem aber durch die Veränderungen bzw. Erleichterungen im Reise-, Kommunikations- und Transportwesen (vgl. Kap. 3.5) verursacht.[241] Diese Entwicklung hat dazu geführt, dass es mittlerweile auch für bisher nichtimportierende Holzhandelsunternehmen möglich ist, ihre Waren, an den traditionellen

---

239 In der Regel haben sie ihre Produktpalette um Holzprodukte aus anderen Ländern erweitert und sind heute in der Lage, eine breite Palette an Holzwaren anzubieten.

240 Der Verein deutscher Holzeinfuhrhäuser hatte im Jahre 1988 ca. 240 Mitglieder, zu Beginn des Jahres 1995 konnte der Verein als Mitglieder nur noch 115 Importeure und 30 Makler/Agenten verzeichnen. vgl. Schulze-Riewald, H.: früherer Geschäftsführer des VDH in: Link, H.: a.a.O., S. 12

241 vgl. Holzhandelsverband Hamburg, Lübeck und Schleswig-Holstein e.V.: Der Holzhandelsverband Hamburg, Lübeck und Schleswig-Holstein e.V., Seine Aufgaben und seine Arbeit von 1971-1998, S. 9

Holzimportunternehmen vorbei, direkt aus Skandinavien zu beziehen.[242] Verstärkt wird diese Entwicklung durch die Bildung von Holzhandelskooperationen, wie z.B. Hagebau, Holzland, Holzring usw. Diese beziehen mittlerweile ihre Sägewaren nicht selten ohne Einschaltung von Importagenturen bzw. Importeuren direkt von skandinavischen Produzenten.

So kann die aktuelle Zusammensetzung der holzimportierenden Unternehmen von nordischem Nadelschnittholz wie folgt zusammengefasst werden:

- Importhobelwerke;
- Importgroßhändler;
- Produzenten von Holztechnologieprodukten;[243]
- Fertighausbauunternehmen;
- Binnenholzhändler bzw. Handelskooperationen;
- weitere Unternehmen der holzverarbeitenden Industrie.[244]

3.4 Sonstige Institutionen des Außenhandels im Zusammenhang mit dem nordischen Nadelschnittholzimport

Zu den sonstigen Institutionen, die in den Handel von nordischem Nadelschnittholz aus Skandinavien nach Deutschland involviert sind, zählen folgende Organisationsformen:[245]

- Interessensverband der deutschen holzimportierenden Unternehmen;
- Interessensverbände nordischer holzexportierender Unternehmen;
- Arbiter;
- Nordic Timber Council;
- Industrie- und Handelskammern;
- Außenhandelskammern.

---

242 Dieses wird auch intensiv praktiziert, ein nicht unbedeutender Teil der Holzimportagenturen vermittelt die Ware heute ausschließlich an Binnenhändler.

243 Hierzu zählen Produzenten von Konstruktionsholz, Brettschichtholz, Leimholzplatten usw.

244 Hierzu werden Unternehmen der Türen-, Fenster-, Möbel-, Leistenindustrie, usw. gerechnet.

245 Diese Aufzählung folgt keiner besonderen Struktur, außer der, dass diese Organisationen sich nicht direkt mit dem Vertrieb des nordischen Nadelschnittholzes beschäftigen, sondern dieses Geschäft anderweitig unterstützen, z.B. in Form von Informationen, Dienstleistungen etc.

3.4.1 Interessensverband der deutschen holzimportierenden Unternehmen

Im Folgenden werden die geschichtliche Entwicklung, die Struktur, der Aufbau sowie die Funktionen des deutschen Interessensverbandes der holzimportierenden Unternehmen beschrieben.

3.4.1.1 Verein Deutscher Holzeinfuhrhäuser e.V. (VDH)

Mit einer mehrjährigen Unterbrechung zur Zeit des 2. Weltkrieges war der Verein Deutscher Holzeinfuhrhäuser (VDH) e.V. in Hamburg über 80 Jahre lang der Interessensverband der deutschen Holzimportunternehmen. Gegründet im Jahre 1916 in Dortmund, wurde er im Jahre 1938 durch die Nationalsozialisten aufgelöst. Nach dem Krieg im Jahre 1947 erneut belebt, vertrat der VDH bis zu seiner Fusion mit dem Bundesverband Deutscher Holzhandel (BD-Holz) am 16. April 1998 die Interessen der deutschen Holzeinfuhrwirtschaft. Nach der Fusion nannte sich der neu gebildete Verband zuerst „Gesamtverband Holzhandel BD-Holz-VDH e.V." mit Sitz in Wiesbaden und Berlin, welcher sich mittlerweile zum Gesamtverband deutscher Holzhandel GD-Holz umbenannt hat.

3.4.1.2 Gesamtverband deutscher Holzhandel e.V. (GD-Holz)[246]

Dieser neue Gesamtverband repräsentiert den national sowie international tätigen Holzhandel (Makler und Agenten, Import- und Exportunternehmen, Groß- und Einzelhandel) der Bundesrepublik Deutschland sowie im Großherzogtum Luxemburg[247] gegenüber Staat, Gesellschaft und anderen Wirtschaftsorganisationen. Außerdem unterstützt er die angeschlossenen Betriebe mit Dienstleistungen.[248]

Im Jahre 2004 waren etwa 1250 Unternehmen des deutschen Holzhandels Mitglied im GD-Holz, welches nach eigenen Angaben des Verbandes etwa 90% der Umsätze des deutschen Holz- und Holzimporthandels repräsentiert.[249]

Organisatorisch ist der Verband in folgende Landesgruppen untergliedert: Baden, Bayern, Berlin-Brandenburg, Bremen, Hamburg, Hessen,

---

246 siehe: http://www.gdholz.de (Zugriff: 20.11.03)

247 Zusätzlich sind noch einige österreichische Unternehmen Mitglied im GD-Holz.

248 vgl. Gesamtverband Holzhandel e.V.: Aufgaben, Personen, Anschriften, in: Handbuch Holzhandel, 4. Auflage, Wiesbaden 2000, S. 1 ff.

249 vgl. Gesamtverband Holzhandel e.V.: Aufgaben, Personen, Anschriften, a.a.O., S. 1 ff.

Lübeck, Mecklenburg-Vorpommern, Niedersachsen, Nordrhein-Westfalen, Rheinland-Rheinhessen, Pfalz, Saarland, Sachsen, Sachsen-Anhalt, Schleswig-Holstein, Thüringen und Württemberg und der Holzhandelsgruppe Luxemburg.[250]

Des Weiteren ist der GD-Holz Mitglied in folgenden Institutionen:[251]

- Bundesverband des Deutschen Groß- und Außenhandels e.V.;
- Deutscher Holzwirtschaftsrat;
- Interministerieller Ausschuss für Entwicklung und Zusammenarbeit für Forst und Holz beim Bundesministerium für Ernährung, Landwirtschaft und Forsten;
- Deutsches Institut für Normung;
- FEBO Fédération Européenne du Négoce de Bois.[252]

3.4.1.3 Serviceleistungen des Gesamtverbandes für Außenhandelsmitglieder

Der Gesamtverband bietet seinen Mitgliedern ein Paket an Serviceleistungen an. Speziell für seine im nordischen Holzimport tätigen Mietgliedsunternehmen sind folgende Dienste von Interesse:[253]

Generelle Serviceleistungen

- Informationsdienste und Marktinformationen über den ausländischen Markt;
- Aufbereitung von statistischem Material über die Produktion und den Außenhandel mit Holz und Holzprodukten;
- Organisation und Durchführung von Messen,[254] Ausschüssen, Arbeitskreisen und Gremien;
- Mitarbeit in internationalen Gremien für Normungsfragen.[255]

---

250 vgl. Gesamtverband Holzhandel e.V.: Aufgaben, Personen, Anschriften, a.a.O., S. 1 ff.

251 vgl. ebenda

252 Europäischer Holzhandelsverband

253 vgl. Gesamtverband deutscher Holzhandel e.V. Dienstleistungen für Mitglieder in: http://www.bdholz.de/s_intern.htm (Zugriff: 10.05.03).

254 Im regelmäßigen Turnus wird vom Gesamtverband in Wiesbaden der Branchentag Holz ausgerichtet.

255 Zum Beispiel zur Erstellung der europaweit einheitlichen Sortierungsbestimmungen für Nadelschnittholz (CEN Regeln - vgl. Kap. 2.1.3.2).

Spezielle Serviceleistungen

- Pflege und Weitergabe von Kontraktformularen für den Außenhandel;[256]
- Mithilfe bei der Vertragsgestaltung mit ausländischen Unternehmen;
- Unterstützung bei der Abwicklung des Außenhandelsgeschäftes, bei Reklamationsabwicklungen sowie bei der Bestellung von Arbitern;[257]
- Hilfestellung bei Kontaktaufnahmen mit ausländischen Geschäftspartnern;
- Informationsvermittlung über Handelsgebräuche und Sortierungsbestimmungen im Ausland.

Individuelle Serviceleistungen

- Hilfe bei Zoll- und Steuerproblemen;
- Mithilfe bzw. Information bei tarifären und nicht-tarifären Handelshemmnissen;
- Hilfe zu generellen juristischen Fragen des Importgeschäftes;
- Hilfe bei der Benennung geeigneter Sachverständigen;
- Darstellung der Unternehmen in Leistungskatalogen und im Internet.[258]

3.4.2 Interessensverbände der nordischen holzexportierenden Unternehmen

Im Unterschied zu Deutschland, wo mittlerweile lediglich ein einziger Verband[259] die Interessen aller mit dem Holzimport und dem Inlandshandel aktiven Unternehmen vertritt, sind in Skandinavien die Verbandsstrukturen vielschichtiger organisiert. Es gibt in jedem der drei Länder mehrere Verbände, in denen die Unternehmen Mitglieder sein können.

---

256 Hierzu zählt z.B. der Rahmenvertrag „Germania 1998“ (vgl. dazu Kap. 3.2.5).

257 Arbiter: lateinisch: Zeuge = Schiedsrichter, Sachverständiger. (vgl. Kap. 3.4.3). Der Verband hält regelmäßig eine aktualisierte Liste an Arbitern bzw. Sachverständigen bereit, die im Falle von Streitigkeiten benannt werden können.

258 siehe www.holzhandel.de (Zugriff: 10.05.03)

259 Es gibt zwar noch andere deutsche Verbände, die einige der mit dem Holzimport beschäftigten Akteure repräsentieren. Beispielhaft kann hier die Centralvereinigung Deutscher Wirtschaftsverbände für Handelsvermittlung und Vertrieb (CDH) e.V. genannt werden, die in ihrem Fachverband Bauwesen, auch die Interessen der Holzmakler und Holzagenturen vertreten, siehe: http://www.cdh.de/fachverband-bauwesen (Zugriff 03.05.04). Der Gesamtverband Holzhandel vereinigt jedoch alle mit dem Holzimport beschäftigten Unternehmen unter einem Dach.

Exemplarisch wird nachfolgend für jedes Land ein Interessensverband genannt.

- **Finnland:** Suomen Sahat,[260] Interessensverband der unabhängigen privaten Sägewerksindustrie Finnlands;
- **Schweden:** Sågverkens Riksförbund,[261] Zentralverband der schwedischen Kaufsägewerke;[262]
- **Norwegen:** Treindustrien,[263] Interessensorganisation der Sägeindustrie Norwegens;

Der finnische Sägewerksverband „Suomen Sahat“

Stellvertretend für die drei o.g. nordischen Interessensverbände soll an dieser Stelle kurz der finnische Sägerwerksverband „Suomen Sahat“ vorgestellt werden.

Der im Jahre 1945 gegründete Verband hat in Finnland etwa 50 Sägewerksbetriebe als Mitglieder. Er definiert seine Aufgabenbereiche wie folgt:

- **Interessensvertretung:** Der Verband vertritt die Interessen seiner Mitglieder in den Bereichen, Rohstofferwerb, Holznebenprodukte (z.B. Hackschnitzel), Produktionsfragen, Vertriebs- und sonstiger Unternehmensfragen;
- **Informationsvermittlung:** Die Organisation vermittelt sowohl marktrelevante Informationen an die eigenen Mitglieder als auch Informationen über die Mitgliedsfirmen an interessierte Unternehmen oder sonstige Einrichtungen;[264]
- **Kontaktvermittlung:** Suomen Sahat versucht Kontakte zwischen seinen Mitgliedsfirmen sowie potentiellen Kunden zu vermitteln.[265]

---

[260] siehe: http://www.suomensahat.fi/ger/index.htm (Zugriff: 20.11.03)

[261] siehe: http://www.sagverk.se (Zugriff: 20.11.03)

[262] Zur Erklärung des Begriffs „Kaufsägewerke“ vgl. Kap. 2.1.2.3 bzw. Fußnote 64

[263] siehe: http://www.trelast.no (Zugriff: 20.11.03)

[264] Zum Beispiel richtet der Verband Suomen Sahat alljährlich in Finnland den „Agent Day“ aus, bei dem Agenten aus den wichtigsten Exportländern eingeladen werden, um über die jeweilige und zu erwartende Marktsituation zu referieren.

[265] Beispielsweise hatte Suomen Sahat einen eigenen Stand auf der zweijährig stattfindenden Holzhandelsmesse „Branchentag“ in Wiesbaden, in dem seine Mitgliederfirmen die Möglichkeit hatten, für sich zu werben.

3.4.3 Arbiter[266]

Der Rahmenvertrag"Germania 1998" (vgl. Kap. 3.2.5.2) gibt vor, dass alle aus dem Vertrag herrührenden Streitigkeiten im Wege der Arbitrage[267] zu schlichten sind, falls sich die Parteien über Reklamationen und/oder sonstige Streitfragen nicht gütlich einigen können. Die zuständigen Schiedsrichter heißen Arbiter sowie Obmänner.[268]

Die Schlichtung wird laut Germania Vertrag entweder einem gemeinsam gewählten Arbiter übertragen oder, falls man sich nicht einigen kann, wird von jeder Partei ein eigener Arbiter bestimmt.[269] Diese haben nach einer vorgegebenen Frist einen Schiedsspruch anzufertigen. Falls sie sich nicht auf einen gemeinsamen Schiedsspruch einigen können, wird ein dritter Schiedsrichter, der so genannte Obmann, bestellt, der das Verfahren entscheidet.[270]

Die Arbiter müssen Holzfachleute[271] sein, soweit es sich um Streitigkeiten handelt, die fachliche Kenntnisse erfordern. Wie beschrieben (vgl. Kap. 3.4.1.3), halten die Interessensverbände regelmäßig eine aktualisierte Liste an Arbitern bzw. Sachverständigen bereit, die im Falle von Streitigkeiten benannt werden können. Die Obmännerliste wird gemeinsam von den finnischen, schwedischen, norwegischen und deutschen Holzverbänden erstellt.[272]

In der Regel handelt es sich bei den Arbitern und Obmännern um erfahrene, viele Jahre im internationalen Holzgeschäft tätige, Persönlichkeiten. Diese haben in verantwortlichen Positionen sowohl von ihrer Persönlichkeit als auch aufgrund ihres Fach- und Sachverstandes einen um-

---

266 siehe zur Erklärung dieses Begriffes Fußnote 257

267 Arbitrage = Schiedsgerichtsverfahren im internationalen Holzhandel (engl. Arbitration, franz. Arbitrage).

268 vgl. Allgemeine Bedingungen des Schlussscheins „Germania 1998" a.a.O., § 16 ff.

269 Falls der Verkäufer es unterlässt, den Arbiter innerhalb einer bestimmten Frist zu benennen, wird der Arbiter von den zuständigen Interessensverbänden (z.B. GD-Holz), ernannt. Sämtliche Arbitrageurteile sollten den Verbänden zur Kenntnis gegeben werden.

270 vgl. Allgemeine Bedingungen des Schlussscheins „Germania 1998" a.a.O., § 16 ff.

271 Jedoch muss ein Arbiter nicht zwingend ein von der IHK öffentlich bestellter und vereidigter Sachverständiger sein.

272 vgl. Allgemeine Bedingungen des Schlussscheins „Germania 1998" a.a.O., § 16 ff.

fangreichen Erfahrungsschatz erworben, so dass sie in der Lage sein sollten, derartige Streitigkeiten fair und objektiv schlichten zu können.

In der Praxis werden heute immer seltener Arbitragen durchgeführt. Normalerweise wird ein Weg gefunden, sich gütlich zu einigen. Dies mag u.a. auch mit dem beschriebenen Konzentrationsprozess der Branche zu tun haben. Bei immer größer werdenden Unternehmen, die immer enger miteinander verflochten sind, steht das Risiko, einen wichtigen Geschäftspartner aufgrund einer Arbitrage zu verlieren, i.d.R. in keinem Verhältnis zu dem erzielten Gewinn, den man möglicherweise aus einem gewonnenen Schiedsspruch erhält (vgl. Fußnote 572).

3.4.4 Nordic Timber Council[273]

Der Nordic Timber Council (NTC) ist eine Holz-Marketingorganisation, die gemeinsam von der Holzindustrie der drei Länder Finnland, Norwegen und Schweden unterhalten wird.[274] Die Aufgabe des NTCs ist in einer spezifischen Werbung für das Produkt Holz, die umweltfreundlichen Eigenschaften dieses Produktes sowie die nachhaltige Bewirtschaftung der skandinavischen Wälder zu sehen. Das Ziel dabei ist, den Holzverbrauch in Europa[275] auf durchschnittlich 0,25cbm/Einwohner im Jahre 2010 zu erhöhen. Beispiele für Aktivitäten des NTCs sind die in England zu Beginn des 21. Jahrhunderts überaus erfolgreiche „Wood for Good" Kampagne sowie die in den Jahren 2004-2006 für Frankreich geplante Aktion: „le Bois ...c´est essentiel!"[276]

3.4.5 Industrie- und Handelskammern[277]

Die Industrie- und Handelskammern (IHK) sind Körperschaften des öffentlichen Rechts, in denen regional gegliedert alle Industrie- und Handelsunternehmen als Pflichtmitglieder zusammengeschlossen sind. Neben ihren Tätigkeiten im Inland bieten die Kammern speziell für den Au-

---

273 siehe: http://www.nordictimber.org (Zugriff: 21.11.03)

274 Der Nordic Timber Council findet sein deutsches Pendant im Holzabsatzfond. siehe: http://www.holzabsatzfonds.de (Zugriff: 21.11.03)

275 Die Organisation konzentriert ihre Anstrengungen überwiegend auf den europäischen Markt.

276 vgl. About us: in Nordic timber council: http://www.nordictimber.org/ntc/page.asp?NodeID=117 (Zugriff: 21.11.03)

277 siehe: http://www.ihk.de (Zugriff: 20.11.03)

ßenhandel vielseitige Hilfestellung, Beratung sowie Informationen auf wirtschaftlichen, rechtlichen, steuerlichen und anderen Bereichen an.[278]

Nachfolgend eine Aufzählung der speziell für den Außenhandel angebotenen Dienstleistungen:[279]

Auskunftsdienst

- Handelsverträge und internationale handelspolitische Abkommen;
- Außenwirtschaftsvorschriften und Verfahrensfragen;
- Finanzfragen im Außenwirtschaftsverkehr.

Informationsdienst

- Kammerzeitschriften, Rundschreiben oder Merkblätter;
- Herausgabe von Veröffentlichungen mit Hinweisen zur Geschäftspraxis;
- Bereithaltung aktuellen Informationsmaterials;
- Vortragsveranstaltungen, Seminare und Lehrgänge;
- Sprechtage mit Angehörigen des Auswärtigen Dienstes, ausländischen Außenhandelsorganisationen und -delegationen.

Kommerzieller Dienst

- Benennung der Anschriften von Bedarfsträgern, Außenhandelsorganisationen, Übersetzern, etc.;
- Nachweise konkreter Warennachfragen und internationaler Ausschreibungen;
- Vermittlung von Vertreterfirmen und Kooperationspartnern;
- Auskünfte über ausländische Unternehmen;
- Auskunftserteilung und Beratung über Messen und Ausstellungen sowie über Werbung im Ausland;
- Hilfestellung bei der Durchsetzung von Forderungen sowie Vermittlung bei Meinungsverschiedenheiten mit ausländischen Geschäftspartnern;
- Benennung öffentlich bestellter und vereidigter Sachverständiger.

Bescheinigungsdienst

- Ausstellung von Ursprungszeugnissen;
- Beglaubigung von anderen Warenbegleitpapieren;
- Ausstellung sonstiger Bescheinigungen, die dem Außenwirtschaftsverkehr dienen.

---

278 vgl. Jahrmann, F.-U.: Außenhandel, a.a.O., S 44 f.

279 vgl. Begemann, H. F.: a.a.O., S. 29

Als Beispiel für die Hilfestellung einer Industrie- und Handelskammer im Holzaußenhandel sei exemplarisch die IHK zu Lübeck genannt. Diese hat nach ausführlicher Recherche im Jahre 2001 bereits die 3. Auflage ihrer über 100 Seiten starken Broschüre „Internationale Geschäftskontakte für Holzunternehmen" veröffentlicht. Dieser, in deutscher und englischer Sprache verfasste Leitfaden gibt sehr detailliert und anschaulich Auskunft über die im Kammerbezirk Lübeck ansässigen international tätigen Holzunternehmen. Außerdem werden darin umfangreiche Angaben zu internationalen Holzbörsen, Fachverbänden und Organisationen, Firmenverzeichnissen, Rechtsfragen, ausländischen Sortierungsregeln und Zertifizierungen, Fachmessen und Ausstellungen, Fachliteratur sowie zu sonstigen „Holz-Links" gegeben.[280] [281]

3.4.6 Außenhandelskammern[282]

Außenhandelskammern sind freiwillige privatrechtliche Zusammenschlüsse von Unternehmen, Organisationen und Privatpersonen aus der Bundesrepublik Deutschland und dem jeweiligen Partnerland zur wechselseitigen Förderung der bilateralen Handelstätigkeiten. Ähnlich arbeitend wie die Industrie- und Handelskammern, liegt die Stärke der Außenhandelskammern in der besonderen Kenntnis des jeweiligen ausländischen Marktes. Ihr Dienstleistungsangebot bezieht sich vor allem auf folgende Bereiche:[283]

- Anbahnung von Geschäftsbeziehungen;
- Erstellung von Marktanalysen;
- Beratung bei Auslandsinvestition;
- Hilfe bei Kooperationen, Lizenzgeschäften und Technologietransfer;
- Einholung von Firmenauskünften;
- Benennung von Sachverständigen und Anwälten;
- Vertretung bei Messen und Ausstellungen;
- Intervention bei Behörden und Organisationen.

In Skandinavien sind die Außenhandelskammern in allen drei betrachteten Staaten vertreten. Die Vertreter dieser drei Kammern besuchen in

---

280 Diese Hinweise sind weitgehend mit einschlägigen Internetadressen versehen, um ein einfaches und schnelles Verfahren zur weltweiten Geschäftsaufnahme zu ermöglichen.

281 vgl. Industrie- und Handelskammer zu Lübeck: Internationale Geschäftskontakte für Holzunternehmen im Bezirk der Industrie- und Handelskammer zu Lübeck, Lübeck, 2001

282 siehe: http://www.ahk.de (Zugriff: 20.11.03)

283 vgl. Jahrmann, F.-U.: Außenhandel, a.a.O., S 45 f.

unterschiedlichen Abständen die Bezirke deutscher Industrie- und Handelskammern. Dort bieten sie den interessierten Unternehmen in Form von Vortragsreihen sowie auf Wunsch zusätzlich in Einzelberatungsgesprächen, ihre Mithilfe bei deren Geschäftsbeziehungen im jeweiligen Land an.

3.5 Transportwesen im nordischen Nadelschnittholzhandel

Holz ist ein schweres, sperriges und im Verhältnis zu Gewicht und Rauminhalt relativ geringwertiges Massengut. Seit alters her waren dem Transport von Holz, nicht allein aus wirtschaftlichen Gründen, oft verhältnismäßig enge Grenzen gesetzt.[284]

Als Transportmittel kommen vor allem Schiffe, Eisenbahnen und Lastkraftwagen in Betracht. Diese Transportmittel bildeten ursprünglich ein sich ergänzendes Beförderungssystem. Dies hat sich jedoch mittlerweile auch im Ferntransport von Nadelschnittholz grundsätzlich geändert. Die Zeit des vorherrschenden Schiffstransports wurde von einer Periode der überwiegenden Beförderung des Holzes auf der Schiene abgelöst.[285] Mittlerweile findet ein Großteil des Holztransportes aus den skandinavischen Ländern mittels LKW-Verkehr auf der Straße statt.[286] Beim Transport von Nadelschnittholz aus Skandinavien nach Deutschland unterscheidet man demnach zwischen folgenden drei Transportarten:[287]

- Seefrachtverkehr bzw. Binnenschifffahrt;
- Eisenbahngüterverkehr;
- Straßengutverkehr.

3.5.1 Seefrachtverkehr

Bis in die 60er Jahre des 20. Jahrhunderts wurde der Transport des Nadelschnittholzes aus Skandinavien überwiegend über den Seefrachtverkehr abgewickelt. Heutzutage hat diese Befrachtungsvariante lediglich

---

[284] Große, zusammenhängende und wenig erschlossene Waldgebiete, wie z.B. in Sibirien, sind zum Teil heute noch wirtschaftlich unterdurchschnittlich entwickelte Zonen. Der Ausbau einer kostenintensiven Infrastruktur allein zum Zwecke der Holznutzung ist unrentabel. vgl. Kroth, W., Bartelheimer, P.: a.a.O., S. 108 ff.

[285] Im Jahre 1913 hatte der Anteil des auf dem Wasserwege importierten Holzes noch 75,4% betragen, vor dem 2. Weltkrieg lag er bei nur noch 46,3%.

[286] vgl. Kroth, W., Bartelheimer, P.: Holzmarktlehre, a.a.O., S. 108 f.

[287] Der Luftfrachtverkehr spielt aufgrund hoher Frachtraten für den Nadelschnittholztransport keine Rolle.

bei Unternehmen mit eigenem Hafenanschluss an Nord- und Ostsee[288] bzw. am Rhein noch eine gewisse Bedeutung. Insbesondere beim Nadelschnittholzeinkauf aus den russischen Nordmeerhäfen, wie z.B. Archangelsk, beziehen Holzimporteure ihre Ware nahezu ausschließlich mittels Schiffen. Stattdessen werden die Nadelschnittholztransporte aus Skandinavien auch von diesen Importunternehmen mehr und mehr über Bahnwaggons bzw. Lastkraftwagen abgewickelt.[289]

Allgemein unterscheidet man im Schiffsverkehr zwischen Linien- und Trampschifffahrt. Während die Güter bei der Linienschifffahrt nach einem festen Fahrplan befördert werden und die Schiffe unabhängig von der Auslastung des Schiffes verkehren, sucht sich der Tramp Reeder geeignete Ladung und verchartert seine Schiffe entsprechend.

Abgesehen von dem relativ seltenen Fall des Vollcharters,[290] werden im Regelfall Waren von unterschiedlichen Versendern auf einem Schiff verschifft. Die Frachtverträge und Preise werden dabei frei ausgehandelt.[291] Da über Angebot und Nachfrage von Schiffsraum ein guter Marktüberblick notwendig ist, erfolgt die Frachtvermittlung i.d.R. durch so genannte Schiffsmakler, wie z.B. die Firma Larsen und Stoss GmbH in Lübeck. Diese Unternehmen werden je nach Kontraktbedingungen (vgl. Kap. 3.5.4) von den Abladern bzw. Importeuren beauftragt und kümmern sich um die gesamte Organisation und Abwicklung des Schiffstransportes inkl. Zollabfertigungen.[292] Für die Importeure mit Binnenhafenanschluss wird das Nadelschnittholz in deutschen, belgischen oder holländischen

---

288 Hierzu zählen auch die drei Hansestädte, Hamburg, Bremen, Lübeck sowie Papenburg, die zwar nicht direkt am Meer liegen, deren Häfen jedoch durch den Ausbau von Elbe, Weser, Trave und Ems für Hochseeschiffe fahrtauglich sind. Dadurch muss das Nadelschnittholz nicht erst auf Binnenschiffe umgeladen werden.

289 Allerdings ist mittlerweile aufgrund der im Jahr 2005 geplanten LKW-Maut ein Trend zu beobachten, der die Beförderung von Holz wieder stärker auf die Schiene bzw. den Schiffstransport verlagert.

290 Generell wird bei den Charterverträgen für Trampschifffahrt unterschieden zwischen Vollcharter (alle Laderäume eines Schiffes), Teilcharter (einzelne Laderäume), Raumcharter (bestimmte Laderäume), Zeitcharter (bestimmter Zeitraum), Reisecharter und Bareboatcharter (Charterer trägt alle Kosten). vgl. Jahrmann, F.-U.: Außenhandel, a.a.O., S. 154

291 Im Gegensatz hierzu steht die Linienschifffahrt, die ihre Frachtraten in so genannten „conference terms“ festlegen.

292 Grascht, J.: mündliche Aussage des Geschäftsführers des Schiffsmaklers Larsen und Stoss, Lübeck, April 2002

Nordseehäfen auf Binnenschiffe umgeschlagen und flussaufwärts zu den Bestimmungszielen verfrachtet.

Lag die Tonnage der Ostseeschiffe noch bis Ende der 80er Jahre des 20 Jahrhunderts überwiegend bei etwa 800 cbm Nadelschnittholz/Schiff,[293] können die heutigen „Holzschiffe" auf der Ostsee eine Größenordnung bis zu 3.000 cbm erreichen.

3.5.2 Eisenbahngüterverkehr

Etwa ab Anfang der 50er Jahre des 20. Jahrhunderts begann sich beim Nadelschnittholzimport aus Skandinavien eine Entwicklung abzuzeichnen, die eine starke Verschiebung des Transportgefüges hervorrief. Nach dem vorwiegenden Ferntransport auf den Wasserwegen, leitete der Ausbau des Eisenbahnnetzes, insbesondere zwischen Schweden und Deutschland,[294] die zweite Epoche des Holzferntransportes ein. Der Schiffstransport von Nadelschnittholz verlor mehr und mehr an Bedeutung zugunsten der Befrachtung mittels der Eisenbahn.[295] [296]

Dies hatte zum einen damit zu tun, dass Waggons eine effizientere Ausladung ermöglichten. Zum anderen waren die Schiffe bei der Beladung häufig gezwungen, verschiedene Exporthäfen anzulaufen. Der Grund lag darin, dass die einzelnen Sägewerke zur damaligen Zeit häufig nicht in der Lage waren, eine komplette Schiffsladung an Nadelschnittholz alleine zu produzieren.[297]

Durch die Waggonlieferung konnte nun, selbst während der Wintermonate, eine kontinuierliche Belieferung der Importeure mit Nadelschnittholz gewährleistet werden. War es für die Schiffe während einiger Monate im Jahr aufgrund des Eises nicht möglich, die nordschwedischen und finni-

---

293 Dies betraf vor allem die günstig zu charternden Frachtschiffe der DDR.

294 Hier waren vor allem 4 Bahnstrecken von Bedeutung. Die Vogelfluglinie von Hälsingborg über Dänemark nach Puttgarden bzw. Flensburg sowie die Linie von Göteborg über Dänemark nach Flensburg. Vor allem die Fährlinie von Trelleborg nach Sassnitz war aufgrund ihres günstigen Frachttarifes der DDR von besonderer Bedeutung.

295 Bis 1960 wurde das Nadelschnittholz aus Schweden in etwa gleichen Anteilen mit dem Schiff sowie dem Eisenbahnwaggon transportiert. Im Jahre 1961 überstieg erstmals die Waggonmenge die 50%-Marke. Im Jahre 1963 waren es bereits über 90%. Aus Finnland hatte aufgrund der geographischen Lage der Schiffstransport noch bis in die 90er Jahre des 20. Jahrhunderts einen größeren Anteil.

296 vgl. Brockstedt, H-P.: a.a.O., S.14 ff.

297 vgl. ebenda

schen Häfen anzulaufen, konnte der Waggonverkehr das gesamte Jahr hindurch abgewickelt werden. Somit musste vom Importeur kein Warenvorrat für den Winter mehr angelegt werden. Dadurch kam es auch zu einer erheblichen Reduzierung des Kapitalaufwandes. Die Finanzierung einer gesamten Schiffsfracht erforderte kurzfristig einen erheblich höheren Kapitalbedarf als die Lieferung der gleichen Schnittholzmenge über mehrere Monate mit Waggons.[298]

Ein weiterer und letzter Faktor, der die Entwicklung des Waggontransports gefördert hat, ist in dem damaligen Mangel an Arbeitskräften zu sehen, die für die Löschung eines Holzschiffes in den 50er und 60er Jahren des 20. Jahrhunderts benötigt wurden.[299] [300]

Die Waggonlieferung hatte bereits nach kurzer Zeit sehr hohe Ausmaße erreicht. Daher war es notwendig, die Bedingungen des zu der Zeit gültigen Rahmenvertrages „Germania 1952", um einen „Slip für Waggongeschäft zum Schlußschein (F.A.S) „Germania 1952" zu erweitern bzw. 1966 durch den Rahmenvertrag „Deutschwaggon 1966" zu ergänzen (vgl. Kap. 3.2.5.2).[301]

Heutzutage wird der Schnittholztransport im Eisenbahngüterverkehr mit Waggons mit einer Volumenkapazität von etwa 90-110 cbm Nadelschnittholz (je nach Spezifikation und Ausladung) organisiert.[302] Die Organisation und Abwicklung der Waggonverfrachtungen erfolgt durch Frachtspediteure, wie z.B. die Firma KN Jerre Timbertrans.

3.5.3 Straßengüterverkehr

Die oben beschriebene Entwicklung hielt bis etwa in die 80er Jahre des 20. Jahrhunderts an. Mit dem Fortschritt in der technischen Entwicklung, insbesondere mit der Zunahme der Leistungsfähigkeit der Kraftfahrzeu-

---

298 vgl. Brockstedt, H-P.: a.a.O., S.14 ff.

299 In der heutigen Zeit schwer verständlich, gab es in den 50er Jahren des 20. Jahrhunderts in Deutschland einen erheblichen Mangel an Arbeitskräften. Um die Liegezeiten eines Schiffes und somit die Kosten niedrig zu halten, war jedoch ein hoher Personalaufwand nötig. Im Gegensatz dazu konnte ein Waggon, der von der Bahn für die Entladung eine gebührenfreie Stillstandsfrist eingeräumt bekam, in relativ kurzer Zeit, mit relativ geringem Personalaufwand entladen werden.

300 vgl. Brockstedt, H-P.: a.a.O., S.14 ff.

301 vgl. ebenda, S.34

302 Dieses gilt lediglich für Nadelschnittholz im trockenen Zustand. Im frischen Zustand ist die Ausladungsmenge aufgrund der Tonnagebegrenzung entsprechend niedriger.

ge, gewann der Transport mittels Lastkraftwagen zunehmend an Bedeutung.[303]

Verteuerungen der Waggonfrachten, Erschwerungen durch den mehrmaligen Umschlag bei der Eisenbahnbefrachtung, zunehmender Rückbau der Unternehmensgleisanschlüsse durch die Deutsche Bahn AG, längere Lieferfristen sowie mangelnde Flexibilität[304] im Vergleich zur LKW-Befrachtung förderten diese Entwicklung. Gemäß Statistiken des Deutschen Statistischen Bundesamtes wurden im Jahre 2000 über 80% des gesamten Gütertransportes mittels LKW abgewickelt.[305]

LKWs können je nach Holzspezifikation bzw. Art der Beladung mit durchschnittlich etwa 50 cbm an Nadelschnittholz beladen werden. Organisiert und durchgeführt werden LKW-Transporte mittels international tätiger LKW-Speditionen wie beispielsweise dem finnischen Unternehmen Nybrok OY oder der österreichischen Firma LKW-Walter-International.[306]

Die oben beschriebene Entwicklung galt in erster Linie für die schwedischen Nadelschnittholzlieferungen. Diese waren aufgrund ihrer geographischen Nähe zu Deutschland zeitlich früher auf die Transportmittel Waggon und LKW umstiegen. Da Nadelschnittholz jedoch ein Massengut ist, sind das Schiff bei langen Wasserwegen sowie die Bahn bei langen Landtransportwegen weiterhin interessant geblieben. Insbesondere bei Lieferungen aus Finnland, aber auch aus Mittel- und Nordschweden, konnten sich bis in die 90er Jahre des 20. Jahrhunderts das Schiff sowie der Waggon gegenüber der zunehmenden Konkurrenz der LKWs erwehren.[307] Auch für die deutschen Importhobelwerke, die Schnittholz in größeren Quantitäten sowie einheitlichen Spezifikationen importieren, war die Waggonbefrachtung bis weit in die 90er Jahre des 20. Jahrhunderts die bevorzugte Transportvariante. Hingegen sind die Importgroßhändler sowie die sonstigen nadelschnittholzimportierenden Unternehmen (vgl.

303 Dies hat jedoch erst im Jahre 1998 in dem Schlussschein „Germania 1998“ seinen vertragsrechtlichen Niederschlag gefunden. Bis dahin wurden die Verträge auf Basis des Rahmenvertrages „Deutschwaggon 1966“ analog ausgestellt.

304 Zum Beispiel ist bei der LKW-Befrachtung i.d.R. eine kurzfristige Umdisposition von Ware, Transportmittel und Lieferort relativ einfach möglich.

305 vgl. Statistisches Bundesamt Deutschland: Verkehr, in: http://www.destatis.de/basis/d/verk/verktab4.htm (Zugriff: 28.04.02)

306 siehe: http://www.nybrok.com bzw. http://www.lkw-walter.com (Zugriff: 28.04.02)

307 Dies hängt u.a. auch mit dem relativ geringen Transportvolumen der LKWs (ca. 50 cbm) zusammen.

Kap. 3.3.4) aufgrund der größeren Diversifikation ihrer Bestellungen frühzeitig auf den LKW-Transport umgestiegen.

3.5.4 International Commercial Terms (INCOTERMS)

Die „Internationalen Regeln für die Auslegung der handelsüblichen Vertragsformeln", kurz INCOTERMS, wurden erstmals 1936 als einheitliche Interpretation von der Internationalen Handelskammer in Paris herausgegeben. Die letzte Aktualisierung fand im Jahre 2000 statt. Aufgabe der INCOTERMS ist es, eine verbindliche und klare Aufteilung folgender Bereiche festzulegen:[308]

- **Transportkosten**: Festlegung des Kostenübergangs;
- **Transportrisiko**: Festlegung des Risikoübergangs;
- **Grenzabfertigungstätigkeiten**: Festlegung, wer diese durchführt;
- **Geschäftsabwicklungs- und Sorgfaltspflichten**: Festlegung, wer Aufgaben wie Dokumentenbeschaffung, Warenprüfung, Schiffsorder oder Benachrichtigungen durchzuführen hat.

Insgesamt gibt es dreizehn Klauseln, die in vier Gruppen eingeteilt werden. Sie sind so geordnet, dass die Pflichten des Verkäufers zuerst gering sind und sich dann steigern (Käufer analog), je nachdem welche Klausel angewendet wird.[309] Tabelle 6 gibt eine Übersicht über die verschiedenen INCOTERM-Gruppen.

Um Missverständnisse bei der Auslegung der Lieferbedingungen zu vermeiden, wurden die Lieferbedingungen gemäß der INCOTERMS als fester Bestandteil der Allgemeinen Schlussscheine (aktuell ist dies „Germania 1998" - vgl. Kap. 3.2.5.2) aufgenommen.[310]

Bei den Lieferungen von Nadelschnittholz aus Skandinavien nach Deutschland sind theoretisch sämtliche INCOTERMS möglich. Nachfolgende Lieferbedingungen finden jedoch überwiegend Anwendung:

- **Schiffstransport**: FAS oder CIF;
- **Waggontransport:** FCA/CIP bzw. bei Norwegen[311] DDU oder DDP;
- **LKW Transport:** EXW, CIP bzw. bei Norwegen DDU oder DDP.

---

308 vgl. Jahrmann, F.-U.: Außenhandel, a.a.O., S. 212 ff.

309 vgl. ebenda

310 Da die INCOTERMS weder in ihrer Formulierung noch in ihrer Auslegung allgemein gültiges Recht darstellen, erhalten sie ihre Rechtsgültigkeit für das individuelle Handelsgeschäft erst durch Bezugnahme im jeweiligen Kaufvertrag.

311 Die Ware aus Norwegen muss verzollt werden (vgl. Abschnitt: „Zollwesen", Kap. 3.2.3).

Tabelle 6: Übersicht über die verschiedenen INCOTERM-Gruppen[312]

Gruppe	INCO-TERM	Bezeichnung	Übersetzung
Gruppe E Abholklausel	EXW(1)	Ex Works (1)	ab Werk (1)
Gruppe F Haupttransport vom Verkäufer nicht bezahlt	FCA(1)	Free Carrier (1)	frei Frachtführer (1)
	FAS(2)	Free Alongside Ship (2)	frei Längsseite Seeschiff (2)
	FOB(2)	Free On Board (2)	frei an Bord (2)
Gruppe C Haupttransport vom Verkäufer bezahlt	CFR(3)	Cost And Freight (3)	Kosten und Fracht (3)
	CIF(3)	Cost, Insurance and Freight (3)	Kosten, Versicherung und Fracht (3)
	CPT(4)	Carriage Paid To (4)	frachtfrei (4)
	CIP(4)	Carriage And Insurance Paid To (4)	frachtfrei, versichert (4)
Gruppe D Ankunftsklauseln	DAF(1)	Delivered At Frontier (1)	geliefert Grenze (1)
	DES(3)	Delivered Ex Ship (3)	geliefert ab Schiff (3)
	DEQ(3)	Delivered Ex Quai (3)	geliefert ab Kai (3)
	DDU(1)	Delivered Duty Unpaid (1)	geliefert unverzollt (1)
	DDP(1)	Delivered Duty Paid (1)	geliefert verzollt (1)

(1)= ...genannter Ort (2)= ...genannter Verschiffungshafen
(3)= ...genannter Bestimmungshafen (4)= ...genannter Bestimmungsort

3.5.5 Lieferbedingungen des Schlussscheins „Germania 1998“

Der Schlussschein“Germania 1998“ gibt als erster Rahmenvertrag überhaupt detaillierte Vorgaben über die Abwicklung mit allen oben beschriebenen Transportvarianten.[313] Im Paragraph 2 dieses Vertrages sind Hinweise aufgeführt, wie bei Schiffs-, Waggon- sowie LKW-Transport bei der Lieferung, Befrachtung bzw. Verladung, Waggon/LKW-Bestellung sowie bei auftretenden Mängeln etc. zu verfahren ist. Zur Veranschaulichung über die Detailliertheit der Vorgaben im o.g. Schlussschein wird nachfolgend exemplarisch der § 2 Absatz 1.2: Befrachtung beim Schiffstransport aufgeführt. Der gesamte Rahmenvertrag kann dem Anhang 1 entnommen werden.

---

312 Wirtschaftskammer Wien: Übersicht über die INCOTERMS in: http://www.wkw.at/docextern/abtawi/extranet/HIncotermsListe.htm (Zugriff: 30.04.02)

313 Die Vorgänger konzentrierten sich i.d.R. auf ein Verkehrsmittel, wie z.B. der Rahmenvertrag: „Deutschwaggon 1966“.

1. Schiffstransport

1.2 Befrachtung

Der erforderliche Schiffsraum ist vom Käufer rechtzeitig zu chartern. Sofort nach der Befrachtung soll der Käufer dem Verkäufer eine Kopie des Frachtvertrages übersenden. Der Käufer verpflichtet sich, dafür Sorge zu tragen, dass der Verkäufer von der berechneten Ankunft jedes Schiffes benachrichtigt wird und dass dabei die Namen des Schiffes und des Käufers genannt werden. Diese Benachrichtigung[314] und die vollständigen Verladeinstruktionen müssen mindestens 14 Kalendertage vor der Ankunft des Schiffes in Händen des Verkäufers sein. Wenn bei der Benachrichtigung des voraussichtlichen Ankunftstages des Schiffes nicht die gebührende Sorgfalt aufgewandt worden ist, ist der Käufer für Kosten verantwortlich, die dadurch entstehen, dass Waggons durch das Nichteintreffen des Schiffes zu dem gemeldeten Zeitpunkt aufgehalten werden. Der Käufer ist auch für eventuelle Lagermieten im Hafen, die aus demselben Grunde entstehen können, verantwortlich. Der Verkäufer hat die nicht ordnungsgemäße Meldung des Schiffes sowie seine dadurch entstandenen Kosten zu beweisen.

Der Käufer verpflichtet sich, in den Frachtvertrag eine Bestimmung aufzunehmen, gemäß welcher der Kapitän die approximative Lademenge spätestens bei Ankunft des Schiffes schriftlich zu beordern hat.

Der Verkäufer hat die Ladung so schnell längsseits zu liefern, wie das Schiff empfangen und in der üblichen Arbeitszeit wegstauen kann, jedoch unter Berücksichtigung der Gebräuche des Hafens.

Die Ware ist auf dem Schiff an Deck, auch bei Lieferungen gemäß Gruppe 0 und D der INCOTERMS, mit Planen sorgfältig zu schützen. Bei Regenwetter oder Schneefall darf weder geladen noch gelöscht werden. Der Frachtvertrag soll einen entsprechenden Vermerk enthalten.

Der Verkäufer hat den Käufer direkt oder über den Agenten unverzüglich über die Ankunft und den Abgang jedes Schiffes telegrafisch/fernschriftlich/per Fax zu benachrichtigen.

Die Anzahl der Konnossemente soll 10 pro 500 m^3 nicht übersteigen. Ansonsten sind dafür anfallende Mehrkosten gegenseitig zu vereinbaren.

Wenn der Kapitän erst bei Ankunft oder während der Beladung eine Erhöhung der Vertragsmenge gemäß der Marginalklausel verlangt, so kann der Verkäufer die zusätzliche Ladung auf gesonderte Konnossemente verladen.

An Schiffsseite hat die Übergabe der Ladung so zu erfolgen, dass der Kapitän den zu jedem Konnossement gehörenden Teil der Ladung getrennt halten kann. Mengen von 250 m^3 und darunter, für welche ein gesondertes Konnossement beordert wird, sind an das Schiff gleichzeitig anzuliefern, so dass der Kapitän, wenn nicht ein Teil auf Deck verladen wird, alle auf ein Konnossement zu ladende Ware an einer Stelle stauen kann.....

---

314 Diese Benachrichtigung trägt die Bezeichnung „Notizgabe".

Als Besonderheit des LKW-/Waggonverkehrs ist anzumerken, dass, ähnlich der Notizgabe beim Seefrachtverkehr, je nach Kontraktvereinbarung die Ware vom Käufer mindestens 14 Kalendertage vor dem gewünschten bzw. vertraglich bestimmten Liefertermin abzurufen ist.[315] In diesen „Abrufen“ finden sich normalerweise folgende Informationen wieder:

- Abrufnummer;
- Warenart und Menge;
- Kontraktnummer und -datum;
- Name und Anschrift des Abladers;
- Name und Anschrift des Käufers;
- Name und Anschrift der Holzagentur;
- Name und Anschrift des Spediteurs;
- Lieferort ,-termin und -bedingungen (INCOTERMS);
- Unternehmen, welches die Zollabfertigung durchführt.

3.6 Zahlungsbedingungen im nordischen Nadelschnittholzhandel

Obwohl es im Handel mit nordischem Nadelschnittholz auch spezielle Zahlungsvereinbarungen, wie z.B. Dokumenteninkassi und Dokumentenakkreditive,[316] gibt, wird das Gros der Lieferungen im „normalen“ Zahlungsverkehr über Zahlung gegen einfache Rechnung durchgeführt.

Der Schlussschein „Germania 1998“ macht zu den Zahlungsbedingungen folgende Angaben:[317]

- Alle Rechnungen sind innerhalb von 30 Kalendertagen netto ohne Abzug zu zahlen;

---

315 Es kann natürlich auch vertraglich vereinbart werden, dass die Ware ohne Abruf nach Fertigstellung bzw. nach einem festgelegten Lieferplan geliefert wird.

316 Diese Zahlungsvereinbarungen werden auch durchaus angewandt. Insbesondere geschieht dies bei Erstgeschäften, bei denen sich zwischen Verkäufer und Käufer noch kein Vertrauensverhältnis entwickelt hat. Sie kommen im Alltagsgeschäft mit nordischem Nadelschnittholz jedoch relativ selten vor und sind außerdem so detailliert in der einschlägigen Fachliteratur beschrieben, dass an dieser Stelle auf eine eingehende Beschreibung verzichtet wird.

317 Selbstverständlich können zwischen Verkäufer und Käufer auch andere Zahlungsbedingungen frei ausgehandelt werden, wie z.B. „3% Skonto innerhalb 3 Tagen gegen Vorlage der Faxdokumente“ usw.

- Alle Zahlungsbedingungen werden ab dem letzten Datum der Abgangstransportdokumente gerechnet. Bei approximativen[318] Rechnungen ist das Datum des Poststempels maßgeblich;
- Bei einer Zahlung innerhalb von 12 Kalendertagen werden 2,5% Skonto gewährt, bei Schiffsverladungen auf den FAS-Preis,[319] bei Waggonverladungen auf den Preis ab Verladestation und bei LKW-Verladungen auf den Preis ab Sägewerk;
- Die Zahlungen sollen zwei Tage vorher erfolgen, so dass der Zahlungseingang innerhalb der genannten Fristen erfolgt;
- Im Falle des Verzuges hat die säumige Partei Verzugszinsen von 5% p.a. über dem Basiszinssatz zu zahlen;
- Reklamationen berechtigen nicht zum Einbehalten von Zahlungen, soweit in diesen Bedingungen nicht anderes bestimmt ist.

3.7 Dokumente im nordischen Nadelschnittholzhandel

Der Begriff „Dokument" ist vom lateinischen Ursprung her eigentlich ein „Beweis", wird jedoch im allgemeinen Handelssprachgebrauch für eine Vielzahl schriftlicher Urkunden verwendet.[320]

3.7.1 Funktion der Dokumente[321]

Die im Außenhandel verwendeten Dokumente können verschiedene Funktionen besitzen, i.d.R. haben sie gleichzeitig mehrere unterschiedliche Eigenschaften.

- **Wertpapierfunktion des Dokumentes:** Bestimmte Dokumente repräsentieren zum Beispiel den Wert einer Ware. Dies bedeutet, wer das Dokument besitzt, besitzt somit auch rein rechtlich die Ware.
- **Legitimationsfunktion:** Um den Wert zu realisieren, also z. B. die dadurch repräsentierte Ware zu verkaufen, muss man die Berechtigung dazu nachweisen. Hierzu ist der Name des Berechtigten auf dem Dokument eingetragen.

---

318 approximativ: = annähernd: Holt der Käufer die zur Abholung bereitgestellte Ware nicht innerhalb der vorgenannten Abholfristen ab, ist der Verkäufer nach Verstreichung der Fristen berechtigt, dem Käufer eine approximative Rechnung zu stellen (vgl. Schlussschein „Germania 1998", a.a.O., § 6).

319 vgl. INCOTERMS, Kap. 3.5.4

320 vgl. Altmann, J.: a.a.O., S. 199

321 vgl. ebenda, S. 169 f.

- **Sperrfunktion:** In anderen Fällen kann der Inhaber eines bestimmten Dokumentes auch nach Versand einer Ware an den Empfänger noch über sie verfügen, z.B. indem er den Transport stoppt oder umlenkt.
- **Beweisfunktion:** Das Dokument kann außerdem dazu dienen, bestimmte Sachverhalte zu beweisen, z.B. dass eine Ware geprüft ist und den Anforderungen entsprechende Qualitäten besitzt.
- **Finanzierungsfunktion:** Schließlich kann man bestimmte Dokumente auch dazu benutzen, um sich bei Kreditinstituten Geld zu leihen, z.B. indem ein Wertpapier als Sicherheit hinterlegt wird.

Neben der Beweis- und Legitimationsfunktion erfüllen Dokumente im Außenhandel somit vor allen Dingen eine **Vertragserfüllungsfunktion**, eine Wertpapierfunktion und eine Finanzierungsfunktion, wenn die Urkunden als Kreditabsicherung einer Bank überlassen werden. Konnossement, Lagerschein und Lieferschein (s.u.) sind aufgrund ihres echten Wertpapiercharakters sehr wichtige Dokumente. Werden sie unabhängig von der Ware zur Erfüllung eines Vertrages ausgetauscht, so verbriefen sie die Ware und entsprechend einen sofortigen Herausgabeanspruch gegenüber dem jeweiligen Besitzer. Sie erlauben also eine uneingeschränkte Disposition über die Ware (**Dispositions- oder Traditionsfunktion**).[322]

3.7.2 Dokumentformen

Die Einteilung der im Außenhandel verwendeten Dokumente wird in der Fachliteratur auf verschiedene Weise vorgenommen. Im Zusammenhang mit der vorliegenden Fragestellung scheint die Strukturierung von Altmann nach den Verwendungszwecken der Dokumente sinnvoll (vgl. Abbildung 6).[323]

Im Außenhandel sind von den unterschiedlichen Beteiligten eine Vielzahl von Dokumenten auszustellen, wie z.B. von Produzenten, Abladern, Schiffsmaklern, Spediteuren, Versicherungen, Banken usw.[324] Im Folgenden wird sich daher lediglich auf die für die Fragestellung relevanten **Begleit- und Versanddokumente** konzentriert, die als Handelsdokumente einen Teil der kaufmännischen Dokumente darstellen.

---

322 vgl. Jahrmann, F.-U.: Außenhandel, a.a.O., S. 169 f.

323 vgl. Altmann, J.: a.a.O., S. 202 ff.

324 Altmann schreibt, dass eine Sammlung der verschiedenen Dokumente im Außenhandel schnell mehrere Aktenordner füllt. vgl. Altmann, J.: Außenwirtschaft für Unternehmen, a.a.O., S. 201 f.

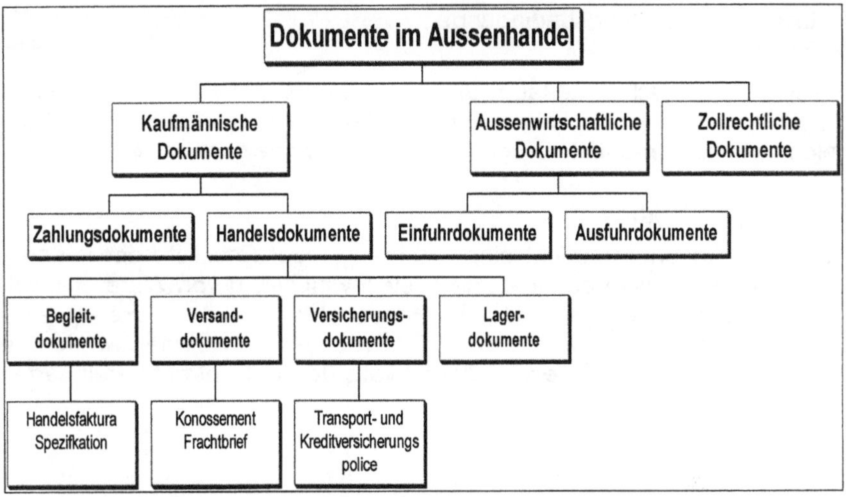

Abbildung 6: Dokumente im Außenhandel[325]

3.7.3 Begleitdokumente

Begleitdokumente sind Dokumente, die die Ware vom Produzenten bzw. Ablader auf dem Weg zum Importeur begleiten. Art und Anzahl der Begleitdokumente richten sich sowohl nach den Einfuhrbestimmungen des Importlandes sowie nach den speziellen Wünschen des Importeurs. Zu den Begleitdokumenten im Zusammenhang mit dem Import von Nadelschnittholz aus Skandinavien zählen vor allem die **Handelsfaktura** sowie die **Spezifikation**.[326]

3.7.3.1 Handelsfaktura

Die Handelsfaktura oder Handelsrechnung ist die wichtigste Beweisurkunde über die Vertragserfüllung. Sie ist Prüfunterlage für die Übereinstimmung mit dem Kaufvertrag und für die Zahlungsanweisung durch den Importeur. Sie enthält u.a. Einzelheiten über:

- Name und Anschrift der Vertragsparteien;
- Genaue Bezeichnung sowie Beschreibung der Waren (Art, Menge, Gewicht, Verpackung etc.);
- Preis/Einheit sowie Gesamtpreis inklusive evtl. Rabatte, Skonti usw.;

---

[325] vgl. ebenda

[326] vgl. Altmann, J.: Außenwirtschaft für Unternehmen, a.a.O., S. 210

- Liefer- und Zahlungsbedingungen;
- Frachtkosten.

Sie ist häufig auch Unterlage für eine eventuell notwendige Zollabfertigung,[327] so dass i.d.R. weitere Einzelheiten wie Frachtbriefnummer, Bezeichnung des Frachtfahrzeuges usw. darauf verzeichnet sind.[328]

3.7.3.2 Spezifikation

Die Spezifikation entspricht einer Aufmass- oder Packliste der verladenen Ware. In ihr wird detailliert dargestellt welche Art von Ware, mit welcher Dimension, Länge, Qualität, Holzfeuchte etc., zu welchem Zeitpunkt, mit welchem Fahrzeug von dem Produzenten verladen wurde. Sie dient zur Kontrolle, ob die verladene Ware der im Kontrakt vereinbarten entspricht.[329]

3.7.4 Versanddokumente

Bei den Versanddokumenten ist zu unterscheiden zwischen denen, die die Ware repräsentieren und somit dem Besitz der Ware gleichbedeutend sind und solchen, die lediglich den Versand der Ware nachweisen. Zu den Versanddokumenten zählen u.a. das **Konnossement** und der **Frachtbrief**.[330]

3.7.4.1 Konnossement

Das Konnossement (Bill of lading) ist ein gekorenes Orderpapier,[331] ein Versanddokument, sowie ein Warenwertpapier. Es wird bei Seefracht aufgrund des Frachtvertrages vom Verfrachter der Ware (Reeder, Schiffsführer) ausgestellt und dem Exporteur übergeben. Es dokumen-

---

327 In manchen Ländern, wie z.B. den Ländern des Commonwealth, wird zur Handelsfaktura noch außerdem eine Zollfaktura als zusätzliches Wert- und Ursprungszertifikat verlangt.

328 vgl. Altmann, J.: a.a.O., S. 210 f. sowie Jahrmann, F.-U.: Außenhandel, a.a.O., S. 197 ff.

329 vgl. Altmann, J.: a.a.O., S. 213

330 vgl. Altmann, J.: a.a.O., S. 215 ff. sowie Jahrmann, F.-U.: Außenhandel, a.a.O., S. 174 ff.

331 Orderpapiere werden durch Einigung und Übergabe der indossierten (mit Übertragungsvermerk versehenen) Urkunde übertragen. Berechtigter ist der jeweils letzte durch Indossament Benannte. Gekoren bedeutet, dass die Orderklausel konstitutiv ist. Das heißt, ein Dokument wie z.B. das Konnossement wird (im Gegensatz zum geborenen Orderpapier, wie z.B. der Wechsel) erst zum Orderpapier durch die Orderklausel auf der Rückseite.

tiert dem Exporteur den Empfang der Ware und die Verpflichtung zur Beförderung und zur Aushändigung der Ware an den legitimierten Empfänger. Das Papier verbrieft das Eigentum an der versandten Ware. Zur Einlösung legt der Exporteur die Papiere seiner Hausbank vor und diese schickt sie zur Bank des Importeurs. Diese prüft die Dokumente und zahlt, wenn der Importeur die Dokumente aufnimmt. Nimmt er sie auf, erwirbt er damit das Eigentum an der Ware und kann die Herausgabe der Ware von dem Reeder verlangen. Der legitimierte Inhaber der Dokumente ist auch mittelbarer Besitzer an der Ware, er kann die Ware in diesem Fall also auch verpfänden oder zur Sicherungsübereignung überlassen.[332]

3.7.4.2 Frachtbrief

Der Frachtbrief ist eine Beweisurkunde im Eisenbahn- und Straßengüterverkehr.[333] Sie beruht auf dem Frachtvertrag und beurkundet den Auftrag des Absenders an den Frachtführer, die Ware an den im Frachtbrief benannten Empfänger auszuhändigen. Der Frachtbrief begleitet die Ware. Der Frachtbrief ist kein Warenwertpapier wie das Konnossement. Dennoch verbrieft er oft ein eingeschränktes Dispositionsrecht über die Ware, solange sie dem Empfänger noch nicht zugestellt ist.[334]

3.7.5 Versicherungswertpapiere

Im Versicherungswesen lassen sich im Bezug auf den Import von nordischem Nadelschnittholz im Wesentlichen die zwei Risiken Transport und Kredit unterscheiden. Entsprechend wird unterschieden zwischen **Transportversicherungs**- und **Kreditversicherungspolicen**.[335]

3.7.5.1 Transportversicherung

Der Versicherungsanspruch beim Transport regelt sich auf Grundlage der INCOTERMS (vgl. Kap. 3.5.4). Der Rahmenvertrag „Germania 1998“ verweist in seinem § 10 bezüglich des Transportrisikos auf diese Regeln und besagt, dass der Verkäufer bei CIF- bzw. CIP-Verkäufen zugunsten

---

332 vgl. Altmann, J.: a.a.O., S. 216 ff. sowie Jahrmann, F.-U.: Außenhandel, a.a.O., S. 174 ff.

333 Der Frachtbrief wird außerdem noch im Luftfrachtverkehr eingesetzt, der jedoch im Zusammenhang mit der vorliegenden Fragestellung keine Rolle spielt.

334 vgl. Altmann, J.: a.a.O., S. 221 ff. sowie Jahrmann, F.-U.: Außenhandel, a.a.O., S. 183 ff.

335 vgl. Jahrmann, F.-U.: Außenhandel, a.a.O., S. 193 ff.

des Käufers eine alle Risiken abdeckende Versicherung abzuschließen hat, die der entsprechenden Mindestversicherung der INCOTERMS entspricht.

3.7.5.2 Kreditversicherung

Die Kreditversicherung hingegen soll die wirtschaftlichen Risiken decken, die bei einer Lieferanten- oder Bestellerkreditgewährung entstehen. Versichert werden Forderungen aus Warenlieferungen und Dienstleistungen gegen das Risiko von Zahlungsausfällen. Als Schadenstatbestand gilt der Konkurs, das gerichtliche oder außergerichtliche Vergleichsverfahren, die erfolglose Zwangsvollstreckung oder in Ausnahmefällen, die durch sonstige Umstände nachgewiesene Uneinbringlichkeit einer Forderung aus wirtschaftlichen Gründen. Der Versicherungsschutz beginnt i.d.R. mit dem Versand der Ware. Im Schadensfall trägt der Versicherungsnehmer einen Teil des Ausfalls in Form einer Selbstbeteiligung.[336]

Im Gegensatz zu den oben genannten zwingenden Abschlüssen der Transportversicherung bei CIF- und CIP-Kontrakten ist die Kreditversicherung fakultativ. Diese kann sowohl vom Ablader im Ursprungsland selbst, als auch vom Importagenten mit einer Versicherungsgesellschaft wie z.B. der HERMES Kreditversicherungs-AG abgeschlossen werden. Der Agent übernimmt dann für den Importeur Delkrederefunktion,[337] das heißt, er steht für alle Forderungsausfälle gegenüber dem Ablader im vollen Umfang ein. In der Regel stehen heutzutage im Gegensatz zu den 60er-80er Jahren des 20. Jahrhunderts im Skandinaviengeschäft kaum noch Agenten für Delkredere. Normalerweise versichert der Ablader das Kreditrisiko im eigenen Lande.

---

336 vgl. Begemann, H. F.: a.a.O., S. 47 sowie Jahrmann, F.-U.: Außenhandel, a.a.O., S. 197

337 Delkredere: italienisch Bürgschaft (des Glaubens) = Haftung für eine Forderung.

4 Theoretische Betrachtung der Neuen Institutionenökonomik mit Bezug auf Handelsgeschäfte mit nordischem Nadelschnittholz

Das Kapitel 4 setzt sich mit den theoretischen Inhalten der Neuen Institutionenökonomik auseinander. Diese Wirtschaftstheorie bietet erstmals die Möglichkeit, einen volkswirtschaftlichen Ansatz zur Klärung betriebswirtschaftlicher Fragestellungen, über den bisher eingeschränkten Bereich der Produktionstheorie hinaus, nutzbar zu machen. Dabei wird der Frage nachgegangen, warum es in einer arbeitsteiligen Marktwirtschaft überhaupt Unternehmen gibt. Die Erklärung dafür lautet, dass die Nutzung des Marktes nicht ohne den Einsatz von Ressourcen möglich ist und daher Kosten verursacht. Transaktionen werden daher immer so lange innerhalb einer Unternehmung abgewickelt, wie die dabei anfallenden Kosten geringer sind, als bei einer Abwicklung über den Markt und umgekehrt. Auf die Themenstellung bezogen, verfolgt die eingehende Auseinandersetzung mit dieser Wirtschaftstheorie somit das Ziel, die in der Praxis beobachtbaren Unterschiede in der Distributionspolitik skandinavischer Sägewerksunternehmen (vgl. Kap. 3.3) erklären zu können.

Nach einem kurzen historischen Abriss über die Entstehung der Neuen Institutionenökonomik werden grundlegende institutionenökonomische Begriffe erklärt. Darauf aufbauend werden die drei fundamentalen Forschungszweige dieser Theorie (Property-Rights-Theorie, Prinzipal-Agent-Theorie und Transaktionskostentheorie) einer intensiven separaten Betrachtung unterzogen. Dies geschieht, zum einen um herauszufinden, welcher der drei Ansätze sich am besten zur Erreichung der vorgegebenen Zielsetzung eignet. Zum anderen soll ermittelt werden, in welchen weiteren Bereichen des nordischen Nadelschnittholzmarktgeschehens die jeweiligen Forschungsansätze außerdem Verwendung finden können.

Aufbauend auf dieser Beschreibung erfolgt eine vergleichende Darstellung der Gemeinsamkeiten und Unterschiede sowie eine kritische Würdigung der drei unterschiedlichen Ansätze der Neuen Institutionenökonomik.

Abschließend wird begründet, warum sich der Autor für die Verwendung der Transaktionskostentheorie als Grundlage der weiteren Untersuchung entscheidet. Abbildung 7 gibt den strukturellen Aufbau dieses Kapitels wieder.

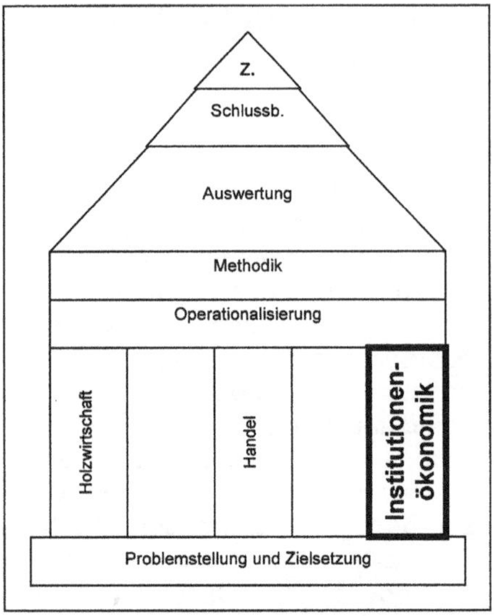

Abbildung 7: Struktur des Kapitels 4

Entstehung
Grundannahmen und Begriffe
Forschungsansätze
Property-Rights-Theorie
Prinzipal-Agent-Theorie
Transaktionskostentheorie
Gemeinsamkeiten und Unterschiede der Ansätze
Kritische Würdigung der Theorien
Begründung für Transaktionskostenansatz

4.1 Die Entstehung der Neuen Institutionenökonomik als Reaktion auf die Kritik an der Neoklassik

Die Neoklassik, die sich ab der 2. Hälfte des 19. Jahrhunderts durch Autoren wie WALRAS und MARSHALL entwickelte, stellt im Prinzip bis zum heutigen Tag das dominierende Paradigma der Wirtschaftswissenschaft dar.[338] In ihr wird mit formalen mathematischen Modellen und Methoden auf Basis eines marginalanalytischen Optimierungsansatzes die Allokation knapper Ressourcen diskutiert.[339]

Im Vordergrund der neoklassischen Analyse steht das Entscheidungsproblem hinsichtlich der zweckrationalen Verwendung knapper Ressour-

---

338 Sie wurde lediglich von einer zeitweiligen Dominanz des Keynesianismus unterbrochen.

339 vgl. Fischer, M.: Make-or-Buy-Entscheidungen im Marketing - Neue Institutionenlehre und Distributionspolitik; Wiesbaden: Gabler 1993, S. 30

cen. Dabei wird auf die automatische und selbstregulierende Natur des Marktes gesetzt (Gleichgewichtstheorie). Nach der Lehre der Neoklassik führt ein flexibler Preismechanismus zu einer effektiven Koordination der geplanten Größen der verschiedenen Wirtschaftsakteure. Preisänderungen bewirken dabei einzel- wie gesamtwirtschaftlich eine Tendenz zum Marktgleichgewicht.

Die neoklassische Wirtschaftstheorie unterstellt, dass eine effiziente Faktorallokation nur durch den Markt erreicht werden kann.[340] Dabei wird von folgenden Annahmen ausgegangen:[341]

- Es existiert „perfektes" Eigentum. Dies bedeutet, dass sämtliche Verfügungsrechte[342] vollständig spezifiziert und den Wirtschaftssubjekten eindeutig zugewiesen sind, so dass keine eigentumsrechtlichen Konflikte auftreten;
- Das Rechtssystem arbeitet vollkommen kostenlos und effizient. Ebenso erfordert die Nutzung des Preismechanismus keinen Ressourceneinsatz und somit keine Kosten;
- Unternehmungen werden als einzelne Wirtschaftssubjekte modelliert, deren „Innenleben" ökonomisch irrelevant ist. Die Unternehmung wird als „Black Box" betrachtet, deren Faktoreinsatzmengen nach Maßgabe einer gegebenen Produktionsfunktion in Ausbringmengen transformiert werden;
- Alle Wirtschaftssubjekte sind vollkommen über alle Preise, Güter und Zustände der Welt informiert und maximieren stets ihren Nutzen bzw. Gewinn (es herrscht perfekte Rationalität);
- Aus diesem Grunde werden vollständige Verträge abgeschlossen, die alle zukünftigen Ereignisse antizipieren;[343]

---

340 vgl. Fiedler, G.; König, R.: Wirtschaftstheorien im Überblick, Verlag: Die Wirtschaft, Berlin 1991, S. 70 f.

341 vgl. Feldmann, H.: Eine institutionalistische Revolution, Zur dogmenhistorischen Bedeutung der modernen Institutionenökonomik, Volkswirtschaftliche Schriften, Heft 448, Duncker & Humblot Verlag Berlin, 1995, S.11 f.; siehe auch Richter R.; Furobotn, E.: Neue Institutionenökonomik, eine Einführung und kritische Würdigung. Übersetzt Von Monika Streissler. - 2. durchgesehene u. ergänzte Auflage - Tübingen: Mohr Siebeck, 1999, S. 10; siehe hierzu auch: Erlei, M. et al.: Neue Institutionenökonomik, a.a.O., S. 45 ff.

342 siehe zur Erklärung dieses Begriffes Fußnote 433

343 vgl. Richter, R.: Institutionenökonomische Aspekte der Theorie der Unternehmung, in: Ordelheide, D., et al.: Betriebswirtschaftslehre und ökonomische Theorie, Stuttgart 1991, S. 400

- Die Durchführung ökonomischer Transaktionen ist mit keinen speziellen (Transaktions-)Kosten verbunden.[344]

Im Laufe der fünfziger und sechziger Jahre des 20. Jahrhunderts verbreitete sich vor allem unter US-amerikanischen Wirtschaftswissenschaftlern ein zunehmendes Unbehagen über Defizite der herrschenden neoklassischen Lehre. Vor allem der begrenzte Anwendungsbereich, der hohe Abstraktionsgrad und die mangelnde Berücksichtigung institutioneller Fragestellungen waren der Hauptgrund für diese Unzufriedenheit.[345] In der Folge konzentrierten sich diese Ökonomen mehr und mehr darauf, Institutionen[346] ökonomisch zu analysieren. Sie knüpften dabei, im Gegensatz zu früheren Ansätzen ökonomischer Institutionenanalyse,[347] bewusst an die vorherrschende Wirtschaftstheorie an. Dabei versuchten sie, die neoklassische Mikroökonomik durch Einbeziehung institutioneller Aspekte weiterzuentwickeln.[348] Daraus entwickelten sich mehrere neue Forschungsansätze, die heute allgemein unter der Bezeichnung „Neue[349] Institutionenökonomik“[350] zusammengefasst werden können.[351]

---

344 In dieser „Null-Transaktionskosten-Welt“ sind Abschluss, Überwachung und Durchsetzung vollständiger Verträge ohne Kosten möglich (zu dem Begriff „Transaktionskosten“ vgl. Kap. 4.2.1.2).

345 vgl. Feldmann, H.: a.a.O., S. 7 u. 44; siehe auch: Döring, H.: Kritische Analyse der Leistungsfähigkeit des Transaktionskostenansatzes, Dissertation zur Erlangung des wirtschaftswissenschaftlichen Doktorgrades, der wirtschaftswissenschaftlichen Fakultät der Universität Göttingen, Göttingen 1999, S. 8 in: http://webdoc.gwdg.de/ diss/1999/doering/inhalt.htm (Zugriff: 30.05.02)

346 zur genauen differenzierten Erläuterung von Institutionen vgl. Kap. 4.2.1.1

347 Hier sind z.B. die Österreichische Schule oder der Amerikanische Institutionalismus zu nennen. Detaillierte Beschreibungen zu diesen beiden Theorieansätzen finden sich in Feldmann, H.: a.a.O., S. 27-39, Erlei, M. et al.: Neue Institutionenökonomik, a.a.O., S. 27-42, und anderen.

348 Der große durchschlagende Erfolg der Neuen Institutionenökonomik ist u.a. damit zu begründen, dass sie im Unterschied zum Amerikanischen Institutionalismus die neoklassische Theorie nicht über Bord zu werfen versuchte, sondern sie mit ihren Ideen und Hypothesen besetzte.

349 Neu in Abgrenzung zum „alten“ Amerikanischen Institutionalismus.

350 Der Begriff „Neue Institutionenökonomik“ (New institutional economics) wird im allgemeinen WILLIAMSON zugeschrieben. Daneben werden häufig auch die Bezeichnungen „Neue institutionelle Ökonomik“, „Neue Institutionenökonomie“ sowie „Neuer Institutionalismus“ verwendet. Auch wenn es feine Unterschiede zwischen den einzelnen Begriffen geben mag, werden alle genannten Bezeichnungen in der vorliegenden Arbeit als synonym angesehen.

351 vgl. Feldmann, H.: a.a.O., S. 44

Ihren Ursprung nimmt die Neue Institutionenökonomik in dem im Jahre 1937 veröffentlichten Artikel „The Nature of the Firm“[352] des amerikanischen Wirtschaftswissenschaftlers RONALD H. COASE. In diesem Artikel wirft COASE die Frage auf, warum es in einer arbeitsteiligen Marktwirtschaft überhaupt Unternehmen[353] bzw. sonstige hierarchische Organisationsformen gibt, da doch das vorherrschende Theoriegebäude der Neoklassik stets die Überlegenheit des Marktes betont. Er beantwortet die Frage damit, dass die Nutzung des Marktes, im Gegensatz zur neoklassischen Annahme, nicht ohne den Einsatz von Ressourcen möglich ist und daher Kosten verursacht. Transaktionen werden deshalb immer dann innerhalb einer Unternehmung abgewickelt, wenn die dabei anfallenden Kosten geringer sind, als bei einer Abwicklung der jeweiligen Transaktion über den Markt. Nach COASE sind die genannten Kostenvorteile der entscheidende Grund für die Entstehung von Unternehmen. Andere Faktoren, wie z.B. Regulierung, Steuern oder Monopole, haben dagegen untergeordnete Bedeutung.[354]

Eine Gruppe von Ökonomen (unter ihnen auch COASE) beschäftigte sich in den sechziger Jahren des 20. Jahrhunderts mit Fragen der Eigentums- bzw. Verfügungsrechte. Daraus entwickelte sich später der Property-Rights-Ansatz.[355] Anfang der siebziger Jahre griff OLIVER E. WILLIAMSON die Transaktionskostenüberlegungen von COASE aus dem Jahre 1937 erneut auf und entwickelte den Transaktionskostensatz. E-

---

[352] Dieser Artikel, der zunächst von der Fachwelt kaum zur Kenntnis genommen und im Prinzip erst drei Jahrzehnte später wiederentdeckt wurde, wird mittlerweile als einer der bedeutendsten wirtschaftswissenschaftlichen Beiträge des 20. Jahrhunderts angesehen.

[353] Nach seiner Meinung unterscheidet sich das Unternehmen vom Markt vor allem dadurch, dass die Koordination der Produktionsfaktoren im unternehmensinternen Leistungserstellungsprozess nicht durch die „unsichtbare Hand“ des Preismechanismus herbeigeführt, sondern sichtbar durch Anweisung des Managements gesteuert wird. Markt und Unternehmen sind alternative Organisationsformen zur Allokation knapper Ressourcen. vgl. Schoppe, S.G.: et al.: Moderne Theorie der Unternehmung, München, Wien 1995, S. 135

[354] Die Analyse von COASE endet mit der Feststellung, dass es eine optimale Struktur der Wirtschaft genau dann gibt, wenn sich die Grenzkosten der Markttransaktion und die Grenzkosten der Organisation ausgleichen. Die Motivation für die Gründung von Unternehmen sieht COASE in der Möglichkeit der Einsparung von Transaktionskosten. Ebenso wird die wirtschaftliche Begrenzung der Unternehmensgröße von COASE mit dem Vorhandensein von (internen) Transaktionskosten begründet.

[355] Diesen Ansatz übertrug später der Wirtschaftshistoriker NORTH auf Fragen der langfristigen Entwicklung von Volkswirtschaften.

benfalls in den siebziger Jahren erschienen v.a. von ROSS (1973) und MECKLING (1976) die ersten Arbeiten zum Verhältnis zwischen Auftraggeber und Auftragnehmer, woraus die spätere Prinzipal-Agent-Theorie entstand.[356]

Wie zu erkennen ist, besteht dieser Forschungszweig aus verschiedenen Ansätzen (vgl. Kap. 4.3). Alle diese Ansätze verfolgen einheitlich die explizite Berücksichtigung realer institutioneller Gegebenheiten und deren Erklärung im Rahmen der ökonomischen Analyse. Des Weiteren berücksichtigen sie eine bewusste Gestaltung von Institutionen[357] auf der Grundlage des traditionellen neoklassischen Theoriegebäudes und können somit unter dem gemeinschaftlichen Begriff „Neue Institutionenökonomik" zusammengefasst werden.[358]

4.2 Grundannahmen und Begriffe der Neuen Institutionenökonomik

In diesem Abschnitt sollen zum einen die institutionenökonomischen Grundbegriffe wie Institution, Transaktion und Transaktionskosten als Ausgangsbasis weiterer Überlegungen grundlegend definiert werden. Des Weiteren erfolgt eine Beschreibung und Erläuterung der menschlichen Verhaltensannahmen, die die verschiedenen Ansätze der Neuen Institutionenökonomik miteinander verknüpfen.

4.2.1 Institutionenökonomische Grundbegriffe

Als Ausgangspunkt zum Verständnis der Neuen Institutionenökonomik bedürfen die in allen institutionenökonomischen Ansätzen verwendeten Begriffe „**Institutionen**" sowie „**Transaktionen**" bzw. „**Transaktionskosten**" einer einleitenden Erläuterung.

4.2.1.1 Institutionen

Wir leben in einer Welt voller Institutionen. Um eine Vorstellung von der Vielfalt von Institutionen zu geben, erfolgt hier eine beispielhafte Aufzählung einiger dieser Institutionen:

---

356 vgl. Feldmann, H.: a.a.O., S. 8

357 vgl. Döring, H.: a.a.O., S. 8

358 Zur Neuen Institutionenökonomik werden nach FELDMANN die drei Theorieansätze Property-Rights-, Prinzipal-Agent-, sowie Transaktionskostentheorie gezählt. Der vierte Ansatz, die Verfassungsökonomik, wird der Public-Choice-Schule zugerechnet. Alle vier Ansätze zusammen subsumiert er unter dem Begriff der Modernen Institutionenökonomik. vgl. Feldmann, H.: a.a.O., S. 10

- kulturelle Werte und Normen, Moral, Traditionen, Sprachen;
- Menschenrechte, Staaten und ihre Gliederungen, Verfassung, Gesetze, Rechte und die Justiz;
- Unternehmen, Interessens- und Marktverbände, Familien, Ehe;
- Marktwirtschaft, Gewerbefreiheit, Mitbestimmung, Geld;
- Eigentums- und Verfügungsrechte, (wie z.B. das öffentliche und private Eigentum);
- organisatorische Regelungen (in und zwischen Unternehmen), Hierarchien;
- Handelsbräuche, Berufstraditionen, Gastfreundschaft, Spielregeln;
- Rahmenverträge, Arbeitsverträge, sonstige Verträge (vgl. Kap. 4.6.5.2);
- Gütesiegel, Zulassungsregeln, Zertifizierungen, Normen, Sortierungsregeln, Standards;
- Geschäftsbeziehungen, Preise und Märkte;
- Dienstanweisungen, Einzelanweisungen;
- usw.

Obwohl wir überall von Institutionen umgeben sind, lässt sich der Begriff selbst schwer definieren. Verschiedene Wirtschaftswissenschaftler der Neuen Institutionenökonomik haben den Versuch unternommen, eine Definition bzw. Strukturierung der Institutionen vorzunehmen. Im Anschluss erfolgt eine beschreibende Gegenüberstellung dieser unterschiedlichen Sichtweisen, ohne dass eine Bewertung der jeweiligen Ansichten vorgenommen wird.

Institutionen nach Richter

Nach RICHTER wird unter Institutionen ein auf ein bestimmtes Zielbündel abgestelltes System von Normen einschließlich deren Garantieinstrumente verstanden. Diese verfolgen den Zweck, das individuelle Verhalten in eine bestimmte Richtung zu steuern. Institutionen strukturieren unser tägliches Leben und verringern auf diese Weise dessen Unsicherheiten.[359]

Institutionen nach North

NORTH beschreibt Institutionen als ein System von Regeln, Zustimmungsverfahren und moralischen bzw. ethischen Verhaltensnormen. Ihre Aufgabe ist es, das Verhalten von einzelnen im Interesse der Maxi-

---

[359] vgl. Richter, R.: Institutionen ökonomisch analysiert: zur jüngeren Entwicklung auf einem Gebiet der Wirtschaftstheorie, Tübingen: Mohr 1994, S. 2

mierung des Vermögens bzw. des Nutzens von Prinzipalen zu beschränken.[360]

Institutionen nach Williamson

WILLIAMSON schlägt in seinem Analyseschema die Unterscheidung von mindestens vier Institutionsebenen (E1, E2, E3, E4) vor, auf denen gesellschaftliche Prozesse ablaufen (vgl. Abbildung 8).

Ebene	Beschreibung	Anpassung (Jahre)	Absicht
E1	gesellschaftliche Einbettung (Sozialtheorie und –philosophie)	100 bis 1000	Keine (unberechenbar, spontan)
E2	Institutionelle Umwelt (Formelle Spielregeln, Rechte) (institutionelle Ökonomie)	10 bis 100	richtige Institutionen!
E3	Organisationsformen (Spielorganisation, Verträge) (Transaktionskostenökonomie)	1 bis 10	richtige Organisationen!
E4	Ressourcenallokation (Preise, Mengen, Anreize) (neoklassische Ökonomie)	Kontinuierlich	richtige Preise!

Abbildung 8: Die vier Ebenen der institutionellen Analyse nach WILLIAMSON[361]

---

360 vgl. North, D.: Theorie des institutionellen Wandels. Eine neue Sicht der Wirtschaftsgeschichte, übersetzt aus dem amerikanischen von Monika Streissler, Tübingen, Mohr-Verlag, 1988, S.207 ff.

361 siehe Hostettler, M.: Trends der internationalen Forst- und Holzwirtschaft - Und die Schweiz? Handlungsoptionen der Wirtschaftspolitik, Referat, Birmensdorf vom 09.April 2002 in: http://www.tensor.ch/team/person/ho/pub/tifh.pdf (Zugriff: 19.06.2002), S. 4; abgeändert nach: Williamson O.E.: The New Institutional Economics: Taking Stock, Looking Ahead, in: Journal of Economic Literature, 2000, Band 38, Ausgabe 3, S. 597

Ein zentraler Aspekt bei dieser Betrachtungsweise durch WILLIAMSON ist, dass die einzelnen Ebenen miteinander in Beziehung stehen. Dabei drückt er durch die stärkeren Pfeile von den jeweils höheren zu den niedrigeren Ebenen aus, dass sich die darunter liegenden in einer starken Abhängigkeit der unmittelbar übergeordneten Ebenen befinden. Die dünnere Linie von unten nach oben stellt die Rückkopplung, das so genannte „Feedback“, der unteren zu den oberen Ebenen dar.[362]

Die oberste Ebene (E1) bezeichnet WILLIAMSON als die Ebene der sozialen bzw. gesellschaftlichen Einbettung. Hier sind die informellen Institutionen, Bräuche, Traditionen, Konventionen und religiösen Normen angesiedelt. Die Einbettung kann kognitiver, kultureller sowie politischer Natur sein. Die Einhaltung dieser Institutionen wird durch informale Zwänge, wie z.B. gesellschaftliche Sanktionen, persönliche Ächtung, Appelle an die Ehre usw., gewährleistet. Institutionen in diesem Bereich entstehen bzw. verändern sich spontan, unbewusst und nur in relativ langen Zeiträumen, etwa in hunderten von Jahren. Diese Institutionen haben einen andauernden Einfluss auf die Entwicklung einer Gesellschaft. Diese Ebene wird von den meisten Institutionsökonomen als gegeben angenommen.[363]

Die zweite Ebene (E2) stellt er als die institutionelle Umwelt dar. Hier sind die formalen Regeln wie die Verfassung, die Gesetze sowie die Verfügungsrechte einer Gesellschaft eingegliedert.[364] Die Steuerungsinstrumente dieser Ebene treten in Form der Exekutive, Legislative und Judikative sowie der Verteilung innerhalb der verschiedenen Machtebenen des Föderalismus samt seiner Verwaltungsstruktur auf. Vor allem die Property-Rights-Theorie (vgl. Kap. 4.4) widmet sich dieser Ebene. Durch die gesetzlichen Strukturen wird definiert, was Verfügungsrechte sind. Gleichzeitig werden eventuell auftretende Streitigkeiten geschlichtet, die eine unterschiedliche Auslegung dieser Rechte hervorrufen. Ein Wandel der Institutionen dieser Ebene vollzieht sich in Zeiträumen von Jahrzehnten.[365]

Auf der dritten Ebene (E3) sind laut WILLIAMSON Beherrschungsstrukturen bzw. -formen anzutreffen, die die formellen Regeln der zweiten Ebene einhalten, interpretieren und umsetzen sollen. Diese Ebene ver-

---

[362] vgl. Hostettler, M.: Trends der internationalen Forst- und Holzwirtschaft - Und die Schweiz?, a.a.O, S. 596

[363] vgl ebenda, S. 596 ff.

[364] Eine bedeutsame Fragestellung dieser Ebene ist z.B., welche Eigentumsordnung bzw. Verfügungsrechtsstruktur eine Gesellschaft haben soll.

[365] vgl. Williamson, O.E.: The New Institutional Economics, a.a.O., S. 598 f.

knüpft Beherrschungsstrukturen mit Transaktionen. Während die Ebene E2 überwiegend in einer vorvertraglichen Phase versucht, die Rahmenbedingungen so perfekt wie möglich zu gestalten, verlagert sich die Aufmerksamkeit dieser Ebene, vor allem auf Phasen, die im Anschluss an getroffene Vereinbarungen auftreten. Auf dieser Ebene ist die Transaktionskostentheorie angesiedelt. (vgl. Kap. 4.6).[366]

E4 wird als Ebene der Ressourcenallokation bezeichnet. Auf dieser Stufe laufen die fortwährend getroffenen tatsächlichen Entscheidungen der Individuen ab. Damit sind die Nachfrage- und Angebotsentscheide der jeweiligen Wirtschaftssubjekte gemeint, die unter Einhaltung der Restriktionen aus den darüber liegenden Ebenen versuchen, ihren Nutzen ständig zu verbessern.[367] Hier ist die Neoklassische Ökonomie (vgl. Kap. 4.1) sowie der Prinzipal-Agent-Ansatz (vgl. Kap. 4.5) angesiedelt.[368]

Institutionen nach Feldmann

FELDMANN beschreibt Institutionen als Einrichtungen, die gleichartige, sich wiederholende Handlungen von Individuen und Beziehungen zwischen Individuen einer Gesellschaft formen.[369] Er schlägt dabei eine dreigliedrige Aufteilung der gesellschaftlichen Institutionen vor. Die oberste Ebene bezeichnet er als Verfassungsebene, in der allgemeine, das Verhalten aller Gesellschaftsmitglieder bestimmende Regeln festgelegt werden. Unterhalb davon befindet sich die Ebene des selbständigen Handelns unter gegebenen Verfassungsregeln. Hier spielen speziellere institutionelle Arrangements, wie die Ausgestaltung und Verteilung spezifischer Verfügungsrechte eine Rolle. Auf der untersten Ebene ist das unselbständige Handeln unter einheitlicher Leitung innerhalb bestimmter Gruppen oder Organisationen angesiedelt. Hier sind zusätzlich noch konkrete institutionelle Regelungen zwischen den jeweiligen Gruppenmitgliedern relevant, wie z.B. Dienstanweisungen oder Arbeitsverträge.[370]

---

[366] vgl. Williamson, O.E.: The New Institutional Economics, a.a.O., S. 596 ff.

[367] vgl. Hostettler, M.: Trends der internationalen Forst- und Holzwirtschaft - Und die Schweiz?, a.a.O., S. 4

[368] vgl. Williamson, O.E.: The New Institutional Economics, a.a.O., S. 600

[369] vgl. Feldmann H.: a.a.O., S. 9

[370] vgl. ebenda, S. 46

Institutionen nach Picot

Bei PICOT werden Institutionen als Koordinations- und Motivationsinstrumente zur Steuerung wirtschaftlicher Leistungsbeziehung verstanden. Sie werden dabei in fundamentale und sekundäre (abgeleitete) Institutionen unterteilt (vgl.Abbildung 9).

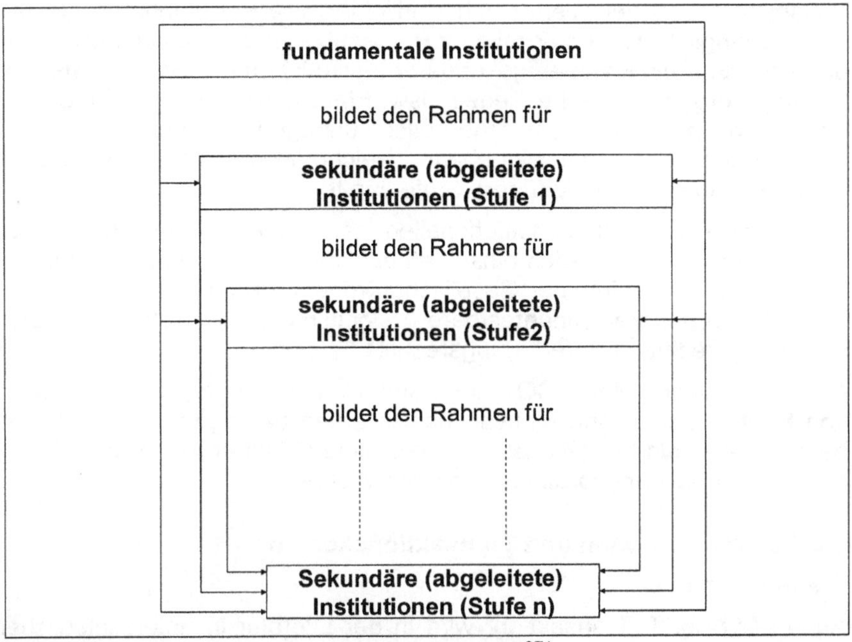

Abbildung 9: Institutionenhierarchie nach PICOT[371]

Fundamentale Institutionen werden dabei als Grundvoraussetzungen für ein Zusammenleben der Menschen in einer sozialen Gemeinschaft definiert. Sie bilden demnach die grundlegenden Rahmenbedingungen für wirtschaftliche Beziehungen. Sie entwickeln sich in langwierigen Evolutionsprozessen als Resultat menschlicher Handlung (jedoch nicht menschlicher Absicht) und werden meist unbewusst befolgt.[372] Sie haben erwartungsbildenden und konfliktmindernden Charakter, erfüllen häufig Informations- und Überwachungsfunktion und wirken insgesamt

371 Picot, A. et al.: Organisationen: eine ökonomische Perspektive, a.a.O., S. 12

372 vgl. Picot, A. et al.: Organisationen: eine ökonomische Perspektive, 2. überarbeitete und erweiterte Auflage, Stuttgart: Schäffer-Poeschel, 1999, S. 10 ff.

(Transaktions-)kostensenkend.[373] Als Beispiel hierzu werden Menschenrechte, Grundregeln und Normen (Handelsbräuche, Berufstradition, Gastfreundschaft), Sprache und Geld genannt.[374]

Die fundamentalen Institutionen bilden den Rahmen für die sekundären Institutionen der Stufe 1. Diese koordinieren bereits das menschliche Zusammenleben detaillierter und sind einer bewusst planbaren Gestaltung zugänglich. Hierunter fallen z.B. Gesetze und Gerichtsurteile. Darunter entsteht ein Rahmen sekundärer Institutionen der Stufe 2, wie z.B. Verträge, organisatorische Regeln usw. Einzelanweisungen bzw. einzelne Regeln sind daher in einer theoretisch unbegrenzten Anzahl von Institutionen höherer Ebenen eingebettet, welche jeweils die Rahmenbedingungen für die nächst niedrigere Stufe darstellen.[375]

Dazwischen liegen die konstitutionellen Institutionen, die die Handlungsrechte- und -pflichten jedes einzelnen bestimmen und das Zusammenleben der Menschen in einer Gesellschaft regeln. Zu den konstitutionellen Institutionen gehören „unantastbare Freiheitsrechte, konstitutionelle Entscheidungsrechte und Verfügungsrechte".[376]

Als viertes beschreibt PICOT noch andere Instrumente, die zur Lösung von Koordinations- und Motivationsproblemen beitragen können. Diese bezeichnet er als Institutionssubstitute. Hierzu zählt er technische Zwänge,[377] Verständigungsprozesse und den Wettbewerb.[378]

4.2.1.2 Transaktionen und Transaktionskosten

Transaktionen

Auch der Begriff „Transaktion" wird in der Literatur in unterschiedlicher Weise definiert. Nach der herrschenden Auffassung wird unter einer Transaktion der Austausch bzw. die Übertragung von Verfügungsrech-

---

373 vgl. Picot, A.: Ökonomische Theorien der Organisation - Ein Überblick über neuere Ansätze und deren betriebswirtschaftliches Anwendungspotential, a.a.O., S. 144

374 vgl. Picot, A. et al.: Organisationen: eine ökonomische Perspektive, a.a.O., S. 10 ff.

375 vgl. ebenda, S. 13 ff.

376 vgl. ebenda, S. 20 ff.

377 Hierzu rechnet er z.B. Eisenbahnlinien, Fertigungsstraßen, Gebäudestrukturen, Computerprogramme usw.

378 vgl. Picot, A. et al.: Organisationen: eine ökonomische Perspektive, a.a.O., S. 23 ff.

ten[379] verstanden. Nach RICHTER kann diese Übertragung von Verfügungsrechten sowohl innerhalb von Unternehmen als auch auf Märkten erfolgen.[380] Er grenzt dabei die (unternehmens-)internen von den externen Markttransaktionen ab.[381]

Laut WILLIAMSON findet eine Transaktion erst dann statt, wenn ein Gut oder eine Leistung über eine technisch trennbare Schnittstelle hinweg übertragen wird.[382] Er bezieht sich bei seiner Definition auf COMMONS,[383] der die Transaktion als: „die Basiseinheit der Organisationsanalyse" bezeichnet.[384] Bei COMMONS wird dabei ergänzend beschrieben, dass es sich bei Transaktionen um:[385]

- soziale Beziehungen zwischen einzelnen Personen handelt;
- zweckbezogene Tauschhandlungen handelt, bei der der Tauschwert sowie die Rechte und Pflichten der Tauschpartner festgelegt werden. Dieses findet sowohl in logistischer als auch i.d.R. in zeitlicher Hinsicht vor dem eigentlichen Gütertausch statt;
- keine Tauschhandlungen im leeren Raum handelt, sondern diese innerhalb der Regeln einer Gemeinschaft stattfinden.

RICHTER/FUROBOTN greifen in ihren Ausführungen ebenfalls die Aussagen von COMMONS auf. Sie unterstreichen, dass Forschungsgegenstand der ökonomischen Analyse von Institutionen nicht nur ökonomi-

---

379 siehe zur Begriffsdefinition Fußnote 433

380 Dabei weist er darauf hin, dass die Übertragung von Gütern bzw. Leistungen gleichzeitig die Übermittlung von Informationen bzw. ganzer Wissenskomplexe mit einschließt.

381 vgl. Richter, R.; Furobotn, E.: a.a.O., S. 48

382 vgl. Williamson, O.E.: Die ökonomischen Institutionen des Kapitalismus: Unternehmen, Märkte, Kooperationen, übersetzt aus dem Amerikanischen von M. Streissler, Mohr-Verlag, Tübingen, 1990, S. 1. Allerdings ist hierbei eine definitorische Unschärfe festzustellen, während er Transaktionen manchmal als physischen Vorgang bezeichnet, wird der Begriff an anderer Stelle auch von ihm eher im Sinne einer Übertragung von Verfügungsrechten benutzt. vgl. Döring, H.: a.a.O., S. 30

383 COMMONS ist als einer der herausragenden Vertreter des „alten" Amerikanischen Institutionalismus anzusehen, der bereits 1940 den Begriff der Transaktion in die ökonomische Analyse eingebracht hat. vgl. Feldmann, H.: a.a.O., S. 27; Erlei, M. et al.: Neue Institutionenökonomik, a.a.O., S. 38 f.; siehe auch: Döring, H.: a.a.O., S. 29

384 vgl. Williamson, O.E.: Die ökonomischen Institutionen des Kapitalismus, a.a.O., S. 7

385 vgl. Richter R.; Furobotn, E.: Neue Institutionenökonomik, a.a.O., S. 48, siehe auch: Döring, H.: a.a.O., S. 29 f.

sche Transaktionen sein können, sondern darunter auch soziale Handlungen zwischen Menschen mit einzubeziehen sind. Sie betonen dabei jenes Handeln, welches zur Begründung, Aufrechterhaltung oder Veränderung sozialer Beziehungen notwendig ist. In diesem Sinne definieren sie somit ökonomische Transaktionen als Sonderfall sozialer Transaktionen.[386]

Die Benutzung der Transaktion als zentrale Untersuchungseinheit der Transaktionskostentheorie basiert auf der Überzeugung, dass sich jedes Transaktionsproblem und somit jede sozioökonomische Leistungsbeziehung als Vertragsproblem definieren lässt. Dadurch können sie aus Transaktionskostensicht sinnvoll, d.h. unter dem Aspekt der Transaktionskosteneinsparung analysiert werden.[387]

Somit kann zusammengefasst werden, dass:

- unter einer Transaktion die Übertragung von Verfügungsrechten verstanden wird;
- die Transaktion der Kernpunkt der Analyse der Transaktionskostentheoretiker ist;
- alle Transaktionsprobleme als Vertragsprobleme formuliert und analysiert werden können.

Transaktionskosten

Als weiterer wichtiger Begriff der Neuen Institutionenökonomik sind auch die „Transaktionskosten“ einer grundlegenden Definition zu unterziehen.

Die in der Fachliteratur am häufigsten verwendete Auslegung des Begriffes Transaktionskosten ist diejenige von ARROW. Dieser bezeichnet Transaktionskosten als: „costs of running the economic system“, in der deutschen Fachliteratur i.d.R. als: „die Betriebskosten des Wirtschaftssystems“ übersetzt.[388]

---

[386] Dieses definieren sie wiederum als soziale Handlungen, die erforderlich sind für die Gründung, Erhaltung des institutionellen Rahmens, in dem eine Wirtschaftstätigkeit erfolgt. vgl. Richter R.; Furobotn, E.: Neue Institutionenökonomik, a.a.O., S. 48

[387] vgl. Williamson, O.E.: Die ökonomischen Institutionen des Kapitalismus, a.a.O., S. 7

[388] vgl. ebenda, S. 21, WILLIAMSON grenzt dabei die Transaktions- von den Produktionskosten ab, mit der sich die neoklassische Analyse im wesentlichen beschäftigt, siehe auch: Richter, R.: Institutionen ökonomisch analysiert, a.a.O., S. 5, Richter, R.; Furobotn, E.: Neue Institutionenökonomik, a.a.O., S. 49, sowie Döring, H.: a.a.O., S. 31, und andere

RICHTER greift dies auf und fügt hinzu, dass unter Transaktionskosten die Kosten der Bereitstellung, Nutzung, Aufrechterhaltung und Umorganisation von Institutionen zu verstehen sind.[389] PICOT weist dabei darauf hin, dass dabei nicht nur monetäre erfassbare Größen berücksichtigt werden dürfen, sondern ebenfalls schwer quantifizierbare Nachteilskomponenten, wie etwa die bei der Vertragsüberwachung eingesetzte Mühe und Zeit.[390]

Unternehmens- und Markttransaktionskosten

In den meisten Literaturquellen werden Transaktionskosten in die beiden Zweige Unternehmenstransaktionskosten und Markttransaktionskosten[391] unterteilt.[392] Unter ersterem werden dabei die Kosten der Nutzung von Arbeits- bzw. Dienstverträgen verstanden. Diese werden wie folgt untergliedert:[393]

- **Kosten der Einrichtung, Erhaltung oder Änderung einer Organisationsstruktur:** Hierunter werden Kosten der Personalverwaltung, Investitionen in Informationstechnologie, PR-Kosten, Lobbykosten usw. verstanden;

---

389 vgl. Richter, R.: Institutionen ökonomisch analysiert, a.a.O., S.5 f. sowie Richter, R.; Furobotn, E.: Neue Institutionenökonomik, a.a.O., S.49 f.

390 Er betont, dass dabei die Bezeichnung „Kosten" nicht gemäß der engen deutschen Auslegung als periodenbezogener, monetär bewertbarer Faktorverzehr, sondern vielmehr im ursprünglichen Sinne der „Cost as disadvantages" (also inklusive Zeit, Mühe und verpassten Gelegenheiten - so genannte „Opportunitätskosten) aufzufassen sind. vgl. Picot, A. et al.: Organisationen: eine ökonomische Perspektive, a.a.O., S. 67 siehe auch: Döring, H.: a.a.O., S. 31 f.

391 RICHTER und FURUBOTN verweisen noch auf eine dritte Art von Transaktionskosten, die durch Benutzung und zweckgerechte Veränderung des institutionellen Rahmens eines Gemeinwesens entstehen. Diese bezeichnen sie als politische Transaktionskosten. vgl. Richter, R.; Furobotn, E.: Neue Institutionenökonomik, a.a.O., S.50. Da diese jedoch für die vorliegende Themenstellung nicht von tragender Relevanz sind, wird an dieser Stelle nicht näher darauf eingegangen.

392 vgl. Richter, R.: Institutionen ökonomisch analysiert, a.a.O., S.5 f. sowie: Richter, R.; Furobotn, E.: Neue Institutionenökonomik, a.a.O., S.49 f.; DÖRING dagegen weist darauf hin, dass diese beiden Formen auch zusammengefasst und unter dem übergeordneten Begriff „Koordinationskosten" verwendet werden können. vgl. Döring, H.: a.a.O., S. 32

393 vgl. Richter, R.: Institutionen ökonomisch analysiert, a.a.O., S.7 f. sowie Richter, R.; Furobotn, E.: Neue Institutionenökonomik, a.a.O., S.53 f.

- **Betriebskosten einer Organisation**, die nochmals in folgende zwei Untergruppen aufgeteilt werden:
  - Informationskosten: Hierzu fallen z.B. Kosten des Entscheidungsvorganges, der Überwachung der Ausführung von Anordnungen, der Messung der Arbeitskräfteleistung, der Geschäftsführung, der Informationsverarbeitung usw.;
  - Kosten im Zusammenhang mit der physischen Übertragung von Gütern und Dienstleistungen über eine trennbare Schnittstelle, wie z.B. Leerzeitkosten bei Halbfertigprodukten oder interne Transportkosten usw.

Markttransaktionskosten hingegen werden als Kosten für die Benutzung des Marktes definiert. Allgemein akzeptiert ist hierbei die Klassifikation der Transaktionskosten anhand der Phasen des Transaktionsprozesses (siehe nachfolgende Strukturierung).[394]

- **Kosten der Anbahnung von Verträgen** (Such- und Informationskosten):[395]
  - Kosten für Suchen von Verhandlungs- bzw. potentiellen Geschäftspartnern, wie z.B. Werbekosten, Recherchekosten, Reisekosten, Messekosten usw.;
  - Kosten der Kommunikation, wie z.B. Porti, Telekommunikation, Aufwendungen für Vertreter usw.;
  - Kosten der Informationssammlung über die Preise unterschiedlicher Anbieter;
  - Beratungskosten;
  - Kosten durch Tests und Qualitätskontrollen. Hierzu gehört auch die Überprüfung der Befähigung und Eignung der betreffenden Anbieter;
- **Kosten des Abschlusses von Verträgen** (Verhandlungs- und Entscheidungskosten):
  - Kosten für Aushandlungen von Vertragsbestimmungen und -inhalten;

---

394 vgl. Richter, R.: Institutionen ökonomisch analysiert, a.a.O., S.6 f. sowie Richter, R.; Furobotn, E.: Neue Institutionenökonomik, a.a.O., S.51 ff.; Picot, A. et al.: Organisationen: eine ökonomische Perspektive, a.a.O., S. 67 und andere

395 Verschiedentlich wird behauptet, dass Kosten der Information einen Hauptbestandteil der Transaktionskosten darstellen, da insbesondere die Kosten der individuellen Informationssuche zu einem großen Teil durch Zeitaufwand entstehen. DAHLMANN spricht sogar davon, dass es nur (diese) eine Art von Transaktionskosten gibt. vgl. Fischer, M.: Make-or-Buy-Entscheidungen im Marketing, a.a.O., S. 92

- Kosten für die schriftliche Erstellung von Verträgen;
- Kosten für evtl. notwendige Rechtsberatungen;
- Kosten für die Aufbereitung sämtlicher Informationen;
- Kosten für die Abstimmung sowie Entscheidungsfindung innerhalb innerbetrieblicher Gruppen, wie z.B. Vertrieb, Entwicklung, Fertigung und Einkauf;

➢ **Kosten der Überwachung und Durchsetzung vertraglicher Leistungspflichten** (Überwachungs- und Durchsetzungskosten):
- Kosten für die Überwachung von Lieferfristen, Qualität, Menge, usw.;

➢ **Kosten für die Durchsetzung und Anpassung von vertraglichen Beziehungen** in Folge von Störungen und Fehlentwicklungen: (Anpassungskosten):[396]
- Fehlanpassungskosten: Kosten für die Anpassung von Abmachungen an geänderte Rahmenbedingungen sowie für das unerwartete Misslingen von Verträgen in Folge von Irrtümern, Vertragslücken etc.;
- Kosten des Feilschens, die sich ergeben, wenn eine oder beide Seiten versuchen, Fehlentwicklungen ex-post zu korrigieren;
- Kosten der Einrichtung und des Betriebes von Beherrschungsstrukturen- und Überwachungssystemen, an welche Streitigkeiten verwiesen werden;[397]
- Sicherungsaufwand zur Durchsetzung verlässlicher Zusagen.

Ex-ante- und Ex-post-Transaktionskosten

WILLIAMSON differenziert die Transaktionskosten noch einmal dahingehend, ob sie vor oder nach Abschluss eines Vertrages auftreten. Er bezeichnet sie dementsprechend als „ex-ante-Transaktionskosten“ und „ex-post-Transaktionskosten“. Gleichzeitig betont er, dass eine eindeutige Abgrenzung voneinander teilweise schwierig ist, da sich ex-ante- und ex-post-Transaktionskosten gegenseitig beeinflussen.[398] Dabei kann folgender „trade off“ beobachtet werden. Je höher die ex-ante-Transaktionskosten, z.B. In Form von Informationskosten, desto geringer

---

[396] vgl. Williamson, O.E.: Die ökonomischen Institutionen des Kapitalismus, a.a.O., S. 23 f.

[397] Hier kann z.B. auf die entsprechenden Regeln im allgemeinen Schlussschein „Germania 1998“ (vgl. Kap. 3.2.5.2) sowie die Aufwendungen für die Einrichtung bzw. Aufrechterhaltung des Arbitersystems (vgl. Kap. 3.4.3) verwiesen werden.

[398] vgl. Williamson, O.E.: Die ökonomischen Institutionen des Kapitalismus, a.a.O., S. 22 ff.

fallen die ex-post-Transaktionskosten, z.B. in Form von Kontrollkosten an.[399] Daher müssen laut WILLIAMSON die ex-ante- und ex-post-Transaktionskosten immer im Zusammenhang betrachtet werden.[400]

Fixe und variable Transaktionskosten

Über die oben beschriebene Abgrenzung hinaus werden die Transaktionskosten teilweise nochmals dahingehend untergliedert, ob sie sich einem eher fixen oder variablen Charakter zuordnen lassen. RICHTER macht diesbezüglich folgende Unterscheidung:[401]

- **Fixe Transaktionskosten:** Hierunter fallen spezifische Kosten, die im Zuge der Einrichtung bzw. der Bereitstellung von institutionellen Arrangements entstehen. Diese werden allgemein als „sunk costs" bezeichnet.[402] Sie werden i.d.R. bei transaktionskostenspezifischen Untersuchungen aus der Betrachtung ausgeschlossen.[403]
- **Variable Transaktionskosten:** Diese können als die täglich anfallenden Transaktionskosten angesehen werden und sind von der Anzahl bzw. dem Umfang der durchgeführten Transaktionen abhängig.

PICOT dagegen erläutert, ausschlaggebend ob die Kosten eher fixen oder variablen Charakter annehmen, sind die Anteile marktlicher Koordinationen sowie die Bedeutung der jeweiligen Transaktionskostenarten. Im Falle der marktlichen Koordination mit festen Transaktionspartnern entstehen vorwiegend fixe Such- und Vereinbarungskosten. Im Falle wechselnder Transaktionspartner nehmen diese vor allem variablen Charakter an.[404] Tabelle 7 verdeutlicht die Aussagen von PICOT.

---

399 vgl. Schoppe, S.G. et al.: a.a.O., S. 150

400 vgl. Williamson, O.E.: Die ökonomischen Institutionen des Kapitalismus, a.a.O., S. 22 ff.

401 vgl. Richter, R.: Institutionen ökonomisch analysiert, a.a.O., S.6; Richter, R.; Furobotn, E.: Neue Institutionenökonomik, a.a.O., S. 50

402 Beispielhaft können für solche „versunkenen Kosten" die Aufwendungen, die bei der Erstellung des Rahmenvertrags für den Import nordischen Nadelschnittholzes „Germania 1998" (vgl. Kap. 3.2.5.2) oder der Sortierungsregeln für nordisches Schnittholz (vgl. Kap. 2.1.3.2) angeführt werden.

403 vgl. Michaelis, E.: Organisation unternehmerischer Aufgaben - Transaktionskosten als Beurteilungskriterien; Frankfurt am Main, Bern, New York 1985, S. 77; siehe auch: Fischer, M.: Make-or-Buy-Entscheidungen im Marketing, a.a.O., S. 90

404 vgl. Mandewirth, S.O.: a.a.O., S 41

Tabelle 7: Unterscheidung zwischen fixen und variablen Such- und Vereinbarungskosten[405]

	marktliche Koordination	hierarchische Koordination
feste Transaktionspartner	überwiegend fixe Such-, Verhandlungs- und Entscheidungskosten	fixe Kontrollkosten
wechselnde Transaktionspartner	überwiegend variable Such-, Verhandlungs- und Entscheidungskosten	(-)

WILLIAMSON weist jedoch darauf hin, dass die Unterscheidung zwischen fixen und variablen Kosten lediglich kostenrechnerische Gründe hat und in diesem Zusammenhang nicht zwingend im Vordergrund steht.[406]

Tabelle 8 stellt beispielhaft eine Übersicht der vorher beschriebenen Aufteilung der Markttransaktionskosten in die unterschiedlichen Kategorien dar.[407]

Bedeutung der Transaktionskosten

Die Bedeutung von Transaktionskosten wird bei der Betrachtung verschiedener Untersuchungen bezüglich ihrer geschätzten Höhe in einer Volkswirtschaft deutlich. Zwei nachfolgende Untersuchungsergebnisse sollen dies unterstreichen.

---

[405] Auffallend ist, dass PICOT lediglich bei den Kostenarten Such-, Verhandlungs- und Entscheidungskosten zwischen fixem respektive variablem Charakter unterscheidet. Unklar bleibt jedoch, ob er davon ausgeht, dass es sich bei den Überwachungs- und Durchsetzungskosten sowie den Anpassungskosten ausschließlich um variable Kosten handelt. Dies wäre zwar bei den Überwachungs- und Durchsetzungskosten noch einigermaßen nachvollziehbar, bei den Anpassungskosten wäre jedoch eine Differenzierung durchaus möglich. Auch könnte man diesbezüglich erwähnen, dass auch Such-, Informations- und Verhandlungskosten bei wechselnden Transaktionspartnern durchaus fixen Charakter annehmen können, da sich diese in Abhängigkeit von Art und Intensität des Aufwandes zu festen Transaktionspartner entwickeln können.

[406] vgl. Williamson, O.E.: Die ökonomischen Institutionen des Kapitalismus, a.a.O., S. 62

[407] Dabei folgt die Unterscheidung zwischen fixen und variablen Transaktionskosten der Definition von RICHTER.

Tabelle 8: Arten von Markttransaktionskosten

Arten von Markttransaktionskosten		Zeitpunkt d. Auftretens ex-ante	ex-post	fixe Tak	variable Tak
Such- und Informationskosten	Kosten für das Suchen potentieller Geschäftspartner	X			X
Such- und Informationskosten	Kosten der Kommunikation	X			X
Such- und Informationskosten	Beratungskosten	X			X
Such- und Informationskosten	Kosten der Informationssammlung über Preise verschiedener Anbieter	X			X
Such- und Informationskosten	Kosten für Tests und Qualitätskontrollen[408]	X		X	
Verhandlungs- und Entscheidungskosten	Kosten für Aushandlungen von Vertragsbestimmungen und -inhalten	X			X
Verhandlungs- und Entscheidungskosten	Kosten für evtl. Rechtsberatungen	X			X
Verhandlungs- und Entscheidungskosten	Kosten für die Aufbereitung sämtlicher Informationen	X			X
Verhandlungs- und Entscheidungskosten	Kosten für Entscheidungsfindung innerhalb von Gruppen	X			X
Verhandlungs- und Entscheidungskosten	Kosten für schriftliche Erstellung von Verträgen	X			X
Überwachungs- und Durchsetzungskosten	Kosten für die Überwachung von Lieferfristen, Qualität, Menge		X		X
Anpassungskosten[409]	Fehlanpassungskosten		X		X
Anpassungskosten[409]	Kosten des (nachträglichen) Feilschens		X		X
Anpassungskosten[409]	Kosten der Einrichtung und des Betriebs von Beherrschungsstrukturen- und Überwachungssystemen		X	X	
Anpassungskosten[409]	Sicherungsaufwand zur Durchsetzung verlässlicher Zusagen		X		X

---

408 Selbstverständlich könnten Kosten für Tests und Qualitätskontrollen auch variable Kosten sein, nämlich dann, wenn die Ergebnisse dieser Tests nur ein einziges Mal für ein spezifisches Geschäft verwendbar wären. Jedoch kann i.d.R. davon ausgegangen werden, dass die Informationen, die aus diesen Kontrollen erhalten werden, auch in weiteren Entscheidungsfindungen nützlich sein werden.

409 vgl. Williamson, O.E.: Die ökonomischen Institutionen des Kapitalismus, a.a.O., S. 24 f.

RICHTER spricht bei seiner Analyse im Jahre 1994 davon, dass Transaktionskosten in einer Volkswirtschaft keine vernachlässigbare Größe sind. In modernen Volkswirtschaften umfassen sie nach seinen Angaben etwa 70-80% des Nettosozialproduktes.[410] In einer späteren Veröffentlichung im Jahre 1999 kommt er in seiner Schätzung immerhin noch auf eine Höhe von 50-60% des Nettosozialprodukts.[411] Damit nähert er sich dem Ergebnis an, auf das WALLIS und NORTH in ihrer Studie aus dem Jahre 1986 gekommen sind. Sie untersuchten dabei die gesamtwirtschaftliche Höhe der Transaktionskosten in der amerikanischen Wirtschaft von 1870 bis 1970. Das Ergebnis zeigt, dass sich im Jahre 1870 lediglich ein Viertel aller ökonomischen Aktivitäten auf die Bereitstellung von Transaktionsleistungen bezog. Dagegen macht dieser Anteil im Jahre 1970 bereits über die Hälfte des Bruttosozialproduktes dieser Volkswirtschaft aus. Das Ergebnis dieser Untersuchung kann der Abbildung 10 entnommen werden.

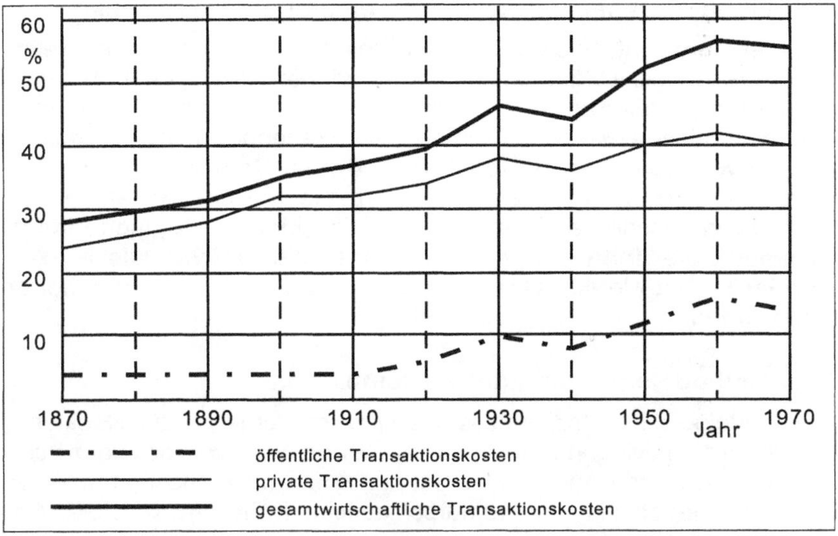

Abbildung 10: Anteil Transaktionskosten am Bruttosozialprodukt der USA[412]

---

410 vgl. Richter, R.: Institutionen ökonomisch analysiert, a.a.O., S.5

411 vgl. Richter, R.; Furobotn, E.: Neue Institutionenökonomik, a.a.O., S. 45

412 vgl. Wallis, J.; North, D.: Measuring the Transaction Sector in the American Economy, 1870-1970, in: Engermann, S.; Gallman, R. (Hrsg.): Long-Term Factors in American Economic Growth, Chicago; London, 1986, S. 121

Abgrenzung zu anderen Kostenarten

Was zählt nun nicht zu den Transaktionskosten? Allgemein üblich ist die Abgrenzung der Produktionskosten von den Transaktionskosten. Auch Transportkosten stellen eher ein logistisches Problem dar, schaffen jedoch keinen organisatorischen Handlungsbedarf. Aus diesem Grunde zählen auch die Transportkosten nicht zu den Transaktionskosten.[413]

Zusammenfassung

Zusammenfassend kann zum Themenbereich Transaktionskosten die Ansicht von FELDMANN unterstrichen werden. Die Erkenntnis, dass nicht nur die Erstellung einer Leistung (Produktions-)kosten verursacht, sondern auch der Leistungsaustausch Transaktionskosten, stellt die wichtigste Innovation der Neuen Institutionenökonomik dar.[414]

4.2.2 Verhaltensannahmen der Neuen Institutionenökonomik

Wie bereits erwähnt, besteht die Neue Institutionenökonomik als relativ junger Forschungszweig noch aus verschiedenen heterogenen Ansätzen (vgl. dazu im Detail Kap. 4.3 ff). Obwohl ein geschlossenes Theoriegebäude noch nicht existiert, weisen die verschiedenen Ansätze bereits eine Reihe von Gemeinsamkeiten auf. Zu diesen Gemeinsamkeiten zählen insbesondere verschiedene wirtschaftstheoretische Annahmen bezüglich des menschlichen Verhaltens wie der „**Methodologische Individualismus**“, die „**Individuelle Rationalität**“, die „**Individuelle Nutzenmaximierung**“ sowie der „**Opportunismus**“, die im Folgenden näher erläutert werden.

4.2.2.1 Methodologischer Individualismus

Im methodologischen Individualismus wird im Vergleich zur Neoklassik die Rolle des Individuums neu definiert. Dabei wird von der vergleichsweise realistischeren Annahme ausgegangen, dass Menschen untereinander verschieden sind und unterschiedliche Präferenzen, Ziele, Nei-

---

413 vgl. Schoppe, S.G. et al.: a.a.O., S. 150

414 vgl. Feldmann, H.: a.a.O., S. 45; Im weiteren Verlauf der vorliegenden Arbeit wird von den variablen Markttransaktionskosten im Sinne von RICHTER ausgegangen. Die Betrachtung der fixen Markttransaktionskosten sowie der Unternehmenstransaktionskosten ist eine ausgedehnte betriebswirtschaftliche Aufgabe jenseits der Zielsetzung dieser Arbeit.

gungen und Ideen haben. Daraus folgt, dass Unternehmen[415] nicht mehr, wie in der Neoklassik (vgl. Kap. 4.1), als eigenständig handelnde Einheiten anzusehen sind, die wie ein Akteur handeln. Stattdessen wird angenommen, dass das Handeln sozialer Gruppierungen von den individuellen Einstellungen und Verhaltensweisen der jeweiligen Gruppenmitglieder abhängig ist.[416]

4.2.2.2 Individuelle Rationalität

Bei der Definition der individuellen Rationalität gibt es im Rahmen der neoinstitutionellen Literatur derzeit noch mindestens zwei unterschiedliche Thesen. Zum einen vertreten Wirtschaftstheoretiker früherer Arbeiten der Neuen Institutionenökonomik eine eng an die traditionelle neoklassische Theorie angelehnte Auffassung einer vollkommenen individuellen und somit perfekten Rationalität. Diese geht jederzeit von einem vollkommenen, informierten und somit perfekt handelnden „Homo Oeconomicus" aus. Diese Auffassung ist heute noch teilweise in der Prinzipal-Agent-Theorie vorherrschend.[417]

Autoren der jüngeren Zeit[418] gehen stattdessen immer mehr zu einer anderen Betrachtungsweise über, indem sie von einer unvollkommenen individuellen Rationalität ausgehen. Diese, auch als begrenzte bzw. eingeschränkte Rationalität beschriebene Verhaltensweise, geht zwar von rational handelnden Personen aus. Diese Individuen können jedoch aufgrund ihrer begrenzten Informationsbeschaffungs- und -verarbeitungsmöglichkeiten nur eingeschränkt handeln.[419] Dieser Auffassung wird vor allem in der Transaktionskostentheorie gefolgt.[420]

---

415 Dies gilt auch für andere Institutionen, wie z.B. der Staat, politische Parteien sowie die Gesellschaft im Gesamten.

416 vgl. Richter, R.: Institutionen ökonomisch analysiert, a.a.O., S.4; Richter, R.; Furobotn, E.: Neue Institutionenökonomik, a.a.O., S.3, siehe dazu auch: Picot, A. et al.: Organisationen: eine ökonomische Perspektive, a.a.O., S. 37 f.

417 vgl. Richter, R.: Institutionen ökonomisch analysiert, a.a.O., S.4; Richter, R.; Furobotn, E.: Neue Institutionenökonomik, a.a.O., S.3. PICOT ist hier anderer Ansicht, indem er auch bei der Prinzipal-Agent-Theorie von einer beschränkten Rationalität ausgeht. vgl. Picot, A. et al.: Organisationen: eine ökonomische Perspektive, a.a.O., S. 38, 87 und 131

418 Als ein Initiator dieses „neuen Denkens" ist hier vor allem NORTH zu erwähnen.

419 PICOT beschreibt den Zusammenhang zwischen begrenzter Rationalität und Transaktionskosten folgendermaßen: Ökonomische Probleme entstehen aufgrund von Knappheit. Wegen ungleich verteilter Fähigkeiten, Wissen und Information versucht man Knappheit durch Spezialisierung und Tausch zu vermindern, was in Form der Arbeitsteilung geschieht. Durch eine begrenzte Informati-

4.2.2.3 Individuelle Nutzenmaximierung

Bei der individuellen Nutzenmaximierung wird unterstellt, dass Akteure klar definierte Ziele haben, die sich als individuelle Nutzenfunktion beschreiben lassen. Diese Individuen streben bei der Zielverfolgung danach, ihren persönlichen Nutzen und die Bedingungen zu maximieren, die durch die bestehende institutionelle Ordnung vorgeben sind (auch wenn dies auf Kosten bzw. zum Schaden anderer bzw. unter Verletzung der geltenden Regeln geschieht).[421] Diese Annahme der persönlichen Interessensverfolgung innerhalb der von der Struktur der Organisation gesetzten Grenzen, gilt für Akteure jeglicher Hierarchieebenen.[422] Die individuelle Nutzenmaximierung findet sich in allen in diesem Kontext betrachteten Theorien wieder.[423]

4.2.2.4 Opportunistisches Verhalten

Da die eingeschränkte Rationalität vollständige Verträge verhindert, könnte man sich theoretisch auch mit unvollständigen Verträgen begnügen, wenn die Wirtschaftssubjekte vollkommen vertrauenswürdig wären.[424] Da jedoch Akteure bei der Durchsetzung ihrer Interessen strategisch handeln und dabei bewusst die mögliche Schädigung anderer Akteure in Kauf nehmen können, spricht man hier vom opportunistischen

---

onsverarbeitungsmöglichkeit und das potentiell inkongruente Interesse der Beteiligten bedarf diese Arbeitsteilung der Abstimmung, was wiederum (Transaktions-) kosten verursacht. vgl. Picot, A.: Ökonomische Theorien der Organisation - Ein Überblick über neuere Ansätze und deren betriebswirtschaftliches Anwendungspotential, in.: Ordelheide, D., et al.: Betriebswirtschaftslehre und ökonomische Theorie, Stuttgart 1991, S. 144

420 vgl. Richter, R.: Institutionen ökonomisch analysiert, a.a.O., S.4; Richter, R.; Furobotn, E.: Neue Institutionenökonomik, a.a.O., S.3, siehe dazu auch: Picot, A. et al.: Organisationen: eine ökonomische Perspektive, a.a.O., S. 38

421 Jedoch ist eigeninteressiertes Handeln nicht per se mit rein egoistischem (opportunistischem) Verhalten gleichzusetzen. Hierzu gehört auch, z.B. im Kreise der Familie auf eigene kurzfristige Vorteile zu verzichten und sich um das Wohl der anderen Familienmitglieder zu kümmern. Die Nutzenfunktion wird dabei in Abgrenzung zur Neoklassik durch Zulassung weiterer Argumente wie etwa Wohlergehen anderer, aber auch Prestige, Macht oder Muse geöffnet. vgl. Feldmann, H.: a.a.O., S. 45

422 vgl. Richter, R.: Institutionen ökonomisch analysiert, a.a.O., S.4; Richter, R.; Furobotn, E.: Neue Institutionenökonomik, a.a.O., S.; siehe dazu auch: Picot, A. et al.: Organisationen: eine ökonomische Perspektive, a.a.O., S. 37 f.

423 Nämlich in der Property-Rights-Theorie (vgl. Kap. 4.4), der Prinzipal-Agent-Theorie (vgl. Kap. 4.5) sowie der Transaktionskostentheorie (vgl. Kap. 4.6).

424 vgl. Richter, R.; Furobotn, E.: Neue Institutionenökonomik, a.a.O., S. 5

Verhalten der Wirtschaftssubjekte bzw. vom Opportunismus. WILLIAMSON definiert Opportunismus als die Verfolgung des Eigeninteresses unter Zuhilfenahme von List und schließt dabei Formen wie Lügen, Stehlen und Betrügen mit ein, beschränkt sich jedoch nicht auf sie.[425]

Anders ausgedrückt, bezieht sich opportunistisches Verhalten auf die unvollständige bzw. verzerrte Weitergabe von Informationen, insbesondere auf vorsätzliche Versuche der Irreführung, Verzerrung, Verbergung, Verschleierung und sonstigen Verwirrung.[426]

Während die Individuelle Nutzenmaximierung das wirtschaftliche Handeln aus der Sichtweise des einzelnen Akteurs beschreibt, reflektiert der Opportunismus die Handlungskonsequenz des in dieser Weise nutzenmaximierenden Akteurs aus der Sicht eines externen Beobachters. Die opportunistische Verhaltensannahme findet sich vor allem in der Prinzipal-Agent-Theorie sowie in der Transaktionskostentheorie wieder.[427]

4.3 Forschungsansätze der Neuen Institutionenökonomik

Im Mittelpunkt der Neuen Institutionenökonomik steht die Analyse von Institutionen (z.B. Verfügungsrechte, Verträge, Hierarchien, Märkte usw.), in deren Rahmen der ökonomische Austausch vollzogen wird. Das Ziel der Institutionenanalyse besteht darin, die Struktur, die Verhaltenswirkungen, die Effizienz sowie den Wandel von ökonomischen Institutionen zu erklären.[428]

Das Erkenntnisinteresse der Neuen Institutionenökonomik richtet sich im Wesentlichen auf folgende Fragestellungen:[429]

- Welche (alternativen) Institutionen haben bei welchen Arten von Koordinationsproblemen des ökonomischen Austausches die relativ niedrigsten Kosten und somit die höchste Effizienz?
- Wie wirken sich Koordinationsprobleme, Kosten und Effizienz von Austauschbeziehungen auf die Gestaltung und den Wandel der Institutionen aus?

---

425 vgl. Williamson, O.E.: Die ökonomischen Institutionen des Kapitalismus, a.a.O., S. 54 f.

426 vgl. ebenda

427 vgl. Picot, A. et al.: Organisationen: eine ökonomische Perspektive, a.a.O., S. 38 f.

428 vgl. Ebers, M. und Gotsch, W.: Institutionenökonomische Theorien der Organisation, in: Kieser, A. (Hrsg.): Organisationstheorien, 4. unveränderte Aufl., Stuttgart 2001, S. 199

429 vgl. ebenda

Diesen Fragen geht die Institutionenanalyse anhand eines Erklärungsmusters nach, das auf den vier Komponenten „Institution", „Austausch", „Kosten" und „Effizienz" beruht. In diesem Erklärungsmuster nimmt jede Komponente einen relativen und, je nach Phase des Erklärungsprozesses, wechselnden Status als unabhängige oder abhängige „Variable" ein. „Institutionen" regulieren den „Austausch" von Gütern, Leistungen und Verfügungsrechten. Dieser „Austausch" verursacht „Kosten", die wiederum die „Effizienz" der Faktorallokation beeinflussen. Dies führt schließlich zu der Wahl einer bestimmten „Institution", welche erneut den „Austausch" auf bestimme Weise reguliert usw.[430]

Wie bereits erwähnt, werden der Neuen Institutionenökonomik sehr heterogene Forschungszweige zugerechnet. Auch herrscht in der Literatur keine abschließende Einigkeit darüber, welche Theorien zu der Neuen Institutionenökonomik zählen. Regelmäßig hinzugerechnet werden die Property-Rights-Theorie, die Prinzipal-Agent-Theorie sowie die Transaktionskostentheorie.[431]

4.4 Die Property-Rights-Theorie

Die in den 60er Jahren des 20. Jahrhunderts in den USA von COASE, ALCHIAN, DEMSETZ, FURUBOTN und anderen Wirtschaftswissenschaftlern[432] entwickelte Property-Rights-Theorie (=Theorie der Verfügungsrechte[433]) wird in der wirtschaftswissenschaftlichen Literatur als

---

430 vgl. Ebers, M. und Gotsch, W.: Institutionenökonomische Theorien der Organisation, a.a.O., S. 199, die darauf hinweisen, dass diese Mechanismen keineswegs in einer geregelten zeitlichen Abfolge stattfinden, sondern es sich dabei um ein simultanes Zusammenwirken der genannten Kräfte handelt.

431 vgl. Döring, H.: a.a.O., S. 11

432 Hierzu zählen u.a. DE ALESSI, BARZEL, HART, MOORE und GROSSMANN.

433 Unter Verfügungsrechten wird hierbei verstanden, in welcher Weise der Inhaber dieser Rechte über die Ressourcen verfügen kann, an denen er die Rechte besitzt. Dabei wird die innerhalb einer Gesellschaft erlaubten Handlungen von unerlaubten Handlungen abgegrenzt. vgl. Erlei, M. et al.: Neue Institutionenökonomik, a.a.O., S. 272. Die direkte wörtliche Übersetzung des englischen Begriffes „Property-Rights", das deutsche (in der Klassik verwendete) Wort „Eigentumsrechte", gibt die eigentliche Bedeutung des englischen Begriffes nicht treffend wieder. Daher wird nachfolgend, der sich in der deutschsprachigen Fachliteratur durchgesetzte Begriff „Verfügungsrechte" verwendet. Weitere verwendete Begriffe sind „Handlungsrechte, Dispositionsrechte sowie Anspruchsrechte", vgl. z.B. Richter, R.; Furobotn, E.: Neue Institutionenökonomik, a.a.O.; Andererseits siehe FELDMANN, der den Begriff „Eigentumsrechte" benutzt. vgl. Feldmann, H.: a.a.O., S. 46 ff.

bedeutende Weiterentwicklung der neoklassischen Mikroökonomik angesehen.

Im Rahmen dieses Ansatzes werden in der bisher vorherrschenden Theorie teilweise ausgesparte Rahmenbedingungen, wie (Verfügungs-) Rechte, Transaktionskosten und Institutionen mit in die Analyse einbezogen.[434] So ermöglicht der Property-Rights-Ansatz die Untersuchung der Institution des Eigentums, deren Ausgestaltung von der Neoklassik zumeist als irrelevant angesehen wurde.[435] Dabei werden Güter nicht mehr als physische Einheiten, sondern als Bündel von Rechten aufgefasst. Folglich ist der Tausch von Gütern ein Tausch von Rechtsbündeln.[436]

4.4.1 Verhaltensannahmen

Wie im Abschnitt „Verhaltensannahmen der Neuen Institutionenökonomik" (vgl. Kap. 4.2.2) bereits erläutert, wird in der Property-Rights-Theorie von deutlich veränderten Annahmen über das menschliche Verhalten und dessen Informationsaufnahme ausgegangen. Insbesondere die Verneinung der neoklassischen Annahme der vollkommenen Information (begrenzte Rationalität) sowie die Unterstellung, dass jeder individuelle Akteur seinen Nutzen zu maximieren sucht, sind die wesentlichen Grundbausteine der vorliegenden Theorie.[437]

4.4.2 Erkenntnisinteresse

Die Property-Rights-Theorie verfolgt vor allem zwei Erkenntnisinteressen. Sie analysiert zum einen verschiedene Ausgestaltungen, Zuord-

---

434 vgl. Richter, R.: Institutionen ökonomisch analysiert, a.a.O., S. 11

435 vgl. Feldmann, H.: a.a.O., S. 89

436 Die rechtliche Verfügungsgewalt, das Handlungs- bzw. Verfügungsrecht, ist zunächst im Sinne des Eigentums an festen und beweglichen Sachen zu verstehen. Darüber hinaus beziehen sich Handlungs- und Verfügungsrechte aber auch auf immaterielle Güter, wie z.B. geistiges Eigentum oder Forderungen, Firmennamen, Arbeitsleistungen von Individuen usw. Daher wird nachfolgend, in Anlehnung an RICHTER, nicht mehr von einem „Gut" bzw. einer „Sache" sondern von einer „Ressource" gesprochen. vgl. Richter, R.: Neue Institutionenökonomik, a.a.O., S. 87

437 vgl. Picot, A. et al.: Organisationen: eine ökonomische Perspektive, a.a.O., S. 60 sowie S. 131; EBERS und GOTSCH dagegen sind der Auffassung, dass bei der Property-Rights-Theorie keine begrenzte Rationalität vorliegt. vgl. Ebers, M. und Gotsch, W.: Institutionenökonomische Theorien der Organisation, a.a.O., S. 200, sowie v.a. S. 249

nungen und Beschränkungen von Verfügungsrechten und deren Einfluss auf das ökonomische Verhalten der Individuen. Zum anderen erforscht sie diejenigen Faktoren, die zu Änderungen von Verfügungsrechten, deren Ausgestaltung, Zuordnung und Beschränkung führen, einschließlich der ökonomischen Bedeutung dieser Änderungen. Sie geht von der Erkenntnis aus, dass für das Eigentum an Ressourcen nicht nur der Besitz dieser Ressource relevant ist, sondern vor allem die an dieser Ressource bestehenden Verfügungsrechte.[438] Wirtschaftliches Handeln wird hierbei als ein Tausch dieser Verfügungsrechte aufgefasst.[439] Im Gegensatz zur Neoklassik, die von einer Welt ohne Transaktionskosten ausgeht, unterstellt die Property-Rights-Theorie, dass der Erwerb von Verfügungsrechten an einer Ressource sowie die Überwachung und Durchsetzung dieser Rechte mit Kosten verbunden sind. Diese Kosten werden Transaktionskosten genannt.[440]

Traditionell unterscheidet die Theorie zwischen vier verschiedenen Arten von Verfügungsrechten:[441]

- das Recht, eine Ressource zu nutzen (ius usus);
- das Recht, die Erträge aus der Nutzung der Ressource einzubehalten (ius usus fructus);
- das Recht, die Form und Substanz der Ressource zu ändern (ius abusus) sowie;
- das Recht, die Ressource und die an ihr bestehenden Rechte an andere ganz bzw. teilweise zu veräußern (ius successionis).

Diese Verfügungsrechte an einer Ressource können unterschiedlich ausgestaltet und ganz oder teilweise verschiedenen Trägern zugeordnet

---

438 So ist beispielsweise ein Grundstück, welches nur landwirtschaftlich genutzt wird, i.d.R. weniger wert, als ein ähnliches Grundstück, welches bebaut werden darf.

439 vgl. Feldmann, H.: a.a.O., S. 46 f.

440 Die Bedeutung von Transaktionskosten für die Nutzung von Verfügungsrechten hat RONALD H. COASE in seinem 1960 veröffentlichten Aufsatz „The Problem of Social Cost" nachgewiesen. Er erläutert darin, dass es bei vollständigem Fehlen von Transaktionskosten zu einer pareto-optimalen Allokation von Verfügungsrechten kommt, unabhängig von ihrer ursprünglichen Verteilung. Unterstellt man dagegen realistischerweise positive Transaktionskosten, so ist die ursprüngliche Verteilung der Verfügungsrechte relevant, weil Tausch oder Änderung von Verfügungsrechten mit Kosten verbunden sind. vgl. Feldmann, H.: a.a.O., S. 47

441 vgl. Feldmann, H.: a.a.O., S. 46 f.; siehe auch: Ebers, M. und Gotsch, W.: Institutionenökonomische Theorien der Organisation, a.a.O., S. 201 sowie Picot, A. et al.: Organisationen: eine ökonomische Perspektive, a.a.O., S. 55 u.a.

sein.[442] Man kann dies gut am Beispiel einer Hausvermietung deutlich machen. Wer beispielsweise alle vier Verfügungsrechte an einer Wohnung hält, kann aus dieser ceteris paribus größeren Gewinn ziehen (durch Nutzung, Vermietung, Verkauf, etc.) als ein Mieter, der lediglich ein Nutzungsrecht an der Wohnung hält. Werden also alle Rechte an einer Ressource einer einzigen Person zugerechnet, kann er über die Ressource am umfassendsten verfügen.[443] Je stärker diese Verfügungsmöglichkeiten einer Ressource institutionell eingeschränkt sind,[444] oder je mehr sie auf verschiedene Individuen verteilt sind, desto „verdünnter" sind die Verfügungsrechte an dieser Ressource.[445]

Tabelle 9 verdeutlicht diese Verdünnung von Verfügungsrechten.

Tabelle 9: Dimensionen der Verdünnung von Verfügungsrechten[446]

		Anzahl der Property-Rights-Träger	
		Niedrig	**Hoch**
Grad der Vollständigkeit der Property-Rights-Zuordnung	**Hoch**	Konzentrierte Property-Rights-Struktur (Bspw. Einzelunternehmen)	Verdünnte Property-Rights-Struktur (Bspw. Publikums-AG)
	Niedrig	Verdünnte Property-Rights-Struktur (Bspw. Stiftung)	Stark verdünnte Property-Rights-Struktur (Bspw. Großverein wie ADAC)

Aus der Sicht der Property-Rights-Theorie gilt infolgedessen die vollständige und eindeutige Übertragung von Verfügungsrechten auf eine Person als der anzustrebende Idealzustand.[447] Nur hierbei können dieser

---

442 Dadurch unterscheidet sich diese Theorie deutlich von der „digitalen" Sichtweise der neoklassischen Gleichgewichtstheorie, die lediglich zwischen „vollständigem" und „keinem" Eigentum an einem physischen Gut unterscheidet.

443 Jedoch ist die Nutzung auch hier nicht absolut vollkommen, da die Verfügungsrechte zugleich durch Nutzungsbeschränkungen, z.B. in Form gesetzlicher Regelungen, eingeschränkt werden bzw. durch Transaktionskosten (s.u.) verdünnt werden.

444 Die Nutzung eines Gutes ist zum Beispiel dort eingeschränkt, wo Rechte Dritter tangiert werden.

445 vgl. Döring, H.: a.a.O., S. 15

446 verändert nach: Picot, A. et al.: Organisationen: eine ökonomische Perspektive, a.a.O., S. 56

447 Man spricht hierbei von einer „Konzentration der Verfügungsrechte".

Person alle positiven wie negativen Konsequenzen ihres Verhaltens und ihrer Entscheidungen eindeutig zugeordnet werden.[448] Sind jedoch einem Individuum im Rahmen der bestehenden Verfügungsrechtsstruktur nicht alle wirtschaftlichen Folgen einer Ressourcennutzung eindeutig übertragen, entstehen externe Effekte, die häufig zu Wohlfahrtsverlusten führen. Aus Property-Rights-theoretischer Sicht ist nun jeweils diejenige Verteilung von Verfügungsrechten am effizientesten, welche die Summe aus Transaktionskosten und den durch externe Effekte hervorgerufenen Wohlfahrtsverlusten minimiert.

Tabelle 10 stellt beispielhaft die Aufteilung von Verfügungsrechten in verschiedenen Unternehmensformen dar.

Tabelle 10: Beispielhafte Aufteilung von Verfügungsrechten verschiedener Unternehmensformen[449]

Unternehmensform	Entscheidung	Gewinn	Veräußerung	Haftung
Einzelunternehmung	Einzelperson	Einzelperson	Einzelperson	Unbeschränkt
Aktiengesellschaft	Verwaltung, Geschäfts-leitung	Aktionäre	Aktionäre	Beschränkt
Öffentliche Unternehmung	Beamte, Politiker	Gebiets-körperschaft	Gebiets-körperschaft	Unbeschränkt

Anhand dieser Darstellung ist davon auszugehen, dass die so genannte klassische Eigentümerunternehmung, die transaktionskostenminimale Verfügungsrechtsstruktur darstellt, da hier alle Rechtsbündel unverdünnt in der Hand des Unternehmers liegen.

4.4.3 Hauptaussage der Property-Rights-Theorie

Die Property-Rights-Theorie besagt also, dass die Ausgestaltung der Verfügungsrechte, die Allokation von Ressourcen auf spezifische und vorhersehbare Weise beeinflusst.[450] Je nachdem, wie die Verfügungsrechte auf die Individuen verteilt sind, haben diese Personen unterschiedliche Möglichkeiten diese Ressource zu nutzen.[451]

---

448 vgl. Döring, H.: a.a.O., S. 14

449 Tabelle verändert nach: Hostettler, M.: Persönliche Arbeitstechnik - Neue Organisationsökonomik, in: http://www.tensor.ch/team/person/ho/pub/noe.pdf, S. 4 (Zugriff: 11.08.2002)

450 vgl. Richter, R.: Institutionen ökonomisch analysiert, a.a.O., S. 15

451 vgl. Feldmann, H.: a.a.O., S. 47

Die Verfügungsrechtsstruktur und die Transaktionskosten setzen somit Anreize und Beschränkungen für das Verhalten und die Allokationsentscheidungen von ökonomischen Akteuren. Dadurch beeinflussen sie den Nettonutzen, der einem Akteur aus der Ressourcennutzung erwächst. Es kommt zu externen Effekten.[452] Das Ausmaß der externen Effekte und der mit ihnen verbundenen Wohlfahrtsverluste richtet sich danach, inwieweit jedem einzelnen ökonomischen Akteur die Folgen seiner Handlungen eindeutig zuordenbar sind. COASE hat in dem nach ihm benannten Theorem gezeigt, dass in einer Welt ohne Transaktionskosten alle vollständigen Verfügungsrechtsverteilungen gleich gut sind. Ineffiziente externe Effekte würden in ihr automatisch auf marktlichem Wege eliminiert.[453] Die Existenz von Transaktionskosten bedingt jedoch, dass Property-Rights-Verteilungen nicht ausschließlich anhand des Kriteriums der Wohlfahrtsverluste durch externe Effekte zu beurteilen sind. Wird die Internalisierung externer Effekte durch Transaktionskosten erkauft, die die Wohlfahrtsgewinne der Internalisierung übersteigen, dann ist der entsprechende Vertrag ineffizient. Abbildung 11 verdeutlicht dies.[454]

Von unterschiedlichen Alternativen ist diejenige Property-Rights-Struktur vorzuziehen, bei der die Summe aus Transaktionskosten und den durch (positive wie negative) externe Effekte hervorgerufenen Wohlfahrtsverlusten minimiert wird. Die allgemeine Empfehlung der Theorie lautet daher, Verfügungsrechte in der Weise zu verteilen, dass möglichst vollständige Rechtsbündel mit der Nutzung ökonomischer Ressourcen verbunden und dem Handelnden zugeordnet sind, wo immer die Transaktionskosten dies erlauben.[455]

---

452 vgl. Döring, H.: a.a.O., S 14; siehe auch: Richter, R.: Institutionen ökonomisch analysiert, a.a.O., S. 14 sowie: Ebers, M. und Gotsch, W.: Institutionenökonomische Theorien der Organisation, a.a.O., S. 200

453 Wenn Informationen und Kommunikation kostenlos wären und beliebig viel Zeit für Verhandlungen zur Verfügung stünde, dann würden auch bei verdünnten Verfügungsrechten die betroffenen Individuen solange miteinander verhandeln, bis alle externen Effekte internalisiert wären.

454 vgl. Picot, A. et al.: Organisationen: eine ökonomische Perspektive, a.a.O., S. 57 ff.

455 vgl. ebenda, S. 63

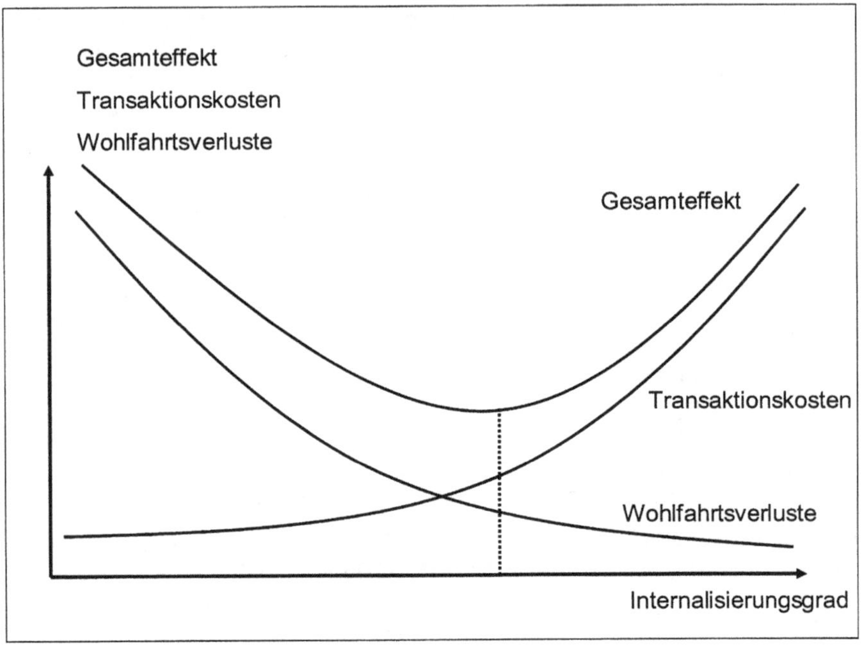

Abbildung 11: Skizze einer Trade-off-Beziehung zwischen Wohlfahrtsverlusten durch externe Effekte und Transaktionskosten[456]

4.4.4 Umweltbedingungen

Transaktionskostentheoretische Umweltbedingungen, wie z.B. Faktorspezifität (vgl. Kap. 4.6.3.1), die angesichts der Verhaltensmaßnahmen der ökonomischen Akteure zu Problemen bei der Definition, Übertragung und Durchsetzung von Verfügungsrechten führen, lassen sich laut Aussage von PICOT nahezu unverändert aus den Überlegungen des Transaktionskostenansatzes (vgl. Kap. 4.6.3) auf die Property-Rights-Theorie übertragen. An dieser Stelle sollen daher lediglich die darüber hinausgehenden verfügungsrechtsspezifischen Situationen „Teamproduktion", „Hebeleffekte" und „Eigentumssurrogate" beschrieben werden.[457]

---

456 vgl. Picot, A. et al.: Organisationen: eine ökonomische Perspektive, a.a.O., S. 59

457 EBERS und GOTSCH behaupten dagegen, dass die Property-Rights-Theorie keine spezifische Charakterisierung der Austauschbeziehung vorsieht (vgl. Kap 4.7). Dies wurde von PICOT anscheinend früher ebenso gesehen, da er noch in einer 1990 erschienenen Veröffentlichung der Property-Rights-Theorie keinerlei

- **Teamproduktion**
  Hierbei wird von der Grundannahme ausgegangen, dass nichtseparable Technologien, die einer Team-Produktion bedürfen, u.a. ausschlaggebend für den Zusammenschluss zu einem Unternehmen sind. Das führt zu dem Problem, dass zum Zwecke der Entlohnung bzw. der Ergebniskontrolle eine exakte Ermittlung des Beitrags des jeweiligen Teammitgliedes nicht oder nur zu prohibitiv hohen Kosten möglich ist. Dies wiederum birgt die Gefahr, dass egoistisch handelnde Teammitglieder zur „Drückebergerei" neigen. Falls sich alle Beteiligten derart verhalten, findet sich das Team letztendlich auf einem niedrigeren Niveau wieder. Um die daraus resultierenden Probleme in Griff zu bekommen, wird eine weisungsberechtigte Stelle eingerichtet. Deren Inhaber ist mit weitgehenden Rechten, wie z.B. Kündigung, Änderung und Abschluss von Verträgen (ohne Zustimmung der anderen Teammitglieder) ausgestattet.[458]

- **Hebeleffekte**
  Die Effekte ökonomischer Handlungen werden häufig durch so genannte Hebel, wie z.B. moderne Technik oder Institutionensysteme[459] um ein Vielfaches verstärkt. Daher ist es nicht möglich, Institutionen derart zu gestalten, dass alle Handlungsfolgen dem Handelnden selbst zuzuweisen sind.[460] Die möglichen externen Effekte der Akteure sind aufgrund ihres Ausmaßes demnach nicht internalisierbar.[461]

- **Eigentumssurrogate**
  Hierzu werden alle Faktoren gerechnet, die ähnliche Anreizeffekte haben wie das Eigentum selbst. Sie tragen dazu bei, dass die durch verdünnte Verfügungsrechte hervorgerufenen externen Effekte bzw. Wohlfahrtsverluste abgeschwächt werden. Hierzu zählen z.B. kulturel-

---

Umweltbedingungen zuordnet. vgl. Picot, A.: Ökonomische Theorien der Organisation; Ein Überblick über neuere Ansätze und deren betriebswirtschaftliches Anwendungspotential, a.a.O., S. 153

458 vgl. Fischer, M.: Make-or-Buy-Entscheidungen im Marketing, a.a.O., S. 57

459 z.B. die Institution in Form eines skandinavischen Forstkonzerns wie UPM, Stora-Enso, Finnforest usw.

460 Beispielsweise übersteigen die möglichen Verluste eines Unternehmens bei weitem das Garantiepotential ihres Vorstandsvorsitzenden. Geschäftspartner des Unternehmens würden ihre Geschäftsbeziehungen sicherlich abbrechen, wenn die einzige institutionelle Lösung darin bestünde, den Vorstandsvorsitzenden für Verluste haftbar zu machen.

461 vgl. Picot, A. et al.: Organisationen: eine ökonomische Perspektive, a.a.O., S. 60 ff.

le Faktoren[462] sowie die disziplinierenden Faktoren des Wettbewerbs.[463]

4.4.5 Allgemeine praktische Anwendungsbereiche der Property-Rights-Theorie

Gegenstand der Theorie sowie Untersuchungsmethode

Der Gegenstand der Property-Rights-Analyse lässt sich durch folgende Fragen umreißen:[464]

- Wie ist die Struktur der Verfügungsrechte in einer bestimmten Institution[465] zu einem bestimmten Zeitpunkt beschaffen?
- Wie ist die jeweilige Struktur der Verfügungsrechte entstanden?
- Welche Wirkungen auf die in dieser Institution wirkenden Individuen ergeben sich aus der bestehenden Struktur der Verfügungsrechte, bzw. welche Veränderungen ergeben sich aus einer Änderung derselben?
- Wie sollten Verfügungsrechte unter normativen Gesichtspunkten gebündelt werden, d.h. gibt es eine optimale Verfügungsrechtsstruktur?

Die bei der Überprüfung dieser Theorie angewandte methodische Vorgehensweise sieht i.d.R. folgendermaßen aus:[466]

- Zugrundelegen von empirisch beobachteter Verfügungsrechtsstruktur;
- Annahmen über die Nutzenfunktion der jeweils beobachteten Akteure;
- Prognose von Wirkungen der Verfügungsrechtsstruktur auf das Verhalten:
  - Art der Ressourcennutzung;
  - Institutionelle Regelungen, die Akteure zu ihrer Nutzensteigerung einführen;
- Empirische Überprüfung der Prognosen.

Praktische Anwendungsbereiche

Praktische Anwendung findet die Property-Rights-Theorie vor allem in folgenden Untersuchungsbereichen:[467]

---

462 Hierzu kann z.B. Freundschaft gezählt werden, die aus sich heraus schon eine faire Interaktion zwischen den Akteuren bewirkt (vgl. Kap. 4.6.3.4).

463 vgl. Picot, A. et al.: Organisationen: eine ökonomische Perspektive, a.a.O., S. 60 ff.

464 vgl. Fischer, M.: Make-or-Buy-Entscheidungen im Marketing, a.a.O., S. 49

465 Gesellschaft, Unternehmen usw.

466 vgl. Weinbuch, C. D.: Organisationstheorien, a.a.O., S. 91

- Anwendung als Erklärungsmodell für die Theorie der Unternehmung (hier insbesondere das Problem der Teamproduktion s.o.);[468]
- Analyse unterschiedlicher Eigentumsformen, insbesondere der Vergleich von privatem und Gemeinschaftseigentum;[469]
- Frage nach der Effizienz von Staatseigentum an Großunternehmen;[470]
- Untersuchung wettbewerbspolitischer Aspekte;
- Auswirkung umweltpolitischer Maßnahmen auf die Property-Rights-Struktur;
- Einfluss der Verteilung von Property-Rights auf Innovationen in Forschung und Entwicklung;
- Empirisch wirtschaftshistorische Untersuchungen;[471]
- Anwendung der Property-Rights-Theorie auf die Absatztheorie der Unternehmung, die Produktionsplanung, die Gestaltung von Arbeitsverhältnissen, die Personalpolitik, die Finanzierungstheorie und die Rechnungslegung;
- usw.

4.4.6 Spezielle Anwendungsmöglichkeiten der Property-Rights-Theorie im Zusammenhang mit dem Handel von nordischem Nadelschnittholz

In diesem Abschnitt erfolgt eine beispielhafte Aufzählung von Anwendungsmöglichkeiten des Property-Rights-Ansatzes im Kontext der betrachteten Thematik. Diese Beispiele ergeben sich durch die Übertragung der im vorangegangen Abschnitt beschriebenen, allgemeinen An-

---

467 vgl. Fischer, M.: Make-or-Buy-Entscheidungen im Marketing, a.a.O., S. 91 f.; siehe auch: Feldmann: a.a.O., S. 69 f. sowie: Ebers, M. und Gotsch, W.: Institutionenökonomische Theorien der Organisation, a.a.O., S. 204

468 Dies ist laut FELDMANN eines der wichtigsten Anwendungsfelder des Property-Rights-Ansatzes, vgl. Feldmann, H.: a.a.O., S. 69

469 Hierbei geht es u.a. um die Gefahr der Übernutzung von Gemeinschaftseigentum, falls dieses nicht explizit Nutzungsbeschränkungen unterliegt.

470 Die Theorie postuliert hierbei, dass Entscheidungsträger in öffentlichen im Vergleich zu privatwirtschaftlich geführten Unternehmen geringere Anreize haben, die verfügbaren Ressourcen möglichst effizient einzusetzen, sondern v.a. die Ressourcen zur Reduzierung ihrer Arbeitsbelastung verwenden. vgl. Ebers, M. und Gotsch, W.: Institutionenökonomische Theorien der Organisation, a.a.O., S. 205

471 Hier hat insbesondere NORTH versucht, die Entstehung und den Wandel von Institutionen und besonderen Verfügungsrechtsstrukturen verfügungsrechtstheoretisch zu erklären.

wendungsmöglichkeiten auf die Situation des nordischen Nadelschnittholzhandels.

- Anwendung als Erklärungsmodell für die Theorie der Unternehmung
  - Da dieses Modell in jeglicher Unternehmung unabhängig der Branche eingesetzt werden kann, ist es dementsprechend in allen beschriebenen Unternehmen bzw. Institutionen (vgl. Kap. 3.3 und 3.4) anwendbar, in denen untrennbare Produktionsprozesse vorzufinden sind.
- Analyse unterschiedlicher Eigentumsformen
  - Beispielsweise könnten in diesem Zusammenhang die Property-Rights-Strukturen der beschriebenen, verschiedenen Eigentumsformen der nordischen Sägeindustrie, wie Forstkonzerne, private Sägeindustrie oder Sägeindustrie der Waldbesitzervereinigungen (vgl. Kap. 2.1.2) untersucht sowie ihre ökonomischen Auswirkungen miteinander verglichen werden.[472]
  - Detaillierter könnten in diesem Kontext die Auswirkungen des Waldbesitzes von Forstunternehmen auf den Nettonutzen analysiert werden. Wie beschrieben, sind viele der skandinavischen Forstkonzerne im Besitz großer eigener Waldungen (vgl. Kap. 2.1.2). Somit können sie den Markt und dadurch auch den Preis durch stärkeren bzw. reduzierten Einschlag des Rundholzes entsprechend steuern. Stattdessen sind die so genannten Kaufsägewerke vom Fremdbezug und somit vom freien Angebot des Rohholzes auf dem Markt abhängig.
  - Ähnliches könnte auf der Abnehmerseite der Sägespäne bzw. der Hackschnitzel erforscht werden. Wie beschrieben, finden die Hackschnitzel und Sägespäne u.a. Eingang in die Platten- bzw. Zellstoffindustrie (vgl. Kap. 2.1.2). Die meisten skandinavischen Forstkonzerne besitzen eigene Industriebetriebe, die dieses Sägerestholz weiterverarbeiten. Stattdessen ist die private Sägeindust-

---

472 Innerhalb der verschiedenen Eigentumsstrukturen der Forstkonzerne könnte weiter differenziert und die Verfügungsrechtsstrukturen analysiert werden. Beispielsweise befinden sich der finnische Konzern Finnforest sowie das südschwedische Unternehmen Södra im Eigentum jeweiliger Waldbesitzervereinigungen, währenddessen die Unternehmen UPM-Kymmene oder Stora-Enso Aktiengesellschaften sind.

rie auf die Abnahme dieser Produkte durch weiterverarbeitende Industrien[473] angewiesen.

- Frage nach der Effizienz von Staatseigentum an Großunternehmen
  - Hier könnten die Verfügungsrechtsstrukturen sowie die Effizienz des Staatsbesitzes am Beispiel des finnischen Forstkonzerns Vapo Timber oder des schwedischen Forstunternehmens AssiDomän untersucht werden, die beide im (Teil)besitz des jeweiligen Staates sind.
- Auswirkung umweltpolitischer Maßnahmen auf die Property-Rights-Struktur
  - Anhand dieser Thematik könnten z.B. die Auswirkungen unterschiedlicher umweltgesetzlicher Rahmenbedingungen der drei nordischen Länder auf Property-Rights-Strukturen der jeweiligen Sägeindustrie erforscht werden. Insbesondere bei Unternehmen, die länderübergreifend arbeiten, könnte dies zu interessanten Ergebnissen führen. Beispielhaft wären hier das finnisch/schwedische Unternehmen Stora-Enso oder die finnische Firma Finnforest, die die Aktienmehrheit an dem norwegischen Forstkonzern Moelven besitzt, zu nennen.
  - Ein weiterer möglicher Untersuchungsgegenstand in diesem Zusammenhang wäre die Untersuchung der Auswirkungen der unterschiedlichen Forstzertifizierungssysteme (FSC, PEFC) und der damit verbundenen unterschiedlichen Nutzungsvorgaben bzw. -einschränkungen auf die Verfügungsrechtsstruktur der nordischen Sägeindustrie.
- Property-Rights-Theorie und Absatztheorie der Unternehmung
  - Ein weiterer Anwendungsbereich der Property-Rights-Theorie im Kontext der Absatz- bzw. Distributionspolitik könnte in der Untersuchung der i.d.R. im Privateigentum befindlichen Holzimportagenturen im Vergleich zu den im Eigentum skandinavischer Forstkonzerne stehenden Verkaufsbüros liegen.

Zusammenfassend ist zu sagen, dass sich der Property-Rights-Theorie ein weites Anwendungsfeld selbst innerhalb des engen Branchensegments des nordischen Nadelschnittholzhandels eröffnet.

---

[473] In der Regel sind dies die Forstkonzerne, wodurch eine gewisse Abhängigkeit hergestellt wird. Fände das Sägewerk keinen Abnehmer für seine Sägenebenprodukte, müsste er nach kürzester Zeit aufhören zu produzieren.

4.5 Die Prinzipal-Agent-Theorie

Die Prinzipal-Agent-Theorie wurde von Wissenschaftlern wie HURWICZ, SPENCE, ZECKHAUSER, ROSS, JENSEN, MECKLING und MIRRLESS entwickelt.[474] Sie befasst sich mit den verschiedenen Aspekten einer arbeitsteiligen Auftraggeber-Auftragnehmer-Beziehung. Man spricht von einer Agency-Beziehung, wenn ein Auftraggeber (Prinzipal) einem Auftragnehmer (Agent) eine Aufgabe oder Arbeit inklusive der zu ihrer Erfüllung notwendigen Entscheidungskompetenzen delegiert. Es handelt sich somit also prinzipiell um ein Verhältnis, das der Rechtsfigur einer Vertretung entspricht oder ähnelt.[475] Im Mittelpunkt der Betrachtung steht hierbei die Institution des Vertrages und seiner Rolle in Austauschbeziehungen zwischen Auftraggeber und Auftragnehmer.[476]

4.5.1 Verhaltensannahmen

Bei der Prinzipal-Agent-Theorie wird häufig noch von einer vollkommenen, so genannten perfekten Rationalität ausgegangen (vgl. Kap. 4.2.2). In der jüngeren Literatur kommt allerdings auch hier eine begrenzte Rationalität mit einem unvollständigen Wissen der beteiligten ökonomischen Akteure mehr und mehr zum Tragen.[477] Darüber hinaus liegt dieser Theorie die Annahme der individuellen Nutzenmaximierung in Verbindung mit opportunistischen Verhaltensweisen der beteiligten Akteure zu Grunde. Schließlich wird abweichend von den beiden anderen beschriebenen institutionenökonomischen Ansätzen mit der menschlichen Risikoneigung noch eine weitere Verhaltenseigenschaft thematisiert.[478] In der Regel wird dabei dem Prinzipal eine Risikoneutralität unterstellt, währenddessen dem Agenten eine tendenziell risikoaverse Haltung zugesprochen wird.

---

[474] vgl. Williamson, O.E.: Die ökonomischen Institutionen des Kapitalismus, a.a.O., S. 30 sowie S. 55

[475] vgl. Feldmann, H.: a.a.O., S. 48

[476] Jedoch werden in diesem Zusammenhang auch solche Beziehungen betrachtet, bei denen kein Vertrag vorliegt und man im rein rechtlichen Sinne nicht von Vertretung sprechen kann. vgl. Richter, R.: Institutionen ökonomisch analysiert, a.a.O., S. 16

[477] vgl. hierzu z.B.: Picot, A. et al.: Organisationen: eine ökonomische Perspektive, a.a.O., S. 87

[478] Diese kann für die Institutionenwahl von großer Bedeutung sein. Immer dann, wenn die Risikoneigungen der betrachteten Akteure voneinander abweichen, sind Institutionen auch unter dem Aspekt einer effizienten Risikoallokation zu untersuchen, vgl. hierzu z.B.: Picot, A. et al.: Organisationen: eine ökonomische Perspektive, a.a.O., S. 87 f.

4.5.2 Erkenntnisinteresse und Grundkonzepte

Der Agent bekommt vom Auftraggeber die Aufgabe übertragen, die Interessen des Prinzipals zu realisieren. Er erhält dafür, auf Basis einer vorher festgelegten Vereinbarung, eine Vergütung.[479] Der Prinzipal nutzt dabei die spezialisierte Arbeitskraft und den Informationsvorsprung des Agenten und erzielt dadurch ein Ergebnis (z.B. in Form eines Gewinns).[480]

Der Agent wählt aus einer unterschiedlichen Anzahl möglicher Handlungen diejenige aus, die sowohl seine eigene Wohlfahrt als auch die seines Prinzipalen beeinflusst. Da der Prinzipal die Aktionen des Agenten i.d.R. nicht bzw. nicht kostenlos beobachten kann, sondern nur das Resultat geliefert bekommt, besteht das Risiko, dass der Agent seine eigenen Interessen, zum Nachteil des Prinzipals verfolgen wird.[481] So kann der Prinzipal beispielsweise ein negatives Ergebnis nicht eindeutig auf mögliche Fehler des Agenten zurückführen. Das Ergebnis könnte auch durch ungünstige Entwicklungen der Umwelt begründet sein. Daraus folgt, dass das Ergebnis der Handlungen des Agenten sowohl von seiner Handlungsentscheidung (Arbeitsintensität) als auch von einem Zufallsparameter abhängt, der die unsichere Unternehmensumwelt abbildet.

Die unsichere Unternehmensumwelt ermöglicht es dem Agenten, seine Handlungen und ein schlechtes Ergebnis mit ungünstigen Umweltzuständen zu rechtfertigen, obwohl die eigentliche Ursache eventuell in seinem geringen Arbeitseinsatz lag. Ob das Ergebnis durch die Aktivität oder lediglich durch das Zusammentreffen verschiedener Einflüsse zusammengekommen ist, bleibt dabei dem Auftraggeber verborgen.[482] Der Prinzipal ist somit mit dem Problem konfrontiert, wie vertraglich sichergestellt werden kann, dass der Agent die Leistung erbringt, die der getroffenen Vereinbarung möglichst genau entspricht.[483]

---

[479] vgl. Ebers, M. und Gotsch, W.: Institutionenökonomische Theorien der Organisation, a.a.O., S. 209

[480] vgl. Feldmann, H.: a.a.O., S. 48

[481] vgl. Ebers, M. und Gotsch, W.: Institutionenökonomische Theorien der Organisation, a.a.O., S. 209

[482] vgl. Richter, R.: Institutionen ökonomisch analysiert, a.a.O., S. 17, siehe auch: Richter, R.; Furobotn, E.: Neue Institutionenökonomik, a.a.O., S. 163

[483] vgl. Ebers, M. und Gotsch, W.: Institutionenökonomische Theorien der Organisation, a.a.O., S. 209

Die Agency-Beziehung ist demnach durch folgende Merkmale gekennzeichnet:[484]

- Die Interessen des Prinzipals und des Agenten sind nicht zwingend übereinstimmend. Jede der beiden Parteien versucht in erster Linie seinen eigenen Nutzen zu maximieren;
- Die beiden Parteien haben gemäß der Prinzipal-Agent-Theorie unterschiedliche Risikoneigungen und wählen infolgedessen verschiedene Handlungsoptionen aus. Während üblicherweise der Prinzipal als risikoneutral beschrieben wird, ist der Agent risikoablehnend eingestellt;
- Die Tätigkeiten des Agenten können vom Prinzipal nicht bzw. nicht kostenlos beobachtet werden. Dies führt zu einer asymmetrischen Informationsverteilung zwischen den beiden beteiligten Akteuren;
- Das Ergebnis wird nicht zwingend durch die Aktivität des Agenten, sondern i.d.R. noch von anderen Einflüssen bestimmt (Aktivitäten anderer Marktteilnehmer oder Zufallseinflüsse). Daher kann der Prinzipal auf Grundlage des Ergebnisses nicht zwingend auf die Handlungen des Agenten schließen.

4.5.3 Hauptaussage und Methode

Wie bereits erwähnt, geht der Auftraggeber i.d.R. dann eine Beziehung mit einem Agenten ein, wenn er erwartet, dass der Agent aufgrund seines Qualifikations- und Informationsvorsprungs bessere Ergebnisse als er selbst erzielt. Um zu gewährleisten, dass der Agent diese Ressourcen effektiv nutzen kann, räumt ihm der Prinzipal weitgehende Freiheiten ein. Weicht jedoch das Interesse des Agenten von dem des Prinzipals ab, wird er den eingeräumten Freiraum in seinem Interesse nutzen. Dies als so genanntes Agenturproblem[485] (Agency-Problem) definierte und von RICHTER als „moralisches Risiko" bezeichnete Phänomen[486] wird dabei allgemein in die beiden Problemtypen „versteckte Information" **(Hidden**

---

[484] vgl. Feldmann, H.: a.a.O., S. 48 f.; siehe auch: Ebers, M. und Gotsch, W.: Institutionenökonomische Theorien der Organisation, a.a.O., S. 211

[485] PICOT bezeichnet das Agenturproblem als „Kernfrage einer Lehre von den Innenbeziehungen einer Institution", vgl. Picot, A.: Ökonomische Theorien der Organisation - Ein Überblick über neuere Ansätze und deren betriebswirtschaftliches Anwendungspotential, a.a.O., S. 150

[486] vgl. Richter, R.; Furobotn, E.: Neue Institutionenökonomik, a.a.O., S. 163

information) und „verstecktes Handeln“ **(Hidden action)** unterschieden.[487]

- **Hidden information** liegt vor, wenn der Prinzipal zwar die Handlungen des Agenten kostenlos beobachten aber nicht beurteilen kann. Der Agent verfügt dabei vor Vertragsabschluss oder auch zwischen Vertragsabschluss und Beginn der Vertragserfüllung über handlungsrelevante Informationen, die dem Prinzipal nicht bzw. nicht kostenlos zugänglich sind.[488]
- **Hidden action:** Im Falle des versteckten Handelns hat der Prinzipal keine genaue Kenntnis der Handlungsmöglichkeiten und des tatsächlichen Leistungsverhaltens des Agenten. Aufgrund seines Handlungsspielraumes ist es dem Agenten möglich, verschiedene Vorgehensweisen zur Zielerreichung zu wählen, die für den Prinzipal nicht (exakt) beobachtbar sind. Das Ergebnis des Agenten lässt keine sicheren Rückschlüsse auf seine Leistungsanstrengungen zu, da es ebenso von anderen Einflussfaktoren abhängig ist.[489]

In beiden Fällen kennt der Prinzipal zwar das Handlungsergebnis, weiß aber nicht, inwieweit dieses auf Anstrengungen des Agenten und inwieweit es auf exogene Faktoren[490] zurückzuführen ist. Diese Gefahr, dass der Agent den durch Hidden action bzw. Hidden information entstehenden Informationsnachteil des Prinzipals opportunistisch ausnutzt, wird als „Moral hazard“ bezeichnet.

PICOT erwähnt noch zwei weitere Problemtypen, die er als **„Hidden characteristics“** sowie **„Hidden intention“** bezeichnet.[491]

- **Hidden characteristics** tritt auf, wenn der Prinzipal vor dem Vertragsabschluß unveränderliche Eigenschaften nicht kennt, die sich auf den Agenten selbst oder die von ihm angebotene Leistung beziehen.

---

[487] vgl. Feldmann, H.: a.a.O., S. 49; siehe auch: Ebers, M. und Gotsch, W.: Institutionenökonomische Theorien der Organisation, a.a.O., S. 21

[488] Hierunter fallen alle Expertendienste, wie z.B. die Arbeit interner Spezialisten oder die Leistungen von Beratern oder Ärzten. Beispielsweise können Patienten aufgrund ihres fehlenden medizinischen Wissens nicht in der Lage sein, Handlungen des Arztes exakt zu beurteilen.

[489] So sind beispielsweise Vorgesetzte durch ihr breites Aufgabenspektrum i.d.R. außer Stande, die Handlungen einzelner Mitarbeiter zeitlich lückenlos zu überwachen.

[490] Wie z.B. Faulheit, Glück sowie sonstige Umweltbedingungen.

[491] Gleichzeitig fasst er jedoch die beiden Charakteristika Hidden action und Hidden information in einer Kategorie zusammen. vgl. Picot, A. et al.: Organisationen: eine ökonomische Perspektive, a.a.O., S. 88 f.

Hierbei besteht die Gefahr, dass Agenten mit unterdurchschnittlichen Eigenschaften, diese gezielt verheimlichen, währenddessen Agenten mit guten Eigenschaften, diese nicht offenbaren können und sich vom Markt zurückziehen. Es kommt zum Problem der Auswahl unerwünschter Vertragspartner (Adverse selection).[492]

- Von **Hidden intention** spricht man, wenn der Prinzipal opportunistisches Verhalten des Agenten im Gegensatz zu Hidden information bzw. Hidden action zwar erkennt, aber nicht verhindern kann. Es entsteht das Problem, dass der Prinzipal irreversible Investitionen[493] tätigt und dadurch in ein Abhängigkeitsverhältnis gegenüber dem Agenten gerät. Das Problem offenbart sich erst in der ex-post-Vertragsphase und dem Prinzipal fehlen dadurch Sanktionsmöglichkeiten. Nutzt der Agent diese Situation zum Nachteil des Prinzipals aus, spricht man von „Hold up".[494]

Aus diesen vier Problemtypen, die nicht überschneidungsfrei sind und in der Praxis häufig gemeinsam auftreten, lassen sich folgende Arten von Kosten herleiten, die in der Fachliteratur allgemein als **Agenturkosten** beschrieben werden:[495]

- **Kosten des Prinzipals**, die ein höheres Maß an auftragsgemäßer Leistungserstellung des Agenten erbringen sollen. Hierzu zählen z.B. Kosten des Vertragsabschlusses, der Anreizkomponenten, der Risikoprämien, der Überwachung sowie Bewertung der Auftragstätigkeit (so genannte Überwachungs- und Kontrollkosten);
- **Kosten des Agenten** für sein Garantieversprechen, nicht gegen die Interessen des Prinzipals zu handeln. Beispielhaft sind dies Kosten der Selbstkontrolle, der Rechenschaftstätigkeiten, der Informations-

---

492 Mit diesem Problem haben beispielsweise Versicherungen zu kämpfen, da sie die individuellen Risiken potentieller Versicherungsnehmer nicht kennen.

493 Die damit verbundenen Kosten werden als versunkene Kosten (sunk costs) angesehen.

494 Ein Beispiel hierfür sind erhöhte Lohnforderungen eines Arbeitnehmers nach Eingang eines zeitlich befristeten Großauftrages.

495 Bei EBERS und GOTSCH werden Agenturkosten definiert als: „alle Kosten, die sich aufgrund einer Abweichung vom fiktiven Idealzustand eines vollkommenen Tausches im Sinne der Neoklassik ergeben bzw. als die in Kosten ausgedrückte Differenz einer Leistungserstellung eines Agenten bei vollständiger Information beider Parteien (first best solution) einerseits, im Gegensatz zur Leistungserstellung bei ungleicher Informationsverteilung andererseits." Ebers, M. und Gotsch, W.: Institutionenökonomische Theorien der Organisation, a.a.O., S. 212; siehe hierzu auch: Erlei, M. et al.: Neue Institutionenökonomik, a.a.O., S. 75 ff.

beschaffung über die Erwartungen des Prinzipals sowie Schadensersatzverpflichtungen (so genannte Kautionsausgaben oder Garantiekosten);

- **Kosten des Wohlfahrtsverlustes**, die dadurch entstehen, dass Verhaltensweisen des Agenten für den Prinzipal einen geringeren Wert aufweisen, als sie Kosten verursachen (so genannte Residualkosten).

Im Rahmen der Prinzipal-Agent-Theorie wird nun, neben dem Bemühen, die Entstehung der Agenturkosten zu erklären,[496] nach der optimalen institutionellen Ausgestaltung der (vertraglichen) Beziehung zwischen dem Auftraggeber und dem Agenten gesucht. Damit wird versucht, eine Überwindung der asymmetrischen Informationsverteilung zu erreichen.[497]

Die Agenturtheorie unterscheidet dabei folgende Grundarten der Disziplinierung der Agenten:[498]

- Zum einen kann ein Anreizsystem für den Agenten geschaffen werden, das unter Ausnutzung seines Eigeninteresses Entscheidungen sicherstellen soll, die sich möglichst weitgehend mit den Belangen des Prinzipals decken. Eine effektive Anreizgestaltung könnte z.B. in der Ergebnisbeteiligung des Agenten liegen.[499]
- Als zweites bietet sich die Einrichtung eines Überwachungssystems an, welches dem Prinzipal nicht nur eine Ergebniskontrolle, sondern darüber hinaus auch eine Verhaltenskontrolle ermöglichen würde. Ein derartiges Überwachungssystem beruht auf der vertraglichen Vereinbarung von Verhaltensnormen, deren Einhaltung kontrolliert und deren Verletzung (negativ) sanktioniert werden.
- Eine weitere Möglichkeit der Überwindung asymmetrischer Informationsverteilung kann in einer Verbesserung des Informationssystems gesehen werden. Dadurch kann der Prinzipal sein Wissen über das

---

[496] vgl. Picot, A.: Ökonomische Theorien der Organisation - Ein Überblick über neuere Ansätze und deren betriebswirtschaftliches Anwendungspotential, a.a.O., S. 150

[497] EBERS und GOTSCH bezeichnen diese vertragliche Einbeziehung von Mechanismen als „Governance Mechanismus".

[498] vgl. Ebers, M. und Gotsch, W.: Institutionenökonomische Theorien der Organisation, a.a.O., S. 214 f.

[499] Die Möglichkeit ergebnisorientierter Entlohnung wird allerdings immer dann erheblich eingeschränkt, wenn mehrere Individuen als Agent tätig sind und die individuellen Beiträge zum Gesamtergebnis nicht isoliert gemessen werden können. vgl. Picot, A.: Ökonomische Theorien der Organisation - Ein Überblick über neuere Ansätze und deren betriebswirtschaftliches Anwendungspotential, a.a.O., S. 152; siehe hierzu auch die Überlegungen zur Teamproduktion (vgl. Kap. 4.4.4)

Leistungsverhalten und die Handlungssituation des Agenten steigern. Dies kann z.B. durch eine Ausweitung der Rechenschaftspflichten des Agenten geschehen. Die durch derartige Mechanismen anfallenden Agenturkosten sollen dabei so gering wie möglich gehalten werden.

- Die mit Hidden characteristics verbundene Gefahr der Adverse selection lässt sich verringern, wenn es gelingt, das bestehende Informationsgefälle ex-ante abzubauen. Hierzu stehen mit Signalling[500], Screening[501] und Self selection[502] drei Möglichkeiten zur Verfügung.[503]

Tabelle 11 gibt einen Überblick über die oben beschriebenen Charakteristika der Prinzipal-Agent-Theorie.

Im Rahmen der Analyse der Prinzipal-Agent-Theorie lassen sich zwei weitgehend komplementäre Herangehensweisen unterscheiden, die nachfolgend in ihren Grundzügen erläutert werden sollen.[504]

- **Die deskriptive (positivistische) Variante** ist stärker empirisch orientiert. Sie versucht anhand von in der Realität vorkommenden Agency-Beziehungen, Erklärungsansätze für das Auftreten von Agency-Problemen sowie deren Ursachen zu liefern. Dabei geht sie von der Hypothese aus, dass sich diejenigen Arrangements durchsetzen werden, die bezüglich einer Einsparung von Agenturkosten am effizientesten sind. Als wichtigstes Instrument zur Lösung des Agenturproblems werden dabei die erfolgsabhängige Bezahlung des Agenten sowie Informationssysteme zu seiner Überwachung angesehen.

---

500 Beispielsweise signalisiert ein Bewerber durch Vorlage von Zeugnissen, Diplome, etc. eine bestimmte Leistungsfähigkeit.

501 Hierunter versteht man alle Aktivitäten, durch die der Prinzipal versucht, genauere Informationen über die für ihn relevanten Qualitätsmerkmale des Agenten zu erlangen. Dies geschieht z.B. in Form von Einstellungstest, Überprüfungen der Kreditwürdigkeiten von potentiellen Käufern usw.

502 Hierunter fallen die Möglichkeiten der differenzierten Vertragsangebote mit unterschiedlichen Tarifen oder Selbstbeteiligungsklauseln, welche z.B. bei Versicherungen Anwendung finden.

503 vgl. Picot, A. et al.: Organisationen: eine ökonomische Perspektive, a.a.O., S. 90 ff.

504 vgl. Feldmann, H.: a.a.O., S. 50; siehe auch Ebers, M. und Gotsch, W.: Institutionenökonomische Theorien der Organisation, a.a.O., S. 209 f.

Tabelle 11: Prinzipal-Agent-Theorie im Überblick[505]

Informationsasymmetrie / Unterscheidungskriterium	Hidden characteristics			Hidden action/ Hidden information		Hidden intention
Informationsproblem des Prinzipals	Qualitätseigenschaften der Leistung des Vertragspartners unbekannt			Anstrengung des Vertragspartners nicht beobachtbar bzw. nicht beurteilbar		Absichten des Vertragspartners unbekannt
Problemursache oder wesentliche Einflussgröße	Verbergbarkeit von Eigenschaften			Überwachungsmöglichkeiten und -kosten		Ressourcenabhängigkeit
Verhaltensspielraum des Agenten	Vor Vertragsabschluss			Nach Vertragsabschluss		Nach Vertragsabschluss
Beispiel	Auswahl des Holzagenten			Leistungsverhalten des Holzagenten		Verweilabsicht von Personal
Problem	Adverse selection			Moral hazard		Hold up
Art der Problembewältigung	Beseitigung der Informationsasymmetrie durch		Interessensangleichung	Interessensangleichung	Monitoring	Interessensangleichung
	Signalling/ Screening	Self selection				
Möglichkeiten zur Problembegrenzung (beispielhaft)	Zeugnisse Gütesiegel	Differenzierte Kooperationsverträge	Reputation des Vertragspartners	Ergebnisbeteiligung des Vertragspartners (z.B. durch Provisionshöhe)	z.B. durch Planungs- und Kontrollsystem (Berichtswesen)	Sicherheiten (z.B. in Form von Leistungsgarantien, Bürgschaften, Gegengeschäfte)

505 verändert nach: Picot, A. et al.: Organisationen: eine ökonomische Perspektive, a.a.O., S. 91

- Demgegenüber ist der **normative Ansatz**[506] weitgehend theoretisch orientiert. Er analysiert anhand aufwendiger mathematischer Modelle die individuellen vertraglichen Beziehungen zwischen Prinzipal und Agenten. Dabei versucht er, optimale und effiziente Vertragsformen für idealtypische Prinzipal-Agent-Konstellationen zu entwickeln. Wichtigster Faktor im Hinblick auf eine Verteilung des Risikos unter gleichzeitiger Berücksichtigung von Anreizwirkungen ist dabei die Bestimmung der Entlohnungsfunktion des Agenten.[507]

4.5.4 Allgemeine praktische Anwendungsbereiche der Prinzipal-Agent-Theorie

Bei der praktischen Umsetzung des Problemkomplexes verfolgt die Prinzipal-Agent-Theorie folgende Schritte:[508]

- Herausarbeitung der spezifischen Ursachen und Merkmale des auftretenden Agenturproblems in einer (Vertrags-)beziehung;
- Beschreibung und Bewertung der zur Lösung des Problems anzusetzenden bzw. denkbaren institutionellen Arrangements;
- Entwicklung einer effizienten Vertragsform zur Regelung der Agenturbeziehung. Dabei werden die spezifischen Merkmale der jeweiligen Agenturbeziehung (unterschiedliche Interessen und Risikoneigung der Akteure, asymmetrische Informationsverteilung) zugrunde gelegt.

Allgemein lässt sich für die Prinzipal-Agent-Theorie eine Vielzahl von Anwendungsmöglichkeiten beschreiben. Typische Anwendungsbeispiele für Agency-Beziehungen sind:[509]

- Beziehungen zwischen Eigentümern (bzw. Aktionären) und Managern großer Unternehmen;[510]

---

506 Mit dieser Variante beschäftigt sich der weitaus größte Teil der mit dieser Thematik betrauten Wirtschaftswissenschaftler.

507 RICHTER weist jedoch darauf hin, dass hierbei zwischen Theorie und Wirklichkeit erhebliche Differenzen bestehen. Zum Beispiel wird in der normativen Agenturtheorie davon ausgegangen, dass der Prinzipal nicht nur seine eigene Präferenzordnung, sondern auch die seines Agenten genau kennt, und dass beide Seiten über die Ergebnisfunktion und die stochastischen Eigenschaften der Umwelteinflüsse auf das Resultat genau unterrichtet sind. vgl. Richter, R.: Institutionen ökonomisch analysiert, a.a.O., S. 18

508 vgl. Feldmann, H.: a.a.O., S. 49

509 vgl. hierzu v.a. Feldmann, H.: a.a.O., S. 71 ff.; aber auch: Ebers, M. und Gotsch, W.: Institutionenökonomische Theorien der Organisation, a.a.O., S. 215 ff. sowie Richter, R.: Institutionen ökonomisch analysiert, a.a.O., S. 23 ff. und andere

- Beziehungen zwischen Arbeitgebern und Arbeitnehmern, Vorgesetzten und Untergebenen;
- Beziehungen zwischen Patienten und Ärzten, Käufern und Verkäufern, Parlamentariern und Wählern;
- usw.

4.5.5 Spezielle Anwendungsmöglichkeiten der Prinzipal-Agent-Theorie im Zusammenhang mit dem Handel von nordischem Nadelschnittholz

Als spezielle Anwendungsmöglichkeiten im Rahmen der vorliegenden Themenstellung wären vor allem folgende Beispiele der Prinzipal-Agent-Theorie interessant:

- Untersuchung und Beschreibung der Agency-Beziehungen zwischen skandinavischen Sägewerken und der für sie im deutschen Markt wirkenden Holzimportagenturen;[511]
- Analyse der Agency-Beziehungen zwischen den Eigentümern der skandinavischen Forstkonzerne und ihren in deutschen Verkaufsbüros angestellten Mitarbeitern;
- Eventuell aufbauend auf die Ergebnisse der beiden vorgenannten Studien ein Vergleich der beiden Resultate, samt einer Bewertung sowie einer Herausstellung der Unterschiede des jeweiligen Distributionskanals innerhalb des gegebenen Kontexts.

Zusammenfassend ist auch für den Prinzipal-Agent-Ansatz festzustellen, dass er umfangreiche Ansatzpunkte bietet, anhand derer das nordische Nadelschnittholzmarktgeschehen betrachtet und analysiert werden kann.

---

510 Insbesondere im Zusammenhang mit der persönlichen Einstellung der Manager, deren Vergütung, dem Ausmaß der von ihnen erbrachten Leistungsanstrengung, der Nutzung von Unternehmensressourcen für die eigene Karriere oder die eigene Lebensqualität im Verhältnis zu den verfolgten Zielen der Unternehmenspolitik.

511 In diesem Zusammenhang ist vor allem die empirische Untersuchungsvariante von Interesse. Dagegen dürfte der normative, mathematische Ansatz mit dem Ziel einer optimalen, effizienten Vertragsformulierung in den meisten Fällen schon daran scheitern, dass heutzutage die früher üblichen, schriftlichen Agenturverträge zwischen Abladern und Agenten nicht mehr existieren und stattdessen durch mündliche oder einfach stillschweigende Übereinkünfte abgelöst wurden (vgl. Kap. 3.3.2.1 sowie Fußnote 207).

4.6 Die Transaktionskostentheorie

Wie bereits erwähnt, kann der von COASE im Jahre 1937 veröffentlichte Artikel „The Nature of the Firm“ als Ausgangspunkt der Neuen Institutionenökonomik im Allgemeinen sowie der Transaktionskostentheorie im Speziellen angesehen werden. Die von COASE verfasste und von WILLIAMSON in den siebziger Jahren des 20. Jahrhunderts wieder aufgegriffene und zum Transaktionskostenansatz weiterentwickelte Frage: „...warum wirtschaftliche Aktivitäten nicht ausschließlich über Märkte sondern auch innerhalb von Unternehmen abgewickelt werden“, wird mit dem Vorhandensein von (Transaktions-)kosten bei der Benutzung des Marktes begründet. Die Unternehmung ermögliche es, diese „Kosten der Benutzung des Preismechanismus“ einzusparen. Andererseits verursacht jedoch auch die unternehmensinterne Koordination Kosten. Dies führt dazu, dass nur so lange Transaktionen aus dem Markt in eine Unternehmung verlagert werden, bis die Grenzkosten unternehmensinterner Transaktionen die Höhe der Grenzkosten marktlicher Transaktionen erreicht haben.[512]

4.6.1 Grundannahmen und Erkenntnisinteresse

Die Transaktionskostentheorie beschäftigt sich demnach mit der Fragestellung, warum bestimmte Transaktionen in bestimmten institutionellen Arrangements[513] mehr oder weniger effizient abgewickelt und organisiert werden.[514] Die Transaktion wird somit als Basiseinheit der Analyse definiert.[515] Markt und Hierarchie werden dabei als strukturell differente,

---

512 vgl. Feldmann, H.: a.a.O., S. 51

513 Dieser Begriff wurde von NORTH und DAVIS in Abgrenzung zur „institutionellen Umwelt“ eingeführt. Unter „institutionellem Arrangement“ versteht man die Vereinbarungen von ökonomischen Akteuren, die die Bedingungen ihrer Kooperation bzw. ihres Wettbewerbs untereinander festlegen. Als „institutionelle Umwelt“ werden die grundlegenden politischen, sozialen und rechtlichen Rahmenbedingungen der Produktion bezeichnet (vgl. Kap. 4.2.1.1). vgl. Döring, H.: a.a.O., S. 25

514 PICOT sieht darin eine enge Verbindung zur Property-Rights-Theorie. Jedoch bildet hier die Transaktion und nicht die jeweiligen Rechte die elementare sozioökonomische Untersuchungseinheit. vgl. Picot, A.: Ökonomische Theorien der Organisation - Ein Überblick über neuere Ansätze und deren betriebswirtschaftliches Anwendungspotential, a.a.O., S. 147

515 vgl. Williamson, O.E.: Die ökonomischen Institutionen des Kapitalismus, a.a.O., S. 20

konkurrierende, institutionelle Arrangements[516] begriffen.[517] Werden die Kosten für marktliche Transaktionen zu hoch, tritt an deren Stelle die Institution der Unternehmung[518] und wickelt die Koordination durch Planung und Hierarchie ab. Die Transaktionskostentheorie ermöglicht somit einen Kostenvergleich alternativer institutioneller Arrangements der Organisation und Abwicklung von Transaktionen. Sie untersucht, welche Arten von Transaktionen in welchen institutionellen Arrangements am relativ kostengünstigsten abgewickelt bzw. organisiert werden können.[519]

Im Gegensatz zu den beiden anderen Theorien der Neuen Institutionenökonomik wird bei der Transaktionskostentheorie die Auffassung vertreten, dass im Verlauf der Austauschbeziehung möglicherweise auftretende Probleme, trotz größter Sorgfalt, nicht immer im Vorhinein vertraglich ausgeschlossen werden können. Dies führt dazu, dass die vertraglichen Vereinbarungen zwangsläufig unvollständig sein müssen.[520] Daher wird betont, dass nicht allein die Gestaltung der ex-ante-Anreizstruktur sondern die institutionelle Gestaltung des gesamten Austauschprozesses für eine effiziente Ressourcenallokation entscheidend ist.[521] Aus die-

---

516 Im Verlauf dieser Arbeit werden für diese institutionellen Arrangements verschiedene Begriffe verwendet. Obwohl es sein könnte, dass diese Begriffe im anderen Kontext unterschiedliche Bedeutung haben, sollen sie in der Betrachtung der Transaktionskostentheorie der vorliegenden Forschungsarbeit alle synonym verstanden werden. Diese Begriffe sind: Abwicklungsformen, Distributionsformen, Distributionskanäle, Distributionsvarianten, Distributionswege, Einbindungsformen, Integrationsformen, institutionelle Arrangements, institutionelle Gestaltungsmöglichkeiten, institutionelle Regelungen, Koordinationsalternativen, Koordinationsformen, Koordinationsmechanismen, Koordinationsstrukturen, Koordinationssysteme, Organisationsformen, Vertriebsysteme usw.

517 Jedoch mittlerweile im Gegensatz zum ursprünglichen Markt-Hierarchie-Paradigma nicht mehr als die beiden einzig möglichen Alternativen, sondern lediglich als maximal mögliche Gegenpole. Zwischen Markt und Hierarchie liegt ein ganzes Kontinuum vielfältiger Formen von Zwischenstufen (so genannte hybride Koordinationsformen).

518 Die Unternehmung wird in diesem Zusammenhang als ein für sich stehendes Handlungsgebilde betrachtet. Dieses nimmt als solches allokationseffizient die Transaktionen aus dem Markt, die intern kostengünstiger bewältigt werden können.

519 vgl. Ebers, M. und Gotsch, W.: Institutionenökonomische Theorien der Organisation, a.a.O., S. 225

520 vgl. Williamson, O.E.: Die ökonomischen Institutionen des Kapitalismus, a.a.O., S. 20 f.

521 Dieses, auch als Konzept des relationalen oder unvollständigen Vertrages bezeichnete Vorgehen geht davon aus, dass mit Absicht Lücken in den geschlossenen Vereinbarungen gelassen werden, weil es zu teuer bzw., aufgrund der

sem Grunde wird bei dieser Theorie eine Unterscheidung zwischen ex-ante- und ex-post-Transaktionskosten vorgenommen (vgl. Kap. 4.2.1.2). Dabei liegt eine besondere Gewichtung auf den ex-post-Mechanismen der Absicherung, Durchsetzung und Anpassung. Als Beispiele für diese Mechanismen können Sicherheitsleistungen, Garantiezusagen, Kündigungsklauseln, bürokratische Steuerungs- und Kontrollmechanismen, besondere Konfliktlösungsmechanismen (wie Schiedsgerichtsvereinbarungen) oder Anpassungsklauseln genannt werden.[522]

Vertragsschema nach Williamson

WILLIAMSON stellt bei seiner Betrachtungsweise der Transaktionskostentheorie den Vertrag in den Mittelpunkt seiner Überlegung. Er behauptet, dass jedes Problem, das als Vertragsproblem formuliert werden kann, sinnvoll unter dem Aspekt der Transaktionskosteneinsparung untersucht werden kann (vgl. Kap. 4.2.1).[523]

Das folgende, einfache Vertragsschema stellt hierfür die Grundlage dar. WILLIAMSON geht davon aus, dass sich eine Sach- oder Dienstleistung entweder mittels einer Einzwecktechnologie oder einer Mehrzwecktechnologie erbringen lässt. Definitionsgemäß ist erstere effizienter jedoch mit spezifischen Investitionen verbunden. Die auf solchen spezifischen Investitionen basierenden Tauschbeziehungen müssen vor möglichen opportunistischen Handlungen der anderen Geschäftsseite geschützt

---

Unsicherheit bezüglich zukünftiger Entwicklungen, unmöglich wäre, sich über alle Eventualitäten im voraus zu einigen. Die Vertragspartner legen aber durch die Vereinbarung von Sicherungsmaßnahmen die Art des Verfahrens fest, wie die offen gelassenen Verfügungsrechte wahrgenommen werden. Dies kann im Prinzip auf zweierlei Art geschehen. Entweder durch fortlaufende Verhandlungen der Parteien oder durch Anordnung, d.h. durch im Voraus festgelegten Verzicht einer Vertragspartei auf die residualen Verfügungsrechte. Es kommt zur Gründung einer hierarchischen Struktur und somit einer Unternehmung. vgl. Fischer, M.: Make-or-Buy-Entscheidungen im Marketing, a.a.O., S. 85

522 vgl. Ebers, M. und Gotsch, W.: Institutionenökonomische Theorien der Organisation, a.a.O., S. 226; wobei jedoch ein deutlicher Schwerpunkt auf die außergerichtlichen Regelungen gelegt wird; vgl. Williamson, O.E.: Die ökonomischen Institutionen des Kapitalismus, a.a.O., S. 20

523 Er fügt hinzu, dass dies für jede Art von Tauschbeziehungen gilt. Selbst bei Fragestellungen, die vordergründig nichts mit Verträgen zu tun haben, lässt sich durch intensivere Betrachtung eine implizite Vertragskomponente aufweisen. vgl. Williamson, O.E.: Die ökonomischen Institutionen des Kapitalismus, a.a.O., S. 55 sowie S. 20

werden.[524] Sobald also transaktionsspezifische Investitionen vorgenommen werden, entstehen bilaterale Tauschbeziehungen, bei denen die Vertragspartner einen Anreiz haben, zum Schutz ihrer Investitionen Absicherungen vorzunehmen. Die Absicherung erfolgt, indem glaubhafte Überwachungs-, Garantie- oder Anreizsysteme (z.B. wechselseitige Investitionen, Unterpfänder usw.) für die Einhaltung der Transaktionsvereinbarungen sorgen sollen oder in Form der vertikalen Unternehmensintegration über gemeinsames Eigentum (Hierarchisierung durch „Aufkaufen der nächsten Stufe"). Würden keine vertraglichen Absicherungen vorgenommen, hätte dies aufgrund der Enteignungsrisiken beim Produzenten der Leistung tendenziell einen Preisanstieg zur Folge. Demzufolge neigt diese Art der bilateralen Beziehung zur Instabilität. Resultat ist entweder die Einführung von Absicherungsmaßnahmen oder der Ersatz der Einzweck- durch die Mehrzwecktechnologie.[525]

Als eine Form der Absicherung kann beispielhaft die Verlagerung von Transaktionen vom Markt in das Unternehmen angeführt werden. Durch diese Hierarchisierung kommt es allerdings zu einem Transaktionskostennachteil gegenüber der marktlichen Koordination und somit der produktionskostenaufwendigeren Mehrzwecktechnologie. Die Internalisierung von Transaktionsbeziehungen führt zu steigenden internen Organisationskosten durch die hierarchische Lenkung (Bürokratiekosten) und im Vergleich zum Marktmechanismus zu verminderten Leistungsanreizen.[526] Bei einer Marktbeziehung bleibt ein Transaktionspartner bemüht, den Kunden oder Auftraggeber mit seiner Leistung zu befriedigen, da sonst ein Abbruch des Geschäftskontaktes droht. Bei festgelegten und hierarchisch definierten Austauschbeziehungen ist eine rasche Reaktion auf Mängel jedoch meist nicht möglich. Vertikale Integration und (große) Unternehmen weisen durch diese Anreizdefizite Kostennachteile auf. WILLIAMSON zieht daraus die Schlussfolgerung, dass nur bei Vertragsschwierigkeiten (d.h. hohe Transaktionskosten bei marktlicher Koordination), die hierarchische Integration vorteilhafter als die Marktvariante ist.[527] Der Hauptgrund für das „Inkaufnehmen" der Nachteile der hierarchischen Koordination und für das Abrücken von marktlicher Koordinati-

---

524 „Juristische" Verträge reichen dafür sehr häufig nicht aus, weil sie nur bedingt einklagbar sind. Sie enthalten immer Lücken, die eine Ausbeutung ermöglichen. Ein Rechtsstreit dagegen hat i.d.R. den Abbruch eines Geschäftskontaktes zur Folge oder ist nicht erfolgversprechend.

525 vgl. Williamson, O.E.: Die ökonomischen Institutionen des Kapitalismus, a.a.O., S. 38

526 vgl. ebenda, S. 149 ff.

527 vgl. ebenda, S. 106

on ist demnach die Absicherung faktorspezifischer Investitionen vor Opportunismus. Die zentrale Aussage von WILLIAMSON lautet somit, dass nur Absicherungsschwierigkeiten, d.h. opportunistische Spielräume bei Marktkoordination, zu vertikalen Integrationsprozessen und somit zur Unternehmensbildung führen.[528]

4.6.2 Verhaltensannahmen

Die Akteure der Transaktionskostentheorie weisen im Wesentlichen auf folgende zentrale Verhaltensmerkmale bzw. Eigenschaften hin. Zum einen geht die Theorie von der fehlenden Information bzw. begrenzten Informationsverarbeitungskapazität eines Wirtschaftssubjektes aus, um rational handeln zu können (begrenzte Rationalität). In diesem Zusammenhang wird als wichtiger Aspekt die Unüberwindbarkeit bei der verbalen Kommunikation einer bestimmten Kategorie von Wissen betont. Diese, als „implizites Wissen" beschriebene, Erscheinung besagt, dass sich eine Reihe von Fähigkeiten und Fertigkeiten weder verbal beschreiben noch vermitteln lässt.[529]

Als weitere Verhaltensmaßnahme dieser Theorie ist die so genannte Opportunismusannahme der handelnden Personen zu nennen. Diese weist darauf hin, dass die Transaktionspartner bei der Gestaltung der Austauschbeziehung ihr Eigeninteresse verfolgen und möglicherweise auch List, Täuschung, sowie Zurückhaltung von Informationen u.ä. einsetzen (vgl. Kap. 4.2).[530] Besonders bedeutsam ist die Opportunismusannahme für die Transaktionskostentheorie aufgrund der von ihr ausge-

---

[528] vgl. Dienel, W.: Organisationsprobleme im Ökomarketing - eine transaktionskostentheoretische Analyse im Absatzkanal konventioneller Lebensmittelhandel, Dissertation an der Humboldt Universität zu Berlin, Berlin 2001, S. 21

[529] Dieser im „wissensbasierten Ansatz" verfolgte Gedanke findet auf diesem Weg Eingang in die Transaktionskostentheorie. Dieser Ansatz unterscheidet explizites Wissen, welches darstellbar multipliziert und somit als öffentliches Gut charakterisiert werden kann, von implizitem Wissen. Dieses ist in den Köpfen und Fähigkeiten der Menschen vorhanden und kann nicht übertragen werden. Demzufolge kann es nur von Personen genutzt werden, die an der Produktion (des Wissens) beteiligt waren. Bei Unternehmen macht es als gemeinsam geteiltes Wissen die Unternehmensspezifität aus und trägt somit wesentlich zum jeweiligen Erfolg bei. vgl. Osterloh, M. et al.: Was kann das Unternehmen besser als der Markt, Universität Zürich, Institut für betriebswirtschaftliche Forschung, Lehrstuhl für Organisation, Technologie und Innovationsmanagement, in: www.unizh.ch/ifbf/orga/-downloads/publikationen/C71WaskanndasUnternehmen.pdf, S. 9 ff. (Zugriff: 26.06.02)

[530] vgl. Picot, A. et al.: Organisationen: eine ökonomische Perspektive, a.a.O., S. 69

henden Wirkungen auf das Zustandekommen und die Abwicklung von Transaktionen. Gäbe es nämlich keinen Opportunismus, könnte man grundsätzlich vom regelrechten Verhalten der Transaktionspartner ausgehen.[531] Da die Transaktionskostentheorie im Gegensatz zu den beiden anderen vorgestellten Ansätzen auch ex-post-Aspekte von Koordinationsmechanismen in ihre Betrachtung mit einschließt (s.o.), wird von manchen Wissenschaftlern auch eine Unterteilung in ex-ante- und ex-post-Opportunismus für notwendig erklärt.[532]

Außer diesen beiden Verhaltensannahmen, die das Fundament der Transaktionskostentheorie bilden, wird schließlich bei der Transaktionskostentheorie (in Abgrenzung zur Prinzipal-Agent-Theorie) den beteiligten Akteuren Risikoneutralität unterstellt.[533]

4.6.3 Transaktionsdimensionen

Man ist sich heute weitgehend darüber einig, dass Transaktionskosten nicht direkt gemessen werden können.[534] Daher müssen andere Wege gefunden werden, um festzustellen, wie verschiedene Transaktionen in der Realität organisiert werden können. Die Theorie untersucht die Transaktionen daher nach aussagefähigen Kriterien. Dabei geht es um die Identifizierung derjenigen (Transaktions-)Merkmale, die zur Erhöhung bzw. zur Senkung von Transaktionskosten beitragen.[535]

---

531 Dabei muss nicht einmal gewährleistet sein, dass sich alle Menschen immer und überall opportunistisch verhalten. Laut WILLIAMSON genügt es schon, dass manche Menschen zeitweilig opportunistisch sind und dass unterschiedliche Vertrauenswürdigkeiten in den seltensten Fällen im Voraus erkennbar sind. Daher kommt es ex-ante zu Bemühungen, diese Unterschiede zu erfassen und ex-post zu Absicherungen. vgl. Williamson, O.E.: Die ökonomischen Institutionen des Kapitalismus, a.a.O., S. 55 sowie S. 73 ff.

532 SCHOPPE et al. erklären dies am Beispiel von Versicherungsverträgen. Ex-ante besteht das Problem, dass der Versicherungswillige über sein tatsächliches Risiko nicht ehrlich Auskunft gibt, während ex-post der Versicherte risikoerhöhende Verhaltensweisen in Kauf nimmt, da nicht er, sondern die Versicherung die hiermit verbundenen ökonomischen Folgen trägt. vgl. Schoppe, S.G.: et al.: a.a.O., S. 149

533 EBERS und GOTSCH bezeichnen dies jedoch als eindeutig „contrafaktisch", weisen jedoch darauf hin, dass WILLIAMSON diese Annahme deswegen einführt, um die Argumentation zu vereinfachen und die Kernthesen präziser herausarbeiten zu können. vgl. Ebers, M. und Gotsch, W.: Institutionenökonomische Theorien der Organisation, a.a.O., S. 227

534 vgl. Göbel, E.: a.a.O., S. 153

535 vgl. Döring, H.: a.a.O., S. 36

Laut WILLIAMSON sind folgende drei Transaktionskostenmerkmale für eine aussagekräftige Transaktionsanalyse ausschlaggebend:[536]

- **Faktorspezifität**
- **Unsicherheit**
- **Häufigkeit**

In neueren Arbeiten der Transaktionskostentheorie erscheint häufig als weitere Dimension noch zusätzlich die:

- **Transaktionsatmosphäre**[537]

4.6.3.1 Faktorspezifität

Die Faktorspezifität wird von den Institutionstheoretikern als diejenige Dimension bezeichnet, die die Transaktionskostentheorie deutlich von den anderen Sichtweisen ökonomischer Organisationen abgrenzt.[538]

Im Wesentlichen geht es hierbei um Investitionen, die spezifisch für bestimmte Transaktionen, z.B. in eine Einzwecktechnologie (vgl. Kap. 4.6.1), getätigt werden. Der Vorteil dieser Einzwecktechnologie liegt in einer erwarteten Kostenersparnis, die diese Spezialisierung bewirkt. Ein Kennzeichen der Faktorspezifität ist, dass sie in einem anderen Verwendungszweck als dem ursprünglich vorgesehenen weniger rentabel und somit weniger wert ist. Die Spezifität einer Transaktion ist demnach umso höher, je größer die Wertdifferenz zwischen der beabsichtigten und der zweitbesten Verwendung der jeweiligen Ressource (Human- und Sachinvestition) ist. Die Gewinndifferenz zwischen dem vorgesehenen (also besten) Verwendungszweck und der nächstbesten Verwendungsmöglichkeit wird als „Quasirente aus der spezifischen Zusammenarbeit" bezeichnet und ist ein Maß für die Höhe der Faktorspezifität.[539]

---

536 vgl. Williamson, O.E.: Die ökonomischen Institutionen des Kapitalismus, a.a.O., S. 55 sowie S. 59 f.

537 vgl. z.B. Picot, A. et al.: Organisationen: eine ökonomische Perspektive, a.a.O., S. 72; diese Annahme findet jedoch nicht uneingeschränkte Zustimmung, da man mit Hinweis auf die jeweilige Atmosphäre nahezu alles erklären kann. Trotzdem soll dieses Merkmal im Folgenden in die Betrachtung einbezogen werden, da auch WILLIAMSON in seinen neueren Arbeiten diese anwendet (jedoch lediglich untergeordnet). vgl. Döring, H.: a.a.O., S. 39 f.

538 vgl. Williamson, O.E.: Die ökonomischen Institutionen des Kapitalismus, a.a.O., S. 55, S. 59 sowie S. 100 ff.

539 vgl. z.B. Picot, A. et al.: Organisationen: eine ökonomische Perspektive, a.a.O., S. 70

Durch die getätigte Investition begibt sich jedoch der Investor (mit den jeweils höheren spezifischen Investitionen) in eine gewisse Abhängigkeit gegenüber seinen Transaktionspartnern (mit den jeweils geringeren spezifischen Investitionen) und somit in eine gewisse Gefahr. Diese könnten nämlich versuchen, sich durch die Reduzierung der Faktorentlohnung die Quasirente anzueignen.[540] Hiergegen will sich wiederum die gefährdete Partei absichern.[541]

Grundsätzlich wird zwischen folgenden vier Arten von Faktorspezifität unterschieden:[542]

- **Standortspezifität:** Diese Form der Faktorspezifität erklärt sich aus der Unbeweglichkeit einer Anlage bzw. durch besondere Standortvorteile;[543]

---

540 RICHTER weist hierbei auf die Möglichkeit eines erfolgreichen „Raubüberfalls" hin, der sich für die Partei mit den geringeren spezifischen Investitionen ergeben kann. vgl. Richter, R.: Institutionen ökonomisch analysiert, a.a.O., S. 19. Dieses als „Hold up" bezeichnete Verhalten beschreibt einen möglichen Ausbeutungsversuch, der dadurch entstehen kann, dass ein Geschäftspartner im Anschluss an die Durchführung spezifischer Investitionen der anderen (nunmehr abhängigen) Partei versucht, durch Neuverhandlungen eine Umverteilung der Quasirente zu seinen Gunsten zu bewirken. Laut PICOT beschreibt „Hold up" jedoch das Problem der Abhängigkeit aufgrund spezifischer Investitionen und ist demnach lediglich eine Bezeichnung aus der Prinzipal-Agent-Theorie (vgl. Kap. 4.5.3), für das die Transaktionskostentheoretiker den Begriff „Fundamentale Transformation" verwenden. vgl. Picot, A. et al.: Organisationen: eine ökonomische Perspektive, a.a.O., S. 130

541 Demnach ist also nicht die Quasirente, sondern vielmehr die Transaktionskosten, die entstehen, infolge des Versuches von opportunistischen Transaktionspartnern, sich der Quasirente zu bemächtigen, der Betrachtungsgegenstand der Transaktionskostentheorie. vgl. Fischer, M.: Make-or-Buy-Entscheidungen im Marketing, a.a.O., S. 92

542 vgl. Williamson, O.E.: Die ökonomischen Institutionen des Kapitalismus, a.a.O., S. 108 f.; Diese vier Formen stellen jedoch keine erschöpfende Liste dar. Gelegentlich werden außerdem noch „markenspezifisches Kapital" sowie „zeitliche (temporäre) Spezifität" genannt. Bei der „Markenkapitalspezifität" wird ein spezifisches inneres und äußeres Erscheinungsbild der Produkte und des Unternehmens geschaffen. Als „temporäre Spezifität" bezeichnet man den Vorgang, wenn sich sämtliche Ressourcen des Unternehmens, z.B. wegen Termindrucks, auf die Erledigung eines Auftrages konzentrieren. vgl. Schwaner, J.: Integration von Kunden und Lieferanten: Analyse langfristiger Geschäftsbeziehungen auf Businessmärkten, Neue betriebswirtschaftliche Forschung Bd. 205, Gabler Verlag, Wiesbaden 1996, S. 15

543 Als gutes Beispiel hierfür können die drei in Wismar ansässigen Unternehmen Klausner (Sägewerk), Hüttemann (Hersteller von Brettschichtholz) und Egger

- **Sachkapitalspezifität:** Diese Spezifität erwächst aus speziellen Werkzeugen oder Anlagen, z.B. Spezialwerkzeuge, die nur für die Herstellung eines Produktes verwendet werden können;
- **Zweckgebundene Sachwerte:** Diese Form der Spezifität tritt bei der Erweiterung von Kapazitäten für einen Abnehmer oder ein spezifisches Produkt auf, wie z. B. Investitionen in schon bestehende Produktionskapazitäten. Diese werden zu dem Zweck getätigt, einen bestimmten Kundenauftrag auszuführen oder eine längere Kundenbeziehung zu erhalten;
- **Humankapitalspezifität:** Diese beinhaltet spezifisches Wissen, welches eng mit den handelnden Personen verknüpft ist, z.B. Arbeitstechniken, Formen der Zusammenarbeit und Kenntnisse über einen Transaktionspartner, die in einer Austauschbeziehung erworben wurden.

Erwähnenswert in diesem Zusammenhang ist noch die Unterscheidung zwischen **ex-ante-** und **ex-post-Spezifität**. Während einige Transaktionen bereits von vornherein spezifische Investitionen voraussetzen,[544] existiert zu Beginn anderer Transaktionen zunächst ein konkurrenzintensiver Wettbewerb um die Lieferung einer Standardleistung. Nachdem jedoch aus einer Vielzahl von potentiellen Transaktionspartnern einer ausgewählt wurde, kann sich dieser, insbesondere bei häufig wiederkehrenden Leistungsbeziehungen, transaktionsspezifische Fähigkeiten sowie Wissen aneignen. Dadurch erzielt er Vorteile gegenüber seinen ursprünglichen Mitbewerbern.[545] Somit kann sich aus einer ursprünglich unspezifischen Ausgangslage im Laufe der Zeit eine monopolartige Transaktionsbeziehung entwickeln.[546]

Dieses implizite Wissen führt wiederum zu zunehmenden System- und Know-how-Abhängigkeiten der Transaktionspartner untereinander. Da-

(MDF- und OSB-Platten-Produzent) angeführt werden. Während die Firma Hüttemann einen Großteil ihres Schnittholzes zur Brettschichtholzerstellung direkt aus der benachbarten Sägeproduktion erhält, laufen die durch die Schnittholzproduktion anfallenden Sägespäne und Hackschnitzel über ein Fließband von Klausner direkt in die Plattenproduktion der Firma Egger.

[544] Zum Beispiel die Herstellung von Spezialwerkzeugen.

[545] Zum Beispiel besondere Beziehungen zu den Einkäufern einer Unternehmung. vgl. Picot, A.: Ökonomische Theorien der Organisation - Ein Überblick über neuere Ansätze und deren betriebswirtschaftliches Anwendungspotential, a.a.O., S. 148 f.

[546] vgl. Williamson, O.E.: Die ökonomischen Institutionen des Kapitalismus, a.a.O., S. 55 sowie S. 61 sowie 70 f.

durch besteht die Gefahr hoher (Verlust-)Kosten bei einem Abbruch der Geschäftsbeziehung, da dieses Wissen anderweitig nicht oder nur bedingt anwendbar ist.[547] WILLIAMSON bezeichnet diesen Vorgang als „fundamentale Transformation" (vgl. hierzu auch Fußnote 540) und spricht hierbei von einem „Lock-in-Effekt".[548]

4.6.3.2 Unsicherheit

Unsicherheit wird als Maß für die (Un-)Vorhersehbarkeit und die Anzahl der notwendigen Änderungen der Leistungsvereinbarung während einer Transaktion definiert. Diese Änderungen beziehen sich z.B. auf Qualitäten, Termine, Mengen, Budgets, Preise usw. Je häufiger und unvorhersehbarer der Änderungsbedarf auftritt, desto schwieriger ist insgesamt die Anbahnung, Vereinbarung, Durchführung, Kontrolle und Anpassung einer als gerecht empfundenen Leistungsvereinbarung zwischen den Transaktionspartnern.[549]

WILLIAMSON differenziert grundsätzlich zwei Arten von Unsicherheit, die **primäre** und die **sekundäre Unsicherheit**. Die primäre Unsicherheit (oder Umweltsicherheit) ist exogener Natur und kann von keiner der beteiligten Parteien beeinflusst werden. Es handelt sich dabei um unerwartete Entwicklungen, die bei Vertragsabschluss nicht absehbar sind.[550] Die sekundäre Unsicherheit (Verhaltensunsicherheit) ergibt sich aufgrund möglichen opportunistischen Verhaltens der Transaktionspartner und ist aus transaktionskostentheoretischer Sicht bedeutsamer.[551]

Der Einfluss der Unsicherheit auf die Höhe der Transaktionskosten beruht auf den damit verbundenen Schwierigkeiten der Gewinnung und Verarbeitung von Informationen. Unsicherheit in Verbindung mit begrenzter Rationalität ist dafür verantwortlich, dass Verträge regelmäßig unvollkommen sind. Infolgedessen müssen diese im Verlauf des Transaktionsprozesses konkretisiert und unter Umständen angepasst werden. Für nicht-spezifische Transaktionen stellt Unsicherheit kein großes Prob-

---

547 vgl. z.B. Picot, A. et al.: Organisationen: eine ökonomische Perspektive, a.a.O., S. 70

548 vgl. Williamson, O.E.: Die ökonomischen Institutionen des Kapitalismus, a.a.O., S. 55 sowie S. 61 und S 70 f.

549 vgl. Picot, A. et al.: Organisationen: eine ökonomische Perspektive, a.a.O., S. 69

550 Als Beispiel führt WILLIAMSON dabei zufällige Naturereignisse oder unvorhersehbare Veränderungen der Verbraucherpräferenzen an, andere Beispiele hierfür sind Zinsänderungen, Inflations- und Wechselkursrisiken usw.

551 vgl. Williamson, O.E.: Die ökonomischen Institutionen des Kapitalismus, a.a.O., S. 64 ff.

lem dar, da neue Tauschbeziehungen leicht hergestellt werden können. Wann immer jedoch transaktionsspezifische Investitionen getätigt werden, ergibt sich die Notwendigkeit von Anpassungsmechanismen. Denn mit steigender Unsicherheit werden die Lücken in den Verträgen immer größer und die Anlässe für quantitativ wie qualitativ schrittweise Anpassung bedeutsamer.[552]

4.6.3.3 Häufigkeit

Das Merkmal der Häufigkeit kennzeichnet das Maß der wiederholten Durchführung von gleichen bzw. ähnlichen Transaktionen. Die Frage, wie oft eine Transaktion durchgeführt wird, ist insofern von Bedeutung, als sich vergleichsweise hohe Anfangsinvestitionen oder relativ hohe spezifische Beherrschungs- und Überwachungskosten nur bei großen Transaktionen, die sich häufig wiederholen, amortisieren können.[553] Somit handelt es sich eigentlich nicht ausschließlich um Häufigkeit, sondern vielmehr um ein Produkt aus Tauschwert und Anzahl der Transaktionen. Hinzu kommt, dass durch eine häufige Wiederholung von Transaktionen Lerneffekte und Vorteile der Spezialisierung entstehen können.[554]

4.6.3.4 Transaktionsatmosphäre

Zur Transaktionskostenatmosphäre werden alle soziokulturellen und technischen Rahmenbedingungen gerechnet, die in einer gegebenen Situation Einfluss auf die Transaktionskosten verschiedener Koordinations- und Motivationsinstrumente haben. Als Beispiel soziokultureller Faktoren können Freundschaften sowie identische anerzogene, sozialisierte, kulturelle, religiöse oder soziale Normen und Werte der Transaktionspartner angeführt werden. Als Beispiel für technische Bedingungen werden Neuerungen der Informations- bzw. Kommunikationstechniken genannt.[555]

---

552 vgl. Williamson, O.E.: Die ökonomischen Institutionen des Kapitalismus, a.a.O., S. 68

553 vgl. ebenda, S. 69

554 vgl. Döring, H.: a.a.O., S. 39 f.

555 Diese besitzen das Potential, die Grenzen der menschlichen Informationsverarbeitungs- und Kommunikationsfähigkeiten auszudehnen. Dadurch werden Anbahnung, Vereinbarung, Abwicklung, Kontrolle und Anpassung von Transaktionen tendenziell erleichtert (vgl. Kap. 4.6.6). vgl. z.B. Picot, A. et al.: Organisationen: eine ökonomische Perspektive, a.a.O., S. 72 f. sowie Picot, A.; Reichwald, R.; Wigand, R.: Die Grenzenlose Unternehmung, 4. Auflage, Gabler Verlag, Wiesbaden 2001, S. 70 ff.

4.6.4 Organizational failure framework

Zur Erklärung der Zusammenhänge zwischen den beschriebenen Verhaltensannahmen und Umweltbedingungen und der jeweiligen Höhe der Transaktionskosten wurde von WILLIAMSON ein Modell entwickelt, das unter der Bezeichnung „Organizational failure framework" weite Verbreitung gefunden hat (vgl. Abbildung 12).

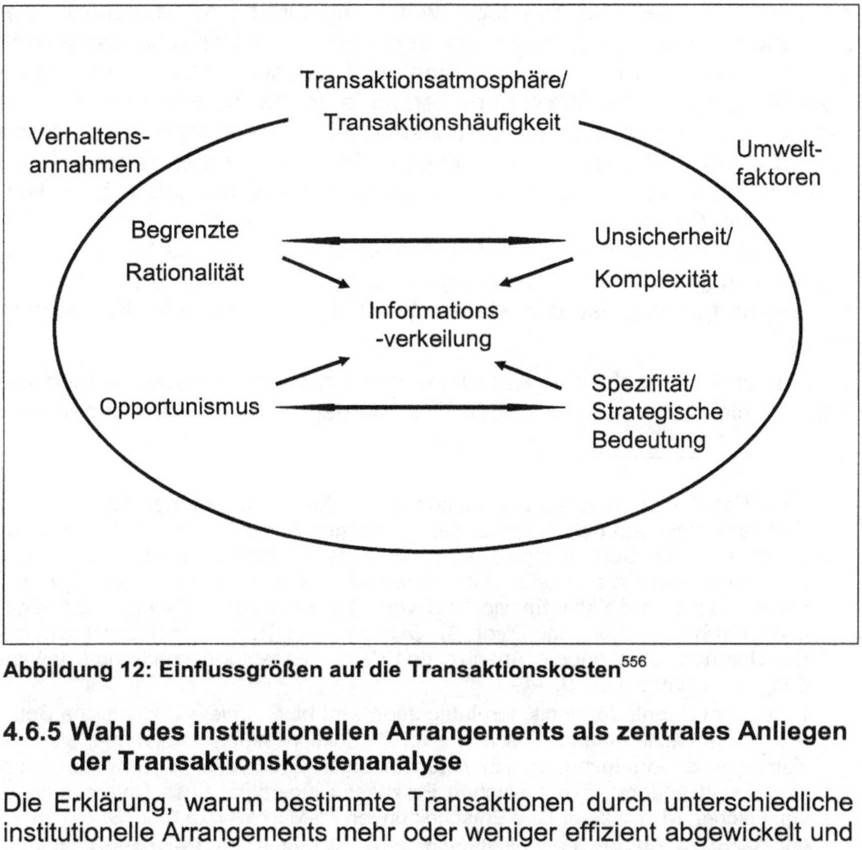

Abbildung 12: Einflussgrößen auf die Transaktionskosten[556]

4.6.5 Wahl des institutionellen Arrangements als zentrales Anliegen der Transaktionskostenanalyse

Die Erklärung, warum bestimmte Transaktionen durch unterschiedliche institutionelle Arrangements mehr oder weniger effizient abgewickelt und organisiert werden, wird als zentrale Fragestellung der Transaktionskostenanaylse angesehen. Die Theorie besagt, dass bei gegebenen Einflussgrößen diejenige Vertriebsform (institutionelles Arrangement) ge-

[556] vgl. Picot, A. et al.: Organisationen: eine ökonomische Perspektive, a.a.O., S. 68

wählt wird, welche die vergleichsweise geringsten Transaktionskosten verursacht.[557]

4.6.5.1 Institutionelle Arrangements

Es gibt verschiedene Ansätze der Systematisierung der in einer Transaktionsbeziehung einsetzbaren institutionellen Arrangements. Die dabei am häufigsten verwendete Typologie wählt den Grad bzw. die Stärke der vertikalen Integration[558] zwischen den beteiligten Wirtschaftssubjekten als Systematisierungskriterium. Dabei wird zwischen den beiden institutionellen Gegenpolen Markt und Hierarchie unterschieden. Von vollständig vertikal integrierten Transaktionspartnern spricht man, wenn beide Seiten vor dem Hintergrund langfristig gültiger relationaler Verträge (s.u.) agieren. Man bezeichnet dies als hierarchische Koordination bzw. Hierarchie. Im Gegensatz dazu spricht man vom Koordinationsmechanismus Markt, bei vollständig desintegrierten Transaktionspartnern, die auf Märkten in kurzfristige Beziehungen zueinander treten. Der rechtliche Hintergrund hierzu ist der klassische zeitpunktorientierte Kaufvertrag (s.u.).[559]

Märkte und hierarchische Koordinationsformen beschreiben jedoch die Realität nicht ausreichend genug.[560] Zwischen diesen beiden liegen viel-

---

557 PICOT stellt fest, dass die evolutionstheoretischen Aussagen des Transaktionskostenansatzes auf dem Konzept der schwachen Auslese beruhen. Demzufolge gehen aus den Selektionsprozessen nicht die effizientesten (starke Auslese), sondern lediglich die jeweils effizienteren Abwicklungsformen hervor. Entsprechend basiert auch die Entwicklung von Gestaltungsempfehlungen auf einer komparativen Analyse. vgl. Picot, A.: Ökonomische Theorien der Organisation - Ein Überblick über neuere Ansätze und deren betriebswirtschaftliches Anwendungspotential, a.a.O., S. 149

558 Unter dem Begriff der vertikalen Integration wird hierbei die wirtschaftliche Beurteilung der Beziehungen zwischen zwei Produktionsstufen verstanden, also die Kombination von technologisch eigenständigen Produktions-, Vertriebs-, Verkaufs- und anderen ökonomischen Prozessen innerhalb eines Unternehmens. vgl. Fischer, M.: Make-or-Buy-Entscheidungen im Marketing, a.a.O., S. 103

559 vgl. Picot, A. et al.: Organisationen: eine ökonomische Perspektive, a.a.O., S. 79 ff.

560 In seinen ersten Arbeiten zu dieser Thematik unterschied WILLIAMSON noch ausschließlich die beiden diametral entgegengesetzten Koordinationsformen „Markt und Hierarchie", weshalb der Transaktionskostenansatz ursprünglich auch unter der Bezeichnung „Markt-Hierarchie-Paradigma" bekannt wurde. Inzwischen werden Markt und Hierarchie in der Transaktionskostenanalyse als die beiden extremen Gegenpole eines ganzen Kontinuums von Abwicklungsformen betrachtet. vgl. Döring, H.: a.a.O., S. 42

fältige Formen mittlerer vertikaler Integration. Immer dann, wenn eine Transaktionsbeziehung enger und langfristiger als der spontane Marktkauf ist, ohne jedoch vollständig innerhalb eines Unternehmens abgewickelt zu werden, wird von einer hybriden Koordinationsform gesprochen. Die hierzu gehörende vertragsrechtliche Form ist der neoklassische Vertrag (s.u.).

4.6.5.2 Vertragstheorie und Vertragsrecht

Nach MICHAELIS stellt die Abwicklungs- oder Koordinationsform von Transaktionen (das institutionelle Arrangement) das zentrale ökonomische Problem der Transaktionskostentheorie dar.[561] PICOT ergänzt diese Aussage, indem er feststellt, dass das Hauptaugenmerk der Transaktionskostentheorie auf der Optimierung des Leistungsaustausches zwischen spezialisierten Akteuren liegt.[562] WILLIAMSON trifft die Aussage, dass es rationale ökonomische Gründe gibt, Transaktionen auf verschiedene Weise zu organisieren.[563] Ausschlaggebend sind letztendlich die mit dem institutionellen Arrangement variierenden Transaktionskosten. Dabei spielt insbesondere die Anpassungsfähigkeit an unvorhergesehene sowie vorhersehbare Änderungen eine große Rolle.[564]

Somit richtet sich die Wahl des optimalen institutionellen Arrangements letztendlich nach dem Bestreben eines maximal erzielbaren Gewinns. In Anlehnung an WILLIAMSON wird hierbei von einer stark vereinfachten Variante des Optimierungsproblems ausgegangen. Dabei wird unterstellt, dass sowohl die Faktorintensität, als auch die Produktionsmenge und die optimale Faktoreinsatzkombination vorgegeben und somit in eine „ceteris-paribus-Bedingung" verbannt sind.[565] Dadurch sind sowohl der Umsatz als auch die Produktionskosten bereits vorbestimmt, so dass lediglich die Transaktionskosten minimiert werden brauchen. Das einzige

---

561 vgl. Michaelis, E.: a.a.O, S. 77

562 vgl. Picot, A. et al.: Organisationen: eine ökonomische Perspektive, a.a.O., S. 77

563 vgl. Williamson, O.E.: Die ökonomischen Institutionen des Kapitalismus, a.a.O., S. 59

564 vgl. Döring, H.: a.a.O., S. 40

565 WILLIAMSON spricht zwar davon, dass die Transaktionskosteneinsparung der Hauptzweck ökonomischer Institutionen sei, dass jedoch „Hauptzweck" nicht mit „einziger Zweck" zu verwechseln sei. So spielen neben den Transaktionskosten selbstverständlich auch die Produktionskosten bei der Wahl einer Abwicklungsform eine wichtige Rolle. Seine Schwerpunktlegung sei als eine Art Kompensation für die Vernachlässigung von Transaktionsaspekten in der Vergangenheit zu verstehen. vgl. Döring, H.: a.a.O., S. 40

verbleibende Instrument sei die Wahl der Koordinationsform, dem institutionellen Arrangement.[566]

Auf Basis oben beschriebener kostenrelevanter Transaktionsdimensionen lassen sich daher unterschiedliche, effiziente, institutionelle Arrangements modellieren. Dabei wird auf die Formulierung ökonomischer Fragestellungen als Vertragsprobleme zurückgegriffen (vgl. Kap. 4.6.1) und die alternativen institutionellen Arrangements auf vertragstheoretischer Basis diskutiert. Je nachdem, über welches institutionelle Arrangement Transaktionen abgewickelt werden, wird zwischen klassischen, neoklassischen und relationalen Verträgen unterschieden.[567]

- **Klassisches Vertragsrecht (Transaktionsabwicklung über den Markt)**
  Das klassische Vertragsrecht ist charakterisiert durch eine kurze Dauer, eine genaue Definition des Transaktionsobjektes[568] inklusive der Transaktionsbedingungen sowie einer begrenzt persönlichen Interaktion der Transaktionspartner.[569] Die Transaktion wird hierbei gemäß vorher vertraglich vereinbarten Regeln abgewickelt. Die beteiligten Akteure gehen keine über den einzelnen Tauschakt hinausführenden Verpflichtungen ein. Was vertraglich offen bleibt, wird durch allgemeines Vertragsrecht[570] geregelt. Konflikte werden i.d.R. auf dem Rechtsweg gelöst.[571]
  Der klassische Vertrag ist in der Praxis jedoch eher die Ausnahme. Der Regelfall ist der „unvollständige“ Vertrag, wie er in nachfolgenden Punkten diskutiert wird.[572]

---

566 vgl. Erlei, M. et al.: Neue Institutionenökonomik, a.a.O., S. 188

567 vgl. Williamson, O.E.: Die ökonomischen Institutionen des Kapitalismus, a.a.O., S. 78 ff. WILLIAMSON stützt sich bei dieser Klassifizierung hauptsächlich auf eine Vertragsrechtsanalyse des US-amerikanischen Ökonomen MAC NEIL.

568 Was z.B. bedeuten kann, dass die Produkte homogen sind. Dies kann u.a. durch eine Normung erreicht werden.

569 Das persönliche Verhältnis der Transaktionspartner zueinander ist beim klassischen Vertragsrecht i.d.R. irrelevant.

570 In Deutschland wird das allgemeine Vertragsrecht vor allem durch das Zivilrecht in Form des Bürgerlichen Gesetzbuches (BGB) repräsentiert.

571 vgl. Williamson, O.E.: Die ökonomischen Institutionen des Kapitalismus, a.a.O., S. 78; siehe auch: Ebers, M. und Gotsch, W.: Institutionenökonomische Theorien der Organisation, a.a.O., S. 231

572 MACAULAY hat herausgefunden, dass Geschäftsleute in den meisten Fällen keine Detailplanung vornehmen und die rechtliche Durchsetzung von Ansprüchen scheuen. Er führt dieses Verhalten insbesondere darauf zurück, dass die Geschäftsleute die Vorteile einer geschäftlichen Dauerverbindung erhalten wol-

➢ **Neoklassisches Vertragsrecht (hybride Form der Abwicklung)**
Bei dieser Vertragsform wird im Unterschied zu den klassischen Verträgen davon ausgegangen, dass nicht sämtliche Bedingungen vorher vertraglich vereinbart werden können. Die Transaktionspartner rechnen mit vertraglichem Anpassungsbedarf. Dabei sind insbesondere bei Verträgen, die unter Unsicherheit abgeschlossen werden, eine vollständige Vorwegnahme aller Eventualitäten und deren Auswirkungen nicht möglich. Die Produkte sind mit einer Einzwecktechnologie erstellt, so dass Absicherungsmaßnahmen von Bedeutung sind. Zudem sind beide Vertragsparteien Unsicherheit und Opportunismus ausgesetzt.[573]
Die Transaktion beschränkt sich beim neoklassischen Vertragsrecht daher nicht auf einen diskreten Akt der Leistung und Gegenleistung, sondern erfordert auch nach Vertragsabschluss noch ein gewisses Maß an Entscheidung, Abstimmung und Kooperation der Transaktionspartner. Konflikte werden im Gegensatz zur klassischen Vertragsbeziehung nicht über Gerichte sondern durch Hinzuziehung von Dritten z.B. Sachverständigen oder Schiedsgerichten zu lösen versucht.[574]

➢ **Relationales Vertragsrecht (hierarchische Abwicklung)**
Relationale Vertragsbeziehungen sind gekennzeichnet durch eine noch weitere Auflösung des diskreten Transaktionscharakters, eine noch größere Offenheit in der vorvertraglichen Definition von Leistung und Gegenleistung sowie die Etablierung einer dauerhaften Austauschbeziehung zwischen den Transaktionspartnern. Diese langfristige komplexe Sozialbeziehung erfordert in irgendeiner Form gemeinsame Entscheidungen und abgestimmte, bilaterale Anpassungsprozesse bei veränderten Bedingungen. Konflikte werden zwischen den Parteien i.d.R. ohne Hinzuziehung von Gerichten gelöst.[575]

---

len. Verträge, die durch eine Detailplanung die Sachverhalte bis in die letzten Einzelheiten planen, haben für eine langfristige Geschäftsbeziehung zwei entscheidende Nachteile. Sie sind Ausdruck mangelnden Vertrauens und bedeuten einen Verlust der Flexibilität. vgl. Schoppe, S.G.: et al.: a.a.O., S. 155

573 vgl. Fischer, M.: Make-or-Buy-Entscheidungen im Marketing, a.a.O., S. 100

574 vgl. Williamson, O.E.: Die ökonomischen Institutionen des Kapitalismus, a.a.O., S. 78 f.; siehe auch: Ebers, M. und Gotsch, W.: Institutionenökonomische Theorien der Organisation, a.a.O., S. 231

575 vgl. Williamson, O.E.: Die ökonomischen Institutionen des Kapitalismus, a.a.O., S. 80 f.; siehe auch: Ebers, M. und Gotsch, W.: Institutionenökonomische Theorien der Organisation, a.a.O., S. 231 ff.

Tabelle 12 gibt eine vergleichende Gegenüberstellung der beschriebenen Vertragsformen wider.

Tabelle 12: Klassifizierung von Vertragsformen[576]

Vertragsform	Eigenschaften	Streitfallregelung	Beispiele
Klassisch	➢ zeitpunktorientiert; ➢ vollständige Verträge; ➢ Vertragspartneridentität spielt keine Rolle;	➢ durch Gerichte anhand formalisierter Kriterien;	➢ einfache, spontane Kaufverträge; ➢ Spottmärkte;
Neoklassisch	➢ zeitraumorientiert (Vertragsdauer von vornherein begrenzt); ➢ teilweise Unvollständigkeit der Verträge; ➢ Identität der Vertragspartner von Bedeutung;	➢ durch Drittpartei (Schlichter);	➢ Franchising; ➢ Bauverträge; ➢ Rahmenverträge; ➢ Agenturvertretungen;
Relational	➢ zeitraumorientiert (auf Dauer angelegte Beziehungen); ➢ unvollständige Verträge; ➢ Identität der Vertragspartner ist von großer Bedeutung;	➢ durch Vertragspartner selbst;	➢ unbefristete Arbeitsverträge; ➢ Beziehungen zw. unterschiedlichen Sparten einzelner Unternehmen; ➢ F+E Kooperationen;

4.6.5.3 Der Einfluss der Transaktionsdimensionen auf die Wahl des institutionellen Arrangements

Faktorspezifität

Würde man unterstellen, dass zur Ermittlung der optimalen Organisationsform lediglich generische Faktoren eingesetzt werden und dadurch auch keine Faktorspezifität vorliegt, dann blieben lediglich die Kosten der Benutzung des institutionellen Arrangements übrig. Diese sind annahmegemäß gering, wenn die Transaktion über den Markt abgewickelt wird[577] und entsprechend hoch bei der Wahl der hierarchischen Koordi-

---

576 Tabelle verändert nach: Picot, A. et al.: Organisationen: eine ökonomische Perspektive, a.a.O., S. 19

577 Insbesondere auch aufgrund seiner starken Anreizintensität und der Wirksamkeit des Konkurrenzmechanismus, der opportunistisches Verhalten beschränkt und kostengünstige autonome Anpassungsprozesse ermöglicht.

nationsform.[578] Die hybride Koordinationsform nimmt hierbei eine Mittelstellung ein.[579]

Bei **klassischen Verträgen** (marktliche Lösung) entstehen unter den Bedingungen zunehmender Faktorspezifität aufgrund unvollständiger Verträge hohe Nachverhandlungs-, Konflikt- und Einigungskosten.[580] Dies liegt daran, dass diese Vertragsform ex-post-Anpassungen nicht unterstützt. Außerdem bietet sie den Transaktionspartnern einen starken Anreiz zur Aneignung der Quasi-Rente (vgl. Kap. 4.6.3.1), der transaktionsspezifischen Investitionen als auch eventueller Anpassungsgewinne.[581]

Neoklassische Verträge (hybride Abwicklung) hingegen beinhalten besondere institutionelle Regelungen, die Transaktionspartner durch entsprechende Anreize, Kontrollmechanismen oder Sanktionen vor opportunistischem Verhalten schützen und ex-post-Anpassungen der Vertragskonditionen erleichtern.[582] Zwar verursachen die Vereinbarung und Nutzung dieser Regelungen ihrerseits Kosten, mit zunehmendem Ausmaß transaktionsspezifischer Investitionen zahlen sich diese jedoch aus. Denn im Vergleich zu klassischen Verträgen sinkt einerseits die Wahrscheinlichkeit von Erlöseinbußen durch opportunistisches Verhalten. Andererseits fallen niedrigere ex-post-Transaktionskosten an, weil eventuell

---

578 WILLIAMSON beschreibt dies folgendermaßen: „Ein außenstehender Lieferant kann nicht nur Produktionskosteneinsparungen erzielen, indem er Aufträge aggregiert. Zusätzlich sind auch die Beherrschungs- und Überwachungskosten bei Fremdbezug geringfügig, da keiner der Partner ein transaktionsspezifisches Interesse an der Fortsetzung des Tausches hat. Mit zunehmender Faktorspezifität verlagert sich jedoch das Gewicht zugunsten der internen Organisation." vgl. Williamson, O.E.: Die ökonomischen Institutionen des Kapitalismus, a.a.O., S. 102

579 vgl. Erlei, M. et al.: Neue Institutionenökonomik, a.a.O., S. 188 f.

580 Aus opportunistischen Gründen verursachte Konflikte um die Interpretation und Erfüllung der vertraglichen Vereinbarungen müssten vor Gericht geregelt werden. Dadurch wird dies einerseits relativ kostspielig und führt anderseits nicht unbedingt zu ökonomisch sinnvollen Entscheidungen.

581 vgl. Ebers, M. und Gotsch, W.: Institutionenökonomische Theorien der Organisation, a.a.O., S. 237 ff.

582 Beispielsweise kann durch Vereinbarung von Informationspflichten, von Pfandzahlungen oder von Vertragsstrafen der Anreiz zu opportunistischem Verhalten reduziert werden. Durch Anpassungsklauseln kann das Spektrum möglicher Vertragsänderungen beschränkt und Verhandlungskosten begrenzt werden. Durch Institutionalisierung von Schlichtungsverfahren können Konflikte fair, schnell und kostengünstig gehandhabt werden.

notwendige Anpassungsprozesse kostengünstiger gehandhabt werden können.[583]

Je schwerer und teurer es wird, alle Unabwägbarkeiten der Austauschbeziehung in neoklassischen Verträgen zu berücksichtigen und je größer die potentiellen Gewinne sind, die die Transaktionspartner aufgrund von transaktionsspezifischen Investitionen aus opportunistischen Verhalten erzielen können, desto wahrscheinlicher wird es, dass Transaktionen organisationsintern durch **relationale Verträge** abgewickelt werden. Durch die hierarchische Koordination lassen sich ex-ante-Transaktionskosten einsparen und ex-post-Anpassungen der Bedingungen schnell und kostengünstig per Anweisungen erwirken. Die Steuerungs- und Kontrollmöglichkeiten der Organisation schränken die Möglichkeit opportunistischen Verhaltens ein.[584] Abbildung 13 veranschaulicht den Zusammenhang zwischen Organisationsform, Faktorspezifität und Transaktionskosten.

Die Transaktionskostenfunktion gibt für verschiedene Organisationsformen die Höhe der Transaktionskosten in Abhängigkeit von der Faktorspezifität „s“ an. Dabei steht M(s) für Marktransaktionen, H(s) für hierarchische Organisationsformen wie Unternehmen und X(s) für hybride Organisationsformen. Im Bereich geringer Faktorspezifität stellt die marktliche Koordination die optimale Form des Transaktionskostenminimierungsproblems dar. Mit steigender Spezifität nähern sich jedoch die Funktionen der Marktlösung und der hybriden Koordinationsform einander an, bis sie sich im Punkt s1 schneiden und die hybride Koordinationsform optimal wird. Mit weiter zunehmender Faktorspezifität wird der Abstand zwischen den beiden Funktionen der hybriden und der hierarchischen Kooperationsformen zunehmend geringer bis diese sich im Punkt s2 schneiden. Danach bildet die vertikale Integration die transaktionskostenminimale Koordinationsalternative. Die Transaktionskostenfunktion mit optimierter Wahl der Koordinationsform wird durch die fett eingezeichnete Linie der verschiedenen Transaktionskostenkurven beschrieben. Dies ist folgendermaßen zu erklären: Hierarchien (Unternehmen) haben unabhängig vom Spezifitätsgrad die höchsten fixen Transaktionskosten. Hierunter fallen insbesondere die Kosten des bürokratischen Apparates.[585]

---

583 vgl. Ebers, M. und Gotsch, W.: Institutionenökonomische Theorien der Organisation, a.a.O., S. 237 ff.

584 vgl. ebenda

585 vgl. Williamson, O.E.: Die ökonomischen Institutionen des Kapitalismus, a.a.O., S. 149 ff.

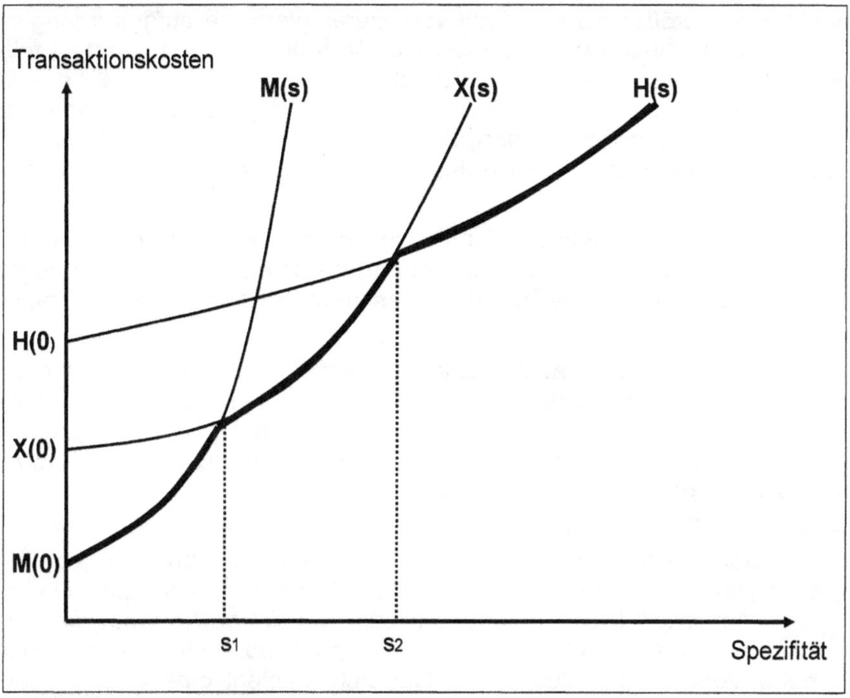

Abbildung 13: Zusammenhang zwischen Transaktionskosten, Spezifitätsgrad und Koordinationsform[586]

Die hierarchische Koordinationsform stellt jedoch eine Vielzahl von Anreiz- und Kontrollmechanismen bereit, die besonders die Durchführung spezifischer Transaktionen erleichtern. Dadurch steigen die Transaktionskosten mit zunehmendem Spezifitätsgrad relativ flach an. Umgekehrt fallen für Markttransaktionen die geringsten Fixkosten an, da längerfristige vertragliche Bindungen vollständig fehlen. Andererseits sind aber die variablen Transaktionskosten zusätzlicher Spezifität sehr hoch, da die Gefahr einer opportunistischen Ausnutzung Vorsichtsmaßnahmen hinsichtlich der Auswahl der Vertragspartner, der Vereinbarung von Vertragsinhalten, der Kontrolle der Leistungen usw. erforderlich machen. Diese Bedrohung ist tendenziell für hybride Koordinationsformen gerin-

[586] verändert nach: Erlei, M. et al.: Neue Institutionenökonomik, a.a.O., S. 189, verändert nach: Williamson, O.E.: Comparative Economic Organization: The Analysis of Discrete Structural Alternatives, in: Administrative Science Quarterly, Vol. 39, 1991, S. 284

ger, (jedoch größer als innerhalb von Hierarchien), da aufgrund längerfristiger Beziehungen die Interessen der Vertragspartner zumindest teilweise angeglichen sind und das Potential zur Sanktionierung opportunistischen Verhaltens zunimmt. Dafür verursachen Hybride allerdings auch höhere fixe Transaktionskosten, die jedoch bei zunehmender Spezifität schwächer steigen als im Falle des Marktes, jedoch stärker als bei Hierarchien.[587]

Mit zunehmender Faktorspezifität wird somit eine allgemein stärkere Bindung zwischen den Transaktionspartnern erkennbar. Dadurch steigt die Wahrscheinlichkeit der organisationsinternen Abwicklung von Transaktionen.

Allerdings wird in der Fachliteratur auch von Umständen und Faktoren gesprochen, die die Integrationswirkung der Faktorspezifität einschränken können. Dabei werden vor allem die Wirkungen der Faktoren **„Symmetrie der Faktorspezifität"**, **„Reputationskapital"** sowie **„Interessensangleichung"** angeführt.

- **Symmetrie der Faktorspezifität**
  Faktorspezifität führt laut WINDSPERGER nur dann zur vertikalen Integration, wenn sie asymmetrisch zwischen den beteiligten Unternehmen verteilt ist. Ist die Faktorspezifität gleichmäßig zwischen den Akteuren verteilt drohen ihnen bei Geschäftsabbruch in etwa gleich hohe Verluste der Quasirente. Dadurch entsteht eine gegenseitige Abhängigkeit. In diesem Fall besteht ein relativ geringes Bestreben eines opportunistischen Verhaltens einer Partei und die Transaktion tendiert in Richtung einer marktlichen Koordination.[588] Bei asymmetrisch verteilten, spezifischen Investitionen kann die stärkere Seite hingegen aus einem „Holdup-Verhalten" mögliche Gewinne erzielen und die Verteilung der Quasirenten zu ihrem Nutzen verändern. Somit ist hierbei eine stärkere Tendenz zur vertikalen Integration zu erkennen.[589]

---

587 vgl. Picot, A. et al.: Die grenzenlose Unternehmung, Information, Organisation und Management, Lehrbuch zur Unternehmensführung im Informationszeitalter, 4., vollständig überarbeitete und erweiterte Auflage, Betriebswirtschaftlicher Verlag Dr. Th. Gabler GmbH, Wiesbaden, 2001, S. 55 f.

588 vgl. Windsperger, J.: Transaktionsspezifität, Reputationskapital und Koordinationsform, in: Zeitschrift für Betriebswirtschaft (ZfB) 66. Jg. H 8, Verlag Dr. Th. Gabler GmbH, Wiesbaden, 1996, S. 965 ff.

589 Zur vertikalen Integration als Absicherungsmaßnahme greift die schwächere Partei jedoch erst dann, wenn das Holdup-Verhalten überzogen wird, indem die abgeschöpfte Quasirente die Kosten einer internen Organisation übersteigt. Somit

- **Reputationskapital**
  Unter Reputation versteht man „den guten Ruf" eines Unternehmens. Dieser wirkt bei der Anbahnung von Geschäftsabschlüssen transaktionskostenmindernd, da hierdurch Informations- und Prüfkosten über Qualitätsaussagen eingespart werden können.
  Unter Reputationskapital versteht man die abdiskontierten Quasirenten, die der Transaktionsakteur aufgrund seiner in vergangenen Transaktionsbeziehungen vorgenommenen Handlungen[590] von potentiellen Transaktionspartnern erwartet. Dies entspricht dem akquisitorischen Potential eines Unternehmens, welches den Wert des Vertrauens ausdrückt, das ihm ein potentieller Transaktionspartner entgegenbringt. Dieses Reputationskapital wirkt wie eine „Geisel" in der Hand der potentiellen Transaktionspartner, weil das Unternehmen bei opportunistischem Verhalten in der gegenwärtigen Transaktionsbeziehung nicht nur die transaktionsspezifische Quasirente, sondern auch das Reputationskapital verliert.[591]
  In Geschäftsbeziehungen wird somit die Tendenz zum Holdup-Verhalten eingeschränkt, da die Befürchtung, Reputation zu verlieren, vor Opportunismus absichert. Dies trifft vor allem dann zu, wenn opportunistisches Verhalten für andere Marktpartner offensichtlich wird und sich daher auf Folgegeschäfte bzw. Geschäfte mit anderen Partnern negativ auswirken könnte. Somit ist bei hohem Reputationskapital eine Tendenz zur Marktkoordination zu erkennen.[592]

- **Interessensangleichung**
  Aus gleichen Interessen der Nutzenerwartungen der beteiligten Akteure ist ebenfalls eine opportunismushemmende Wirkung zu erwarten. Diese Situation führt tendenziell ebenfalls weg von einer internen Organisation hin zugunsten freier Marktkoordination von Transaktionen.[593]

---

kann beim Holdup der faktorspezifisch stärker gebundenen Seite der Teil der Quasirente abgenommen werden, der unter den Kosten einer internen Organisation dieser Transaktion liegt. vgl. Windsperger, J.: Transaktionsspezifität, Reputationskapital und Koordinationsform, a.a.O., S. 965 ff.

590 Dies vor allem aufgrund seines in vergangenen Transaktionsbeziehungen fairen und kooperativen Vertragsverhaltens und seiner firmenspezifischen Investitionen.

591 vgl. Windsperger, J.: Transaktionsspezifität, Reputationskapital und Koordinationsform, a.a.O., S. 969 f.

592 vgl. ebenda, S. 969 ff.

593 vgl. Picot, A. et al.: Organisationen: eine ökonomische Perspektive, a.a.O., S. 92

Unsicherheit

Wie bereits erwähnt, gewinnen die anderen Transaktionsdimensionen ihre Bedeutung aus der Wechselwirkung mit der Faktorspezifität. Laut WILLIAMSON spielt der Faktor „Unsicherheit" nur bei Faktorspezifität eine Rolle, weil sonst der Marktpartner bei offenbar werdendem Opportunismus gewechselt werden könnte. Zur Erleichterung der Argumentation in transaktionskostentheoretischen Analysen wird daher häufig davon ausgegangen, dass Unsicherheit in genügendem Maße vorhanden sei und dadurch ohnehin die Rationalitätsgrenzen der Transaktionspartner übersteigt.[594] Somit wird vielfach im Rahmen von transaktionskostentheoretischen Analysen, bei Unterstellung einer hinreichend großen Unsicherheit, auf die Einbeziehung dieser Dimension verzichtet und sich auf die Betrachtung der Faktorspezifität und Häufigkeit konzentriert.[595]

FISCHER geht jedoch bei seiner Untersuchung von einer differenzierteren Betrachtung der Dimension „Unsicherheit" aus. Er behauptet, dass Unsicherheit in unterschiedlichen Intensitätsgraden vorhanden ist und sich das institutionelle Arrangement in Abhängigkeit dieser Intensitätsgrade ändert. Er unterscheidet dabei die beiden Unsicherheitsintensitätsgrade „normale Unsicherheit" und „hohe Unsicherheit". Dabei zeigt er auf, dass selbst bei hoher Faktorspezifität und normaler Unsicherheit keine hierarchische Koordination, sondern lediglich eine hierarchienahe Koordinationsform stattfindet. Umgekehrt führt er an, dass auch bei niedriger Faktorspezifität im Zusammenhang mit einem hohen Unsicherheitsgrad die Tendenz weg von einer reinen Marktlösung hin zu marktnahen vertraglichen Vertriebsystemen führt.[596] Tabelle 13 verdeutlicht diese Aussage von FISCHER, indem sie die optimale Koordinationsform von Distributionssystemen in Abhängigkeit von den Transaktionsdimensionen „Faktorspezifität" und „Unsicherheit" bestimmt. Diese Behauptung FISCHERS führt zu dem Schluss, dass erhöhte Unsicherheit und die damit verbundenen Problemen zu erschwerten Transaktionen und dadurch zu steigenden Transaktionskosten führen. Mit steigender Unsicherheit nimmt daher die Tendenz zu vertikal integrierten Koordinationsformen zu. Andererseits tendiert die Abwicklungsform bei normaler Unsicherheit eher in Richtung marktlicher Lösung.[597]

---

594 vgl. Döring, H.: a.a.O., S. 38 f.

595 vgl. Williamson, O.E.: Die ökonomischen Institutionen des Kapitalismus, a.a.O., S. 89

596 vgl. Fischer, M.: Make-or-Buy-Entscheidungen im Marketing, a.a.O., S. 101 f. sowie S. 226 ff.

597 vgl. ebenda, S. 98 f.

Tabelle 13: Vertriebssysteme in Abhängigkeit von den Transaktionsdimensionen „Faktorspezifität" und „Unsicherheit"[598]

Koordinationsform		Unsicherheit normal	Unsicherheit hoch
Spezifität	hoch	Hierarchienahe vertragliche Vertriebssysteme	Hierarchie
	mittel	Marktnahe vertragliche Vertriebssysteme	Hierarchienahe vertragliche Vertriebssysteme
	niedrig	Markt	Marktnahe vertragliche Vertriebssysteme

Häufigkeit

Was die Dimension „Häufigkeit" betrifft, kann allgemein formuliert werden, je häufiger Transaktionspartner identische Transaktionen untereinander abwickeln, desto eher lassen sich Skalen und Synergieeffekte realisieren. Mit steigender Häufigkeit der Transaktion sinken demnach die Transaktionskosten pro Transaktion. Darüber hinaus gilt, dass sich die Vorteile der speziell auf die Abwicklung und Organisation der Transaktion zugeschnittenen institutionellen Regelungen mit zunehmender Häufigkeit der Transaktion immer kostengünstiger realisieren lassen. Ob diese Vorteile jedoch die Kosten der Etablierung und Nutzung spezieller institutioneller Regelungen zu rechtfertigen vermögen, hängt maßgeblich von den anderen Transaktionsdimensionen ab. Daher spielt die Transaktionshäufigkeit in transaktionskostentheoretischen Arbeiten oft nur eine unterstützende Rolle.[599] In Abhängigkeit von Häufigkeit und spezifischen Investitionen einer Transaktion lassen sich vier unterschiedliche Typen institutioneller Arrangements ableiten (vgl. Tabelle 14).

Die **marktliche Koordination** eignet sich am besten für nichtspezifische Transaktionen, unabhängig davon, ob sie gelegentlich oder wiederkehrend stattfinden. Die Abwicklung der Transaktion erfolgt dabei auf der Basis vertraglicher Regelungen im Sinne des klassischen Vertragsrechtes und der geltenden Rechtsnormen. Anreiz und Sanktionierung erfolgen durch den Marktmechanismus. Da die Identität des Vertragspartners belanglos ist, wird bei Fehlverhalten der Partner gewechselt.[600]

---

598 vgl. ebenda, S. 228

599 vgl. Ebers, M. und Gotsch, W.: Institutionenökonomische Theorien der Organisation, a.a.O., S. 230, siehe auch: Picot, A. et al.: Organisationen: eine ökonomische Perspektive, a.a.O., S. 71

600 vgl. Williamson, O.E.: Die ökonomischen Institutionen des Kapitalismus, a.a.O., S. 83 ff.

Tabelle 14: Effiziente institutionelle Arrangements in Abhängigkeit von Faktorspezifität und Transaktionshäufigkeit[601]

		Faktorspezifität		
		nichtspezifisch	**mittel**	**hochspezifisch**
Transaktions-häufigkeit	**gelegentlich**	marktliche Koordination	dreiseitige Koordination	
	wiederkehrend		hybride Koordination	vertikale Unternehmens-integration

Dreiseitige Koordinationsstrukturen beziehen außer den beiden Transaktionspartnern eine institutionelle dritte Partei ein, die im Bedarfsfall als schlichtende Instanz auftreten kann. Diese Strukturen werden für gelegentliche Transaktionen mittlerer bis hoher Faktorspezifität genutzt. Die Beteiligung einer dritten Partei ist deswegen notwendig, weil z.B. ein Partnerwechsel wegen der durchgeführten spezifischen Investitionen Verluste mit sich bringen würde und eine vertragliche Absicherung mit zu hohen Kosten verbunden wäre.[602]

Zweiseitige Koordinationsstrukturen, bei denen zwischen den rechtlich selbständigen Transaktionspartnern Anpassungsmechanismen für nachvertragliche Störungen vereinbart werden, kommen bei wiederholten Transaktionen mit mittlerem Spezifitätsgrad zum Einsatz.[603]

Schließlich greift man im Falle wiederholter hochspezifischer Transaktionen zu **integrierten Koordinationssystemen.** Die rechtliche Selbständigkeit der beteiligten Partner wird hierbei aufgegeben, wodurch die Anpassungsmöglichkeiten an die spezifischen Eigenschaften einer Transaktion am effizientesten gelöst werden.[604]

Transaktionsatmosphäre

Die Transaktionsatmosphäre hat, ebenso wie die Dimension „Häufigkeit", einen vergleichsweise nachrangigen, aber dennoch nicht ganz unbedeutenden Einfluss auf die Wahl des jeweiligen institutionellen Arrange-

---

601 vgl. Williamson, O.E.: Die ökonomischen Institutionen des Kapitalismus, a.a.O., S. 89

602 vgl. ebenda

603 vgl. ebenda

604 vgl. ebenda

ments. So entfallen beispielsweise zwischen engen Freunden auch bei sehr spezifischen Transaktionen aufwendige Absicherungsmaßnahmen gegen opportunistisches Verhalten, weil die faire Interaktion für die Beteiligten ein „Wert an sich" darstellt. Zusätzlich kann angenommen werden, dass geteilte Anschauungen zwischen Freunden oder sich kulturell, religiös oder sozial nahe stehenden Akteuren generell die Kommunikation zwischen den Beteiligten erleichtern.[605]

Daraus kann man ableiten, dass, je besser die Transaktionsatmosphäre zwischen den beteiligten Akteuren ist, umso wahrscheinlicher werden Transaktionen über „nichthierarchische" Koordinationsformen abgewickelt. Andererseits neigt die Organisation eher zur hierarchischen Variante, je schlechter das persönliche Verhältnis zueinander ist oder je größer kulturelle, religiöse oder soziale Unterschiede zwischen den beteiligten Akteuren liegen.

Die Transaktionsatmosphäre hat folglich einen Einfluss auf die Wirksamkeit der Transaktionsdimensionen „Unsicherheit" und „Faktorspezifität". Die positive Atmosphäre in einer Geschäftsbeziehung wirkt also ähnlich wie das Reputationskapital (s.o.) opportunismushemmend und vertrauensfördernd.[606]

4.6.5.4 Zusammenfassung

Die Zusammenhänge zwischen den Transaktionsdimensionen und den unterschiedlichen institutionellen Arrangements können somit folgendermaßen zusammengefasst werden:[607]

---

[605] Eines der wichtigsten Koordinations- und Motivationsinstrumente ist die gegenseitige Verständigung durch individuelle sprachliche Übereinkunft der Beteiligten. Das Vorhandensein bzw. die Bildung von Vertrauen und Verständigung ist dabei eine notwendige Voraussetzung. Die Regeln der Verständigung in einer bestimmten Lebenswelt lernt ein Mensch durch seine Sozialisation. Bei Akteuren unterschiedlicher Lebenswelten (z.B. bei Unternehmen aus verschiedenen Kulturkreisen) kann es daher unter Umständen zu erheblichen Verständigungsschwierigkeiten kommen. vgl. Picot, A. et al.: Organisationen: eine ökonomische Perspektive, a.a.O., S. 23 f. sowie S. 72

[606] Die langfristige Geschäftsbeziehung unterscheidet sich somit deutlich vom Spotmarkt, selbst wenn nur mündliche Absprachen vorliegen. Ursache sind die wechselseitigen „Investitionen" in das Humankapital der Transaktionsatmosphäre.

[607] vgl. Williamson, O.E.: Die ökonomischen Institutionen des Kapitalismus, a.a.O., S. 81 ff. sowie Picot, A. et al.: Organisationen: eine ökonomische Perspektive, a.a.O., S. 81 ff. und Fischer, M.: Make-or-Buy-Entscheidungen im Marketing, a.a.O., S. 101

- Das unternehmensinterne hierarchische Arrangement ist gegenüber der marktlichen Koordinationsform dann im Vorteil, wenn potentiell opportunistisch handelnde und begrenzt rationale Wirtschaftssubjekte spezifische und unsichere Austauschbeziehungen eingehen. Die hierfür erforderliche Spezifizierung und schriftliche Fixierung aller Leistungsdetails und Eventualitäten ist mit prohibitivem Ressourcenverzehr verbunden. Daher ist es aus transaktionskostentheoretischen Überlegungen wirtschaftlicher, wenn sich die Tauschpartner längerfristig aneinander binden bzw. sich integrieren.
- Die Tendenz zur hierarchischen Koordinationsform wird zudem noch verstärkt, wenn o.g. Charakteristika in Verbindung mit einer häufigen Wiederholung der Transaktionen und/oder hohen Transaktionsvolumina auftreten.
- Bei unspezifischen Standardleistungen ist dagegen die marktliche Koordinationsform überlegen. Dieses liegt in der starken Anreizintensität und der Wirksamkeit des Konkurrenzmechanismus, welcher opportunistisches Verhalten beschränkt und kostengünstige autonome Anpassungsprozesse ermöglicht.
- Des Weiteren tendiert eine Transaktion ebenfalls in Richtung marktlicher Lösung, wenn die Abwicklung und Vereinbarung bei einer ausreichenden Anzahl potentieller Tauschpartner sowie einer relativ leichten Gestaltungs- und Kontrollmöglichkeit des Vertrages möglich ist.
- Bei Teilleistungen mittlerer Spezifität und Unsicherheit entwickelt sich eine mittlere Einbindungsform.
- Eine geringe Transaktionsfrequenz verbunden mit niedrigen Volumina führt bei spezifischen und unsicheren Leistungen tendenziell ebenfalls zu einer hybriden Abwicklungsform.
- Nach FISCHER werden schließlich Transaktionen auch dann über hybride Koordinationsformen abgewickelt, wenn bei hoher Faktorspezifität lediglich eine normale Unsicherheitsintensität vorliegt.

4.6.6 Der Einfluss neuer Informations- und Kommunikationstechniken (IuK-Techniken) auf die Wahl des institutionellen Arrangements

Die rasante informations- und kommunikationstechnische Entwicklung (Internet, E-Mail, etc.) in den letzten Jahrzehnten führte zu einer nachhaltigen Veränderung der Prozesse innerhalb der Unternehmen, der Arbeitsteilung und Zusammenarbeit zwischen den Unternehmen, der Spielregeln auf den Märkten sowie der zugrunde liegenden Wettbewerbsstrukturen.[608] Zweifelsohne hat diese Entwicklung auch Auswirkungen auf die Vertriebsorganisationen von Unternehmen. Jüngere Forschungen[609] im Rahmen der Neuen Institutionenökonomik gehen daher der Fragestellung nach, welche Effekte diese Veränderungen auf die Wahl der jeweiligen institutionellen Arrangements haben.

4.6.6.1 Veränderungen der Produktivitätsbereiche aufgrund der neuen Informations- und Kommunikationstechniken

Der Einsatz neuer Technologien und die Liberalisierung der Telekommunikationsmärkte beschleunigen den Weg der Industriegesellschaften zu Informationsgesellschaften. Wurden zu Zeiten der industriellen Revolution Fortschritte in der Produktion oder im Transport von physischen Gütern erzielt, so wird heutzutage ein rasanter Produktivitätsfortschritt in der Produktion und dem Transport des Gutes Information möglich. Diese IuK-Techniken wirken wie ein katalysierendes Medium auf den Faktor Information. Von diesem Einfluss werden insbesondere die zur Koordination ökonomischer Aktivitäten notwendigen Such- und Informationsbeschaffungsprozesse profitieren.[610]

4.6.6.2 Veränderung der Grenzen zwischen den verschiedenen Distributionsformen

Welche Auswirkungen haben nun die Fortschritte in den IuK-Techniken auf die Effizienz der Koordination in alternativen Koordinationsstrukturen? In ihrem Buch „Die grenzenlose Unternehmung" beschreiben PICOT, REICHWALD und WIGAND die Veränderung der Grenzen zwischen den unterschiedlichen Koordinationsformen aufgrund des Einsat-

---

608 vgl. Siebrecht J.: Der Einfluss neuer Informations- und Kommunikationstechnik auf Wettbewerb und Koordination am Beispiel der Bankbranche, Diplomarbeit im Fach Wirtschaftsinformatik im Studiengang Betriebswirtschaftslehre der Wirtschafts- und Sozialwissenschaftlichen Fakultät der Universität zu Köln, Juni 2000, in www.systementwicklung.uni-koeln.de/forschung/veroeffentlichungen/dokumente /dpl-siebrecht.pdf, S. 7 (Zugriff 17.03.03)

609 Hierzu sind im deutschsprachigen Raum in erster Linie die Untersuchungen der Wirtschaftswissenschaftler PICOT, REICHWALD und WIGAND zu zählen. Diese haben mit Ihrem Buch „Die grenzenlose Unternehmung" ein Standardwerk zur Unternehmensführung im Informationszeitalter geschaffen. Picot, A.; Reichwald, R.; Wigand, R.: Die Grenzenlose Unternehmung, a.a.O.

610 vgl. Garbe, M.: Der Einfluss neuer Informations- und Kommunikationstechnik auf die Effizienz der Koordination. in: Andreas Brill, Michael de Vries (Hrsg.): Virtuelle Wirtschaft. Opladen 1998, S. 1

zes der neuen Informations- und Kommunikationstechnologien. Sie weisen darauf hin, dass durch die Verbesserung der o.g. Technologien Transaktionskosten (insbesondere Such- und Informationskosten) gesenkt werden können.[611]

Diese Senkung der Transaktionskosten führt ihrer Aussage zufolge zu einer Tendenz weg von der hierarchischen Distribution hin zu marktlich orientierten Koordinationsformen. Für eine derartige Entwicklung, die in der Wissenschaft unter dem Begriff „Move-to-the-Market-Hypothese" bekannt ist, sprechen laut PICOT et al. folgende Argumente:[612]

- Durch die IuK-Techniken wird die Markttransparenz erhöht. Informationen können elektronisch verarbeitet werden und sind weltweit gleichzeitig verfügbar. Dies beflügelt zugleich den regionalen Wettbewerb und führt zu einer effizienteren internationalen Arbeitsteilung. Außerdem können Aufgaben des Transaktionsprozesses automatisiert werden, wie z.B. Preisvergleiche. Elektronische Märkte führen zugleich zu einer beschleunigten Diffusion von Informationen, wodurch der unternehmerische Wettbewerb insgesamt zunimmt. Insgesamt reduzieren sich dadurch die Vorteile hierarchisch integrierter Organisationsformen beim Austausch von Informationen.
- Zur gleichen Zeit sinken Marktzutrittsbarrieren, weil die Informations- und Kommunikationstechnik einen weltweiten direkten Zugang zum Kunden ermöglicht. Folglich wird es insbesondere für spezialisierte Anbieter leichter, eine mindestoptimale Betriebsgröße zu erreichen, wodurch die Markteffizienz steigt.
- Schließlich lassen sich viele Prozessschritte durch den Einsatz der Informations- und Kommunikationstechnologie standardisieren und automatisieren. Dadurch werden diese Arbeitsabläufe unspezifischer und können an externe Anbieter ausgelagert werden. Es entstehen neue Märkte für Dienstleistungen, die bisher ausschließlich unternehmensintern erstellt wurden.

Abbildung 14 verdeutlicht diese „Move-to-the-Market-Hypothese" anhand der Transaktionsdimension „Faktorspezifität".[613] Auch hier führen, wie bereits in Abbildung 13, Seite 173 aufgezeigt, Leistungen hohen Spezifikationsgrades (ab s2) zu einer hierarchischen Koordinationsform. Umge-

---

611 vgl. Picot, A.; Reichwald, R.; Wigand, T.: a.a.O, S. 70 ff.

612 vgl. ebenda, S. 71 f.

613 Die Transaktionsdimension „Faktorspezifität" ist die Dimension, die durch den Einfluss der neuen Informations- und Kommunikationstechnologie am stärksten beeinflusst wird. vgl. Picot, A.; Reichwald, R.; Wigand, T.: a.a.O., S. 71

kehrt sind für gering spezifische Leistungen (< s1) eher marktliche Distributionsformen effizient. Für mittelspezifische Leistungen (s1 - s2) ist die hybride Form die optimale Variante. Aufgrund der Einführung der neuen Informations- und Kommunikationstechniken findet nun eine Absenkung der mit der Spezifität korrelierenden Transaktionskosten statt. Durch die entsprechende Verschiebung der Kurven wandern die Übergänge zur jeweils hierarchischen Organisationsform nach rechts (s1 nach s1` sowie s2 nach s2`). Dies bedeutet, dass erst bei einem höheren Spezifitätsgrad der Wechsel vom Markt zur hybriden Koordinationsform und von diesen weiter zu hierarchischen Unternehmungen lohnenswert ist.[614]

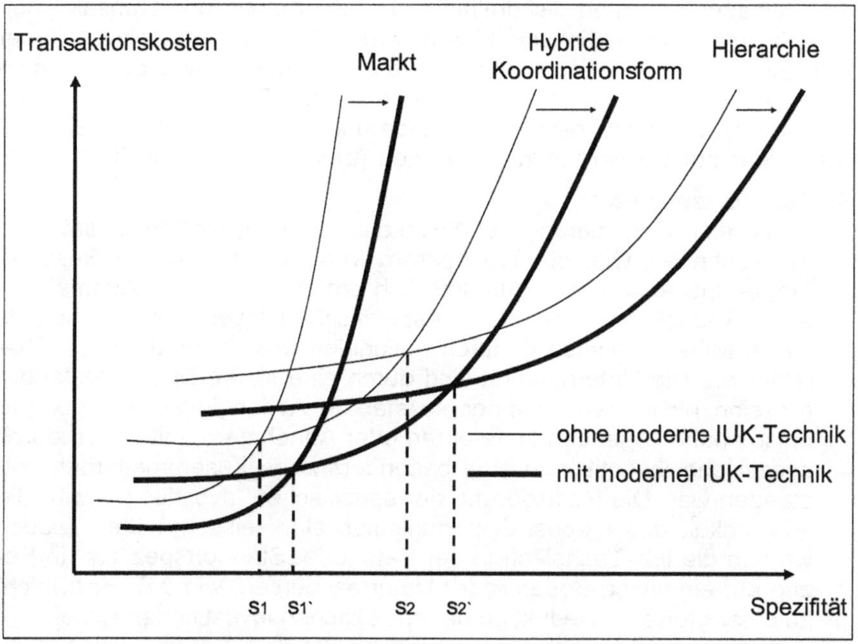

Abbildung 14: Einfluss der neuen Informations- und Kommunikationstechniken auf die Distributionsform[615]

[614] vgl. Picot, A.; Reichwald, R.; Wigand, T.: a.a.O., S. 72

[615] vgl. ebenda

4.6.6.3 Einfluss der Informations- und Kommunikationstechniken auf die Transaktionsdimension „Faktorspezifität"

Im vorhergehenden Abschnitt wurde dargestellt, dass durch den Einsatz der neuen IuK-Technik eine Verschiebung der institutionellen Arrangements weg von hierarchischen hin zu hybriden bzw. marktlichen Formen stattfindet. Dies wurde im Wesentlichen anhand der Transaktionsdimension „Faktorspezifität" aufgezeichnet. Die Fokussierung auf diese Transaktionsdimension kommt daher, da sie unter den betrachteten Dimensionen eine vergleichsweise herausragende Bedeutung besitzt (vgl. Kap. 4.6.3).

Bei der separaten und diskriminierenden Zuordnung der Transaktionen in effiziente Koordinationsstrukturen wird sich daher bei Analysen über den Einfluss der IuK-Techniken auf die unterschiedlichen Koordinationsformen i.d.R. auf die Untersuchungen dieser Dimension beschränkt. Nachfolgend erfolgt eine Untergliederung des Einflusses der IuK-Techniken auf die vier unterschiedlichen Arten der Faktorspezifität.[616]

- **Standortspezifität**
  Durch eine Reduzierung der Suchkosten beim gezielten Einsatz von IuK-Techniken wird die Transparenz von Märkten auf der Beschaffungs- und Absatzseite grundsätzlich erhöht. Dies führt allgemein zu einer Reduzierung von standortspezifischen Investitionen. Ehemals lokale Märkte nehmen dadurch nationalen oder internationalen Charakter an. Die Unternehmen sind durch eine starke Distanzkostendegression nicht mehr in einer so starken Abhängigkeit von geographisch nahe liegenden Lieferanten oder Abnehmern, mit denen durch spezifische Investitionen eine besonders enge Zusammenarbeit entstanden war. Die Reduzierung der spezifischen Investitionen wird die Möglichkeit des ex-post-Opportunismus stark einschränken. Jedoch werden die IuK-Techniken in der Kategorie „Standortspezifität" in Bezug auf einmalige Boden- oder Naturressourcen, wie z.B. Holz, nicht zu einer größeren Reduktion der spezifischen Investitionen führen.

- **Sachkapitalspezifität**
  Der Einzug der IuK-Techniken in die Fertigung führte zu einer flexibleren Produktion. Dies bedeutet, die Produktionsanlagen können mit relativ geringen Umrüstungskosten auf neue Produkte umgestellt werden. Sind diese Spezialwerkzeuge mit geringerem Aufwand an alternativen Orten einsetzbar, so kann plausibel argumentiert werden,

---

616 vgl. Garbe, M.: Der Einfluss neuer Informations- und Kommunikationstechnik, a.a.O., S. 20 ff.

dass bei einer höheren Markttransparenz durch den Einsatz der IuK-Techniken die Möglichkeit einer alternativen Verwendung erhöht und so die Spezifität gesenkt wird.

- **Zweckgebundene Sachwerte**
  Hochspezifische Produktionskapazitäten, die in der Kapazität erweitert werden, werden auch beim Einsatz von IuK-Techniken ihren spezifischen Charakter erhalten. Produktionsanlagen, die einen stark immobilen Charakter aufweisen oder die für ein hochspezialisiertes Zwischenprodukt in einem monopolistischen Abnehmermarkt verwendet werden, sind auch durch den Einsatz von IuK-Techniken ohne einen deutlichen Wertverlust nicht einer alternativen Verwendung zuführbar.
- **Humankapitalspezifität**
  Der Einfluss der IuK-Techniken auf die Spezifität des Humankapitals wird in der Literatur als sehr bedeutsam eingestuft. Der Einfluss ist jedoch auf Anwendungen begrenzt, die durch IuK-Techniken grundsätzlich unterstützt werden können. Dies bedeutet, dass die Übertragbarkeit durch Ton oder Bild oder der gemeinsame Zugriff auf Daten ausreichend sein muss. Arbeitstechniken, die physische Präsenz verlangen oder die eine Kombination aus bestehender Organisation und besonderer sozialer Kompetenz voraussetzen, können auch durch den Einsatz von IuK-Techniken nicht in der Spezifität gesenkt werden.

Somit sind zwei Faktoren bei der Betrachtung des Einflusses von IuK-Techniken auf die Faktorspezifität besonders hervorzuheben:[617] [618]

- Unvollständige Informationen werden als eine grundlegende Voraussetzung für das Entstehen von Transaktionskosten identifiziert. Somit kann die Spezifität insbesondere bei Transaktionen gesenkt werden,

---

617 vgl. Garbe, M.: Der Einfluss neuer Informations- und Kommunikationstechnik, a.a.O., S. 24 f.

618 Es gibt jedoch auch Meinungen, die diese Move-to-the-Market-Hypothese relativieren. Zum Beispiel wird postuliert, dass mit der Verbesserung der IuK-Techniken der Informationsanteil vieler Produkte zunimmt, wodurch die Konzentration begünstigt wird. Als weiteres Gegenargument wird angebracht, dass durch die verbesserten IuK-Techniken im Wesentlichen die Verbreitung des durch Zeichen repräsentierten Wissens gefördert wird. Das implizite Wissen (vgl. Fußnote 529) bleibt hingegen einer hierarchischen Organisation dominierend. Schließlich wird angeführt, dass durch Vernetzung unternehmensübergreifende Informations- und Kommunikationssysteme entstehen, die eine bessere Steuerung der Wertschöpfungskette und somit eine Ausweitung hierarchischer Mechanismen ermöglichen. vgl. Picot, A.; Reichwald, R.; Wigand, T.: a.a.O., S. 73

bei denen der Faktor Information einen relativ hohen Stellenwert besitzt.

- Die Mobilität einer spezifischen Investition wird als bedeutsam angesehen. Bei stark immobilen Arten spezifischer Investitionen, z.B. Natur- und Bodenschätze, die ihren spezifischen Wert nur durch Präsenz an einem bestimmten Ort entfalten können, wird auch die IuK-Technik nicht zu einer Senkung der Spezifität beitragen.

4.6.7 Allgemeine praktische Anwendungsmöglichkeiten der Transaktionskostentheorie

Die allgemeine transaktionskostentheoretische Argumentation lässt sich auf viele unterschiedliche Austauschbeziehungen anwenden.[619] Daher soll bzw. kann, ebenfalls wie bei den beiden zuvor vorgestellten Theorien der Neuen Institutionenökonomik, lediglich eine Aufstellung der Anwendung aus den Bereichen aufgeführt werden, in denen die Transaktionskostentheorie bisher Verwendung fand.[620]

- Die Entscheidung zwischen Eigenerstellung und Fremdbezug (Make or Buy) und die Erklärung des realisierten Grades vertikaler Integration bildeten bislang den Hauptgegenstand der transaktionskostentheoretischen Forschung. Folgende unterschiedliche Bereiche sind bisher untersucht worden:
  - Vertikale Integration von ganzen bzw. Teilen von Unternehmungen;
  - Institutionelle Gestaltung einzelner betrieblicher Bereiche, wie z.B. die Beschaffung, der Absatz sowie Forschung und Entwicklung;
- Empirisch untersucht wurden darüber hinaus auch die Internationalisierungsstrategien multinationaler Unternehmungen. Des Weiteren wurde die institutionelle Gestaltung von internationalen strategischen Allianzen, Joint Ventures, innovativen Unternehmungsgründungen sowie von internationalen Regierungsorganisationen erforscht;

---

619 Wie beschrieben, geht WILLIAMSON davon aus, dass sich die Transaktionskostentheorie auf jedes Problem anwenden lasse, welches sich als Vertragsproblem darstellen lässt (vgl. Kap. 4.2.1.2).

620 vgl. Ebers, M. und Gotsch, W.: Institutionenökonomische Theorien der Organisation, a.a.O., S. 239 ff.; siehe auch: Feldmann, H.: a.a.O., S. 74 f.

- Ein weiteres Anwendungsfeld des Forschungsansatzes stellt die Untersuchung langfristiger Lieferverträge zwischen Unternehmen dar;[621]
- Außerdem wurde versucht, die Gestaltung von Beschäftigungsverhältnissen (Werk- und Arbeitsverträge, Mitbestimmungsrechte, Kündigungsschutz) zu erklären; die Anreiz- und Schutzwirkungen in Arbeitsverträgen wurden untersucht;
- Im Rahmen der Analysen wurde u.a. ein Instrumentarium entwickelt, die Leistungstiefe von Unternehmungen zu analysieren und zu gestalten. Dieses findet auch auf öffentliche Unternehmen und Verwaltungen Anwendung;
- Internationale politische Institutionen sind ebenfalls aus transaktionskostentheoretischer Sicht untersucht worden, wie die Implikation gewerkschaftlicher Organisationen von Arbeitnehmern sowie die Verteilung von Beteiligungs- und Entscheidungsrechten in Aufsichtsräten.
- usw.

4.6.8 Spezielle Anwendungsmöglichkeiten der Transaktionskostentheorie im Zusammenhang mit dem Handel von nordischem Nadelschnittholz

Die Frage zwischen Eigenerstellung und Fremdbezug findet selbstverständlich auch innerhalb der Holzbranche breite Anwendungsmöglichkeiten.[622] Davon sollen nachfolgend einige exemplarisch aufgezählt werden.

- Aus der Perspektive der deutschen importierenden und weiterbearbeitenden Holzindustrie kann zum Thema „Make or Buy“ der Frage nachgegangen werden, unter welchen Umständen es sich lohnen würde, ein Produkt aus nordischem Schnittholz selbst zu erstellen

---

621 Die Theorie legt dabei die Vermutung nahe, dass solche Verträge unvollständig sind, ex-ante-Absicherungen enthalten und dazu dienen, Transaktionskosten zu sparen.

622 Allerdings scheint dies bisher noch nicht im größeren Umfang untersucht worden zu sein. Nach intensiven Nachforschungen des Autors konnte lediglich eine einzige Arbeit aus dieser Branche recherchiert werden. GLOBERMANN und SCHWIND haben im Jahre 1986 anhand 30 kanadischer holzverarbeitender Unternehmen empirische Untersuchungen zur Rückwärtsintegration mit Hilfe des Transaktionskostenansatzes durchgeführt. Diese konzentriert sich jedoch schwerpunktmäßig auf die Papier- und Zellstoffindustrie. vgl. Globermann, S.; Schwind, R.: a.a.O., S. 199-212

oder dieses stattdessen lieber fertig produziert aus Skandinavien hinzuzukaufen;[623]

- Aus der Sichtweise der skandinavischen Ablader stellt sich die bedeutsame Frage, durch welchen Distributionskanal sie ihr Schnittholz auf dem deutschen Markt anbieten sollen. Wie erläutert, kommen dabei sämtliche Varianten vom Verkauf über den Spottmarkt (Marktvariante) über die Vermittlung der Ware durch Holzagenturen (hybride Koordinationsform) bis zur vollständigen Integration des Distributionsweges in Form von unternehmenseigenen Verkaufsbüros vor Ort in Frage (vgl. Kap. 3.3);
- Eine weitere untersuchenswerte Integrationsform in diesem Zusammenhang wäre z.B. der Aufkauf eines deutschen holzbearbeitenden Industriebetriebes durch ein skandinavisches Unternehmen[624] (Vorwärtsintegration);
- Internationalisierungsbestrebungen multinationaler Unternehmen können beispielsweise anhand der skandinavischen Forstkonzerne UPM, Stora-Enso, Finnforest, SCA usw. beschrieben und analysiert werden;
- Auch die Erforschung langfristiger Liefervereinbarungen innerhalb dieses Branchensegmentes wäre sicherlich ein erfolgversprechendes Unterfangen;
- Schließlich könnten die erwähnten Analysen der inneren Struktur der Unternehmen sowie die Analyse der Arbeitsverhältnisse selbstverständlich genauso auf die Unternehmen der Holzindustrie angewandt werden.

4.7 Gemeinsamkeiten und Unterschiede der verschiedenen Ansätze der Neuen Institutionenökonomik

Bei aller Unterschiedlichkeit der Zweige der Neuen Institutionenökonomik hinsichtlich der Theoriekonstruktion und ihren Anwendungsmöglichkeiten, ist doch ein gemeinsamer Kern dieser Forschungsrichtung klar zu erkennen. In allen neueren institutionenökonomischen Ansätzen geht es

---

623 Das Hobelwarenprodukt „Rauhspund" ist beispielsweise ein derartiges Produkt, bei dem bei der deutschen Hobelwarenindustrie unterschiedliche Meinung herrscht, ob es günstiger ist, dieses selber herzustellen oder bereits fertig produziert einzukaufen.

624 Diese Integrationsform wurde z.B. durch den vor einigen Jahren erfolgten Aufkauf des traditionsreichen Bremer Hobelwerkes Louis Krages durch den finnischen Forstkonzern Finnforest gewählt.

darum, die Funktionsweise von Institutionen zu analysieren, ihre Rolle im wirtschaftlichen Prozess zu bestimmen und aufzudecken, wie sie beschaffen sein müssen, um eine im wirtschaftlichen Sinne optimale Steuerung von Individuen zu ermöglichen. Nachfolgend sollen die allen Ansätzen gemeinsamen Grundlagen nochmals kurz zusammenfassend aufgeführt werden:[625]

- methodologischer Individualismus als allgemeine Analysemethode;
- die Annahme eigeninteressierten Verhaltens;
- individuelle Rationalität im Sinne ökonomisch-zweckrationalen Verhaltens;
- die Modellierung aller sozialen Beziehungen als Austauschbeziehungen;[626]
- Transaktionskosten im Sinne von Kosten des Leistungstausches;[627]
- das Effizienzkriterium als Referenzmaßstab.[628]

Neben diesen allgemein gültigen Grundlagen bestehen allerdings auch eine ganze Reihe (zum Teil) deutlicher Unterschiede zwischen den einzelnen Ansätzen der Neuen Institutionenökonomik. Diese werden nachfolgend nochmals einer zusammenfassenden Betrachtung unterzogen.

Beschäftigt sich beispielsweise die Property-Rights-Theorie mit der Ausgestaltung, Zuordnung und Beschränkung von Verfügungsrechten, so stellen Verfügungsrechtsstrukturen in den beiden anderen Theorieansätzen nicht weitere thematisierte Randbedingungen für Agenturbeziehungen und Transaktionen dar.[629] Im Gegensatz dazu steht sowohl bei dem Prinzipal-Agent- als auch dem Transaktionskostenansatz die in der Property-Rights-Theorie relativ unwesentliche Institution des Vertrages im Mittelpunkt. Die Prinzipal-Agent-Theorie analysiert dabei im Wesentlichen die institutionellen Arrangements zur Regelung von Auftraggeber-

---

[625] vgl. Döring, H.: a.a.O., S. 23 ff.

[626] Dabei spielt das Denken in Verträgen eine große Rolle, selbst wenn im rechtlichen Sinne eigentlich keine Verträge vorliegen.

[627] Eine Null-Transaktionskostenwelt gilt im Sinne der institutionenökonomischen Ansätze als nicht-relevant, da realitätsferner Idealtypus.

[628] Da Vertreter der Neuen Institutionenökonomik tendenziell der Auffassung zuneigen, dass Institutionen sich aufgrund des Eigennutzstrebens der beteiligten Individuen spontan, d.h. ungeplant, entwickeln, schließen sie daraus, dass vorhandene Institutionen, sobald sie einige Zeit bestehen, in ihrem Sinne effizient sein müssen.

[629] vgl. Picot, A.: Ökonomische Theorien der Organisation - Ein Überblick über neuere Ansätze und deren betriebswirtschaftliches Anwendungspotential, a.a.O., S. 154

Auftragnehmer-Beziehungen. Stattdessen fokussiert die Transaktionskostentheorie die unterschiedlichen Koordinationsformen im Unternehmensbereich.[630]

Auch ein Vergleich der jeweils getroffenen Verhaltensmaßnahmen zeigt einige maßgebliche Unterschiede. Beschränkt sich die Property-Rights-Theorie bei der Charakterisierung der Akteure auf eine individuelle Nutzenmaximierung sowie eine beschränkte Rationalität, so nehmen sowohl die Prinzipal-Agent- als auch die Transaktionskostentheorie diesbezüglich als weitergehende Verhaltensannahme noch zusätzlich den Opportunismus in ihre Betrachtung mit auf. Die Prinzipal-Agent-Theorie bezieht außerdem noch die Risikobereitschaft und -aversion der Akteure in ihre Analyse mit ein.[631]

Besonderheiten der Theorien liegen auch in der jeweiligen Beschreibung der Austauschbeziehungen. Dabei unterscheidet sich, nach Meinung von EBERS und GOTSCH, die Property-Rights-Theorie dadurch von den beiden anderen Ansätzen, dass sie keine spezifische Charakterisierung der Austauschbeziehung vorsieht.[632] Dagegen beschreibt die Prinzipal-Agent-Theorie die Austauschsituation vor allem mit Hinweisen auf die ungleiche Informationsverteilung sowie bestehende Unsicherheiten. Die Transaktionskostentheorie setzt etwas andere Akzente und betont neben der Häufigkeit, der Unsicherheit und der Atmosphäre der Transaktionen insbesondere die Problematik transaktionsspezifischer Investitionen.[633]

Eine weitere Unterscheidung fragt danach, inwieweit die Schaffung bzw. Gestaltung von Regeln und Verträgen ex-ante vollständig und abschließend in dem Sinne sein kann, dass in der Umsetzungsphase ex-post Schwierigkeiten ausgeschlossen werden können. Dabei geht vor allem die Property-Rights-Theorie sowie im eingeschränkten Maße auch die Prinzipal-Agent-Theorie von einer diesbezüglichen Vollständigkeit ver-

630 Auch unterscheiden sich die beiden Theorien in der Differenzierung des Vertragskonzepts. Während die Transaktionskostentheorie die Unterscheidung in klassische, neoklassische und relationale Vertragsform in zentraler Weise berücksichtigt, belässt es die Prinzipal-Agent-Theorie bei einem viel abstrakteren Vertragskonzept.

631 vgl. Feldmann, H.: a.a.O., S. 56; siehe auch: Döring, H.: a.a.O., S. 26 sowie Ebers, M. und Gotsch, W.: Institutionenökonomische Theorien der Organisation, a.a.O., S. 249 ff.

632 PICOT ist hier anscheinend anderer Meinung (vgl. Kap. 4.4.4 sowie Fußnote 457).

633 vgl. Ebers, M. und Gotsch, W.: Institutionenökonomische Theorien der Organisation, a.a.O., S. 250

traglicher Regelungen aus. Diese beiden Ansätze gehen implizit von der Annahme aus, es könnten ex-ante vollständige Verträge geschlossen werden, die sowohl die Anreizstrukturen und die Risikoverteilung regeln als auch allen Eventualitäten Rechnung tragen, wodurch diese Verträge nach Vertragsabschluss im Streitfall kostenlos durchgesetzt werden könnten. In dieser Hinsicht verweisen die Transaktionskostentheoretiker auf die Notwendigkeit einer Perspektivenerweiterung. Sie betonen ausdrücklich die Unvollständigkeit vieler Verträge und beziehen daher in ihre Analyse ebenfalls die ex-post-Aspekte von Koordinationsmechanismen, wie nachträgliche Anpassungen, Absicherungen und Durchsetzung von Verträgen, mit ein. Dies kommt daher, dass sie nicht grundsätzlich von einer wohl informierten, differenzierten und kostengünstigen Beilegung von Vertragskonflikten ausgehen. Statt Rechtszentralismus stellen Institutionen außergerichtliche Regelungen in den Vordergrund. Damit ziehen sie die Konsequenzen aus der Beobachtung, dass in der Realität viele Vertragsstreitereien außerhalb des Gerichtssystems geklärt werden und dass es eine Fülle von freiwillig vereinbarten außergerichtlichen Regelungsmechanismen bzw. Institutionen zur nachvertraglichen Anpassung, z.B. Schlichtungsverfahren, gibt. Daher kann, laut WILLIAMSON, mit der Transaktionskostentheorie ein weitaus größerer Bereich realer Institutionen erklärt werden.[634]

Des Weiteren unterscheiden sich die einzelnen Theorien hinsichtlich ihrer verfolgten Erkenntnisziele. Zwar sind alle Ansätze um eine umfassende Analyse sowohl der positiven als auch normativen Aspekte der jeweils untersuchten Institutionen bemüht, dennoch unterscheiden sie sich, was ihre jeweiligen Schwerpunkte betrifft. Während bei der Property-Rights-Theorie sowie dem Transaktionskostenansatz die positive Analyse, d.h. die Beschreibung und Erklärung institutioneller Regelungen und ihre ökonomischen Auswirkungen, im Vordergrund stehen, bemüht man sich im Rahmen des Prinzipal-Agent-Ansatzes vorwiegend um die Formulierung normativer Aussagen. Dies bedeutet, man gibt Empfehlungen für die optimale Ausgestaltung institutioneller Regelungen.[635]

---

[634] vgl. Feldmann, H.: a.a.O., S. 58; siehe auch: Döring, H.: a.a.O., S. 26 sowie vor allem: Williamson, O.E.: Die ökonomischen Institutionen des Kapitalismus, a.a.O., S. 67 f.

[635] vgl. Feldmann, H.: a.a.O., S. 57 f.; siehe auch: Döring, H.: a.a.O., S. 25 f.

Die nächste Unterscheidung betrifft die Berücksichtigung dynamischer[636] Aspekte. Während sich die Prinzipal-Agent-Theorie vorwiegend auf statische Analysen beschränkt,[637] sind beim Property-Rights-Ansatz die Entstehung und Veränderung der Verfügungsrechtsstruktur dynamischer Natur. Am weitesten entwickelt ist hierbei der Transaktionskostenansatz. Dieser berücksichtigt dynamische Aspekte u.a. bei der Analyse langfristiger Vertragsverhältnisse und vertikaler Integrationen.[638]

Selbst der Einfluss von Transaktionskosten als gemeinsames Element aller beschriebenen Ansätze spielt innerhalb der verschiedenen Theorien eine unterschiedlich große Rolle. Zwar liegt allen drei Theorien die Annahme zugrunde, dass Transaktionen Kosten verursachen und dass die Akteure die Wahl und Gestaltung von Institutionen an einzelwirtschaftlichen Effizienzkalkülen ausrichten. Für die Property-Rights-Theorie besitzen die Transaktionskosten jedoch lediglich konstitutive Bedeutung, während sie bei der Prinzipal-Agent-Theorie bereits in Form von Informationskosten in die jeweilige Analyse mit einbezogen werden. Am umfassendsten analysiert sind sie, wie der Name vermuten lässt, in der Transaktionskostentheorie.[639]

Der Grund dieser unterschiedlichen Wesensmerkmale der verschiedenen Ansätze der Neuen Institutionenökonomik liegt zum einen darin, dass es sich hierbei noch um ein relativ junges Forschungsprogramm handelt. Zum andern sind die Gründe aber auch in der Fülle der in der Realität zu beobachtenden institutionellen Arrangements und den verschiedenen Betrachtungsblickwinkeln zu sehen.

Gerade aber wegen der aufgezeigten unterschiedlichen Schwerpunkte ergänzen sich die verschiedenen Ansätze der Neuen Institutionenökonomik in vielerlei Hinsicht. Während beispielsweise die Property-Rights-

---

636 Unter Dynamik wird ein Vorgang verstanden, bei dem die Veränderung einer Größe im Zeitablauf oder der Eintritt eines Ereignisses notwendigerweise zur Veränderung einer anderen Größe oder zum Eintritt eines anderen Ereignisses führen. vgl. Picot, A.: Ökonomische Theorien der Organisation - Ein Überblick über neuere Ansätze und deren betriebswirtschaftliches Anwendungspotential, a.a.O., S. 158

637 Teilweise werden aber auch hier dynamische Modelle verwendet, um Verhandlungsprozesse und mehrperiodische Agency-Beziehungen zu analysieren. vgl. Feldmann, H.: a.a.O., S. 58

638 vgl. Feldmann, H.: a.a.O., S. 57 f.; zu detaillierten Ausführungen über die Zusammenhänge von vertikaler Integration und Dynamik siehe: Picot, A.: Ökonomische Theorien der Organisation - Ein Überblick über neuere Ansätze und deren betriebswirtschaftliches Anwendungspotential, a.a.O., S. 158

639 vgl. Feldmann, H.: a.a.O., S. 57 f.; siehe auch: Döring, H.: a.a.O., S. 27

Theorie alternative Ausgestaltung von Verfügungsrechten analysiert, setzt die Prinzipal-Agent-Theorie eine bestimmte Verfügungsrechtsstruktur voraus. Davon ausgehend untersucht sie Probleme, die bei der Ausübung der Verfügungsrechte durch einen Agenten entstehen können. Die Property-Rights-Analyse der Entstehung sowie des Wandels von Verfügungsrechten sowie insbesondere die Analyse der Auswirkungen dieser Rechte auf das individuelle wirtschaftliche Verhalten stellen eine wichtige Voraussetzung der Transaktionskostentheorie dar. Schließlich hat der Transaktionskostenansatz mit der Prinzipal-Agent-Theorie gemein, dass beide Ansätze Vertragsbeziehungen behandeln, die sich insofern ergänzen, dass erstere die Bedeutung des Informationsstandes und der Risikoneigung der Vertragspartner betrachtet, während letztere insbesondere die Bedeutung der Faktorspezifität analysiert.[640] Somit können, mit Hilfe der unterschiedlichen Ansätze, institutionelle Regelungen von der Ebene bilateraler Verträge zwischen einzelnen Wirtschaftssubjekten bis hin zur Ebene der institutionellen Rahmenbedingungen einer ganzen Gesellschaft untersucht werden. Darüber hinaus besteht die Möglichkeit, eine bestimmte Institution durch die gleichzeitige Anwendung mehrere Ansätze der Neuen Institutionenökonomik aus verschiedenen Blickwinkeln zu betrachten und zu untersuchen.[641] Somit tragen diese drei Theorien, sowohl aufgrund ihrer theoretischen Fundierung, als auch wegen ihres umfassenden praktischen Anwendungspotentials, zu einem erheblichen Fortschritt der wirtschaftswissenschaftlichen Forschung bei.

In Tabelle 15 werden die wichtigsten Unterscheidungsmerkmale der verschiedenen Ansätze der Neuen Institutionenökonomik zusammenfassend gegenübergestellt.

---

640 So lässt sich prinzipiell jede Agenturbeziehung als Transaktion interpretieren und somit theoretisch auch mit Konzepten der Transaktionskostentheorie analysieren. Eine Einschränkung muss dabei lediglich in Bezug auf die Einbeziehung der Risikoproblematik gemacht werden, die bisher nur von der Prinzipal-Agent-Theorie berücksichtigt wird, aber grundsätzlich auch in die Transaktionskostentheorie eingebaut werden könnte. PICOT spricht sogar davon, dass diese beiden Ansätze komplementäre, untereinander konkurrierende Theorien darstellen, die sich lediglich in der gewählten Betrachtungsperspektive und der zu verfolgenden Vorgehensweise unterscheiden. vgl. Picot, A.: Ökonomische Theorien der Organisation - Ein Überblick über neuere Ansätze und deren betriebswirtschaftliches Anwendungspotential, a.a.O., S. 154

641 vgl. Feldmann, H.: a.a.O., S. 59; siehe auch: Döring, H.: a.a.O., S. 27 sowie Ebers, M. und Gotsch, W.: Institutionenökonomische Theorien der Organisation, a.a.O., S. 250 f.

Tabelle 15: Property-Rights-, Prinzipal-Agent- und Transaktionskostentheorie im Vergleich[642]

	Property-Rights-Theorie	Prinzipal-Agent-Theorie	Transaktionskostentheorie
Untersuchungsgegenstand	➢ Property-Rights-Verteilungen	➢ Prinzipal-Agent-Beziehungen	➢ Transaktionsbeziehungen
Untersuchungseinheit[643]	➢ Individuum	➢ Individuum	➢ Transaktion
Verhaltensannahmen	➢ Begrenzte Rationalität[644] ➢ Individuelle Nutzenmaximierung	➢ Individuelle Rationalität[645] ➢ Individuelle Nutzenmaximierung ➢ Opportunismus ➢ Risikoneigung der beteiligten Akteure	➢ Begrenzte Rationalität ➢ Individuelle Nutzenmaximierung ➢ Opportunismus ➢ (Risikoneutralität)[646]
Effizienzkriterium	➢ Summe aus Transaktionskosten und Wohlfahrtsverlusten aufgrund externer Effekte	➢ Agenturkosten: -Signalisierungskosten -Kontrollkosten -Verbleibende Wohlfahrtverluste	➢ Transaktionskosten
Umweltbedingungen	➢ Untrennbare Produktionsprozesse (Teamproduktion) ➢ Hebeleffekte ➢ Eigentumssurrogate	➢ Hidden action ➢ Hidden information ➢ Hidden characteristics ➢ Hidden intention[647]	➢ Faktorspezifität ➢ Unsicherheit ➢ Häufigkeit ➢ Transaktionskostenatmosphäre[648]

642 Tabelle verändert nach: Picot, A. et al.: Organisationen: eine ökonomische Perspektive, a.a.O., S. 131

643 Diese Zeile wurde übernommen aus: Fischer, M.: Make-or-Buy-Entscheidungen im Marketing, a.a.O., S. 121

644 EBERS und GOTSCH vertreten die Ansicht, dass die „begrenzte Rationalität" kein Merkmal der Property-Rights-Theorie ist (vgl. Fußnote 437).

645 Hierbei gibt es unterschiedliche Auffassungen, ob bei dieser Theorie vollkommene oder begrenzte Rationalität vorliegt (vgl. Kap. 4.2.2.2).

646 vgl. Fußnote 532

647 Die beiden letztgenannten werden in der Fachwelt nicht einhellig den Umweltbedingungen der Prinzipal-Agent-Theorie zugeordnet.

648 Nicht alle Transaktionskostentheoretiker sind sich darüber einig, ob die „Transaktionskostenatmosphäre" zu den Umweltbedingungen der Transaktionskostentheorie hinzugerechnet werden darf (vgl. Kap. 4.6.3.4).

Tabelle 15: Fortsetzung

	Property-Rights-Theorie	Prinzipal-Agent-Theorie	Transaktions-kostentheorie
Art der Gestaltungsempfehlung	➢ Property-Rights so zuordnen, dass Trade off zw. Wohlfahrtsverlusten aufgrund externer Effekte u. Transaktionskosten ihrer Internalisierung optimiert wird.	➢ Anreizkompatibilität zw. Prinzipal und Agent erreichen bzw. Trade off zwischen Anreizsetzung u. Risikoallokation optimieren	➢ Abwicklung der Transaktion mit demjenigen institutionellen Arrangement mit den niedrigsten Transaktionskosten
Aktionsvariable	➢ Konzentration bzw. Verdünnung von Verfügungsrechten	➢ Instrumente zur Überwindung von Informationsasymmetrie zur Interessensangleichung und Risikoallokation	➢ Wahl von unterschiedlichen institutionellen Arrangements
Dynamische Aspekte[649]	➢ Herausbildung und Zuordnung von Verfügungsrechten		➢ z.B. Fundamentale Transformation, Vertikale Integration u.a.

4.8 Kritische Würdigung der einzelnen Theorien

Die Institutionenökonomik hat sich in den letzten Jahrzehnten zu einem bedeutsamen Gebiet der ökonomischen Forschung entwickelt, dessen Anwendungsbreite noch immer nicht vollständig ausgeschöpft ist. Bei der Darstellung der Anwendungsmöglichkeiten der Neuen Institutionenökonomik für betriebswirtschaftliche Fragestellungen ist allerdings auch immer wieder Kritik an der institutionenökonomischen Sichtweise erklungen. Nachfolgende Gliederungspunkte legen diese Stärken und Schwächen der einzelnen Forschungsansätze dieser Theorie noch einmal zusammenfassend dar.

[649] Diese Zeile wurde folgender Quelle entnommen: vgl. Picot, A.: Ökonomische Theorien der Organisation - Ein Überblick über neuere Ansätze und deren betriebswirtschaftliches Anwendungspotential, a.a.O., S. 153

4.8.1 Property-Rights-Theorie

Die Property-Rights-Theorie stellt, nach Meinung von PICOT, zweifelsohne den übergreifendsten der drei beschriebenen Ansätze dar.[650] Sie erweitert und verallgemeinert die Neoklassik und verschafft ihr dadurch einen größeren Anwendungsbereich. Sie hat zur Neubegründung einer ökonomischen Eigentumstheorie geführt[651] und zeigt auf, dass Privateigentum, aufgrund seiner Anreizeffekte und aufgrund der Internalisierung von Kosten und Nutzen durch den Eigentümer, zu einer effizienteren Allokation führt als Kollektiveigentum. Damit widerlegt die Property-Rights-Theorie die in der Neoklassik verbreitete Vorstellung von der Irrelevanz der Eigentumsordnung.[652]

Des Weiteren wird beim Property-Rights-Ansatz die Komplexität realer eigentumsrechtlicher Regelung deutlicher gerecht, als dies die Neoklassik vermag. Dies geschieht, indem er die Ausgestaltung, Zuordnung und Beschränkung von Verfügungsrechten, einschließlich der Kosten ihrer Nutzung, Sicherung und Übertragung, herausarbeitet. Der besondere Verdienst der Theorie liegt somit darin, die große Bedeutung von Verfügungsrechten für das Verständnis und die Erklärung wirtschaftlicher Strukturen und Prozesse in den wirtschaftswissenschaftlichen Blickpunkt gerückt und eingehend analysiert zu haben.[653] Dadurch kommt es zu einer Reintegration von Recht und Wirtschaft.[654]

Dessen ungeachtet werden gegen den Anspruch der Theorie, die Auswirkungen, die Entstehung und den Wandel von Verfügungsrechtsstrukturen erklären zu können, auch eine Reihe von Kritikpunkten angeführt.

---

650 vgl. Picot, A.: Ökonomische Theorien der Organisation - Ein Überblick über neuere Ansätze und deren betriebswirtschaftliches Anwendungspotential, a.a.O., S. 154

651 Wobei von anderer Seite entgegengehalten wird, dass es sich bei der Property-Rights-Theorie nicht um eine neue Theorie im eigentlichen Sinne, als ein geschlossenes System von Prämissen und allgemeingültigen Schlussfolgerungen, handelt. Stattdessen kann sie als eine neue Betrachtungsweise bestehender wirtschaftlich relevanter Sachverhalte bezeichnet werden, indem sie diese in neuer Weise unter gemeinsamen Begriffen subsumiert und analysiert. vgl. Fischer, M.: Make-or-Buy-Entscheidungen im Marketing, a.a.O., S. 60 f.

652 vgl. Feldmann, H.: a.a.O., S. 80 f.

653 vgl. ebenda

654 vgl. Picot, A.: Ökonomische Theorien der Organisation - Ein Überblick über neuere Ansätze und deren betriebswirtschaftliches Anwendungspotential, a.a.O., S. 154

Ein schwerwiegendes Problem liegt laut Aussage der Theoriekritiker in der fehlenden Konzeptualisierung und Operationalisierung der zentralen theoretischen Konzepte. Dadurch werden sowohl die präzise Formulierung, die empirische Überprüfbarkeit, die Erklärungsleistung als auch die Möglichkeit der pragmatischen Umsetzung des Ansatzes beeinträchtigt. Im Einzelnen werden dabei folgende Hindernisse aufgeführt:[655]

- Abgesehen von abstrakten Eigentumsformen (privat, öffentlich, gemeinschaftlich) und sehr allgemeinen Grundformen von Unternehmungsverfassungen (Eigentümer-Unternehmung, Publikumsgesellschaft, Genossenschaft) ist es der Theorie bislang noch nicht gelungen, die große empirisch beobachtbare Vielfalt differenziert voneinander abzugrenzen;
- Selten wurden in den bisherigen einschlägigen Arbeiten die Inhalte der Nutzenfunktion, die den Akteuren unterstellt wird, ex-ante präzise spezifiziert oder diese Annahmen empirisch überprüft;[656]
- Schließlich wurden bisher auch die Transaktionskosten nicht ausreichend konzeptualisiert und operationalisiert (vgl. Kap. 4.8.3).

Die Kritiker führen an, dass, solange die Unschärfen in der Konzeptualisierung und Operationalisierung der Verfügungsrechtsstrukturen, der Nutzenfunktionen der Akteure und der Transaktionskosten nicht überwunden sind, es schwer fällt, die Aussagen zu den Auswirkungen verschiedener Verfügungsrechtsstrukturen eindeutig zu fassen und empirisch zu überprüfen.

Darüber hinaus wird der Property-Rights-Theorie unterstellt, dass sie sehr leicht für die Einführung theorieexogener Erklärungsfaktoren anfällig sei. Das wiederum wird damit begründet, dass sie zu einseitig allokative Funktionen von Verfügungsrechten betrachtet und andere Funktionen dagegen zu sehr vernachlässigt.[657]

---

655 vgl. Ebers, M. und Gotsch, W.: Institutionenökonomische Theorien der Organisation, a.a.O., S. 207 ff.

656 Stattdessen wird häufig der leichtere Weg eingeschlagen, aus den beobachteten Ergebnissen auf die Inhalte der Nutzenfunktion zu schließen, die Argumentation bekommt somit tautologische Züge.

657 Hier werden z.B. unterschiedliche Einkommens- und Vermögensverteilungen, Leistungsniveaus, Faktorkombinationen, Arten und Intensitäten der Ressourcennutzung u.a. angeführt. Dadurch muss in den einschlägigen empirischen Arbeiten häufig auf soziale, kulturelle, politische oder technische Erklärungsfaktoren zurückgegriffen werden, um den Wandel von Verfügungsrechtstrukturen theore-

All diese aufgeführten Aspekte beeinträchtigen die Möglichkeit, aus der Property-Rights-Theorie pragmatische Empfehlungen unmittelbar abzuleiten. Als abstraktes, allgemeines Analyseraster vermittelt sie jedoch wichtige Einsichten.

4.8.2 Prinzipal-Agent-Theorie

Die Prinzipal-Agent-Theorie orientiert sich an einem Konzept des ökonomischen Austausches, das die vereinfachenden Annahmen der Neoklassik zugunsten eines größeren Realismus ersetzt. Sie berücksichtigt die bisher in der vorherrschenden Wirtschaftstheorie fast vollkommen vernachlässigten Annahmen von Informationsasymmetrie, Opportunismus (des Agenten), unterschiedliche Risikoneigung der Akteure sowie Unsicherheit (der Handlungsergebnisse). Das agenturtheoretische Grundmodell weist eine relativ einfache und präzise Theoriekonstruktion auf. Dieses erleichtert wiederum die Formulierung von Hypothesen über Koordinationsprobleme und hierauf bezogene Steuerungsprobleme.[658]

Ein wichtiger Einwand gegenüber dieser Theorie bezieht sich auf deren vertragliche ex-ante-Perspektive. Dadurch werden alle Schwierigkeiten vernachlässigt, die sich (möglicherweise) erst bei der Vertragserfüllung ergeben. Steigt jedoch die Komplexität von Vertragssituationen an, so kommt es zu der Situation, dass die im formalen Prinzipal-Agent-Ansatz entwickelten Modelle als Lösungen meist eine Vertragsgestaltung liefern, die deutlich komplizierter ist, als die in der Praxis verwendeten Regelungen.[659] Die wahrscheinlichere Annahme besagt jedoch, dass es letztendlich nahezu unmöglich ist, alle relevanten Situationsfaktoren der Auftragserfüllung zu antizipieren und geeignete Maßnahmen mit angemessenen Regel- und Zweckvorgaben ex-ante zu bestimmen.[660]

Eine weitere Relativierung des agenturtheoretischen Grundmodells liegt in der explizit beabsichtigten, einseitigen Betrachtung der Agenturbeziehung aus der Sicht des Prinzipals. Indem man lediglich dem Agenten opportunistische Verhaltensweisen unterstellt, wird die Gefährdung der

---

tisch fassen und empirisch erklären zu können. vgl. Ebers, M. und Gotsch, W.: Institutionenökonomische Theorien der Organisation, a.a.O., S. 207 ff.

658 vgl. Feldmann, H.: a.a.O., S. 81 f.

659 Der Grund liegt darin, dass die Theorie die hohen Transaktionskosten der Aushandlung und Überwachung komplizierter Verträge nicht ins Kalkül zieht, was ein weiterer Kritikpunkt an der Theorie darstellt. vgl. Feldmann, H.: a.a.O., S. 81 f.

660 vgl. Ebers, M. und Gotsch, W.: Institutionenökonomische Theorien der Organisation, a.a.O., S. 221 ff.

Agenturbeziehung durch eine mögliche Opportunismusneigung des Prinzipalen[661] vollständig ausgeblendet.[662]

Als nächster Kritikpunkt wird hervorgehoben, dass die Theorie eine Vielzahl in der Realität beobachteter Möglichkeiten zur Überwachung eines Agenten ignoriert[663] und sich ausschließlich auf eine erfolgsabhängige Steuerung konzentriert. Auch gibt es eine Reihe von Institutionen, die in dieser Theorie keine Berücksichtigung finden.[664] Beide Beobachtungen zeigen auf, dass in der Praxis wesentlich seltener eine erfolgsabhängige, finanzielle Steuerung stattfindet, als dies die Theorie nahe legt.[665]

Auch die einperiodische Betrachtungsweise der Theorie wird kritisch hinterfragt, da sie außer Acht lässt, dass rationale Vertragspartner bei mehrfachen Vertragsperioden ihre kurzfristigen Interessen mit ihren langfristigen Austauschinteressen in Beziehung setzen.[666]

Schließlich ist der Ansatz auch für das dichotomische Markt- oder Unternehmen-Denken kritisiert worden. Dieses lässt keine Zwischenformen zu und wird somit der Vielfalt der in der Realität beobachtbaren Mechanismen nicht gerecht.[667]

Als bisher ungelöstes Problem der empirischen Analyse wird die Operationalisierung der Agenturkosten genannt. Vor allem die präzise Erfassung der Residualkosten (vgl. Kap. 4.5.3) scheint aufgrund der schwierigen bzw. nahezu undurchführbaren Bestimmung des möglichen Nutzenmaximums des Prinzipalen unmöglich.[668]

---

661 Beispiele hierfür gibt es genügend: Ein Arbeitgeber kann die Beschäftigten über die Vertragslage oder ihre Leistungsergebnisse fehlerhaft informieren, um Gehaltsforderungen abzuwehren, er kann Karriereaussichten von Mitarbeitern überzogen formulieren bis hin zum Verschweigen von gesundheitsgefährdenden Arbeitsbedingungen.

662 vgl. Ebers, M. und Gotsch, W.: Institutionenökonomische Theorien der Organisation, a.a.O., S. 221 ff.

663 Dies wären z.B. informelle Auskünfte anderer Geschäftspartner oder formelle Berichtspflichten der Agenten gegenüber den Prinzipalen usw.

664 Die Beispiele reichen von formellen Gesetzen bis hin zu informellen Regeln der herrschenden Geschäfts- und Arbeitsmoral oder dem disziplinierenden Wettbewerb.

665 vgl. Feldmann, H.: a.a.O., S. 81 f.

666 vgl. Ebers, M. und Gotsch, W.: Institutionenökonomische Theorien der Organisation, a.a.O., S. 221 ff.

667 vgl. Schoppe, S.G.: et al.: a.a.O., S. 147

668 Mit zunehmendem Wissensvorsprung des Agenten steigt der Bedarf an Steuerung seines Verhaltens. Gleichzeitig sinken jedoch die Möglichkeiten einer Be-

Die aufgeführten Probleme schränken laut Aussagen der Theoriekritiker die Genauigkeit der Theorieaussagen und die Möglichkeit ihrer empirischen Überprüfung ein.[669] Laut PICOT ergibt sich daraus das Dilemma, dass die Theorie sich entweder auf Tendenzaussagen beschränkt und somit ungenau wird oder strengere Annahmen trifft, wodurch die Ergebnisse zwar an formaler Richtigkeit, jedoch nicht an Realitätsgehalt gewinnen.[670]

4.8.3 Transaktionskostentheorie

Dieser Abschnitt widmet sich sowohl den Errungenschaften als auch der Kritik an der Transaktionskostentheorie.

4.8.3.1 Beiträge zur wissenschaftlichen Forschung

Obwohl es sich bei der Transaktionskostentheorie ebenfalls um eine relativ junge Disziplin handelt, hat sie jedoch viele positive Beiträge zur wirtschaftswissenschaftlichen Forschung mit beigetragen. So bietet die Transaktionskostentheorie ein Erklärungsangebot dafür, warum es überhaupt Unternehmen gibt. Damit begründet sie gleichzeitig in differenzierter Weise, warum es vorteilhaft ist, bestimmte Arten von Transaktion in spezifischen institutionellen Arrangements abzuwickeln. Dabei stellt sie den Leistungsaustausch selbst und nicht die hieran beteiligten Wirtschaftssubjekte in den Mittelpunkt[671] und beschreibt somit sehr viel stärker als andere wirtschaftstheoretische Ansätze den Effizienzvergleich alternativer Formen der Abwicklung und Organisation von wirtschaftlichen Austauschbeziehungen.[672]

---

rechnung der Agenturkosten. In der Reduzierung von Agenturkosten sieht die Theorie jedoch das Rationalitätskriterium für eine Optimierung der vertraglichen Regelung. „Immer dann, wenn ein Bedarf an Kontrolle existiert, lassen sich die Agenturkosten nicht berechnen". vgl. Ebers, M. und Gotsch, W.: Institutionenökonomische Theorien der Organisation, a.a.O., S. 221 ff.

669 Da die empirische Überprüfung zur Prinzipal-Agent-Theorie ein kompliziertes Unterfangen darstellt, ist die Zahl der Untersuchungen bis dato noch gering. vgl. Picot, A.: Ökonomische Theorien der Organisation - Ein Überblick über neuere Ansätze und deren betriebswirtschaftliches Anwendungspotential, a.a.O., S. 152

670 vgl. Ebers, M. und Gotsch, W.: Institutionenökonomische Theorien der Organisation, a.a.O., S. 221 ff.

671 vgl. Picot, A.: Ökonomische Theorien der Organisation - Ein Überblick über neuere Ansätze und deren betriebswirtschaftliches Anwendungspotential, a.a.O., S. 155

672 vgl. Ebers, M. und Gotsch, W.: Institutionenökonomische Theorien der Organisation, a.a.O., S. 241

Ihre Erklärung basiert dabei teilweise auf bereits etablierten Konzepten (Rationalität, Unsicherheit, Opportunismus). Sie führt aber auch neue Erklärungsfaktoren in die ökonomische Forschung mit ein. Beispielhaft können hier die Art und das Ausmaß der Faktorspezifität, die begrenzte Rationalität[673] sowie die ex-ante- und ex-post-Absicherungen gegen opportunistisches Verhalten angeführt werden.[674]

Eine weitere bedeutsame Errungenschaft der Transaktionskostentheorie liegt in der Tatsache, dass sie ganz zentral zwei sowohl theoretisch als auch praktisch bedeutsame ökonomische Kernprobleme behandelt. Dadurch wird sie in verschiedenen Bereichen der Wirtschafts- und Sozialwissenschaften intensiv rezipiert und zunehmend angewandt.[675]

- Die Frage nach der Gestaltung von Anreizsystemen, die eine effiziente Faktorallokation gewährleisten;
- Die Frage, welche institutionellen Arrangements unter der Bedingung von Unsicherheit und begrenzter Rationalität eine effiziente Gestaltung und Anpassung an sich ändernde Bedingungen gewährleisten.

Schließlich wird der Theorie zugute gehalten, dass sie es vermag, andere wirtschaftswissenschaftliche Ansätze sinnvoll zu integrieren.[676]

4.8.3.2 Kritikpunkte am Transaktionskostenansatz

Mittlerweile ist die Theorie auch bereits einer vielfältigen Kritik unterzogen worden.[677]

Fehlende Definition zentraler Begriffe

Als wesentliches Problem des Ansatzes wird genannt, dass zentrale Begriffe der Theorie nicht hinreichend genug definiert werden. Probleme

---

673 In Abgrenzung zur neoklassischen vollkommenen Rationalität.

674 vgl. Ebers, M. und Gotsch, W.: Institutionenökonomische Theorien der Organisation, a.a.O., S. 241 f.

675 vgl. ebenda, S. 242

676 Neben den Annahmen der beiden anderen Theorien der Neuen Institutionenökonomik findet man in der Transaktionskostentheorie auch Elemente der verhaltenswissenschaftlichen Entscheidungstheorie, des wissensbasierten Ansatzes u.a. Ansätzen der Wirtschafts- und Sozialwissenschaften wieder.

677 DÖRING merkt dazu an, dass die Kritik zum einen aus dem Bereich der Wirtschaftswissenschaftler selbst kommt, zum anderen aber auch vielfach aus dem Bereich der Soziologen und Organisationstheoretiker, die den Transaktionskostenansatz häufig als unmittelbare Konkurrenz zu den von ihren Disziplinen angebotenen Erklärungsansätzen ansehen. vgl. Döring, H.: a.a.O., S. 45

treten beispielsweise bei so bedeutsamen Begriffen wie „Institution" und „Organisation" auf. Am häufigsten wird jedoch die unzulängliche Beschreibung des Begriffs der „Transaktionskosten"[678] kritisiert.

Fehlende Messbarkeit der Transaktionskosten

Ein weiterer zentraler Kritikpunkt besteht darin, dass man eigentlich jedes institutionelle Arrangement mit dem Verweis auf Transaktionskostenersparnis rechtfertigen kann, solange diese nicht genau bestimmt werden können und sich einer direkten Beobachtung bzw. Messung entziehen.[679] Die Befürworter der Theorie halten dagegen, dass es die Theorie nicht unbedingt erforderlich macht, die Transaktionskosten genau zu erfassen bzw. direkt zu messen, da nicht die absolute Höhe interessant ist. Vielmehr geht es um die Herausarbeitung möglicher Transaktionsprobleme und damit um eine Art indirekte Veranschlagung von Transaktionen im Institutionenvergleich. Für die Bestimmung dieser relativen Vorteilhaftigkeit genügen jedoch schon ungefähre Tendenzaussagen. Empirische Arbeiten über Transaktionskostenprobleme müssen daher auch nicht solche Kosten direkt messen, vielmehr geht es dabei um die Frage, ob organisatorische Gegebenheiten und Attribute einander entsprechen.[680] Dadurch wird die für empirische Überprüfungen und praktische Anwendungen unabdingbare Operationalisierbarkeit dieser Theorie gewährleistet.[681] FISCHER schlägt vor, die nicht monetarisierbaren Transaktionskosten über den Umweg einer Analyse der beobachtbaren Transaktionsmerkmale messbar zu machen. Hierfür eignet sich seines Erachtens am besten die Fragebogentechnik.[682]

PICOT weist in diesem Zusammenhang außerdem darauf hin, dass auch die Produktionskosten trotz ihrer häufigen Verwendung noch nicht befriedigend operationalisiert sind. Es erscheint daher wenig konstruktiv,

---

678 Auf die Unschärfe des Begriffs „Transaktionen" wurde bereits hingewiesen (vgl. Fußnote 382).

679 vgl. Döring, H.: a.a.O., S. 45 f.

680 vgl. Williamson, O.E.: Die ökonomischen Institutionen des Kapitalismus, a.a.O., S 25, siehe auch: Ebers, M. und Gotsch, W.: Institutionenökonomische Theorien der Organisation, a.a.O., S. 227 u.a.

681 vgl. Picot, A.: Ökonomische Theorien der Organisation - Ein Überblick über neuere Ansätze und deren betriebswirtschaftliches Anwendungspotential, a.a.O., S. 155

682 vgl. Fischer, M.: Make-or-Buy-Entscheidungen im Marketing, a.a.O., S. 237

die Definition und Operationalisierung der Transaktionskosten zur essentiellen Frage zu erheben.[683]

Unabhängigkeit der Transaktion von der Vertriebsform sowie Nichteinbeziehen zukünftiger Transaktionskosten

In diesem Zusammenhang treten jedoch zwei weitere Probleme auf. Zum einen muss beim Vergleich von institutionellen Arrangements gewährleistet sein, dass die Transaktion als solche in ihren wesentlichen, genau zu beschreibenden Charakteristika von der jeweiligen Abwicklungsform unabhängig ist.

Zum anderen treten viele Transaktionskosten erst in der Zukunft auf und sind somit in der Phase der Entscheidung für ein bestimmtes institutionelles Arrangement nicht genau zu bestimmen.[684]

Fehlende systematische Erfassung der hybriden Koordinationsform

Auch wird kritisiert, dass die verschiedenen institutionellen Gestaltungsmöglichkeiten, die zwischen den Extremen des Spotmarktes und relationaler Vertragsverhältnisse angesiedelt sind, bislang kaum hinreichend systematisch erfasst wurden.[685] Somit sind nicht nur die Transaktionskoten selber nicht eindeutig definiert, sondern es ist auch noch unklar, woran sie gemessen werden sollen.[686] Dieser Mangel, der aus einer fehlenden Exaktheit heraus resultiert, kann jedoch durch schrittweise Verfeinerungen des Ansatzes langfristig ausgeräumt werden.[687]

Fehlende Schwellenwerte der Transaktionsdimensionen

Als weiterer Problempunkt wird regelmäßig hervorgehoben, dass in der Theorie keine Informationen geliefert werden, unter welchen Vorausset-

683 vgl. Schoppe, S.G.: et al.: a.a.O., S. 151

684 Auch wenn ex-post ggf. alle Transaktionskosten in die Betrachtung mit einfließen können und sich ein institutionelles Arrangement somit als überlegen darstellen lässt, fehlt dieses Wissen beim ex-ante-Vergleich zum Zeitpunkt der Entscheidungsfindung. vgl. Döring, H.: a.a.O., S. 45 f.

685 vgl. Ebers, M. und Gotsch, W.: Institutionenökonomische Theorien der Organisation, a.a.O., S. 245

686 Die von der Transaktionskostentheorie vorgenommene Differenzierung alternativer institutioneller Arrangements erscheint insofern problematisch, als die Theorie zwar einerseits Aussagen über unterschiedliche Strukturtypen trifft, die sich durch bestimmte, ihnen eigentümliche Merkmale auszeichnen, die Formen aber andererseits in der Praxis nicht trennscharf voneinander abzugrenzen sind.

687 vgl. Schwaner, J.: Integration von Kunden und Lieferanten, a.a.O., S. 28

zungen die Ausprägung von Spezifität oder Unsicherheit als hoch oder niedrig einzustufen ist und ab welchem Punkt die quantitative Schwelle von niedrig zu hoch überschritten wird.[688]

Kritik am Opportunismus

Von den drei Verhaltensannahmen stößt der Opportunismus regelmäßig auf die meiste Kritik. Es wird bemängelt, dass die Theorie zu enge Verhaltensannahmen zugrunde legt, indem sie die Motivationsstruktur der beteiligten Parteien auf (opportunistisches) Streben nach Geld, Gütern und Leistungen reduziert. Stattdessen sollte die Theorie berücksichtigen, dass Transaktionspartner nicht immer opportunistisch handeln, sondern ihr Handeln auch durch das Streben um Anerkennung und Verantwortung, durch Solidarität, Traditionen und Werthaltungen geprägt ist.[689]

Nichteinbeziehen von Vertrauen

Auch wird in diesem Zusammenhang häufig kritisch bemerkt, dass im Transaktionskostenansatz die Bedeutung von Vertrauen für die Geschäftsbeziehung keinerlei Berücksichtigung findet und dass Vertrauen durch die Annahmen von Opportunismus geradezu ausgeschlossen wird.[690] Bei RICHTER ist jedoch nachzulesen, dass gerade die Qualität der „sozialen Ordnung" und ihre Garantie sehr wohl Einfluss auf die Höhe der Transaktionskosten hat.[691]

WILLIAMSON bezweifelt in diesem Zusammenhang zwar nicht, dass ein um die o.g. Dimensionen erweitertes Motivationsmodell realitätsnäher ist, als seine einfache und enge Annahme des Opportunismus. Er vertritt jedoch die Ansicht, dass sein reduziertes Modell vollkommen ausreicht, um zu korrekten Prognosen über die relative Vorteilhaftigkeit alternativer institutioneller Arrangements zu gelangen. EBERS und GOTSCH unterstreichen dies, indem sie bemerken, dass zwar nicht alle Transaktionspartner in allen Situationen opportunistisch handeln, jedoch aus einer

---

688 vgl. ebenda

689 vgl. Ebers, M. und Gotsch, W.: Institutionenökonomische Theorien der Organisation, a.a.O., S. 243 f.

690 WILLIAMSON spricht sich sogar explizit gegen eine Einbeziehung von Vertrauen in ökonomische Analysen aus. vgl. Döring, H.: a.a.O., S 57

691 Hier spricht RICHTER das menschliche Verhalten und insbesondere das Vertrauen an. Dadurch werden Verfügungsrechte respektiert und beiderseitig versucht, faire und gerechte Lösungen im Konfliktfall zu finden, wodurch Transaktionskosten minimiert werden. vgl. Richter, R.: Institutionen ökonomisch analysiert, a.a.O., S. 9

kaufmännischen Vorsicht heraus es dennoch angebracht sei, grundsätzlich mit dem Opportunismus des Transaktionspartners zu rechnen und entsprechende Vorkehrungen zu treffen.[692] Allerdings schlagen sie als Erweiterung der bisherigen Annahme vor, in empirischen Untersuchungen das opportunistische Verhalten explizit zu untersuchen und nicht einfach als gegeben anzunehmen.[693]

Vernachlässigung von Machtaspekten

Einige Kritiker empfinden die Vernachlässigung von Machtaspekten als problematisch.[694] Sie weisen darauf hin, dass für die Wahl institutioneller Arrangements nicht nur deren Effizienz sondern auch die Machtverteilung zwischen den Akteuren und deren Streben nach Machtausweitung eine bedeutsame Rolle spielt.[695] Daher fordern sie eine weitere Auslegung der Verhaltensmaßnahmen der Transaktionskostentheorie, um die teilweise in der Praxis beobachtbaren Machtstrategien in diese Annahmen integrieren zu können.[696] Dieser Aussage wird jedoch widersprochen, indem behauptet wird, dass eventuelle Machtgrundlagen bereits mittels Informationsverkeilung und Spezifität in die transaktionstheoretische Analyse integriert werden.[697]

Andere stellen die Vernachlässigung der Machtaspekte als beabsichtigt in den Vordergrund. Sie behaupten, dass gerade in Situationen, in denen Entscheidungen über die Ausgestaltung ökonomischer Aktivitäten stark

---

692 Dieses Vorsichtsprinzip sei deshalb vonnöten, da ein Akteur aufgrund seiner begrenzten Rationalität nicht sicher voraussehen kann, wann und welcher seiner Transaktionspartner opportunistisch handeln wird.

693 vgl. Ebers, M. und Gotsch, W.: Institutionenökonomische Theorien der Organisation, a.a.O., S. 245 f.

694 BOGASCHEWSKY schreibt, dass bei der Auswahl institutioneller Arrangements die Berücksichtigung von Machtbestrebungen von Individuen und Organisationen, die nicht zwangsläufig einer ökonomischen Rationalität unterliegen, von erheblicher Bedeutung sind. vgl. Bogaschewsky, R.: Vertikale Kooperation - Erklärungsansätze der Transaktionskostentheorie und des Beziehungsmarketing. In: Kaas, K. P. (Hrsg.): Kontrakte, Geschäftsbeziehungen, Netzwerke - Marketing und Neue Institutionenökonomik. In: Zeitschrift für betriebswirtschaftliche Forschung: Sonderheft 35, Düsseldorf; Frankfurt/Main 1995, S. 171

695 vgl. Ebers, M. und Gotsch, W.: Institutionenökonomische Theorien der Organisation, a.a.O., S. 245 f.

696 vgl. Bogaschewsky, R.: Vertikale Kooperation - Erklärungsansätze der Transaktionskostentheorie und des Beziehungsmarketing, a.a.O., S. 171

697 vgl. Döring, H.: a.a.O., S. 57 f.; siehe auch: Fischer, M.: Make-or-Buy-Entscheidungen im Marketing, a.a.O., S. 124 f.

durch Machtinteressen beeinflusst werden, ein effizienzorientierter Ansatz umso bedeutungsvoller ist. In der ökonomischen Analyse soll nämlich nicht das wahrscheinliche Entscheidungsverhalten der Wirtschaftssubjekte vorhergesagt werden, das z.B. machtbestimmt sein könnte. Stattdessen geht es darum, das aus ökonomischer Sicht jeweils effizientere institutionelle Arrangement auszuwählen, um zu einer rationalen Entscheidungsgrundlage zu gelangen, die frei von nicht-effizienzorientierten Einflüssen ist.[698] Hierzu wird jedoch wiederum die Frage aufgeworfen, welche Realisierungschancen eine effiziente Lösung hat, die wichtige psychische Eigenheiten des Menschen ausklammert.[699]

Isolierte Betrachtung der Transaktion

Eine weitere Schwierigkeit ergibt sich aus der vorgenommenen isolierten Betrachtung einer Transaktion. Effekte, die sich aus einem Transaktionsbündel einer Austauschbeziehung auf die jeweilige Transaktionen ergeben, bleiben dabei i.d.R. unberücksichtigt.[700] Verstärkend kommt hinzu, dass die jeweilige Transaktion ausschließlich statisch betrachtet wird und die Langlebigkeit von (Geschäfts-)Beziehungen dabei ebenfalls ignoriert wird.[701]

Fehlende Beachtung der Produktionskosten

Auch wird häufig bemängelt, dass bei der Transaktionskostentheorie der Bedeutung von Produktionskosten nicht ausreichend Beachtung geschenkt wird.[702] WILLIAMSON streitet diese Bedeutung auch nicht grundsätzlich ab (vgl. Fußnote 565), allerdings geht seine „Verbannung" der Produktionskosten in die „ceteris-paribus-Bedingung" vielen Theorie-

---

[698] vgl. Bogaschewsky, R.: Vertikale Kooperation - Erklärungsansätze der Transaktionskostentheorie und des Beziehungsmarketing, a.a.O., S. 171

[699] vgl. Dienel, W.: Organisationsprobleme im Ökomarketing, a.a.O., S. 43 f.

[700] Auch so genannte „Carry-over-Effekte" parallel verlaufender Transaktionen, bei denen z.B. aus strategischen Gründen in eine Transaktion investiert wird, um Nutzen aus einer anderen Transaktion mit diesem Partner zu ziehen, bleiben bei der bisherigen Betrachtung außer Acht.

[701] Hierzu wird angemerkt, dass wahrscheinlich kaum ein Transaktionspartner bereit ist, (spezifische) Investitionen zu tätigen, wenn dabei keine Aussicht auf Langfristigkeit, d.h. sich im Zeitverlauf anschließende Transaktionen, bestehen würde. vgl. Schwaner, J.: Integration von Kunden und Lieferanten, a.a.O., S. 28

[702] RICHTER findet an der institutionenökonomischen Sichtweise problematisch, dass sie ins andere Extrem fällt und die technische Seite, die Input-Output Seite, praktisch unberücksichtigt lässt. vgl. Richter, R.: Institutionenökonomische Aspekte der Theorie der Unternehmung, a.a.O., S. 424

kritikern zu weit. Sie fordern daher, dass die Auswirkungen der Produktionskosten auf die jeweilige Abwicklungsform stärker in empirische Untersuchungen mit einfließen müssen.[703]

Einseitige Kostenorientierung

Bezogen auf Kostenaspekte wird außerdem noch die einseitige Kostenorientierung des Transaktionskostenansatzes bemängelt, die die Nutzenaspekte außer Acht lassen würde. Der Behauptung, dass Nutzenaspekte bereits in Form von Opportunitätskosten (vgl. Fußnote 390) ausreichend berücksichtigt werden,[704] wird entgegengehalten, dass die Aufnahme von Opportunitätskostenbestandteilen in die Transaktionskosten zu einer weiteren Verwässerung bzw. Unschärfe des ohnehin schon „schwammigen" Transaktionskostenkonzepts führt.[705]

Ausblendung der institutionellen Umwelt

Schließlich wird noch die (ursprünglich völlige) Ausblendung der institutionellen Umwelt kritisiert, wie z.B. religiöse, soziale, ideologische oder kulturelle Werte sowie historische, rechtliche oder politische Einflüsse. Dass diese Faktoren mittlerweile in einer übergeordneten institutionellen Ebene als gegeben angenommen werden (vgl. Kap. 4.2.1.1), wird als kritisch angesehen. Der Grund für diese Kritik liegt in der Annahme, dass opportunistisches Verhalten in bestimmten Kontexten durch soziale Normen und traditionelle Standards weniger stark ausgeprägt ist, als dies außerhalb dieses Umfeldes der Fall ist.[706]

4.8.3.3 Zusammenfassung

Trotz dieser ganzen Kritikpunkte stellt die Transaktionskostentheorie eine logisch konsistent aufgebaute Theorie hohen Allgemeinheitsgrades

---

703 KLEIN, FRAZIER und ROTH heben bei ihrer transaktionskostenanalytischen Untersuchung unterschiedlicher Distributionswege in Exportmärkten die Bedeutung der Produktionskosten bei der Wahl des institutionellen Arrangements besonders hervor. vgl. Klein, S.; Frazier, G. and Roth, V.: „A Transaction Cost Analysis Model of Channel Integration in International Markets", Journal of Marketing Research, 27 May 1990, S. 196 ff.

704 vgl. Fischer, M.: Make-or-Buy-Entscheidungen im Marketing, a.a.O., S. 125

705 vgl. Döring, H.: a.a.O., S. 45

706 vgl. Döring, H.: a.a.O., S. 57; siehe hierzu auch: Ebers, M. und Gotsch, W.: Institutionenökonomische Theorien der Organisation, a.a.O., S. 246 f.

dar.[707] Dabei bedient sie sich einfacher, organisationstheoretischer, etablierter Annahmen und Konzepte. Sie zeichnet sich nach mehrheitlicher Auffassung dadurch aus, dass sie, auf der Basis einer geschlossenen theoretischen Konzeption, mit einer kleinen Zahl von Faktoren viele verschiedene Phänomene des Gegenstandsbereichs zu erklären vermag. Auch wenn die Aussagen des Ansatzes letztendlich nur wenig genau sein können, liegt die Stärke darin, dass er in Form allgemeiner Tendenzaussagen einfache und allgemeine Erklärungen für beobachtbare Regelmäßigkeiten in den Strukturen von Koordinationen und dem Verhalten ihrer Mitglieder bietet. Die Theorie bietet pragmatisch verwertbare Gestaltungsanregungen, indem sie verschiedene Möglichkeiten der Erzielung von Transaktionskostenersparnissen aufzeigt. Die Stützung ihrer theoretischen Aussagen in vielen empirischen Untersuchungen[708] deuten darauf hin, dass die Transaktionskostentheorie zentrale Faktoren und Zusammenhänge erfasst haben könnte, die für die Erklärung institutioneller Formen der Abwicklung und Organisation von Transaktionen von Bedeutung sind.[709] Zusammenfassend lässt sich somit resümieren, dass durch das Konzept der Transaktionskostentheorie und seiner Implikationen für die Organisation von Transaktionen ein theoretisch fundiertes Instrumentarium für die Gestaltung von Leistungsbeziehungen besteht, welches auch praxisgerechten Fragestellungen gerecht wird.

4.9 Begründung für die Wahl des Transaktionskostenansatzes bei der Untersuchung der vorliegenden Fragestellung

Wie beschrieben, ist die vorliegende Arbeit eingebettet in ein schwedisch-deutsches Forschungsprojekt der Universitäten Växjö und Hamburg (vgl. Kap. 1). Dieses Projekt will die verschiedenen Möglichkeiten einer Intensivierung der Zusammenarbeit zwischen schwedischen Sägewerken und deutschen holzverarbeitenden Unternehmen untersuchen.

---

[707] Auffallend ist, dass sich die Kritikpunkte überwiegend auf eine mangelnde Präzision der Aussagen der Theorie beziehen. Es wird selten Kritik an der mangelnden Schlüssigkeit des Ansatzes geübt.

[708] Siehe hierzu u.a. eine Zusammenstellung von 43 empirischen Analysen des Transaktionskostenansatzes bei FISCHER der darin weitestgehend die grundsätzlichen Hypothesen der Theorie bestätigt findet. vgl. Fischer, M.: Make-or-Buy-Entscheidungen im Marketing, a.a.O., S. 118 ff.; siehe hierzu auch: Picot, A.: Ökonomische Theorien der Organisation - Ein Überblick über neuere Ansätze und deren betriebswirtschaftliches Anwendungspotential, a.a.O., S. 149 f.

[709] vgl. Ebers, M. und Gotsch, W.: Institutionenökonomische Theorien der Organisation, a.a.O., S. 248 f.

Innerhalb dieses Projektes beschäftigt sich die vorliegende Arbeit insbesondere mit der Distribution von Nadelschnittholz zwischen den skandinavischen Produzenten bzw. Exporteuren einerseits sowie den deutschen, holzimportierenden Unternehmen andererseits.

Im Rahmen dieses betrachteten Ausschnittes kann heutzutage die gesamte Bandbreite möglicher Formen institutioneller Arrangements von reiner Marktlösung bis zu vollkommen integrierten Hierarchieformen beobachtet werden (vgl. Kap. 3.3). Dieses Spektrum der unterschiedlichen institutionellen Arrangements war jedoch nicht immer in der heutigen Form vorhanden. Es hat sich im Rahmen der deutlichen Umstrukturierung der gesamten Branche in den letzten drei Jahrzehnten verändert.

Viele Jahrzehnte nach dem 2. Weltkrieg bis in die 80er Jahre des 20. Jahrhunderts waren große Holzimportagenturen[710] bei der Verteilung von nordischem Nadelschnittholz marktbeherrschend. Sie hatten zum einen ein sehr detailliertes Wissen um das Produkt und den Markt sowie andererseits die notwendigen guten Kontakte zur Ablader- und Kundenseite. Durch ihre Alleinvertretungsrechte in Form von Soloagenturverträgen großer und bedeutsamer skandinavischer Ablader, wurde diese marktbeherrschende Struktur noch stärker untermauert.

Seit etwa Mitte der 80er Jahre des 20. Jahrhunderts kam es dann vor allem in Finnland zu einem immer stärkeren Konzentrationsprozess der Sägewerke. Diese Entwicklung mündete schließlich in einer umfassenden Konzernbildung dieser Unternehmen (vgl. Kap. 2.1.2.2). Verbunden mit dieser Ausbildung begannen die ersten Forstkonzerne die Distribution ihres Nadelschnittholzes nicht länger durch die in den jeweiligen Hauptabsatzländern ansässigen Holzimportagenturen durchführen zu lassen. Stattdessen gründeten sie vor Ort ihre eigenen Verkaufsbüros. Viele große Agenturen verloren dadurch ihre Hauptablader, was erhebliche strukturelle Veränderungen dieser Unternehmen zur Folge hatte.

Die nächste große Veränderungsphase nahm auf deutscher Seite ihren Anfang. Durch einen erhöhten Bedarf an Holzwaren nach der deutschen Wiedervereinigung vor allem im Osten der Republik konnten viele bereits Anfang der 90er Jahre des 20. Jahrhunderts angeschlagene holzverarbeitende Industrien in Deutschland den so genannten „Nachwendeaufschwung" erleben. Da jedoch bei einigen dieser Unternehmen dringend notwendige Strukturveränderungen nicht oder nicht rechtzeitig durchgeführt wurden, kam es zeitverzögert etwa 10 Jahre später nach einer lan-

---

710 Die Größe der Agenturen macht der Autor an der Anzahl der Mitarbeiter fest und versteht darunter Unternehmen mit einer Größenordnung um die 20 Mitarbeiter.

gen Phase des Konjunkturabschwungs zu einer starken Konkurswelle unter diesen Firmen. Namhafte deutsche Holzimporteure mussten Insolvenz anmelden[711] oder wurden verkauft.[712] Dies führte wiederum zu einer starken Konzentration der Holzimporteure auf deutscher Seite. Selbstverständlich brachte auch diese Veränderung einen Wandel in der Distribution von Nadelschnittholz mit sich, indem z.B. viele alte, gewachsene Strukturen aufgelöst und/oder durch neue ersetzt wurden.

Schließlich haben auch die bereits detailliert beschriebenen strukturellen Veränderungen der letzten Jahrzehnte (vgl. Kap. 3.3) sowie die Möglichkeiten, die sich aufgrund neuer Informations- und Kommunikationstechniken für die Teilnehmer eröffnen, neue Rahmenbedingungen geschaffen. Dieses hatte ebenfalls Auswirkungen auf die Distributionsstruktur von nordischem Nadelschnittholz.

Mittlerweile finden sich im Umfeld des betrachteten Marktgeschehens keinerlei „Großagenturen" mehr.[713] Stattdessen gibt es einige große Verkaufsbüros der skandinavischen Konzerne sowie eine Vielzahl kleinerer Agenturen,[714] die jede für sich innerhalb ihrer Marktnische ihr Überleben zu sichern versucht.

---

[711] Darunter so bedeutsame Holzunternehmen wie das Hobelwerk der Louis Krages GmbH in Bremen, das mittlerweile zum finnischen Unternehmen Finnforest Corporation gehört oder das namhafte Unternehmen W. Brüggmann & Sohn GmbH in Dortmund und Papenburg, das im März 2001 Antrag auf Insolvenz gestellt hat, im Frühjahr 2001 von den russischen TITAN-Werken übernommen wurde und mittlerweile die Produktion vollkommen eingestellt hat sowie weitere, kleinere Unternehmen.

[712] Hier sind vor allem die Firmen Ostermann und Scheiwe GmbH & Co. KG in Münster und Papenburg sowie die zu dem Konzern Werhahn gehörenden Hobelwerke „Holzhenkel" in Göttingen und „Werhahn Krages" in Hamburg zu nennen, die alle mittlerweile durch den Holzunternehmer Bernhard Cordes, Inhaber der Cordes Gruppe, aus Bremerhaven übernommen wurden. Damit gehören der Cordes Gruppe neben der Cordes GmbH, Bremerhaven und der JAW Holzindustrie GmbH Warendorf (die mittlerweile unter dem Namen osmo Holz und Colour firmiert), mit Holz-Henkel und W. Krages & Söhne insgesamt 4 Hobelwerke, eine KVH Produktion und mehrere weitere Holzunternehmungen, wie z.B. WHG Ahmerkamp, Hansa Holz Schweitzer, Doerk u.a.

[713] Es gibt zwar noch größere Agenturunternehmen, diese treten jedoch entweder häufig als Handelsunternehmen auf, indem sie Geschäfte auf eigene Rechnung durchführen und/oder konzentrieren sich auf andere Märkte, wie z.B. den Import von russischem Nadelschnittholz.

[714] Unter kleinen Agenturen versteht der Autor eine Agenturgröße mit einer Mitarbeiterzahl zwischen 3-5 Personen.

All diese beschriebenen strukturellen Veränderungen haben Anfang des 21. Jahrhunderts zu einer viel komplexeren Struktur der Marktsituation geführt, als dies noch Ende der 80er Jahre des 20. Jahrhunderts vorzufinden war. Von vollkommen integrierten Distributionsformen (Verkaufsbüros) bis hin zur vollständigen Marktlösung (Händler) sind heutzutage alle Varianten unterschiedlicher Abwicklungsformen anzutreffen. Insbesondere innerhalb der hybriden Koordinationsformen, der Holzimportagenturen, ist eine große Bandbreite von fast hierarchieähnlichen bis zu nahezu marktnahen Strukturen zu vermuten.

Genau an diesem Ansatzpunkt bietet sich, nach Ansicht des Autors, eine gute Möglichkeit, die bisherigen Erkenntnisse der Transaktionskostentheorie an den verschiedenen, in der Praxis beobachtbaren, institutionellen Arrangements bei der Abwicklung von nordischem Nadelschnittholz von Skandinavien nach Deutschland zu analysieren. Dabei soll insbesondere ein Augenmerk auf die in den bisherigen wirtschaftswissenschaftlichen Untersuchungen vernachlässigte Vielfalt der hybriden Koordinationsformen gelegt werden.[715]

Prinzipiell wäre zwar auch eine Betrachtung der Thematik aus Sicht der Prinzipal-Agent-Theorie von Interesse. Für die Wahl der Transaktionskostentheorie spricht dabei sowohl die Problematik des dichotomischen Markt-Unternehmendenkens in diesem Ansatz, jedoch vor allem die mangelnde Operationalisierbarkeit der Prinzipal-Agent-Theorie (vgl. Kap. 4.8.2). Da diese Theorie bis dato noch keinen Bezugsrahmen zur Bewältigung dieses Problems gefunden hat, bliebe lediglich die Möglichkeit, sich entweder wesentlich stärker als die Transaktionskostentheorie auf Tendenzaussagen zu beschränken (deskriptive Variante des Prinzipal-Agent-Ansatzes), oder aber die zugrundeliegenden Annahmen zu verschärfen. Dadurch würden zwar die Ergebnisse an formaler Richtigkeit, nicht aber an Realitätsgehalt und praktischer Verwertbarkeit gewinnen (normative Variante).[716] Gerade aber die Realitätsnähe und praktische Verwertbarkeit der Ergebnisse stellt ein Hauptziel des schwedisch-deutschen Projektes dar.

---

[715] Siehe hierzu Kritikpunkt im Kap. 4.8.3 - Selbst WILLIAMSON hat die hybride Koordinationsform als solches erst in seinen neueren Arbeiten nach intensiver Kritik an seinem ausschließlich zweiteiligen Markt-Hierarchie Paradigma anerkannt.

[716] PICOT formuliert dies mit den Worten, dass der Transaktionskostentheorie gegenüber der Prinzipal-Agent-Theorie bei diesen Fragen das geeignete Instrumentarium zur Verfügung gestellt wird. vgl. Picot, A.: Ökonomische Theorien der Organisation - Ein Überblick über neuere Ansätze und deren betriebswirtschaftliches Anwendungspotential, a.a.O., S. 156

Dies kann am Beispiel folgender Problemstellung verdeutlicht werden. Die Prinzipal-Agent-Theorie untersucht im Rahmen ihrer normativen Variante Vertragskonstrukte, um diese optimal zu gestalten. Die Praxis zeigt jedoch ein vollständig anderes Bild. Im Verhältnis zwischen skandinavischen Abladern und (deutschen) Holzimportagenturen wurden mittlerweile die früher eher üblicheren Agenturverträge überwiegend durch mündliche Vereinbarungen abgelöst.[717] Die Tendenz geht daher, zumindest in diesem Branchenzweig, weg von umfangreichen, schriftlich abgefassten Vertragswerken hin zu mündlichen Absprachen. Dies wiederum lässt eine Untersuchung der Agenturverträge mit dem Ziel einer perfekten ex-ante-Formulierung unmöglich erscheinen.

Somit wird aus Gründen der Einbettung dieser Arbeit in den Kontext der beschriebenen Fragestellung samt der gewünschten praktischen Anwendbarkeit der Ergebnisse, die Entscheidung schwerpunktmäßig zugunsten des Transaktionskostenansatzes getroffen. Dadurch erhofft sich der Autor breit gefächerte Problemlösungsansätze zur Erklärung der beobachteten Vielschichtigkeit der Marktstrukturen. Außerdem besteht die Möglichkeit einer operativen Umsetzung in Stufe 3 des vorliegenden Forschungsprojektes, samt der Chance einer späteren praktischen Verwertbarkeit der Ergebnisse. Jedoch sollen auch Aspekte der beiden anderen beschriebenen Theorien nicht vollkommen unberücksichtigt bleiben und werden bei gegebenem Anlass in die Thematik mit einfließen.

---

[717] Beispielsweise besteht in der Agentur, in der der Autor selbst beschäftigt ist, aktuell intensiver Kontakt zu etwa 10 mittelgroßen und kleineren Abladern im skandinavischen, baltischen und russischen Gebiet - mit keinem einzigen dieser Sägewerke besteht eine schriftliche Vereinbarung. Ähnliches ist dem Autor von anderen Unternehmen bekannt.

5 Operationalisierung der Konstrukte

Das Kapitel 5 beschäftigt sich umfassend mit den drei institutionellen Arrangements Markt, Hierarchie und hybride Unternehmensformen. Im weiteren Vorgehen erfolgt eine themenbezogene Verfeinerung der hybriden Koordinationsformen zwischen den beiden Extrema Markt und Hierarchie. Darauf aufbauend werden mit Hilfe von Literaturrecherchen Hypothesen formuliert, die ergründen sollen, welche transaktionskostenrelevanten Faktoren zur Entscheidungsfindung von skandinavischen Sägewerksunternehmen für oder gegen die unterschiedlichen Distributionswege beitragen. Abbildung 15 zeigt die Strukturierung des Kapitels 5.

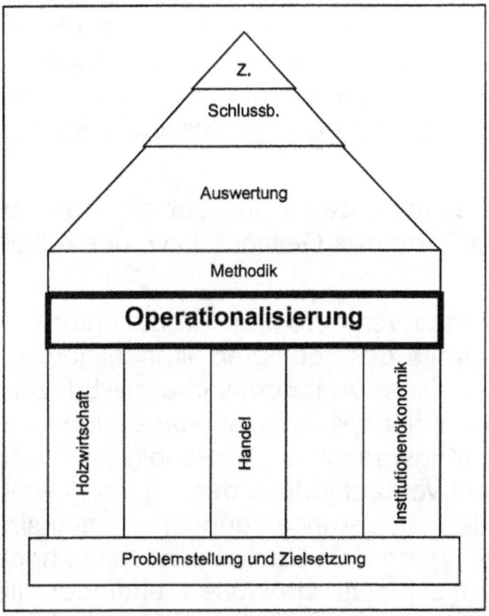

Markt und Hierarchie	Hybride Koordinationsformen	Übertragung des Markt-Hierarchie Kontinuums	Differenzierung der hybriden Koordinationsform	Arbeitshypothesen

Abbildung 15: Struktur des Kapitels 5

5.1 Markt und Hierarchie als Extrema

In seiner ursprünglichen Fassung ging der Transaktionskostenansatz noch von einer Dichotomie aus, mit Markt und Hierarchie als maximal mögliche Extremformen (vgl. Kap. 4.6.5). Diese beiden Abwicklungsformen können im vorliegenden Kontext wie folgt beschrieben werden.

5.1.1 Markt

Der Koordinationsmechanismus Markt als eine Extremform auf dem Kontinuum zwischen Markt und Hierarchie wird durch die Koordinationsform des „selbständigen Händlers" charakterisiert. Zentrales Charakteristikum dabei ist die Autonomie der beteiligten Unternehmen, die sich im separaten rechtlichen Eigentum an den für die Erstellung der Distributionsleistung relevanten Produktionsmitteln ausdrückt. Handelsbetriebe sind definiert als selbständige Dienstleistungsunternehmen, die Ware auf eigenen Namen und eigene Rechnung kaufen, um sie unverändert oder nach geringfügigen Manipulationen bzw. Veredelungen wieder weiter zu verkaufen.

Die wirtschaftliche Selbständigkeit resultiert damit aus der eigenen Zurechnung des Transaktionserfolgs in Form des Gewinns bzw. des möglicherweise zu tragenden Verlusts.

Durch den an das Handelsunternehmen verkaufenden Produzenten findet eine allein outputorientierte Kontrolle der getätigten Transaktion auf Basis der Verkaufzahlen Anwendung. Diese Autonomie impliziert dezentrale Weisungsbefugnisse der Transaktionspartner, so dass eine vollständige ex-ante Definition der Leistungserstellung notwendig ist.[718] Mit zunehmenden Informationsproblemen versagt jedoch der o.g. marktliche Preismechanismus als wirkungsvolles Steuerungs- und Informationsinstrument. Dies ist z.B. dann der Fall, wenn das Transaktionsobjekt hoch spezifisch, die Transaktionssituation schlecht strukturiert und/oder die Unsicherheit hinsichtlich der zu transferierenden Güter und beteiligten Transaktionspartner hoch ist. Austauschbeziehungen können dann tendenziell transaktionskostengünstiger über hierarchische Beziehungen abgewickelt werden.[719]

---

718 vgl. Fischer, M.: Make-or-Buy-Entscheidungen im Marketing, a.a.O., S. 200 ff.

719 vgl. ebenda, S. 104

5.1.2 Hierarchie

Das andere Extrem im Spektrum wirtschaftlicher Koordinationsmechanismen bildet die hierarchische Koordination. Diese richtet sich an hierarchischer Fremdbestimmung, als zugrunde liegendem Prinzip aus. Begründet wird die Hierarchie durch Konzepte wie Macht, Autorität und regelbasierenden Anweisungen von hierarchisch höher gestellten Instanzen (Management-Entscheide). Die Ausführung der Anweisungen wird (zentral) von den hierarchisch höher gestellten Instanzen überwacht. So wird ein Nichterfüllen mit Sanktionen geahndet, eine korrekte Erfüllung dagegen mit Promotion und Belohnung.[720] Die Planung in einem hierarchischen Koordinationssystem erfolgt ebenfalls „top-down“, d.h. systematisch nach den Vorgaben einer hierarchisch höher positionierten, zentralen Instanz, (beispielsweise Firmenleitung).[721]

Hierarchie ist die typische Koordinationsform in Unternehmen. Sie ist gekennzeichnet durch vollständig integrierte Koordinationssysteme, z.B. in Form von herstellereigenen Distributionsorganen.[722] Das zentrale Charakteristikum herstellereigener Distributionsorgane ist das gepoolte Eigentum an den für die Erfüllung der Distributionsaufgabe relevanten Inputfaktoren. Damit verbundenen ist die gemeinsame Verteilung des Transaktionserfolgs in Form von Gewinn und Verlust.[723]

Die Vorteile von Hierarchien liegen in der effizienten Koordination immer wiederkehrender Prozesse. Bei gleich bleibenden Tausch- und Wertschöpfungsbeziehungen entsteht durch Erleichterung des Informationsflusses und der Kommunikation ein Minimum an Koordinationskosten (Unternehmenstransaktionskosten). Hierarchien sind typischerweise langfristig und auf Stabilität bedacht ausgelegt.

Andererseits hat die Hierarchie bei einer erforderlichen Anpassung an neue Verhältnisse auch ihre Schwierigkeiten. Hierarchische Strukturen werden als inflexibel angesehen, da Anpassungen an neue Erfordernis-

---

720 Somit erfolgt im Gegensatz zur Koordinationsform „Markt“ die Steuerung der Aufgabenerfüllung nicht primär über die Vorgabe von Output-Größen, sondern ebenfalls durch die Beobachtung von Input-Faktoren, deren Ausprägungen Anhalte für die Güte der Leistungserbringung geben (sollten). vgl. Fischer, M.: Make-or-Buy-Entscheidungen im Marketing, a.a.O., S. 204

721 vgl. Ohrey, M.: Möglichkeiten und Grenzen elektronischer Märkte, a.a.O.

722 Dabei handelt es sich definitionsgemäß um jede Form des unmittelbaren Nachfragekontaktes durch einen Hersteller, unter Umgehung des selbständigen Handels und anderen unternehmensfremden Absatzmittlern auf allen Distributionsstufen.

723 vgl. Fischer, M.: Make-or-Buy-Entscheidungen im Marketing, a.a.O., S. 209 ff.

se im komplexen, starren Unternehmensumfeld nur langsam stattfinden. Dadurch entstehen Effizienzprobleme. Eine Hierarchie bewegt sich somit immer in einem Zielkonflikt zwischen Effizienz und Flexibilität.[724]

5.2 Koordinationsformen zwischen Markt und Hierarchie

Schon relativ früh nach der erstmaligen Vorstellung des Markt-Hierarchie-Paradigmas wurde die mittlerweile auch von WILLIAMSON akzeptierte Kritik vorgetragen, dass eine ausschließlich dyadische Markt-Hierarchie-Betrachtung die Realität nicht vollständig und umfassend wiedergibt. Mit der Zeit setzte sich in der Wirtschaftswissenschaft die Erkenntnis durch, dass Zwischenformen, (so genannte hybride Koordinationsformen[725]), eine größere Bedeutung besitzen als ursprünglich angenommen.[726] RICHTER geht sogar so weit zu behaupten, dass die hybriden Koordinationsformen „die Szene beherrschen" und es sich stattdessen bei den beiden Extremen Markt und Hierarchie lediglich um zwei interessante Grenzfälle handelt.[727]

In bisherigen Überlegungen wurden, abgesehen von der Fragestellung, welche Auswirkungen die Dimension „Unsicherheit" auf die Form der Abwicklung besitzt, lediglich die drei Koordinationsalternativen Markt, Hierarchie und hybride Koordinationsform berücksichtigt. Die gezeichnete Funktion der hybriden Koordinationsform (vgl. Abbildung 13) lässt sich jedoch als Transaktionsfunktion beliebig vieler verschiedener hybrider Koordinationsformen interpretieren. Dabei ist der angeführten Argumentationslogik zufolge davon auszugehen, dass sich unterschiedliche hybride Koordinationsformen entsprechend der oben beschriebenen Modelle verhalten. Der Charakteristik der jeweiligen Koordinationsform

---

724 vgl. Fischer, M.: Make-or-Buy-Entscheidungen im Marketing, a.a.O., S. 211

725 Hybride Koordinationsformen sind dadurch gekennzeichnet, dass zwischen den Transaktionspartnern eine engere Verknüpfung besteht, als die zwischen „anonymen" Käufern und Verkäufern. Im Gegensatz zur Koordinationsform „Hierarchie" behalten die Transaktionspartner jedoch ein größeres Maß an Selbständigkeit.

726 WILLIAMSON schreibt hierzu: „Während ich früher der Meinung war, dass Transaktionen der mittleren (hybriden) Art sehr schwer zu organisieren und daher instabil seien,.... bin ich inzwischen überzeugt, dass Transaktionen im mittleren Bereich viel üblicher sind...wir werden die komplexe ökonomische Organisation besser verstehen lernen, wenn wir den Transaktionen des mittleren Bereichs mehr Beachtung schenken." vgl. Williamson, O.E.: Die ökonomischen Institutionen des Kapitalismus, a.a.O., S. 94 f.

727 vgl. Richter, R.: Institutionenökonomische Aspekte der Unternehmung, a.a.O., S. 416

entsprechend, nähern sie sich in Abhängigkeit der Intensität der Transaktionsdimension zum einen eher der Marktlösung, zum anderen eher der integrierten Koordinationsform Hierarchie an.[728]

Die Institutionenwahl ist somit keine Entweder-oder-Entscheidung zwischen vollständiger Unternehmensintegration und freier Partnerwahl sowie eventuell noch einer dritten Instanz dazwischen. Stattdessen bietet sie Entscheidungsmöglichkeiten zwischen einer Vielzahl potentieller Mischformen auf dem Markt-Hierarchie-Kontinuum. Die heute in der Praxis anzutreffenden Koordinationsformen bilden somit unterschiedliche Punkte auf einem Integrationskontinuum ab, dessen Extrema von den beiden Koordinationsformen Markt und Hierarchie repräsentiert werden.[729]

Beispiele für hybride Koordinationsformen

WILLIAMSON beschreibt beispielsweise so genannte „Peer-Groups“ als mögliche Zwischenformen, die weniger streng hierarchisch strukturiert sind und die allen Akteuren dieselben Kostenvorteile zuweisen. Das von OUCHI beschriebene Konzept des „Clans“ als weitere Zwischenform zeichnet sich durch Zielkongruenz zwischen der Organisation und deren Mitgliedern aus.[730]

BÜCHS untersuchte die „Kooperation“ als alternative hybride Koordinationsform. Er definierte diese als „eine auf stillschweigende oder vertragliche Vereinbarung beruhende Zusammenarbeit zwischen rechtlich selbständigen und in den nicht von der Kooperation betroffenen Bereich auch wirtschaftlich voneinander unabhängiger Unternehmungen“. Dabei unterscheidet er zwischen den drei folgenden Kooperationsformen:[731]

- **horizontale Kooperation**: Zusammenschluss von Unternehmen der gleichen Branche;
- **vertikale Kooperation**: Zusammenschluss von Unternehmen verschiedener Marktstufen;
- **konglomerate Kooperation**: Zusammenschluss von Unternehmen verschiedener Branchen.

---

[728] vgl. hierzu auch: Erlei, M. et al.: Neue Institutionenökonomik, a.a.O., S. 189 f.

[729] vgl. Schwaner, J.: Integration von Kunden und Lieferanten, a.a.O., S. 20 ff.

[730] vgl. Fischer, M.: Make-or-Buy-Entscheidungen im Marketing, a.a.O., S. 104 ff.

[731] vgl. Büchs, M.J.: Zwischen Markt und Hierarchie, Kooperationen als alternative Koordinationsform, in H. Albach (Hrsg.), Joint Ventures. Praxis internationaler Unternehmenskooperationen, Ergänzungsheft 1/91 der Zeitschrift für Betriebswirtschaft, Wiesbaden, 1991, S. 1-38

Des Weiteren wird von ihm noch eine funktionale Unterscheidung in die drei Bereiche operativ logistische und technologische Kooperationen sowie Marketing getroffen. Als Beispiele für Kooperationen nennt er „Strategische Allianzen", „Strategische Partnerschaften" und „Strategische Netzwerke".[732]

Auch PICOT untersuchte unter dem Gesichtspunkt der Transaktionskosteneinsparung hybride Kooperationsformen. Diese unterscheidet er in „Marktmachtorientierte Kooperationsformen, „Effizienzorientierte Kooperationsformen" sowie Mischformen zwischen diesen beiden. Unter marktmachtorientierten Kooperationsformen subsumiert er die verschiedenen Kartellformen, wie z.B. Anmeldekartelle, Widerspruchskartelle und Erlaubniskartelle. Die effizienzorientierten Kooperationen differenziert er nochmals in einfache und komplexe effizienzorientierte Formen. Zu ersteren zählen u.a. Lizenzierung, Joint Venture, Konsortium, Kapitalbeteiligungen sowie langfristige Lieferverträge. Als Beispiele für letztere führt er Genossenschaften, Franchise-Organisationen, Dynamische Netzwerke, Japanische Keiretsu[733] und schließlich Leveraged Buyout Gesellschaften an. Bei den Mischformen beschreibt er beispielhaft die Ligen im professionellen Teamsport.[734]

RICHTER dagegen stellt als Beispiele hybrider Koordinationsformen das „Franchising" dem „Leasinggeschäft" gegenüber und arbeitet anhand dieser Beispiele die institutionenökonomischen Unterschiede dieser beiden Koordinationsformen heraus.[735] MANDEWIRTH untersuchte den Transaktionskostenansatz anhand von Handelskooperationen in Form von „Verbundgruppen" und „Franchisesystemen".[736]

Eine umfassende Darstellung unterschiedlicher hybrider Abwicklungsformen findet sich bei FISCHER wieder. Dieser teilt das Kontinuum der hybriden Koordinationsformen in zwei große Kategorien auf. Je nachdem, ob diese eher durch marktliche oder hierarchische Eigenschaften

---

[732] vgl. Büchs, M.J.: Zwischen Markt und Hierarchie, a.a.O.

[733] Das Keiretsu ist eine für Japan typische Form branchenübergreifender Unternehmenskooperationen.

[734] vgl. Picot, A. et al.: Organisationen: eine ökonomische Perspektive, a.a.O., S. 67; siehe auch: Döring, H.: a.a.O., S. 163 ff.

[735] vgl. Richter, R.: Institutionenökonomische Aspekte der Unternehmung, a.a.O., S. 415 ff.

[736] vgl. Mandewirth, S.O.: Transaktionskosten von Handelskooperationen: ein Effizienzkriterium für Verbundgruppen und Franchise-Systeme, Schriften zur Handelsforschung, Bd. 91, Physica-Verlag, Heidelberg 1997

charakterisiert werden können, unterscheidet er zwischen **marktnahen** respektive **hierarchienahen Koordinationsformen.**[737]

5.2.1 Marktnahe Koordinationsformen

Marktnahe Koordinationsformen sind charakterisiert durch vertragliche Bindungen zwischen Produzent und Händler. Diese dienen der rechtlichen Absicherung selektiver Distributionsstrategien und der Koordination von Entscheidungen. Dabei handelt es sich vorwiegend um Eigenhändler, die Waren auf eigene Rechnung und in eigenem Namen kaufen. Somit liegt ein separates Eigentum an den für eine Leistungserstellung relevanten Inputfaktoren, verbunden mit Zurechnung und Verteilung des Transaktionserfolgs, vor.[738]

Die Bandbreite marktnaher Koordinationsformen erstreckt sich von Rahmenverträgen über Ausschließlichkeitsbindungen bis hin zu Exklusiv-Bindung-Systeme. Bei letzteren kommen neben qualitativen noch quantitative Selektionskriterien hinzu. Diese Selektivvertriebssysteme sind dadurch gekennzeichnet, dass bestimmte Wirtschaftssubjekte von der Belieferung ausgeschlossen werden sollen. Als Beispiele hierfür können Vertriebsbindungssysteme und Alleinvertriebssysteme angeführt werden.[739]

Diese Art von Bindung des Handels wird insbesondere dann als sinnvoll gesehen, wenn transaktionsspezifische Investitionen notwendig sind. Sie sollen dabei vor opportunistischen Verhaltensweisen schützen. Dies ist beispielsweise dann der Fall, wenn für die Einhaltung von Qualitätsanforderungen spezifische Ausstattungen oder personenspezifische Fähigkeiten erforderlich sind.[740]

5.2.2 Hierarchienahe Koordinationsformen

Das Spektrum hierarchienaher Koordinationsformen umfasst nach Auffassung FISCHERS sowohl reine Eigenhändler als auch Handelsvermittler. Diese verkaufen auf Rechnung des Produzenten und erwerben dabei kein Eigentum an der Ware. Unter diese Kategorie fallen sowohl Vertragshändler wie auch Franchisesysteme.[741]

---

[737] vgl. Fischer, M.: Make-or-Buy-Entscheidungen im Marketing, a.a.O., S. 213

[738] vgl. ebenda, S. 214 ff.

[739] vgl. ebenda

[740] vgl. ebenda, S. 217

[741] vgl. ebenda

Aus Herstellersicht sind hierarchienahe Koordinationsformen hinsichtlich Steuer- und Kontrollierbarkeit eigenen Distributionsorganen ähnlich. Aufgrund ihrer positiv kognitiven und motivationalen Effekte des Kontraktdesigns ist der Anreiz der Intermediäre zur optimalen Leistungserstellung sehr hoch. Unternehmerischer Einsatz führt dabei zu entsprechenden selbst zurechenbaren Transaktionserfolgen in Form von Gewinnen. Ein weiterer wesentlicher Erfolgsfaktor ist in der Arbeitsteilung der beteiligten Akteure zu sehen. Bei dieser können sich die Partner auf ihre jeweiligen Stärken konzentrieren.[742]

Auch SCHOPPE stellte in Form eines Markt-Hierarchie-Kontinuums die unterschiedlichen Koordinationsformen mit den Eckpunkten Markt und Hierarchie dar. Dabei wählte er in seiner Darstellung jedoch einen eher fließenden Übergang zwischen den jeweiligen institutionellen Arrangements.

5.2.3 Zusammenfassung der unterschiedlichen Koordinationsformen zwischen Markt und Hierarchie

In Abbildung 16 wird eine Zusammenfassung der Inhalte der zuvor angeführten Quellen übersichtlich dargestellt.[743]

Markt	**Übergangsform Markt-Hybrid**	**Hybride Koordinationsformen**		**Übergangsform Hybrid-Hierarchie**	**Hierarchie**
		Marktnah	**Hierarchienah**		
Selbständige Händler	Leasing	Alleinvertriebssysteme	Franchising	Joint Venture	Eigene Distributionsorgane
	Lizenzverträge	Vertriebsbindungen	Vertragshändlersysteme	Mehrheitsbeteiligungen	Tochtergesellschaften
			Handelsmittler		

Abbildung 16: Koordinationsformen zwischen Markt und Hierarchie[744]

[742] vgl. Fischer, M.: Make-or-Buy-Entscheidungen im Marketing, a.a.O., S. 217 ff.

[743] Wichtig dabei ist zu erwähnen, dass die Abgrenzung in der dargestellten Form in der Praxis nicht in eindeutigen Formen auftritt. Stattdessen gibt es Überschneidungen in die jeweilige eine oder andere Richtung. Viele hybride Formen sind auch nicht hybrid in dem Sinne, als dass sie sich als ein Zwischenschritt zwischen Markt und Hierarchie interpretieren ließen. Sie haben stattdessen vielmehr eigenständige, von Markt und Hierarchie unabhängige Eigenschaften, wenn sie beispielsweise auf Vertrauen und Zusammenarbeit aufbauen, siehe hierzu auch: Döring, H.: a.a.O., S 62

Zwei weitere, für die vorliegende Themenstellung gut geeignete, Unterteilungen finden sich in den Arbeiten von ANDERSON einerseits sowie KLEIN, FRAZIER und ROTH andererseits wieder. ANDERSON stellt in ihrer empirischen Analyse indirekter und direkter Vertriebswege die klassische Dichotomie zwischen freien Handelsmittlern (als hybride Koordinationsform) und angestellten Vertriebsmitarbeitern (als hierarchische Koordinationsform) dar.[745]

KLEIN, FRAZIER und ROTH gehen in ihrer transaktionskostentheoretischen Untersuchung unterschiedlicher Exportstrategien kanadischer Exporteure von nachfolgendem Markt-Hierarchie-Kontinuum der Koordinationsformen aus:[746]

1. **Market Exchange**
   Auf den jeweiligen Exportmärkten sind unabhängige, nationale Händler tätig. Diese erwerben Eigentum an der Ware und übernehmen eigenständig die Verteilungsfunktion in den ausländischen Märkten;
2. **Intermediate Exchange**
   Auf den jeweiligen Exportmärkten sind unabhängige Agenturen tätig. Diese nehmen eine reine Verkaufsfunktion ein und erwerben nicht selbständig Eigenturm an den Waren;
3. **Hierarchie - Subsidary**
   Auf den jeweiligen Exportmärkten sind eigene Verkaufsniederlassungen des Herstellers tätig;
4. **Hierarchie - Domestic**
   Der Auslandsmarkt wird vom Heimatland aus versorgt.

Die Gliederung von 1 bis 4 erfolgte dabei nach dem Kriterium zunehmender Integration. Dabei werden die Transaktionsdimensionen „Faktorspezifität“, „Unsicherheit“ sowie das Verkaufsvolumen als Untersuchungskriterien verwendet, um die Effizienz der jeweiligen Koordinationsalternativen zu untersuchen. Der unter Plausibilitätsgesichtspunkten dargelegte Zusammenhang zwischen den Transaktionsdimensionen und

---

744 Eigene Zusammenstellung in Anlehnung an: Fischer, M.: Make-or-Buy-Entscheidungen im Marketing, a.a.O., S. 191 ff. sowie: Schoppe, S.G. et al.: a.a.O., S. 195 f. Jedoch stellt auch diese Darstellung lediglich einige Beispiele aus dem breiten Spektrum hybrider Koordinationsformen auf dem Markt-Hierarchie-Kontinuum dar und erhebt in keiner Weise einen Anspruch auf Vollständigkeit.

745 vgl. Anderson, E.: The Salesperson as Outside Agent or Employee, in: Marketing Science, Vol. 4, No. 3, 1985, S. 234 - 254

746 vgl. Klein, S.; Frazier, G. and Roth, V.: a.a.O., 196 ff.

den effizienten Institutionen (vgl. Kap. 4.6) findet bei dieser Untersuchung eine weitgehend empirische Bestätigung. Die Autoren können aufzeigen, dass hohe Ausprägungsformen der Transaktionsdimensionen zu einem höheren Integrationsgrad führen.[747]

Auch PILLING, CROSBY und JACKSON gehen in ihrer Analyse ebenfalls auf den „intermediate exchange" als Zwischenform ein, ohne dies jedoch explizit mit einer Internationalisierungsfrage zu verknüpfen.[748]

5.3 Übertragung des Markt-Hierarchie-Kontinuums auf die Themenstellung

Die für die vorliegende Thematik als besonders geeignet wirkende Strukturierung des Markt-Hierarchie-Kontinuums ist die bereits erwähnte Differenzierung nach KLEIN, FRAZIER und ROTH. Diese Aufteilung in die unterschiedlichen Koordinationsformen entspricht weitgehend der im Handel mit nordischem Nadelschnittholz beobachtbaren Marktsituation. Somit erscheint sie als Grundlage zur themenspezifischen Vertiefung zweckmäßig. Im Folgenden wird daher versucht, dieses Gefüge auf die im nordischen Markt wirkenden Unternehmen (vgl. Kap. 3.3) zu übertragen. Dabei werden aufgrund der Konzentration der Themenstellung auf die verschiedenen möglichen Alternativen der Vertriebsstrategien, lediglich die unterschiedlichen Distributionsorgane der skandinavischen Unternehmen berücksichtigt. Die nachfolgende Betrachtung bezieht daher sowohl die Produktionsstrukturen der skandinavischen Sägewerke (vgl. Kap. 2.1.2) als auch die Einkaufsabteilungen der deutschen holzverarbeitenden Importeure (vgl. Kap. 3.3.4) bewusst nicht mit ein.

5.3.1 Marktliche Koordinationsform bei der Abwicklung von nordischem Nadelschnittholz

Unter marktlicher Koordination im ursprünglichen Sinne ist zu verstehen, dass Waren ohne vorherige Abstimmung mit dem zukünftigen Abnehmer im voraus produziert werden. Die Produkte werden nach der Fertigstellung dem Markt angeboten, mit dem Ziel dafür Käufer zu finden.

Im Handel mit nordischem Nadelschnittholz kommt diese (nichtabgestimmte) Form der Produktion in reiner Form äußerst selten vor. Die Regel ist vielmehr, dass zwischen den Sägewerken und den Käufern im Vorfeld der Auslieferung, Kontrakte über einen Zeitraum von durch-

747 vgl. Klein, S.; Frazier, G. and Roth, V.: a.a.O., S. 204 ff.; siehe auch: Schwaner, J.: Integration von Kunden und Lieferanten, a.a.O., S. 22

748 vgl. Schwaner, J.: Integration von Kunden und Lieferanten, a.a.O., S. 22

schnittlich einem bis mehreren Monaten geschlossen werden. Auf Basis dieser Verträge erfolgt der Rundholzeinschnitt[749] in den Sägewerken.

Jedoch ist es i.d.R. nicht möglich, für die vollständige Ausbeute aus dem Rundholzeinschnitt vorherige Vertragsabschlüsse durchzuführen. Je nach Marktlage,[750] sind insbesondere schlechtere Qualitäten, wie z.B. die Qualitäten Quinta/Sexta (vgl. Kap. 2.1.3.2) schwer abzusetzen. Auch besteht beispielsweise für bestimmte Längen auf dem Markt eine geringe Nachfrage.[751] Dies führt dazu, dass sich im Lager des Produzenten regelmäßig ein gewisser Stock an Schnittholz aufbaut. Diese Ware wird in so genannten Stocklisten zusammengefasst und regelmäßig an potentielle Käufer versandt.

An dieser Stelle tritt heute die Bedeutung importierender Holzgroßhändler hervor. Diese haben i.d.R. einen relativ guten Kontakt zu „Kleinabnehmern", die nordisches Nadelschnittholz benötigen. Diese Kunden besitzen häufig aufgrund ihrer Struktur nicht die Kapazität, ganze LKW Ladungen (mit einer durchschnittlichen Ladekapazität von ca. 50 cbm Nadelschnittholz) abzunehmen. Daher beziehen sie ihre Ware von den Importhändlern, die für sie u.a. die Lager- und Sortierfunktion übernehmen. Durch ihre gute Marktkenntnis und ihre Flexibilität, häufig verbunden mit einem hohen Maß an Kreativität,[752] können diese Importgroßhändler aus dieser sonst schwer absetzbaren Ware häufig noch ein für sie günstiges Geschäft entwickeln.

Auch wenn diese Distributionsform von nordischem Nadelschnittholz aus Stocklisten an deutsche Importgroßhändler nicht der in der Theorie be-

---

[749] Nicht nur der Einschnitt, sondern ebenfalls die gesamte davor gelagerte Organisationskette, wie z.B. Rundholzeinschlag, ‚-disposition, ‚-sortierung usw. erfolgt ebenso auf Grundlage dieser Kontraktvereinbarung.

[750] Ist das Angebot gering bei gleichzeitiger hoher Nachfrage, wird von Käuferseite versucht, sich soviel Ware wie möglich durch Vorverträge zu sichern, so dass kaum Schnittholz im Lager des Produzenten verbleibt, das wiederum über den „freien" Markt angeboten wird. Im umgekehrten Fall füllen sich die Läger der Sägewerke entsprechend stark auf und der Ablader versucht das Holz durch Stocklisten auf dem „freien" Markt zu veräußern.

[751] Insbesondere kann es zu Absatzschwierigkeiten kommen, wenn z.B. ein Käufer von einer selten nachgefragten Dimension lediglich bestimmte Längen erwirbt und die Restlängen im Sägewerk verbleiben.

[752] Diese Kreativität zeigt sich z.B. dadurch, dass sie diese Ware noch einer weiteren Veredelung zuführen, indem sie das Schnittholz z.B. zu Profilholz oder Rauhspund hobeln lassen und in Märkten unterbringen, auf denen weniger über die genaue Qualität bzw. Dimension und mehr über den Preis eingekauft wird.

schriebenen absolut reinen Distributionsform „Markt“ entspricht,[753] ist sie jedoch diejenige Abwicklungsform, die dem „Klassischen Vertrag“ (vgl. Kap. 4.6.5.2) am nächsten kommt.[754] Daher wird sie in der hier durchzuführenden Anpassung des Markt-Hierarchie-Kontinuums an die Distributionsstrukturen von nordischem Nadelschnittholz nach Deutschland auch als Marktvariante definiert. Ebenfalls zur Marktvariante können die Streckengeschäftsabteilungen der Importhobelwerke (vgl. Kap. 3.3.4 sowie Fußnote 235) gerechnet werden, da sie in ihrer Arbeitsweise den Importgroßhändlern weitgehend ähneln.

5.3.2 Hybride Koordinationsform bei der Abwicklung von nordischem Nadelschnittholz

Als hybride Koordinationsform im Zusammenhang mit der Distribution von nordischem Nadelschnittholz wird ebenfalls dem Beispiel von KLEIN, FRAZIER und ROTH gefolgt. Die auf dem deutschen Markt arbeitenden, unabhängigen Holzagenturen (vgl. Kap. 3.3.2) nehmen i.d.R. eine reine Vermittlungsfunktion ein und erwerben nicht selbständig Eigentum an dem Schnittholz. Somit entspricht diese hybride Koordinationsform der Definition „Intermediate Exchange“ der genannten Autoren.

Dabei ist es primär irrelevant, ob es sich um skandinavische Holzexportagenturen oder die in Deutschland ansässigen Holzimportagenturen handelt. Wesentlich ist, dass sie sich (in Abgrenzung zu den sägewerkseigenen Verkaufsbüros) weder im (Mit)eigentum der skandinavischen Produzenten befinden und daher formal nicht weisungsgebunden sind, noch (wie die Importgroßhändler) Eigentum an der Ware erwerben. Vielmehr handelt es sich bei beiden Typen von Holzagenturen um unabhängige, rechtlich selbständige Unternehmen, die im Auftrag der skandinavischen Ablader das Nadelschnittholz an die Käufer vermitteln und für diese Arbeit eine Vergütung in Form einer Provision erhalten.

---

753 Wie beschrieben, ist der klassische Vertrag in der Praxis eher die Ausnahme als die Regel (vgl. Kap. 4.6.5.2).

754 Lediglich der Handel mit nordischem Nadelschnittholz aus den russischen Nordmeerhäfen Archangelsk und Igarka kommt dem klassischen Vertrag noch näher. Die dortigen Sägemühlen schneiden das Rundholz im Wesentlichen ohne vorherige Abstimmung mit den Abnehmern nach den bestmöglichen Ausbeutekriterien des Rundholzes ein und verkaufen nach der Sortierung das vollständige Sortiment aller Dimensions- und Qualitätsstufen an die jeweiligen Importhändler. Diese Unternehmen lagern das Nadelschnittholz in angemieteten Lagerplätzen, (z.B. in holländischen oder deutschen Nordseehäfen), ein und versuchen das Holz aus diesen Lagern zu veräußern.

5.3.3 Hierarchische Koordinationsform bei der Abwicklung von nordischem Nadelschnittholz

Auch bei der Definition der hierarchischen Koordinationsform im Zusammenhang mit der vorliegenden Fragestellung wird der Überlegung von KLEIN, FRAZIER und ROTH entsprochen und folgende Unterteilung vorgenommen:

- Vertrieb des Nadelschnittholzes direkt von den skandinavischen Sägewerken aus;
- Verkaufsbüros der skandinavischen Sägewerke in Deutschland (vgl. Kap. 3.3.3).[755]

5.3.4 Mischformen bei der Abwicklung von nordischem Nadelschnittholz

In seltenen Fällen treten in der Praxis die oben beschriebenen institutionellen Arrangements in ihrer Reinform auf.[756] So ist es u.a. selbstverständlich, dass skandinavische Ablader, sofern sie mit Agenturen oder Verkaufsbüros arbeiten, ihre Stocklisten nicht nur an die Importgroßhändler sondern auch oder ausschließlich an die Agenturen senden, um die Ware abzusetzen. Dabei erfolgt eine Vermischung der marktlichen mit der hybriden Koordinationsform. Auch ist es nicht ungewöhnlich, dass die skandinavischen Sägewerke auf dem gleichen Markt mit manchen Importeuren mittels Agenturen arbeiten und somit die hybride Koordinationsform wählen und gleichzeitig mit anderen Käufern direkt Geschäfte machen und sich somit für eine hierarchische Koordination entscheiden. Die finnischen Sägewerke Hasa-Group, Iisveden Metsä OY und Kuhmo OY haben beispielsweise in Helsinki ein gemeinsames, im Eigentum der genannten Unternehmen befindliches Verkaufsbüro, welches die Verkäufe ins Ausland organisiert. Sie folgen somit der hierarchischen Koordinationsform. Im jeweiligen Exportland arbeitet dieses

---

[755] Auf eine Miteinbeziehung einer weiteren Form der hierarchischen Koordinationsform in die vorliegende Betrachtung, nämlich der vertikalen Integration der nächsten Verarbeitungsstufe von Nadelschnittholz, wie z.B. durch den Aufkauf des Bremer Hobelwerkes Louis Krages durch den finnischen Forstkonzern Finnforest geschehen, wird aufgrund der Fragestellung (vgl. Kap. 1) an dieser Stelle bewusst verzichtet.

[756] Siehe hierzu auch DÖRING, der darauf hinweist, dass sich in der Realität selten Organisationen finden, die sich einfach einer marktlichen, hierarchischen oder hybriden Form zuweisen lassen, stattdessen stellen Mischformen unterschiedlichster Art die Praxis wesentlich treffender dar. vgl. Döring, H.: a.a.O., S. 62 ff.; siehe hierzu auch Fußnote 686

Verkaufsbüro jedoch mit den Holzimportagenturen zusammen und wählt somit die hybride Koordinationsform aus, um ihre Produkte zu vertreiben.

Ebenso beziehen selbstverständlich die Importgroßhändler sowie Streckengeschäftsabteilungen der Hobelwerke ihr Nadelschnittholz nicht ausschließlich aus den Stocklisten der skandinavischen Sägewerke sondern schließen regelmäßig Kontrakte über einen fest definierten Lieferzeitraum ab.

Auch betreiben mittlerweile viele der Holzimportagenturen kein reines Agenturgeschäft mehr. Stattdessen sind sie mittlerweile häufig dazu übergegangen, Holz auf eigene Rechnung zu importieren und sich dadurch der oben beschriebenen Marktlösung anzunähern.[757]

Selbst die skandinavischen Forstkonzerne fahren in ihrer Distributionsstrategie keine einheitliche Linie. Beispielsweise vertreibt das finnische Unternehmen Finnforest sein Schnittholz nach Deutschland über ein in Bremen ansässiges Verkaufsbüro. Das mittlerweile mehrheitlich zum finnischen Konzern Metsäliitto gehörende schwedisch-norwegische Unternehmen Moelven Treindustri (vgl. Kap. 2.1.2.1) hat bis dato in Deutschland und Holland seine bisherige Strategie beibehalten und verkauft sein Holz weiterhin über Importagenturen.[758] Als weiteres Beispiel hat sich der finnische Konzern UPM-Kymmene dafür entschieden, den deutschen Markt über eine in Hamburg ansässige eigene Verkaufsniederlassung zu bedienen, währenddessen er in den Niederlanden noch über eine dortige Agentur seine Waren absetzt.

Anhand dieser Beispiele soll aufgezeigt werden, dass die tatsächliche Marktstruktur wesentlich komplexer ist, als dass sie sich auf drei deutlich voneinander abgrenzbaren Gruppen aufteilen ließe. Es kommt mittlerweile zu vielerlei Überschneidungen zwischen den einzelnen Koordinationsformen. Trotzdem soll im Rahmen der vorliegenden Untersuchung die oben beschriebene Dreigliederung in die institutionellen Arrange-

---

757 Diese Form tritt vor allem bei Importgeschäften mit Russland zu Tage, aber auch bei der Geschäftsabwicklung mit den baltischen Staaten lässt sich dies beobachten und selbst im skandinavischen Importhandel sind dem Autor einige Beispiele bekannt. Siehe hierzu auch: Belkert, J.; Hedberg, P.; Sjögren, E.: Träindustrin, Sågverk, grossister och industriella kunder, a.a.O., S. 16

758 Die schnelllebigen Entwicklungen in der Branche haben auch diese Aussage zumindest für Deutschland bereits wieder der Vergangenheit angehören lassen. Im Juni 2004 hat Moelven beschlossen, seine Vertriebsstrategie zu ändern. Ab Januar 2005 wird das Nadelschnittholz nach Deutschland über das in Bremen ansässige, ebenfalls zu Metsäliitto gehörende Verkaufsbüro von Finnforest vertrieben werden.

ments „Markt", „Hybride" und „Hierarchie" beibehalten werden, da diese Unterteilung noch immer der vorhandenen Grundaufteilung des Marktes entspricht.[759]

5.4 Weitere Differenzierung der hybriden Koordinationsform „Holzagentur"

KLEIN, FRAZIER und ROTH gehen in ihrer o.g. Untersuchung lediglich von einer einzigen hybriden Koordinationsform aus. Diese ordnen sie unter der Bezeichnung „Intermediate Exchange" in das Markt-Hierarchie-Kontinuum ein und schreiben ihnen die auf dem ausländischen Markt selbständig arbeitenden Agenturen zu. Gleichzeitig weisen Sie jedoch explizit darauf hin, dass es in diesem Bereich noch deutlichen Forschungsbedarf gibt. Daher ist es nach ihren Vorstellungen wünschenswert, wenn zukünftige Studien und Forschungen insbesondere die hybriden Koordinationsformen detaillierter untersuchen. Dabei soll ein besonderes Augenmerk auf die Abgrenzung der hybriden Koordinationsformen untereinander und gegenüber den benachbarten Grundformen „Markt" und „Hierarchie" gelegt werden.[760]

Diesem Wunsch sowie der aufgestellten Forderung der Institutionentheoretiker nach einer weiteren Verfeinerung der institutionellen Arrangements, die zwischen den Extremen des Spotmarktes und relationaler Vertragsverhältnisse angesiedelt sind (vgl. Kap. 4.8.3), soll im Folgenden Rechnung getragen werden. Zu diesem Zweck wird das von FISCHER erstellte Grundgerüst der Unterscheidung der hybriden Koordinationsformen in eine marktnahe und hierarchienahe Variante (vgl. Kap. 5.2) auf die Verhältnisse des nordischen Nadelschnittholzhandels übertragen. Dies geschieht, indem die hybride Koordinationsform Holzagentur (vgl. Kap. 5.3.2) nochmals weiter in eine marktnahe und eine hierarchienahe Agenturvariante untergliedert wird. Diese Unterscheidung geschieht aus der Annahme heraus, dass es zwischen Markt und Hierarchie nicht nur eine einzige Koordinationsform „Holzagentur" gibt, die in ihrer Arbeitsweise exakt in der Mitte zwischen den beiden Extrema liegt. Stattdessen

---

759 Dabei ist es nach Ansicht des Autors weniger von Interesse, ob beispielsweise in einer Agentur auch Handelsgeschäfte abgewickelt werden oder ob Forstkonzerne sowohl hierarchische als auch hybride Distributionsformen wählen. Wichtig für die vorliegende Betrachtung ist, dass sich diese drei institutionellen Arrangements im Marktgeschehen wieder finden und somit auch aus Transaktionskostensicht miteinander vergleichen lassen, unabhängig davon, ob sie nun im gleichen oder unterschiedlichen, rechtlichen Unternehmen agieren.

760 vgl. Klein, S.; Frazier, G. and Roth, V.: a.a.O., S. 206

dürften die verschiedenen Agenturen sich in ihrer Intensität der Zusammenarbeit mit den skandinavischen Abladern teilweise erheblich voneinander unterscheiden. Wie gesehen, kann man nicht nur von einer hybriden Koordinationsform, sondern von einem ganzen Integrationskontinuum ausgehen (vgl. Kap. 5.2), dessen einzelne Unternehmen auf unterschiedlichen Punkten dieses Kontinuums angesiedelt werden können. Somit kommt man zu dem Ergebnis, dass sich auch die auf dem nordischen Markt arbeitenden Holzagenturen durch ihre unterschiedlichen Zusammenarbeitsweisen mit den Abladern auf verschiedenen Punkten dieses Kontinuums wiederfinden. Von dieser Annahme wird auch im weiteren Verlauf dieser Arbeit ausgegangen. Vorerst wird jedoch, der Operationalisierbarkeit zuliebe, die oben beschriebene Zweiteilung in markt- und hierarchienahe Koordinationsform als Untersuchungsannahme beibehalten. Dies erfolgt aufgrund der Überlegung, dass es für die Hypothesenbildung vorerst weniger wichtig ist, feine Nuancen zwischen den unterschiedlichen Formen auf einer Seite des Spektrums zu definieren, sondern bedeutsamer erscheint, die wesentlichen Grundformen zu erkennen und voneinander abzugrenzen.

Auf Grundlage der zuvor geäußerten Überlegung wird folgende Zuordnung der im nordischen Holzgeschäft tätigen Unternehmen getroffen.

Markt	**Hybride Koordinationsformen**		**Hierarchie**
	Marktnah	**Hierarchienah**	
Importgroßhändler Streckengeschäftsabteilung der Importhobelwerke	Marktnahe Holzimportagenturen	Hierarchienahe Holzimportagenturen	Verkaufsbüros der Forstkonzerne Direktvertrieb aus Skandinavien

Abbildung 17: Koordinationsformen zwischen Markt und Hierarchie im Handel mit nordischem Nadelschnittholz[761]

Ausgehend von dem hier durchgeführten Gedankengang führt die Beschreibung der Marktverhältnisse (vgl. Kap. 2 und 3) zu der Erkenntnis,

761 Eigene Zusammenstellung. Die gestrichelte Linie zwischen den beiden hybriden Koordinationsformen „marktnahe" und „hierarchienahe" Holzimportagenturen soll darauf hinweisen, dass es nicht zwei feste „Blöcke" sind, die sich eindeutig voneinander abgrenzbar gegenüberstehen. Stattdessen nimmt aufgrund verschiedener, im Laufe dieser Arbeit noch weiter zu differenzierender Faktoren, die Zusammenarbeit zwischen der einen Gruppe der Agenturen und ihren Abladern einen eher marktnahen Charakter an, währenddessen andere Agenturen eher hierarchienahe Zusammenarbeit pflegen.

dass die Agenturen nicht nur mit einem einzigen Ablader zusammenarbeiten, sondern i.d.R. die Produktpalette verschiedener skandinavischer[762] Sägewerke auf dem deutschen Markt anbieten. Nun könnte theoretisch davon ausgegangen werden, dass diese Agenturen mit allen Produzenten gleich intensiv zusammenarbeiten. Viel wahrscheinlicher ist jedoch die Annahme, dass es in der Intensität der Zusammenarbeit zwischen den Unternehmen ebenfalls Unterschiede gibt. Mit manchen Partnern wird sicherlich eine intensivere Zusammenarbeit stattfinden, währenddessen mit anderen weniger intensiv kooperiert wird. Diese Annahme führt zu der Schlussfolgerung, dass es demnach nicht nur eine generelle Differenzierung zwischen marktnah und hierarchienah tätigen, hybriden Koordinationsformen geben müsste, sondern dass auch innerhalb des gleichen Agenturunternehmens die Vertretung der Ablader in tendenziell marktnähere versus hierarchienähere Intensitäten unterschieden werden müsste. Folgendes Schaubild soll dies beispielhaft verdeutlichen:

Agentur/Sägewerk Beziehungen			Sägewerke			
			S1	**S2**	**S3**	**S4**
rel. marktnah	Agenturen	**A1**	relativ marktnah	relativ marktnah	relativ marktnah	keine
		A2	relativ marktnah	relativ hierarchienah	relativ marktnah	keine
rel. hierarchienah		**A3**	relativ marktnah	relativ hierarchienah	relativ hierarchienah	keine
		A4	keine	keine	keine	relativ hierarchienah

Abbildung 18: Unterschiedliche Integrationsformen von Holzagenturen[763]

Folgende Annahmen sollen hierfür gelten:

1. Die Darstellung beschreibt beispielhaft vier Holzimportagenturen (A1 bis A4) in ihrer Zusammenarbeit mit ebenfalls vier beispielhaften Sägewerken (S1 bis S4). Die Intensität der Zusammenarbeit zwischen den Agenturen und Sägewerken wird in den nicht schattierten Feldern zwischen relativ marktnah bis zu relativ hierarchienah gegliedert.

---

762 Wie bereits mehrfach erwähnt, beschränkt sich die Vertretung in den häufigsten Fällen nicht allein auf die drei skandinavischen Länder, sondern da es sich um ein gleichwertiges Produkt handelt, wird auch oftmals noch das Schnittholz baltischer und/oder russischer Ablader mit vertrieben.

763 eigene Darstellung

2. Die Agentur A1 hat lediglich relativ marktnahe Beziehungen zu unterschiedlichen Produzenten während die Agentur A4 nur eine einzige relativ hierarchienahe Zusammenarbeit mit Sägewerk S4 pflegt.
3. Die Agentur A2 pflegt Beziehungen zu mehreren Sägewerken, wobei das Verhältnis zu S1 und S2 vergleichsweise marktnäher ist, währenddessen die Zusammenarbeit mit S3 als eher hierarchienah bezeichnet werden kann.
4. Die Agentur A3 pflegt ebenfalls Beziehungen zu mehreren Sägewerken, besitzt jedoch mehr hierarchienahe als marktnahe Kooperationen.
5. Ergo weisen die Agenturen A2 und A3 sowohl marktnahe als auch hierarchienahe Zusammenarbeitsformen auf dem Integrationskontinuum auf. Jedoch pflegt die Agentur A3 häufiger eine hierarchienahe Zusammenarbeit als dies die Agentur A2 umsetzt.

Durch diese Kategorisierung ist zu erkennen, dass von A1 zu A4 eine Zunahme der Zusammenarbeitsintensität erfolgt. Die unmittelbar folgende Agentur stellt generell eine relativ hierarchienähere, hybride Koordinationsform dar, als die vorige (A1<A2<A3<A4). Somit entspricht A1 der „markt-nähesten“ und A4 der „hierarchie-nähesten“ Variante.

Aus diesen Annahmen können folgende Behauptungen aufgestellt werden:

1. Es können allgemein marktnah von hierarchienah arbeitende Holzagenturen unterschieden werden;
2. Innerhalb der einzelnen Agenturen gibt es Beziehungen zu Abladern, die tendenziell eher marktnäher respektive hierarchienäher einzustufen sind;
3. Es gibt Agenturen, die schwerpunktmäßig marktnahe Verhältnisse pflegen, währenddessen andere in überwiegend hierarchienahen Beziehungen zu ihren Lieferanten stehen.

5.5 Arbeitshypothesen[764] zu den Bestimmungsfaktoren der Transaktionen

Im nächsten Schritt werden Arbeitshypothesen aufgestellt. Dies geschieht zur Überprüfung der im vorherigen Abschnitt durchgeführten

---

[764] Eine Arbeitshypothese ist eine vorläufige, aus dem aktuellen Stand der Vorarbeit gewonnene Vermutung über die Ursache-Wirkungszusammenhänge.

Aufgliederung in die verschiedenen institutionellen Arrangements.[765] Diese Hypothesen sollen im weiteren Verlauf dieser Arbeit einer empirischen Untersuchung unterzogen werden.

Zu diesem Zweck sollen die Transaktionsdimensionen (vgl. Kap. 4.6.3) auf die zu untersuchende nordische Holzbranche operationalisiert werden, um daraus in der Praxis überprüfbare Hypothesen zu erstellen. Als erster Schritt dafür werden die in der aktuellen Literatur auffindbaren Informationen der aus Lieferantensicht gegebenen Vor- bzw. Nachteile der jeweiligen unterschiedlichen institutionellen Arrangements gesammelt und strukturiert. In einem weiteren Schritt ist vorgesehen, diese den o.g. Transaktionsdimensionen zuzuordnen, um daraus Merkmale generieren zu können, die als Messgrundlage für eine empirische Erhebung dienen sollen. Abschließend werden Arbeitshypothesen erstellt, deren Aussagen in den weiteren Schritten empirisch ermittelt werden sollen.

5.5.1 Themenbezogene Literaturrecherche

In den Jahren von 1998 bis 2002 wurde im Auftrag der schwedischen Messegesellschaft ELMIA AB an der Internationalen Handelshochschule in Jönköping ein mehrstufiges Forschungsprojekt durchgeführt. Im Rahmen dieser Arbeit wurden die beteiligten Unternehmen bei der Distribution von schwedischem Nadelschnittholz und anderen Holzprodukten interviewt. Ziel dieser Untersuchung war es, herauszufinden, auf welche Weise der Vertrieb von schwedischem Nadelschnittholz organisiert ist und welche zukünftigen Entwicklungen diesbezüglich aus heutiger Sicht der Beteiligten zu erwarten sind. Insbesondere wurde dabei ein besonderes Augenmerk auf die vorhandenen „Marktzwischenstufen" gelegt und dabei deren Funktion, Bedeutung sowie deren jeweilige Kernkompetenz herausgearbeitet.

Im Rahmen dieses Projektes entstanden folgende drei Abschlussberichte:

1. **Agenter - Kärnkompetens i en föråldrad bransch**[766]
   Im Rahmen dieses Berichtes wurden in Schweden, England und

---

[765] Gemeint sind dabei die institutionellen Arrangements: „Markt - marktnahe - hierarchienahe Hybridform sowie Hierarchie" einerseits sowie die eher marktnahen versus hierarchienahen Zusammenarbeitsformen innerhalb der jeweiligen Agenturen andererseits.

[766] Übersetzung: „Agenten - Kernkompetenz in einer veralteten Branche".

Frankreich mehrere Holzagenturen untersucht. Ziel war es, deren Kernkompetenz herauszuarbeiten;[767]

2. **Trävaruindustrin - Mellanhänder och agentled**[768]
Diese Arbeit berichtet über die unterschiedlichen Distributionswege innerhalb der Holzindustrie Schwedens;[769]

3. **Träindustrin - Sågverk, grossister och industriella kunder**[770]
Diese Untersuchung baut auf die beiden vorhergehenden auf und hat den Zweck, den Standpunkt der unterschiedlichen Unternehmen zu den jeweils anderen beteiligten Branchensegmenten herauszuarbeiten. Außerdem ist noch eine Beurteilung des Waren- und Informationsflusses innerhalb dieser Branchensegmente in diesen Bericht mit eingeflossen.[771]

Diese drei Arbeiten stellen für das vorliegende Kapitel eine günstige Informationsquelle dar, da in ihnen umfangreiches empirisches Datenmaterial in Schweden sowie in England und Frankreich erhoben wurde.[772] Diese Daten weisen aufgrund ihrer Aktualität eine hohe Realitätsbezogenheit auf. Obwohl in keiner dieser Arbeiten explizit deutsche Unternehmen befragt wurden, können die Aussagen der interviewten Unternehmensrepräsentanten im Wesentlichen auch auf die hiesigen Verhältnisse übertragen werden. Der Grund liegt darin, dass diese Ausführungen zum einen häufig sehr allgemeingültig gehalten wurden, um einen umfassenden objektiven Überblick über die jeweiligen Branchensegmente zu erhalten.[773] Zum anderen stellt Deutschland, trotz rückgängiger

---

767 vgl. Belkert, J.; Hedberg, P.; Sjögren, E.: Agenter, Kärnkompetens i en föråldrad bransch, Internationella Handelshögskolan Jönköping, Juni 2000

768 Übersetzung: Die Holzwarenindustrie - Zwischenhändler und Agenturweg.

769 vgl. Belkert, J.; Sjögren, E.: Trävaruindustrin, Mellanhänder och agentled, Internationella Handelshögskolan Jönköping, August 1999

770 Übersetzung: Die Holzindustrie, Sägewerk, Großhändler und industrielle Kunden.

771 vgl. Belkert, J.; Hedberg, P.; Sjögren, E.: Träindustrin, Sågverk, grossister och industriella kunder, Internationella Handelshögskolan Jönköping, Juni - Dezember 2000

772 Insgesamt wurden in diesen drei Ländern 94 Unternehmen der Holzbranche interviewt. Während in Schweden vor allem Sägewerke, Agenturen sowie Großhändler befragt wurden, hat man sich in den beiden Importländern Frankreich und England vor allem auf die Importagenturen sowie die Importeure konzentriert.

773 Obwohl natürlich immer wieder Konflikte zwischen einzelnen Unternehmen der verschiedenen Branchensegmente angesprochen wurden, versuchten die Autoren einen relativ objektiven Blick des jeweiligen Segments auf den anderen wiederzugeben.

Verkaufszahlen (vgl. Kap. 2.3) in den vergangenen Jahren, noch immer einen der wichtigsten Märkte für schwedische Schnittholzproduzenten dar. Daher wurden bei diesen Interviews mindestens ebenso häufig Beispiele im Zusammenhang mit deutschen Unternehmen, wie mit Geschäftspartnern der anderen Nationen genannt. Es kann also angenommen werden, dass viele dieser Angaben auch in der Zusammenarbeit mit deutschen Partnern gültig sind.[774] Schließlich weist der deutsche Holzmarkt mit der französischen respektive englischen Situation in vielen Bereichen Parallelen auf,[775] so dass auch hier einige Inhalte von diesen übernommen werden können.[776]

5.5.2 Vor- und Nachteile der verschiedenen Distributionswege

Die unterschiedlichen Distributionswege für nordisches Nadelschnittholz Markt, Hybride und Hierarchie haben zwar grundsätzlich alle das gleiche Ziel, das nordische Nadelschnittholz auf dem deutschen Markt abzusetzen. Die Art und Weise, wie dies geschieht, unterscheidet sich teilweise erheblich voneinander. Im Folgenden sollen diese unterschiedlichen Arbeitsweisen voneinander abgegrenzt werden, um daraus die bedeutenden transaktionskostenrelevanten Wesensmerkmale ermitteln zu können. Diese Abgrenzung geschieht, indem die Vor- und Nachteile des jeweiligen Distributionsweges aus der Sicht der skandinavischen Lieferanten herausgearbeitet werden. Die ausschließliche Sichtweise der Lieferanten ist deswegen relevant, da es letztendlich ihrer Entscheidung obliegt, welchen Integrationsgrad sie für den Vertrieb der Waren wählen.

---

[774] Selbstverständlich wird im Folgenden genau darauf geachtet, dass nicht Annahmen getroffen werden, die für den deutschen Markt nicht zutreffend sind. Beispielsweise würde es nicht die Realität darstellen, wenn die Verhältnisse in der Zusammenarbeit mit den japanischen Sogo Shosha (Generalhandelshäuser) auf die Situation mit deutschen Holzimportgroßhändlern übertragen würden.

[775] Dies gilt vor allem für Frankreich. Als Beispiele hierfür können u.a. angeführt werden, die starke Konzentration auf Käuferseite, die auch in Frankreich zu beobachten ist, die vergleichsweise zu England geringe Anzahl von Importagenturen oder der vergleichsweise zu den Niederlanden geringe Machteinfluss der Importeure. Der englische Markt unterscheidet sich etwas stärker vom deutschen Markt, nicht zuletzt dadurch, dass er, im Vergleich zu Deutschland, Frankreich und den Niederlanden, überwiegend Rotholz einkauft, während die drei genannten Länder überwiegend Weißholzmärkte sind.

[776] Da der Autor seit mehreren Jahren in der Holzimportbranche tätig ist, besitzt er die fachliche Voraussetzung sowie praktischen Erfahrungen, um einzuschätzen, welche dieser angeführten Meinungen auch auf dem deutschen Markt relevant sind.

A. Marktliche Koordination (z.B. Importgroßhändler)

1. Vorteile bei der Marktbearbeitung durch die marktliche Koordinationsform

a. Durch Zusammenarbeit mit Importgroßhändlern kann das Sägewerk umgehend die etablierten Kontakte des Importeurs nutzen. Dadurch entstehen ihm weniger Marketingkosten. Die Kundensuche ist weniger aufwendig, da die Importeure entweder bereits bekannt sind oder relativ einfach ausfindig gemacht werden können;[777]

b. Der skandinavische Ablader muss sich bei dieser Variante lediglich um die Kreditwürdigkeit eines einzelnen oder einiger wenigen Kunden[778] kümmern. Der Importeur übernimmt das Kreditrisiko für den Lieferanten. Das bedeutet, dass der Produzent unter Umständen die Kreditversicherung spart. Das bringt ihm sowohl Zeitersparnis und mindert gleichzeitig das Risiko von finanziellen Verlusten;[779] [780]

c. Durch die Zusammenarbeit mit Importgroßhändlern entstehen dem Lieferanten geringe Distributionskosten. Die weitere Warenverteilung im Exportland wird i.d.R. durch den Großhändler übernommen;[781]

d. Kauft der Importeur bei verschiedenen Produzenten ein, um gemischte[782] LKW-Ladungen mit unterschiedlichen Produkten zusammenzustellen, übernimmt er in der Regel auch die Lieferungsabwicklung. Außerdem kümmert er sich dann auch um die damit verbundenen zoll- und steuerrechtlichen Aufgaben;[783]

---

777 vgl. Belkert, J.; Sjögren, E.: Trävaruindustrin, Mellanhänder och agentled, a.a.O., S. 13 ff.

778 Hiermit ist die Kreditwürdigkeit des jeweiligen Importgroßhändlers gemeint.

779 Der Produzent spart die Kreditversicherung dann, wenn er sich regelmäßig über die Kreditwürdigkeit der Importeure auf dem Laufenden hält. Hat er mehrere (kleinere) Kunden, ist es letztendlich besser, er versichert seine gesamte Ware (vgl. Kap. 3.7.5.2).

780 vgl. Belkert, J.; Sjögren, E.: Trävaruindustrin, Mellanhänder och agentled, a.a.O., S. 13 ff.

781 vgl. ebenda

782 Der Begriff „gemischte Ladungen" bedeutet in diesem Zusammenhang eine Lieferungszusammenstellung verschiedener Produkte, wie z.B. Schnittholz, Hobelware, Sperrholz u.a. oder Waren von verschiedenen Lieferanten, z.B. Rotholz vom Ablader X und Weißholz vom Ablader Y oder eine Dimension Weißholz von Ablader X und die andere Dimension Weißholz vom Ablader Y usw.

783 vgl. Belkert, J.; Sjögren, E.: Trävaruindustrin, Mellanhänder och agentled, a.a.O., S. 18 ff.

e. Im Vergleich zu dem im Exportland ansässigen Verkaufspersonal, besitzt der Importeur sowohl räumlich aber auch (geschäfts-)kulturell einen näheren Kontakt zum Kunden. Daher kann er i.d.R. auf Wünsche und Probleme des Käufers besser und schneller eingehen;[784]
f. Durch seine gute Marktkenntnis hat der Importgroßhändler häufig auch Abnahmemöglichkeiten von schlechteren Qualitäten oder schwierig abzusetzenden Längen, für die es anderweitig ein Problem sein könnte, Käufer zu finden;[785]
g. Der Importgroßhändler kann durch seine Handelsfunktionen (Sortimentsausgleich-, Sammel-, Lagerhaltungsfunktion usw.[786]) auch Kunden beliefern, die für das Sägewerk sonst nicht lukrativ wären;[787]
h. Der Importgroßhändler hat, im Gegensatz zu kleineren, weniger erfahrenen Holzkäufern, häufig bessere Kenntnisse über die administrativen Anforderungen von Importgeschäften;[788]
i. Bei Auftreten von Reklamationen übernimmt i.d.R. der Importeur die erforderlichen Aufwendungen wie Reisetätigkeit, Begutachtung, Einigung usw. und regelt dies im Anschluss mit dem Lieferanten.[789]

2. Nachteile bei der Marktbearbeitung durch die marktliche Koordinationsform

a. Der Importeur benötigt für seine Dienstleistung eine entsprechende Vergütung. Diese ergibt sich entweder in Form eines Preisauf-

---

784 vgl. Belkert, J.; Hedberg, P.; Sjögren, E.: Träindustrin, Sågverk, grossister och industriella kunder, a.a.O., S. 23 sowie S. 58

785 vgl. Belkert, J.; Sjögren, E.: Trävaruindustrin, Mellanhänder och agentled, a.a.O., S. 16 ff.; siehe auch: Belkert, J.; Hedberg, P.; Sjögren, E.: Träindustrin, Sågverk, grossister och industriella kunder, a.a.O., S. 24

786 Zum Beispiel lassen manche Importgroßhändler das eingekaufte Schnittholz noch weiter veredeln, z.B. durch Lohnhobeln, (vgl. Kap. 3.3.4). vgl. Belkert, J.; Sjögren, E.: Trävaruindustrin, Mellanhänder och agentled, a.a.O., S. 18 ff.; siehe auch: Belkert, J.; Hedberg, P.; Sjögren, E.: Träindustrin, Sågverk, grossister och industriella kunder, a.a.O., S. 25

787 vgl. Belkert, J.; Sjögren, E.: Trävaruindustrin, Mellanhänder och agentled, a.a.O., S. 16 ff.; siehe auch: Belkert, J.; Hedberg, P.; Sjögren, E.: Träindustrin, Sågverk, grossister och industriella kunder, a.a.O., S. 24. 30, 34, 38 und 39

788 Hierzu zählen beispielhaft Kenntnisse über Transport, Zahlung, Dokumentenabwicklung usw. (vgl. Kap. 3.5, 3.6, und 3.7).

789 vgl. Belkert, J.; Sjögren, E.: Trävaruindustrin, Mellanhänder och agentled, a.a.O., S. 18 ff.; siehe auch: Belkert, J.; Hedberg, P.; Sjögren, E.: Träindustrin, Sågverk, grossister och industriella kunder, a.a.O., S. 58

schlages für seine Kunden und/oder der Lieferant muss seine Waren vergleichsweise günstiger an den Importeur verkaufen.[790] Die Gefahr für den Produzenten besteht darin, dass ein Mitbewerber seine Ware mit einer anderen Distributionsform entsprechend billiger anbieten kann und somit Marktanteile gewinnt;[791]

b. Durch den Verkauf an Importgroßhändler findet kein bzw. kaum ein Informationsfluss vom Endkunden zum Produzenten statt. Der Lieferant erhält somit weder ein Feedback über den Endkunden, noch über den Verwendungszweck seiner Ware. Dadurch wird ihm die Möglichkeit erschwert, seine Leistung entsprechend den Kundenanforderungen anzupassen. Die Gefahr besteht, dass der Lieferant Informationen zu spät über veränderte Marktanforderungen erhält und er dadurch gegenüber seinen Mitbewerbern in Rückstand gerät. Der Importgroßhändler behält i.d.R. diese Informationen für sich, um nicht der Gefahr ausgesetzt zu sein, dass der Produzent mit seinem Kunden direkt in Kontakt tritt (oder umgekehrt);[792]

c. Der Lieferant hat keinerlei Kontrolle über die Verkaufsaktivitäten des Importgroßhändlers.

B. Hybride Koordination (Holzimportagenturen)

1. Vorteile bei der Marktbearbeitung durch die hybride Koordinationsform

a. Durch etablierte Holzagenturen können neue Märkte deutlich kostengünstiger erschlossen werden. Außerdem ist es einfacher, neue Produkte in einem etablierten Markt zu vermarkten, als dies durch unternehmenseigenes Verkaufspersonal geschehen kann;[793]

---

790 Viele Produzenten sehen diesen Preisaufschlag des Importgroßhändlers als zu hoch an und versuchen daher diesen insbesondere in den bekannten (benachbarten) Märkten zu umgehen, indem sie direkt versuchen, die Kunden der Importeure zu beliefern. vgl. Belkert, J.; Sjögren, E.: Trävaruindustrin, Mellanhänder och agentled, a.a.O., S. 15; siehe auch: Belkert, J.; Hedberg, P.; Sjögren, E.: Träindustrin, Sågverk, grossister och industriella kunder, a.a.O., S. 38 f. und S. 54 f.

791 Andererseits weisen Belkert et al. darauf hin, dass viele skandinavische Ablader häufig die Höhe der Distributions- bzw. Marketingkosten unterschätzen vgl. Belkert, J.; Sjögren, E.: Trävaruindustrin, Mellanhänder och agentled, a.a.O., S. 15

792 vgl. Belkert, J.; Sjögren, E.: Trävaruindustrin, Mellanhänder och agentled, a.a.O., S. 20 ff.; siehe auch: Belkert, J.; Hedberg, P.; Sjögren, E.: Träindustrin, Sågverk, grossister och industriella kunder, a.a.O., S. 14, 17, 23, 24, 37, 58 sowie: Belkert, J.; Hedberg, P.; Sjögren, E.: Agenter, a.a.O., S. 48

793 vgl. Belkert, J.; Sjögren, E.: Trävaruindustrin, Mellanhänder och agentled, a.a.O., S. 15 ff.; siehe auch: Belkert, J.; Hedberg, P.; Sjögren, E.: Träindustrin, Sågverk,

b. Als im Importland tätiges Unternehmen sollte der Agent normalerweise immer gut über die aktuellen Marktgegebenheiten, (wie z.B. Preissituation, Insolvenzgefahr von Kunden usw.) informiert sein.[794] Somit ist er seinem Lieferanten (wie auch Käufer) ein wertvoller und wichtiger Ratgeber;[795]
c. Der Agent stellt im Vergleich zum Importgroßhandel einen persönlichen Kontakt zwischen Käufer und Lieferant her und schafft dadurch Geschäftsbeziehungen. Der Lieferant weiß, wohin seine Ware geliefert wird und zu welchem Produkt sie weiterverarbeitet wird. Es finden Idealerweise regelmäßig gegenseitige Konsultationen statt, in denen zusätzlich der gewünschte Informationsaustausch erfolgt;[796]
d. Da Agenturen i.d.R. bemüht sind, über längere Zeit intensiv mit dem jeweiligen Ablader zusammenzuarbeiten, kennen sie sich gut mit den kulturellen, landestypischen Besonderheiten des Lieferantenlandes aus. Außerdem haben sie mit dem Lieferanten ein langfristiges, im günstigen Fall auf Vertrauen[797] basierendes Verhältnis aufgebaut. Dieses gestaltet Verhandlungen sowie Reklamationen usw. leichter;[798]

---

grossister och industriella kunder, a.a.O., S. 16; sowie: Belkert, J.; Hedberg, P.; Sjögren, E.: Agenter, a.a.O., S. 52 und 54

794 Diese Aufgabe, sich über den Markt informiert zu halten und ihn zu analysieren ist nach Ansicht eines französischen Agenten die wichtigste Aufgabe des Agenten. vgl. Belkert, J.; Hedberg, P.; Sjögren, E.: Agenter, a.a.O., S. 38, 52 und 54

795 vgl. Belkert, J.; Sjögren, E.: Trävaruindustrin, Mellanhänder och agentled, a.a.O., S. 15 ff.; siehe auch: vgl. Belkert, J.; Hedberg, P.; Sjögren, E.: Agenter, a.a.O., S. 39 und 52

796 vgl. Belkert, J.; Sjögren, E.: Trävaruindustrin, Mellanhänder och agentled, a.a.O., S. 15 ff.; siehe auch: Belkert, J.; Hedberg, P.; Sjögren, E.: Träindustrin, Sågverk, grossister och industriella kunder, a.a.O., S. 17, 18, 37 und 38; sowie: Belkert, J.; Hedberg, P.; Sjögren, E.: Agenter, a.a.O., S. 52

797 Diese soziale Kompetenz der Agenturen, durch ihre Fähigkeit, Beziehungen mit Lieferanten und Kunden auf einer Basis des Vertrauens aufzubauen und zu pflegen, ist nach Belkert et. al eine der bedeutsamsten Eigenschaften der Agenturunternehmen; vgl. Belkert, J.; Hedberg, P.; Sjögren, E.: Agenter, a.a.O., S. 50, 52 und 54

798 vgl. Belkert, J.; Sjögren, E.: Trävaruindustrin, Mellanhänder och agentled, a.a.O., S. 15 ff.; siehe auch: Belkert, J.; Hedberg, P.; Sjögren, E.: Träindustrin, Sågverk, grossister och industriella kunder, a.a.O., S. 17 und 19

e. Im Vergleich zu dem im Exportland ansässigen Verkaufspersonal ist der Importagent i.d.R. gleicher Nationalität wie der Käufer.[799] Dies bedeutet, dass ihm auch die kulturellen Eigenheiten des Käufers sozusagen angeboren sind. Er übernimmt dadurch die Funktion eines „Kulturvermittlers“ zwischen der (Geschäfts-)Kultur des Lieferanten und derjenigen des Käufers. Dieses erleichtert sowohl Verhandlungen als auch Reklamationsbearbeitungen i.d.R. deutlich;[800]
f. Der Agent genießt im Idealfall, im Vergleich zu den Verkaufsbüros, als „neutrale“ Zwischeninstanz ein hohes Vertrauen sowohl von Lieferanten als auch Kundenseite. Dadurch können z.B. Streitigkeiten einfacher geregelt werden;[801]
g. Der Agent ist berufsbedingt stärker marktorientiert als dies die Produzenten sind. Denen werden häufig eine stärkere Produktionsorientierung und zu geringe Marktkenntnisse unterstellt;[802]
h. Agenten führen i.d.R. die Vertragsverhandlungen, womit sie sich ein hohes Marktwissen und ein gutes Verhandlungsgeschick erwerben;[803]
i. Agenturen sind aus Lieferantensicht leichter zu steuern und daher auch vertrauenswürdiger, als dies vergleichsweise Importgroßhändler sind;[804]

---

799 Beziehungsweise was im vorliegenden Fall den österreichischen bzw. schweizerischen Markt betrifft, zumindest dem gleichen kulturellen Gebiet zuzuordnen und der gleichen Muttersprache mächtig.

800 vgl. Belkert, J.; Sjögren, E.: Trävaruindustrin, Mellanhänder och agentled, a.a.O., S. 15 ff.; Dies ist nach Ansicht eines schwedischen Verbandsmitglieds eines der bedeutsamsten Aufgaben der Agenturen; vgl. Belkert, J.; Hedberg, P.; Sjögren, E.: Agenter, a.a.O., S. 37, 52 und 54

801 vgl. Belkert, J.; Sjögren, E.: Trävaruindustrin, Mellanhänder och agentled, a.a.O., S. 15 ff.; siehe auch: Belkert, J.; Hedberg, P.; Sjögren, E.: Träindustrin, Sågverk, grossister och industriella kunder, a.a.O., S. 16, 23 und 38

802 vgl. Belkert, J.; Sjögren, E.: Trävaruindustrin, Mellanhänder och agentled, a.a.O., S. 15 ff.; siehe auch: Belkert, J.; Hedberg, P.; Sjögren, E.: Träindustrin, Sågverk, grossister och industriella kunder, a.a.O., S. 23, 31, und 32; sowie: Belkert, J.; Hedberg, P.; Sjögren, E.: Agenter, a.a.O., S. 36, S. 39, 43, 48, 50, 52 und 54

803 vgl. Belkert, J.; Sjögren, E.: Trävaruindustrin, Mellanhänder och agentled, a.a.O., S. 15 ff.; siehe auch: Belkert, J.; Hedberg, P.; Sjögren, E.: Träindustrin, Sågverk, grossister och industriella kunder, a.a.O., S. 39

804 vgl. Belkert, J.; Hedberg, P.; Sjögren, E.: Träindustrin, Sågverk, grossister och industriella kunder, a.a.O., S. 14

j. Bei der Zusammenarbeit mit Agenturen können sowohl Lieferanten als auch Käufer jeweils mit einem einzigen Ansprechpartner einen großen Teil von Marktpartnern erreichen;[805]
k. Das Importagenturunternehmen befindet sich im Käuferland und kann vergleichsweise zu den im Exportland ansässigen Verkaufsbüros schon aufgrund der räumlichen Nähe zum Käufer möglicherweise auftretende Reklamationen deutlich kostengünstiger bewältigen;[806]
l. Holzimportagenturen verursachen im Vergleich zu unternehmenseigenen Verkaufsbüros lediglich dann Kosten, wenn ein Geschäft zustande kommt. Alle anderen sonstigen Kosten, wie Suchkosten, Verhandlungskosten usw. sind für den Lieferanten kostenlos, solange kein Vertragsabschluss dadurch zustande kommt;[807]
m. Da Agenten lediglich an Geschäftsabschlüssen verdienen, müssen sie, im Gegensatz zu fest angestelltem Verkaufspersonal, wesentlich flexibler und aktiver den Markt bearbeiten. Sie führen die Agentur in eigener Verantwortung und auf eigenes Risiko und der Erfolg respektive Misserfolg steht in einem unmittelbaren Verhältnis zu ihren Aktivitäten;[808]
n. Die Agentur erwirbt kein Eigentum an der Ware und übernimmt auch lediglich einen, zum Importgroßhändler vergleichsweise geringen Teil der klassischen Handelsfunktionen. Daher kann er seine Dienstleistung deutlich günstiger anbieten;[809]
o. Manche Agenturen stehen für den Lieferanten Delkredere (vgl. Kap. 3.7.5.2) und übernehmen dadurch das Kreditrisiko für ihren Lieferanten;[810] [811]

---

805 vgl. Belkert, J.; Hedberg, P.; Sjögren, E.: Agenter, a.a.O., S. 54

806 vgl. Belkert, J.; Sjögren, E.: Trävaruindustrin, Mellanhänder och agentled, a.a.O., S. 15 ff.; siehe auch: Belkert, J.; Hedberg, P.; Sjögren, E.: Träindustrin, Sågverk, grossister och industriella kunder, a.a.O., S. 28

807 vgl. Belkert, J.; Sjögren, E.: Trävaruindustrin, Mellanhänder och agentled, a.a.O., S. 15 ff.; siehe auch: Belkert, J.; Hedberg, P.; Sjögren, E.: Träindustrin, Sågverk, grossister och industriella kunder, a.a.O., S. 17 wie auch: Belkert, J.; Hedberg, P.; Sjögren, E.: Agenter, a.a.O., S. 37 und 52

808 vgl. Belkert, J.; Sjögren, E.: Trävaruindustrin, Mellanhänder och agentled, a.a.O., S. 15 ff.; siehe auch: Belkert, J.; Hedberg, P.; Sjögren, E.: Träindustrin, Sågverk, grossister och industriella kunder, a.a.O., S. 17

809 vgl. Belkert, J.; Sjögren, E.: Trävaruindustrin, Mellanhänder och agentled, a.a.O., S. 15 ff.

810 Sie bekommen aber dafür auch eine entsprechend höhere Provision vom Lieferanten.

p. Manche Agenturen spezialisieren sich ausschließlich auf ein Produkt, wie z.B. Schnittholz, und treten daher nicht in Konkurrenz zu den Kunden ihrer Lieferanten.[812]

2. Nachteile bei der Marktbearbeitung durch die hybride Koordinationsform

a. Die Agentur arbeitet i.d.R. für mehrere Lieferanten und ist daher nicht zwingend daran interessiert, die Ware für einen bestimmten Lieferanten zu vermitteln. Dem Agenten wird unterstellt, dass er vor allem diejenige Ware verkauft, für die er im Verhältnis zwischen Aufwand und Ertrag das beste Ergebnis erzielt;[813]
b. Fachspezifisches Wissen, das der Agent vom Lieferanten erhält, kann der Agent auch für den Vertrieb der Produkte der Mitbewerber des Lieferanten nutzen, so dass diese davon profitieren können;
c. Das Agenturunternehmen verdient lediglich am Verkaufsprozess. Daher ist der Agent tendenziell eher an einem Vertragsabschluss (auch zu einem niedrigeren Preis) interessiert, als der Gefahr ausgesetzt zu sein, durch zu hohe Preisforderungen den Geschäftsabschluss zu verlieren;[814]
d. Agenten werden in Abgrenzung zu unternehmenseigenem Verkaufspersonal von den Sägewerken als „Kommunikationsfilter" betrachtet. Es wird angenommen, dass sie berufsstandsbedingt nicht sämtliche Information ungefiltert weiterleiten. Daher werden sie in

---

811 vgl. Belkert, J.; Sjögren, E.: Trävaruindustrin, Mellanhänder och agentled, a.a.O., S. 15 ff.

812 Dieser Vorwurf wird häufig den Repräsentanten der skandinavischen Forstkonzerne gemacht. Allerdings gibt es auch Agenturen, die z.B. sowohl Schnittholz an die deutsche Importhobelindustrie veräußern als auch Hobelware an deren Kunden. Somit stehen sie in unmittelbarer Konkurrenz zu ihren eigenen Kunden; siehe auch: Belkert, J.; Hedberg, P.; Sjögren, E.: Träindustrin, Sågverk, grossister och industriella kunder, a.a.O., S. 18

813 Für den Käufer bedeutet dies i.d.R. einen Vorteil, da er lediglich einen Agenten konsultieren muss, um Angebote von verschiedenen Lieferanten zu bekommen. Der Agent übernimmt für ihn die Aufgabe, die Angebote von mehreren Seiten einzuholen. vgl. Belkert, J.; Sjögren, E.: Trävaruindustrin, Mellanhänder och agentled, a.a.O., S. 20 ff. sowie: Belkert, J.; Hedberg, P.; Sjögren, E.: Träindustrin, Sågverk, grossister och industriella kunder, a.a.O., S. 18

814 vgl. Belkert, J.; Sjögren, E.: Trävaruindustrin, Mellanhänder och agentled, a.a.O., S. 20 ff., siehe auch: Belkert, J.; Hedberg, P.; Sjögren, E.: Träindustrin, Sågverk, grossister och industriella kunder, a.a.O., S. 18

den Augen mancher Lieferanten für neue Produktentwicklungen als Behinderung gesehen;[815]

e. Ein gutes Verhältnis zwischen Agent und Käufer könnte dazu führen, dass der Agent seine Mittlerrolle falsch verstehen könnte und sich mehr um die Interessen des Käufers kümmert, als um die seines Lieferanten;[816]

f. Agenturen (wie die gesamte Holzbranche) sind allgemein mit Nachwuchsproblemen konfrontiert. Das relativ hohe Durchschnittsalter der Agenten wird als Hindernis angesehen, sich den Herausforderungen der heutigen Zeit, (z.B. Computer, neue Medien etc.) stellen zu wollen;[817]

g. Die Leistungen eines Agenten sind i.d.R. schwierig zu messen. Es ist nicht ersichtlich, ob ein Abschluss aufgrund der Arbeit eines Agenten oder anderer Faktoren zustande gekommen ist.[818]

C. Hierarchische Koordination (Eigenvertrieb durch Verkaufsbüros)

1. Vorteile bei der Marktbearbeitung durch die hierarchische Koordinationsform

a. Durch die hierarchische Koordination kann eine vergleichsweise intensivere Kommunikation mit dem Käufer geführt werden. Dieses ermöglicht wiederum einen besseren und intensiveren Informationsaustausch. Somit kann eine käuferangepasste Dienstleistung durch den Produzenten erfolgen, da bei eigenem Verkaufspersonal die Gefahr der Informationszurückhaltung bzw. -filterung nicht so intensiv gegeben ist;[819]

---

815 vgl. Belkert, J.; Sjögren, E.: Trävaruindustrin, Mellanhänder och agentled, a.a.O., S. 20 ff.; siehe auch: Belkert, J.; Hedberg, P.; Sjögren, E.: Träindustrin, Sågverk, grossister och industriella kunder, a.a.O., S. 14, 37; sowie: Belkert, J.; Hedberg, P.; Sjögren, E.: Agenter, a.a.O., S. 40, 48, 52 und 54

816 Der Agent hat durch seine Mittlerrolle sozusagen eine zweifache Prinzipal-Agent-Beziehung; zum einen mit seinem Lieferanten und zum anderen mit seinem Käufer. vgl. Belkert, J.; Hedberg, P.; Sjögren, E.: Agenter, a.a.O., S. 37 und 49

817 vgl. Belkert, J.; Hedberg, P.; Sjögren, E.: Agenter, a.a.O., S. 33, 35, 39 f., 50 und S 52

818 Die Hauptleistungen von Agenturen (soziale Kompetenz, Schaffen und Aufrechterhalten von Beziehungen, geschäftskulturelles Wissen um Verkäufer und Käufer, Servicedenken usw.) sind schwierig messtechnisch ermittelbar; vgl. Belkert, J.; Hedberg, P.; Sjögren, E.: Agenter, a.a.O., S. 52 und 54; siehe hierzu auch die Ausführungen zur Prinzipal-Agent-Theorie (vgl. Kap. 4.5)

819 vgl. Belkert, J.; Sjögren, E.: Trävaruindustrin, Mellanhänder och agentled, a.a.O., S. 20 ff.; siehe auch: Belkert, J.; Hedberg, P.; Sjögren, E.: Träindustrin, Sågverk,

b. Im Allgemeinen kann angenommen werden, dass der Produzent eine relativ bessere Marktinformation erhält, als dies bei den beiden anderen Koordinationsvarianten der Fall ist. Das Verkaufspersonal ist i.d.R. angehalten, regelmäßig Marktberichte an ihre skandinavischen Vorgesetzten zu schicken. Dies ermöglicht wiederum eine relativ schnellere Reaktion auf eventuell veränderte Marktverhältnisse;
c. Die Steuerung von eigenem Verkaufspersonal ist vergleichsweise einfacher, als dies z.B. bei den selbständigen Agenturen oder unabhängigen Importgroßhändlern der Fall ist;[820]
d. Da Verkaufspersonal i.d.R. einen größeren Kompetenzspielraum bzw. mehr Entscheidungsfreiheit besitzt als z.B. Agenturen, können Verhandlungen bzw. Reklamationen schneller bearbeitet werden;[821]
e. Es ist eher gewährleistet, dass das eigene Personal seine gesamte Arbeitskraft dem Verkauf der firmeneigenen Produkte widmet und nicht andere Unternehmensprodukte bevorzugt werden. Dadurch können auch schwierige Produkte, wie z.B. schlechtere Qualitäten, problematische Längen, usw. leichter im Markt positioniert werden;[822]
f. Der Konzentrationsprozess auf Käuferseite führt zu größeren Unternehmenseinheiten, die eine intensive Betreuung erfordern. Diese Betreuung kann vom eigenen Personal besser durchgeführt werden, da dieses nicht ausschließlich an einem schnellen Geschäftsabschluss interessiert sein muss;
g. Durch eine weitere Veredelung des Schnittholzes, (z.B. zu Hobelware, Thermoholz, Holzwerkstoffe usw.) werden die Produkte immer spezieller und dadurch beratungsintensiver. Dadurch werden intensivere Schulungen des Verkaufspersonals notwendig. Bei ei-

---

grossister och industriella kunder, a.a.O., S. 14, S. 17 und 37; sowie: Belkert, J.; Hedberg, P.; Sjögren, E.: Agenter, a.a.O., S. 40 und 52

820 vgl. Belkert, J.; Hedberg, P.; Sjögren, E.: Träindustrin, Sågverk, grossister och industriella kunder, a.a.O., S. 14; andererseits setzt sich das Verkaufspersonal vor Ort i.d.R. aus einheimischen Personen, (häufig ehemalige Mitarbeiter von Agenturen), zusammen und aus skandinavischer Sicht wird behauptet, dass diese nicht minder schwierig zu steuern sind als vergleichsweise Agenturen; vgl. Belkert, J.; Hedberg, P.; Sjögren, E.: Agenter, a.a.O., S. 33 und 43

821 vgl. Belkert, J.; Hedberg, P.; Sjögren, E.: Träindustrin, Sågverk, grossister och industriella kunder, a.a.O., S. 38

822 vgl. Belkert, J.; Sjögren, E.: Trävaruindustrin, Mellanhänder och agentled, a.a.O., S. 20 ff.

genem Personal bleiben diese Investitionen im Unternehmen und kommen nicht gleichzeitig anderen Lieferanten zu Gute;[823]

h. Neue Produkte bedürfen eines vergleichsweise intensiven Marketings. Dieses ist besonders zeit- und somit auch kostenintensiv. Eigenes Verkaufspersonal, das nicht ausschließlich anhand von Geschäftsabschlüssen bezahlt wird, hat für diese Zwecke i.d.R. wesentlich mehr freie Ressourcen;[824]
i. Bei einer breiteren Produktpalette (Schnittholz/Hobelware/Sperrholz usw.) läuft der gesamte Vertrieb unter einer einheitlichen Vertriebsschiene, welches insbesondere bei größeren Unternehmen unter Corporate Identity Gesichtspunkten wünschenswert wird.[825]

2. Nachteile bei der Marktbearbeitung durch die hierarchische Koordinationsform

a. Die Kosten für die Etablierung eines Verkaufsbüros, die Auswahl sowie die Anstellung von leistungsfähigem Personal und die Marktbearbeitung müssen vorinvestiert werden. Es können nur selten bestehende Kontakte übernommen werden. Dadurch kann die Startphase zeitaufwendig und somit kostenintensiv sein;
b. Verkaufsbüros verkaufen i.d.R.[826] lediglich für ein Unternehmen bzw. eine Unternehmensgruppe. Sie können daher im Vergleich zur Agentur nicht genauso intensiv über Abschlüsse von Mitbewerbern informiert sein;
c. Verkaufsbüros müssen auch in konjunkturell schwierigeren Zeiten mit geringeren Verkaufsabschlüssen betrieben werden. Somit sind sie dann teurer als Agenturen;[827]
d. Das Verkaufspersonal ist i.d.R. nicht ausschließlich von der gezahlten Provision abhängig. Dadurch müssen sie, vergleichsweise

---

823 Dies wird von einem französischen Importeur als der bedeutsamste Grund angegeben, warum von den skandinavischen Konzernen eigene Verkaufsbüros vor Ort etabliert werden; vgl. Belkert, J.; Hedberg, P.; Sjögren, E.: Agenter, a.a.O., S. 33 f.

824 vgl. Belkert, J.; Hedberg, P.; Sjögren, E.: Agenter, a.a.O., S. 34

825 siehe auch: Belkert, J.; Hedberg, P.; Sjögren, E.: Träindustrin, Sågverk, grossister och industriella kunder, a.a.O., S. 17

826 Dem Autor ist ein Fall bekannt, bei dem ein Verkaufsbüro eines skandinavischen Sägewerks auch noch auf Agenturbasis mit anderen Lieferanten Geschäfte abwickeln kann, so lange es die Belange des Mutterunternehmens nicht stört.

827 vgl. Belkert, J.; Hedberg, P.; Sjögren, E.: Träindustrin, Sågverk, grossister och industriella kunder, a.a.O., S. 17 sowie: Belkert, J.; Hedberg, P.; Sjögren, E.: Agenter, a.a.O., S. 37

zu Agenturen, nicht zwingend die gleichen Aktivitäten aufbringen, um im Markt bestehen zu können;[828]

e. Das Verkaufspersonal wird vom Käufer als Vertreter des Lieferanten angesehen. Daher genießt es unter Umständen von Käuferseite nicht das gleiche Vertrauen wie ein Agent, der eher als Vermittler zwischen Lieferant und Käufer betrachtet wird.[829]

Diese Gegenüberstellung der Vor- und Nachteile zeigt auf, dass eine Reihe plausibler Argumente für oder wider den jeweiligen Distributionsweg sprechen. Die Schwierigkeit dabei ist jedoch, die qualitative Bedeutung der einzelnen Faktoren herauszufinden und zu bewerten. Eine rein quantitative Beurteilung, je nachdem welcher Distributionsweg mehr oder weniger Vor- respektive Nachteile aufweist, erscheint wenig geeignet, um zu ermitteln, welche Koordinationsform für die jeweilige Situation geeignet ist, bzw. von den jeweiligen Marktteilnehmern genutzt wird. Stattdessen ist ein umfassendes Gerüst notwendig, um festzustellen, in welchem Falle das jeweilige institutionelle Arrangement den anderen überlegen ist. Dieses Gerüst soll aus den Transaktionsdimensionen (vgl. Kap. 4.6.3) entwickelt werden.

5.5.3 Zusammenführung der Eigenschaften der beschriebenen Distributionswege mit den Transaktionsdimensionen der Transaktionskostentheorie

In Untersuchungen zur Transaktionskostenthematik wird meist der Weg beschritten, dass zuerst Hypothesen zu den jeweiligen Transaktionsdimensionen erstellt werden. Aus deren jeweiliger Ausprägung wird dann ermittelt, ob z.B. Markt, Hybride oder Hierarchie die geeignete Distributionsform ist. Ist beispielsweise die Transaktionsdimension „Faktorspezifität" stark ausgeprägt, entsteht daraus die Schlussfolgerung, die geeignete Koordinationsform sei die Hierarchie. Diese Hypothesen werden dann in empirischen Befragungen überprüft und je nach Ergebnis dieser Untersuchungen bestätigt oder verworfen.

In der vorliegenden Untersuchung soll nun diese Herangehensweise angewandt und themenbezogen verfeinert werden. Ausgehend von der Annahme, dass eine jeweils hohe Ausprägung der genannten Transakti-

---

828 vgl. Belkert, J.; Hedberg, P.;.: Träindustrin, Sågverk, grossister och industriella kunder, a.a.O., S. 17

829 vgl. Belkert, J.; Sjögren, E.: Trävaruindustrin, Mellanhänder och agentled, a.a.O., S. 15 ff.; siehe auch: Belkert, J.; Hedberg, P.; Sjögren, E.: Träindustrin, Sågverk, grossister och industriella kunder, a.a.O., S. 16, 23 und 38

onsdimensionen „Faktorspezifität", „Unsicherheit", „Häufigkeit" und „Transaktionsatmosphäre" zu einer integrierten Distributionsform führt, sollen in einem ersten Schritt die Ausprägungen der jeweiligen Transaktionsdimension anhand von in der Praxis überprüfbaren Merkmalen operationalisiert werden. Dies soll im Wesentlichen auf Basis der oben beschriebenen Vor- und Nachteile der verschiedenen Distributionswege (vgl. Kap. 5.5.2) sowie auf Grundlage der vom Autor seit Anfang 2000 über mehrere Jahre hinweg regelmäßig geführten Expertengespräche (vgl. Kap. 6.2.1) geschehen.

Diese Merkmale werden dann in einer ersten Interviewrunde an denjenigen skandinavischen Unternehmen überprüft, welche die Hierarchievariante als ihre Distributionsform gewählt haben.[830] Dadurch soll ermittelt werden, ob die aufgestellten Merkmale sich in der täglichen Praxis dieser hierarchischen Integrationsformen wieder finden.

In einem zweiten Schritt sollen daraufhin die gleichen Merkmale anhand der Distributionsform Importgroßhändler (bzw. Streckengeschäftsabteilungen der Importhobelwerke) überprüft werden. Dadurch soll ausgeschlossen werden, dass diese Kennzeichen für diese Distributionsform nicht bzw. weniger zutreffen. Diejenigen Merkmale, die sich ausschließlich bzw. überwiegend für die integrierte Distributionsvariante wieder finden, können somit als Basis für die weiteren Untersuchungsschritte gelten.

Mit den Resultaten der beiden ersten Befragungsrunden sollen schließlich in einer letzten Interviewreihe ein Großteil der deutschen Holzimportagenturen untersucht werden. Dabei soll festgestellt werden, ob innerhalb ihres Unternehmens sowohl marktnahe als auch hierarchienahe Relationen auftreten und ob sie tendenziell eher als marktnahe respektive hierarchienahe, hybride Koordinationsform eingestuft werden können.

Zuordnung der Charakteristika der unterschiedlichen Koordinationsformen zu den jeweiligen Transaktionsdimensionen

A. Faktorspezifität

Wie gesehen, geht es bei der Faktorspezifität im Wesentlichen um Investitionen, die spezifisch für bestimmte Transaktionen getätigt werden (vgl. Kap. 4.6.3.1). Dabei wird grundsätzlich zwischen den vier Spezifizierungsarten „Standortspezifität", „Sachkapitalspezifität", „zweckgebunde-

[830] Es ist vorgesehen, die in Deutschland ansässigen Verkaufsbüros der skandinavischen Forstkonzerne zu interviewen.

ne Sachwerte“ und „Humankapitalspezifität“ unterschieden. Die Theorie geht davon aus, dass eine hohe Ausprägung der Faktorspezifität tendenziell zu einer integrierten Distributionsform führt. Stattdessen führt eine geringe Ausprägung dieser Spezifität eher in Richtung Marktlösung.

Da es bei der Distribution im Allgemeinen sowie von skandinavischem Schnittholz im Besonderen vor allem auf den Erwerb von fachspezifischem Wissen ankommt, wird in der weiteren Betrachtung ein besonderes Augenmerk auf die Dimension „Humankapitalspezifität“[831] gelegt. Dieser Spezifitätsform sollen nun im Folgenden Merkmale zugeordnet werden, von denen angenommen wird, dass sie bei einer integrierten Distributionsform in hoher Ausprägung vorkommen. Vice versa dürften diese Merkmale bei der Marktform in sehr geringer Ausprägung bzw. überhaupt nicht vorhanden sein.

Hypothese Nr. 1

Es wird im Folgenden angenommen, dass für die Transaktionsdimension „Humankapitalspezifität“ in der täglichen Praxis der unterschiedlichen Distributionsformen beim Handel mit nordischem Nadelschnittholz aus Skandinavien nach Deutschland folgende Merkmale relevant sind:

1. Es wird davon ausgegangen, dass Verkaufsbüros[832] eine hohe Kenntnis des speziellen Produktionsprozesses des Schnittholzes haben. Sie wissen i.d.R. genau Bescheid über die Produkte, Produktionsabläufe, -zeiten, -prozesse, -termine der jeweiligen Holzarten sowie der produzierten Dimensionen. Umgekehrt ist anzunehmen, dass Holzimportgroßhändler kaum bzw. überhaupt keine Kenntnisse der o.g. Parameter besitzen. Sie fragen stattdessen bei den verschiedenen, potentiellen Anbietern an, ob das Erzeugnis vorhanden sei, um es zu erwerben. Wie und wann das Schnittholz in welcher Menge und Qualität auf welcher Sägelinie erzeugt wurde, ist i.d.R. nicht von Interesse. Daher ist anzunehmen, dass spezielle Kenntnisse um die Herstellung sowie die Eigenschaften des Produktes als Kennzeichen für integrierte Distributionsformen anzusehen sind (vgl. Kap. 5.5.2, Nr. B2b, C1e sowie C1g).

---

[831] Diese ist definiert als der Erwerb von fachspezifischem Wissen, z.B. aufgrund von Lerneffekten im Rahmen einer Transaktionsbeziehung oder durch eine spezielle Ausbildung erworbene Kenntnisse und Fertigkeiten (vgl. Kap. 4.6.3.1).

[832] Im weiteren Verlauf dieses Kapitels wird in diesem Zusammenhang der Begriff Verkaufsbüros der skandinavischen Forstunternehmen in seiner Kurzform „Verkaufsbüros“ verwendet, der sich in der täglichen Arbeitspraxis wieder findet.

2. Verkaufsbüros sind normalerweise gut informiert über vorhandene Schwierigkeiten und Probleme im Zusammenhang mit der Rundholzbeschaffung. Außerdem wissen sie über Probleme im Rahmen der Produktion bis hin zu Lagerproblemen bzw. Probleme auf dem Humansektor gut bescheid und können somit auf eventuell auftretende Lieferschwierigkeiten schnell reagieren. Händler, die die Ware aus dem Ausland importieren, werden dagegen nicht über eventuell auftretende Schwierigkeiten im Produktionsablauf informiert. Sie erhalten lediglich Informationen, zu welchem Zeitpunkt das Holz geliefert werden kann. Falls es Verschiebungen im Lieferzeitraum gibt, werden sie darüber benachrichtigt, bis wann in etwa mit der Auslieferung zu rechnen ist. Die damit verbundenen Hindernisse bleiben dem Käufer in den meisten Fällen verborgen. Demzufolge kann das Wissen um die Schwierigkeiten des Produktionsprozesses als Kriterium für die Hierarchievariante gelten.

3. Zur Verbesserung des Fachwissens sowie zum Erzielen einer einheitlichen Außenwirkung dürften die Mitarbeiter der Verkaufsbüros regelmäßig unternehmensintern geschult werden. Produktschulungen für Importhändler dürften dagegen vergleichsweise selten bis überhaupt nicht vorkommen. Demzufolge könnten regelmäßig wiederkehrende, unternehmensinterne Fachschulungen als weiterer Hinweis für hierarchische Koordinationsformen gelten (vgl. Kap. 5.5.2, Nr. B2b, C1g sowie C1i).

4. Die Mitglieder der Verkaufsbüros kennen i.d.R. die jeweilig verantwortlichen Personen innerhalb des Produktionsprozesses persönlich. Angefangen von dem zuständigen Rundholzeinkäufer, über den Produktionsverantwortlichen, die Exportverkäufer bis hin zu den in der Verwaltung beschäftigten Menschen, sind den Mitgliedern der Verkaufsbüros persönlich bekannt. Dadurch können konkrete Informationen, z.B. über die Rundholzversorgung oder die Produktionsplanung, direkt von der zuständigen Person erfragt werden. Somit wird die Gefahr verringert, dass eine Information aufgrund mehrerer Zwischenstationen nicht in ihrer ursprünglichen Intention weitergegeben wird. Außerdem führt der vorübergehende Ausfall einer Zwischenstation nicht zu einem eventuell schädlichen Zeitverlust. Dagegen dürfte der Einkäufer eines Importhändlers sämtliche Informationen von der für ihn zuständigen Verkaufsperson des Abladers erhalten (vgl. Kap. 5.5.2, Nr. A2b, B2d). Als Annahme kann somit das Kennen der jeweiligen verantwortlichen Personen „hinter" dem Verkaufspersonal als Kriterium für eine integrierte Distributionsform gelten.

5. Die Mitglieder der Verkaufsbüros können aller Wahrscheinlichkeit nach zum Teil direkten Einfluss nehmen auf die Neuentwicklung von Produkten sowie deren Vermarktung (vgl. Kap. 5.5.2, Nr. C1d, C1h).
6. Sie haben Einflussmöglichkeiten auf die Werbe- und Marketingstrategien des Unternehmens im jeweiligen Distributionsland bis hin zur Preisbildung (vgl. Kap. 5.5.2, Nr. C1d, C1h).
7. Außerdem ist zu vermuten, dass sie sich an Marketingveranstaltungen der Produzenten, wie z.B. Holzfachmessen, zu beteiligen haben (vgl. Kap. 5.5.2, Nr. C1d, C1h). Dagegen ist nicht anzunehmen, dass die im Ausland befindlichen Abnehmer im nennenswerten Umfang an der Entwicklung bzw. an Marketingstrategien des Herstellers interessiert sind. Im Gegenteil sind diese eher dazu geneigt, das Wissen ihrer Kunden um die Herkunft des Produktes so weit wie möglich einzuschränken. Somit kann die Mitwirkung der Distributionsform an den Marketingprozessen als Parameter für die Integrationsform gelten.
8. Es ist davon auszugehen, dass die Mitarbeiter der Verkaufsbüros mehr und mehr direkten Zugang zu den internen Computersystemen der Produzenten haben. Dadurch wird ihnen eine schnelle Information über das Vorhandensein verfügbarer Ware ermöglicht. Sie genießen dadurch unter Umständen verkaufstechnische Vorteile. Statt dessen ist nicht anzunehmen, dass ein Sägewerk einem Importgroßhändler Zugang zu seinem Computersystem und somit Einblick in sein Lager gewährt. Die Gefahr, dass dieser nur die „angenehmen" Spezifikationen anfragt und die schwierig absetzbaren Dimensionen und Qualitäten im Lager belässt, wäre mit hoher Wahrscheinlichkeit gegeben. Somit spricht der Einblick in die Lagerbestände des Sägewerks ebenfalls für eine unternehmensinterne Distribution.
9. Die Kontrakt- sowie Dokumentengestaltung bzw. ‚-abwicklung (vgl. Kap. 3.2.5 sowie Kap. 3.7) ist bei unternehmensinterner Distribution von Schnittholz höchstwahrscheinlich einheitlich sowie hoch technologisiert[833] für alle Produktionsstätten. Die jeweiligen Mitarbeiter erreichen somit einen hohen Effizienzgrad bei der Abwicklung dieser Formulare. Im umgekehrten Falle ist es heute kaum vorstellbar, dass Schnittholzproduzenten und -importeure ihre Computerprogramme über das allgemein übliche Maß hinaus[834] aufeinander abgestimmt haben. Im Gegenteil, die Kontrakte und Lieferdokumente werden auf

---

833 Zum Beispiel durch Vernetzung von auf SAP-basierenden Computernetzwerken.

834 Zum Beispiel die Verwendung von auf dem Betriebsprogramm von Windows basierenden Anwenderprogrammen.

Importeursseite häufig völlig neu erstellt, damit deren Käufer der Ware keine Kenntnis über Einkaufspreis, Produzent usw. erhält.[835] Die enge Verzahnung der Kontrakterstellung und Dokumentenabwicklung wird somit als weiteres Kriterium der Distributionsform Hierarchie angesehen.[836]

All diese aufgezählten Merkmale führen nach Annahme des Verfassers zu einer Spezifizierung des Wissens der Mitarbeiter der Verkaufsbüros über eine Großzahl von Abläufen innerhalb der Unternehmen. Dieses implizite, schwer ersetzbare Wissen führt zu zunehmenden Know-how-Abhängigkeiten der beteiligten Partner untereinander. Bei nicht integrierten Distributionskanälen würde dadurch bei Abbruch der Geschäftsbeziehung die Gefahr von hohen (Verlust-)Kosten bestehen (vgl. Kap. 4.6.3.1). Daher wird angenommen, dass diese Merkmale einer hohen Ausprägung der Transaktionsdimension „Humankapitalspezifität" als Kennzeichen integrierter Distributionsformen angesehen werden können.

B. Unsicherheit

Die Unsicherheit wird als Maß für die (Un-)Vorhersehbarkeit und die Anzahl der notwendigen Änderungen der Leistungsvereinbarung während einer Transaktion definiert (vgl. Kap. 4.6.3.2). Diese Änderungen beziehen sich z.B. auf Qualitäten, Termine, Mengen, Budgets, Preise usw. Je häufiger und unvorhersehbarer der Änderungsbedarf auftritt, desto schwieriger ist insgesamt die Anbahnung, Vereinbarung, Durchführung, Kontrolle und Anpassung einer als gerecht empfundenen Leistungsvereinbarung zwischen den Transaktionspartnern. Dabei handelt es sich bei der primären Unsicherheit um unerwartete Entwicklungen, die bei Vertragsabschluss nicht absehbar sind. Sie ist, wie beschrieben, exogener Natur und kann nicht beeinflusst werden. Die aus transaktionskostentheoretischer Sicht relevante Art der Unsicherheit wird als „sekundäre Unsicherheit" bzw. „Verhaltensunsicherheit" bezeichnet. Sie entsteht durch mögliches opportunistisches Verhalten der Transaktionspartner.

---

[835] Man spricht hierbei von einer Neutralisierung der Dokumente.

[836] Dieses Merkmal widerspricht auch in keiner Weise den unter Punkt D (Transaktionsatmosphäre, s.u.) argumentierten Vorteilen, die externe Distributionsorgane aufgrund der neuen Informations- und Kommunikationstechniken genießen. Im ersten Fall geht es um die internen Computernetzwerke, die die verschiedenen Unternehmensbereiche zusammenführen und analysieren können, währenddessen es bei den IuK-Techniken z.B. um Recherchemöglichkeiten im Internet, einheitliche E-Mail-Standards, einheitliche Anwendersoftware, wie z.B. die Microsoft Anwenderprogramme, und die gegenseitige Nutzbarkeit der jeweiligen Daten anderer Unternehmen geht.

Hypothese Nr. 2

Es wird im Folgenden angenommen, dass für die Transaktionsdimension „Unsicherheit" in der täglichen Praxis der unterschiedlichen Distributionsformen beim Handel mit nordischem Nadelschnittholz aus Skandinavien nach Deutschland folgende Merkmale relevant sind:

1. Die Mitglieder der Verkaufsbüros dürften i.d.R. dazu angehalten sein, sämtliche markt- bzw. produktrelevanten Informationen an ihre Zentrale bzw. ihre Produktionsstätte weiterzuleiten.
2. Des Weiteren ist anzunehmen, dass von den Verkaufsbüros regelmäßig Marktberichte über die aktuellen sowie Prognosen über die anstehenden Verkaufsperioden erstellt werden. Diese Berichte und Prognosen werden ausgewertet und in regelmäßigen unternehmensinternen Markt-, bzw. Zielvereinbarungsbesprechungen erörtert. Dies dient im Wesentlichen dazu, wichtige Veränderungen im Markt sowie Verbraucherverhalten rechtzeitig wahrzunehmen und darauf reagieren zu können.
   Von den importierenden Handelsunternehmen dürften normalerweise kaum markt- bzw. produktrelevante Auskünfte an den Produzenten zurückfließen. Dieser behält das Marktwissen meist für sich, aus Sorge, seine Marktstellung zu gefährden (vgl. Kap. 5.5.2, Nr. A2b, B2d, C1a, C1b, C1c). Dieser Punkt wurde als eine der häufigsten Kriterien bei der Aufzählung der Vor- bzw. Nachteile der jeweiligen Distributionswege genannt und kann daher als Unterscheidung zwischen den jeweiligen Distributionsformen als wichtiger Faktor gelten.

Diese Merkmale legen die Vermutung nahe, dass Unternehmensgruppen, wie z.B. die skandinavischen Forstkonzerne, aufgrund ihrer Größe unflexibler sind, als z.B. kleine und mittelständische Sägewerke. Daher benötigen sie eine höhere Absicherung, da sie langsamer auf Marktveränderungen reagieren können und somit längerfristig planen müssen. Diese Absicherung erhalten sie durch eine hierarchisch organisierte Distributionsform.

C. Häufigkeit

Das Kennzeichen der Häufigkeit ist die wiederholte Durchführung von immer wiederkehrenden Transaktionen. Es geht darum, dass sich vergleichsweise hohe Anfangsinvestitionen oder relativ hohe spezifische Beherrschungs- und Überwachungskosten nur bei großen, regelmäßigen Transaktionen amortisieren können.

Hypothese Nr. 3

Es wird im Folgenden davon ausgegangen, dass die Transaktionsdimension „Häufigkeit" in der täglichen Praxis der unterschiedlichen Distributionsformen beim Handel mit nordischem Nadelschnittholz aus Skandinavien nach Deutschland durch folgende Merkmale gekennzeichnet ist:

1. Je größer das Verhältnis einerseits von Überwachungs- und Durchsetzungskosten zu Such- und Informationskosten, Verhandlungs- und Entscheidungskosten sowie Anpassungskosten andererseits (vgl. Kap. 4.2.1.2), umso stärker ist die Tendenz zur Integration. Messbar dürfte dieses Kriterium an den Verkaufsmengen Nadelschnittholz je eingesetztes Verkaufspersonal sein. Integrierte Distributionsformen dürften somit durch größere Mengen verkauftes Nadelschnittholz gekennzeichnet sein, währenddessen die Nadelschnittholzverkäufe bei Holzimporteuren vergleichsweise niedriger sein müssten.
2. Die Annahme, dass eine hohe Ausprägung der Transaktionsdimension „Häufigkeit" zu integrierten Organisationsformen führt, müsste im Umkehrschluss bei einer deutlichen Verringerung der Verkaufsmenge das Unternehmen dazu bewegen, seine Vertriebsstrategie zu ändern und statt einer integrierten Distributionsform wieder marktliche bzw. hybride Formen einzusetzen.

Die Häufigkeit ist in der Startphase eines Marketingprojektes i.d.R. zunächst gering. Vertikale Integrationsschritte würden dann zu sehr hohen „Stücktransaktionskosten" führen. Der Faktor „Häufigkeit" wird dabei auch auf das Wertgewicht (Umsatzvolumen) je Transaktion bezogen. Durch immer wieder gleiche Arbeitsabläufe und die dadurch erreichte Spezialisierung werden die „Stücktransaktionskosten" einer Organisationsform vermindert, weil eine Aufteilung der fixen Organisationskosten auf eine größere Anzahl von Transaktionen stattfindet.[837] Bei steigender Häufigkeit sinken diese Stücktransaktionskosten. Bei einer Distributionsform Markt würde diese Kosteneinsparung dem Importgroßhändler zu Gute kommen. Da der Produzent jedoch daran interessiert sein dürfte, diese Kosteneinsparung dem eigenen Unternehmen zufließen zu lassen, steigt die Tendenz zur integrierten Distributionsform.

[837] vgl. Dienel, W.: Organisationsprobleme im Ökomarketing, a.a.O., S. 79

D. Transaktionsatmosphäre

Bei den Merkmalen der Transaktionskostenatmosphäre haben sowohl soziokulturelle sowie technische Rahmenbedingungen Einfluss auf die Transaktionskosten verschiedener Koordinations- und Motivationsinstrumente (vgl. Kap. 4.6.3.4). Soziokulturelle Faktoren sind z.B. Freundschaften sowie identische anerzogene, sozialisierte, kulturelle, religiöse oder soziale Normen und Werte der Transaktionspartner. Unter dem Begriff „Technische Bedingungen" werden z.B. die Neuerungen der Informations- bzw. Kommunikationstechniken zusammengefasst.

Hypothese Nr. 4

Es wird im Folgenden davon ausgegangen, dass die Dimension „Transaktionsatmosphäre" in der täglichen Praxis der unterschiedlichen Distributionsformen beim Handel mit nordischem Nadelschnittholz aus Skandinavien durch folgende Merkmale gekennzeichnet ist:

1. **Soziokulturelle Faktoren**
   Häufig handelt es sich sowohl bei Produzenten als auch bei den unabhängigen Handels- bzw. Verkaufsorganisationen um klein-, bzw. mittelständische Unternehmen. Die geschäftliche (sowie private) Beziehung der Inhaber hat sich dabei über einen längeren Zeitraum gemeinsamer Zusammenarbeit entwickelt. Dadurch ist ein gewisses Maß an gegenseitigem Vertrauen entstanden. Dieses Vertrauen kann als Grundlage dafür angesehen werden, dass die bestehende Distributionsform stabil ist und somit erhalten bleibt.
   In konzernartig strukturierten Unternehmen haben die Eigentümer, (z.B. in Form von Aktionären), naturgemäß primär Renditeinteresse. Hinzu kommt, dass die verantwortlichen Personen des mittleren und höheren Managements vergleichsweise häufig ihre Positionen wechseln. Daher ist die Wahrscheinlichkeit einer gewachsenen (Ge schäfts-)freundschaft zwischen dem jeweiligen verantwortlichen Exportverkäufer und dem ausländischen Handelsunternehmer bzw. Agenten weniger groß. Wie beschrieben entfallen aber zwischen Freunden auch bei sehr spezifischen Transaktionen aufwendige Absicherungsmaßnahmen gegenüber opportunistischem Verhalten, weil die faire Interaktion für die Beteiligten ein „Wert an sich" darstellt (vgl. Kap. 4.6.5.3). Daher kann angenommen werden, dass bei konzernartig organisierten Großunternehmen eine Tendenz zur integrierten Distribution leichter gegeben ist, als dies bei mittelständischen Unternehmen der Fall ist.

Da bei konzernartig strukturierten Unternehmen betriebsinterne Wechsel regelmäßiger vorkommen, würde eine dadurch hervorgerufene Änderung der Distributionsform schädlich für das Unternehmen sein. Ein solcher interner Austausch der verantwortlichen Personen wird bei privat geführten kleineren bzw. mittelständischen Unternehmen planmäßig nur durch den Generationenwechsel hervorgerufen. Statistisch gesehen findet dies nur etwa alle 30 Jahre statt und im Idealfall sogar gleichzeitig auf Produzenten- wie auch auf Verkaufsorganisationsseite. Daher bleibt dieses Risiko für Kleinunternehmer bzw. den Mittelständler einigermaßen überschaubar.

2. **Technische Bedingungen**
   Die Neuerungen der Informations- und Kommunikationstechniken kommen aufgrund ihrer allgemeinen Zugänglichkeit im Wesentlichen allen Organisationsformen gleichermaßen zu Gute. Die Standardisierung von Betriebssystemen und Anwendersoftware ist heutzutage so weit fortgeschritten, dass es mittlerweile kaum noch Unternehmen gibt, die diese Standardprodukte nicht in ihren alltäglichen Betriebsablauf integriert haben. Es ist anzunehmen, dass abgesehen von den unternehmensinternen, z.B. auf SAP basierenden, Computernetzwerken, bei hierarchischen Distributionsorganen mit den gleichen Betriebssystemen und Anwendersoftware gearbeitet wird wie z.B. in unabhängigen Agenturen. Des Weiteren kann vermutet werden, dass auch bei diesen hierarchischen Unternehmensformen ein Großteil des allgemeinen Informationsbedarfs im Internet recherchiert wird.[838]

Die Bestätigung dieser Hypothese wäre ein Indiz dafür, dass faktorspezifische Merkmale, wie beispielsweise Informationsvermittlung, Kommunikationsmöglichkeiten oder einheitliche Datenformate, die bisher, da hochspezifisch, tendenziell zu einer hierarchisch strukturierten Distributionsform führten, in ihrer Spezifität verringert würden. Dies würde wiederum die beschriebene Move-to-the-Market-Hypothese (vgl. Kap. 4.6.6) unterstreichen, die besagt, dass die neuen IuK-Techniken tendenziell eher zu einer marktlich bzw. hybrid organisierten Verkaufsform tendieren würden, statt zu einer hierarchisch organisierten.

---

[838] Beispielhaft stehen Informationen über die jeweilige Eisdicke der Ostsee und der daraus resultierenden Beurteilungsmöglichkeit der Befahrbarkeit des Meeres durch Transportschiffe auf der Website: http://www.fimr.fi/en/palvelut/jaapalvelu/-jaatilanne.html (Stand 2004) mittlerweile allen Internetbenutzern zur Verfügung.

6 Forschungsansatz und Methodik der empirischen Untersuchung

Das Kapitel 6 beschäftigt sich mit den theoretischen Überlegungen qualitativer Marktuntersuchungen und bereitet die Arbeit methodisch auf die durchzuführende empirische Überprüfung und Auswertung der erstellten Hypothesen vor. Abbildung 19 gibt einen Überblick über den Aufbau des Kapitels 6.

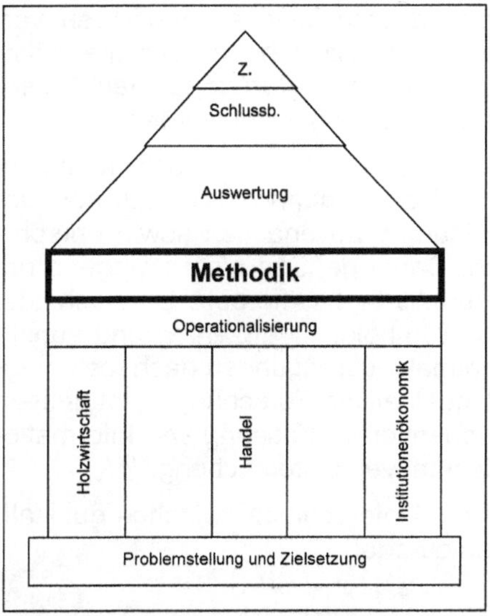

Arbeits-schritte und empirisches Vorhaben	Qualitativer Forschungs-ansatz	Interviews	Zusammen-fassung	Auswertung

Abbildung 19: Struktur des Kapitels 6

6.1 Empirische Untersuchung

Im Folgenden werden die in dem vorangegangenen Kapitel (vgl. Kap. 5.5.3) aufgestellten Hypothesen anhand einer empirischen Befragung von im nordischen Holzgeschäft tätigen Unternehmen untersucht. Als mögliche alternative Untersuchungsmethoden stehen die quantitative und die qualitative Forschungsmethode zur Verfügung.

6.1.1 Vergleich zwischen quantitativem und qualitativem Forschungsansatz

Der quantitative Forschungsansatz wird gemeinhin als Verfahren verstanden, um standardisierbare Informationen zu erheben und diese statistischen Berechnungen zugänglich zu machen. Daraus können Aussagen über die Verteilung aller Merkmalsträger abgeleitet werden.

Im Gegensatz dazu strebt die qualitative Forschung danach, relevante Problemdimensionen zu erkennen und diese dann hinsichtlich des Untersuchungsziels in ihrer vollen Bedeutung zu erfassen sowie entsprechend zu deuten bzw. zu verstehen. Dabei geht es nicht zwingend um Aussagen über Häufigkeiten oder quantitativ bezifferbare Unterschiede. Eine standardisierte Zuordnung von Symbolen, Maßzahlen und sonstigen Größen zu den registrierten Merkmalsausprägungen nach festgelegten Regeln ist nicht primäres Ziel qualitativer Forschung. Stattdessen steht die ganzheitliche und problemorientierte Erfassung von Informationen über dem Anspruch einer repräsentativen Untersuchung.[839]

Tabelle 16 gibt eine Übersicht über die Unterschiede zwischen qualitativer und quantitativer Untersuchungsmethode.

---

[839] vgl. Kepper, G.: Qualitative Marktforschung, Methoden, Einsatzmöglichkeiten und Beurteilungskriterien; 2. überarbeitete Auflage, Deutscher Universitäts-Verlag GmbH, Wiesbaden 1996, S. 17 ff. sowie S. 26 f.

Tabelle 16: Unterscheidung qualitativer und quantitativer Marktforschungsmethoden[840]

	qualitative Untersuchungsmethode	quantitative Untersuchungsmethode
Untersuchungsgegenstand	➢ breite integrierte Fragen, Gewichtung nach der Bedeutung; ➢ inhaltlich, konkret, situativ;	➢ eingeschränkte Fragen, analytische Splittung, quantifizierbare Fragen; ➢ abstrakt, systematisch;
Methodik/ Quellen	➢ vielfältige verschiedene Quellen: (Desk research, Fallstudien, Expertengespräche, Analogien usw.); ➢ Absicherung der Ergebnisse durch Kombination und Querbezüge;	➢ Konzentration auf eine oder wenige Methoden; ➢ Absicherung der Ergebnisse durch große Stichprobe und statistische Tests;
Stichprobe	➢ klein, gründlich (umfassend in der Sache);	➢ viele Untersuchungsobjekte (unter dem Blickwinkel der Quantifizierbarkeit untersucht);
Auswertung	➢ beschreibend, strukturierend, entwickelnd;	➢ multivariate Analyseverfahren, große Verdichtung von Daten mittels statistischer Verfahren;
Durchführung	➢ kaum delegierbar; ➢ Forschungsgruppen oder einzelne Forscher; ➢ Hohes Anspruchsniveau bei der Interpretation und der Auswertung;	➢ nach Vorphase gut delegierbar; ➢ industrielle Forschung und rasche Produktion (u.a. EDV-Einsatz) von Ergebnissen möglich; ➢ computergestützte Herstellung der Bezüge mit multivariaten Methoden;
Aufwand	➢ hohe Ungewissheit, viel Aufwand, Forschungsprozess lässt sich schlecht in einzelne Episoden zerlegen;	➢ planbare Forschung mit abschätzbarem Aufwand an Zeit, Geld, Know how;

840 verändert nach Mertens, B.: Absatzwege und Vertragskonzepte für forstliche Umwelt- und Erholungsprodukte, Schlussfolgerungen aus 98 Fallstudien vor dem Hintergrund des Transaktionskostenansatzes, sozialwissenschaftliche Schriften zur Forst- und Holzwirtschaft, Herausgeber Udo Mantau, Peter Lang GmbH, Europäischer Verlag der Wissenschaften, Frankfurt/M. 2000, S. 16

6.1.2 Gründe für die Wahl des qualitativen Forschungsansatzes

Der Autor hat sich im Wesentlichen aus folgenden beiden Gründen für die Anwendung der qualitativen Methode im Rahmen der vorliegenden Untersuchung entschieden.

1. Der erste Grund findet seinen Ursprung in der theoretischen Auseinandersetzung der Neuen Institutionenökonomik mit der empirischen Überprüfbarkeit des Transaktionskostenansatzes. Der „Vater des Transaktionskostenansatzes" OLIVER WILLIAMSON hat im Rahmen seiner Ausführungen überlegt, welche Art von Untersuchung bei der empirischen Überprüfung seiner Theorien Erfolg versprechend sein könnten. Dabei ist er zu der Überzeugung gelangt, dass es zur Ausformulierung und weiteren Konkretisierung der Erklärungsfaktoren der Transaktionskostentheorie eine größere Untersuchungstiefe bedarf, um Fortschritte erzielen zu können. Er zieht daher in seinen Ausführungen eine detaillierte mikroanalytische Betrachtung von Einzelunternehmen einem breiteren Untersuchungsumfang vor.[841] Auch FISCHER rät in seinen Überlegungen zur Operationalisierung von Transaktionskosten zu einer Abkehr der Messung im rein statistischen Sinne. Er empfiehlt stattdessen eine qualitative Analyse im Sinne einer Bewertung oder Einschätzung mittels Fragebogen.[842]

2. Der zweite, jedoch daher nicht weniger bedeutsame Grund liegt in der Struktur des nordischen Holzmarktes begründet. Wie beschrieben (vgl. Kap. 3.3), werden etwa 80-90% des Holzgeschäftes zwischen den skandinavischen Ländern und Deutschland von schätzungsweise zwei Dutzend Unternehmen durchgeführt.[843] Aufgrund dieser verhältnismäßig übersichtlichen Größenordnung und der daraus resultierenden relativ kleinen Grundgesamteinheit erscheint es sinnvoll, diese Untersuchung mit Hilfe der qualitativen Untersuchungsmethode zu er-

---

841 vgl. Williamson, O.E.: Die ökonomischen Institutionen des Kapitalismus, a.a.O., S. 118 f. sowie S. 328

842 vgl. Fischer, M.: Make-or-Buy-Entscheidungen im Marketing, a.a.O., S. 237 f.

843 Hierzu zählen die fünf Verkaufsbüros der nordischen Forstkonzerne (vgl. Kap. 3.3.3), die schätzungsweise alleine weit über 50% des deutschen Holzimportes am nordischen Nadelschnittholz organisieren. Hinzu kommen etwa noch 5-10 größere Holzimportagenturen, über deren Geschäftsstellen noch mal ca. 30% der Menge an Nadelschnittholz aus Skandinavien vermittelt wird. Der Rest verteilt sich zum einen auf die nordischen Unternehmen, die Direktgeschäfte mit ihren deutschen Abnehmern durchführen sowie auf eine Reihe anderer Agenturen, für die das Nadelschnittholz aus Skandinavien eine Ergänzung zu ihrem sonstigen Geschäft, wie z.B. Hobelware, darstellt.

forschen.[844] Aufgrund dieser Marktstruktur ergeben sich hinsichtlich der Entscheidung einer qualitativen Untersuchung zweierlei Vorteile. Zum einen ist hierbei ein nahezu vollständiger Marktüberblick möglich.[845] Das Ergebnis erlaubt somit eine quantitative Fehlerberechung und kann dadurch auch als weitgehend sicher angesehen werden. Zum anderen kann im Rahmen der geplanten Interviews, eine problemorientierte, umfassende und vollständige Sammlung der themenbezogenen Informationen erfolgen.

6.1.3 Merkmale qualitativer Forschung

Die qualitative Marktforschung zeichnet sich vor allem durch folgende Merkmale aus:[846]

- **Offenheit**: Dieses Merkmal bezieht sich vor allem auf die möglichst geringe vorherige Festlegung von Forscher und Untersuchungskonzeption;
- **Typisierung**: Sie umfasst den Anspruch des qualitativen Forschungsansatzes, charakteristische bzw. typisierende Inhalte in Bezug auf die Problemstellung herauszufiltern und weiteren Überlegungen zugänglich zu machen. Dabei sollen keine statistisch repräsentativen Überlegungen im Vordergrund stehen;
- **Kommunikativität**: Diese ist Ausdruck einer konsequenten Ausrichtung der Untersuchung und ihrer Methoden an den Auskunftspersonen sowie deren kommunikativen Fähigkeiten.
- **Validität:** Sie ist eines der Hauptgütekriterien quantitativer Forschung, anhand dessen die Gültigkeit der Messung festgestellt wird. Qualitative Forschung wird von quantitativer Seite dagegen häufig aufgrund der Einbeziehung von Subjektivität und der Anwendung nichtstandardisierter Verfahren kritisiert. Die Ergebnisse qualitativer Untersuchungen besitzen selbstverständlich ebenfalls Gültigkeit. Allerdings beruhen klassische Gütekriterien auf einem anderen Wirklichkeitsverständnis. Daher setzt auch die Validierung qualitativer Forschung an

---

844 Ein nicht unbedeutender Vorteil in diesem Zusammenhang ist die Tatsache, dass der Autor aufgrund seiner beruflichen Situation eine gute Branchen- und Marktkenntnis besitzt, welche ihm eine gute Zugangsmöglichkeit zu der Zielgruppe ermöglicht.

845 Im Rahmen der Befragung der Unternehmen wurden etwa 90% der importierten Nadelschnittholzmengen aus Skandinavien nach Deutschland erfasst (vgl. Tabelle 17).

846 vgl. Kepper, G.: a.a.O., S. 134 f.

anderen Punkten an. Relevant ist die Erfassung der sozialen Wirklichkeit, also inwieweit die Konzeptualisierungen der Forschenden mit den Wirklichkeitskonzeptionen der Subjekte übereinstimmen. Um das beurteilen zu können, müssen Forschungsprozess und Interpretationsleistungen der Forscher nachvollziehbar sein.[847]

6.2 Der qualitative Forschungsansatz bezogen auf die vorliegende Thematik

Im Rahmen der empirischen Untersuchung zu dieser Arbeit haben im Wesentlichen zwei Methoden der qualitativen Marktforschung Eingang gefunden. Zum einen wurden zum Zwecke der Fragebogengenerierung in einem über mehrere Jahre andauernden regelmäßigen Prozess immer wieder explorative Expertengespräche durchgeführt. Zum anderen wurde eine Großzahl der am Marktgeschehen beteiligten Unternehmen im Rahmen von qualitativen Interviews konkret befragt.[848]

6.2.1 Expertengespräche im Vorfeld der qualitativen Interviews

Aufgrund seiner beruflichen Situation in einer Holzimportagentur war es dem Autor möglich, eine erste Problemexploration in Form offener[849] Expertengespräche mit vielen in verantwortlichen Positionen befindlichen Personen der nordischen Holzhandelsbranche zu führen. Dies geschah bereits zu Beginn dieser Forschungsarbeit im Jahre 2000. Diese Gespräche wurden dann (in unregelmäßigen Abständen) während des gesamten Entstehungsprozesses der vorliegenden Arbeit fortgesetzt. Das Ziel dabei war es, ein möglichst umfassendes Bild mit vielen Detailinformationen zu gewinnen.

Dadurch gewann die Arbeit einen prozessualen Charakter. Mit dem sich ständig entwickelnden und wandelnden Vorverständnis änderten und

---

[847] vgl. Kepper, G.: a.a.O., S. 198 f. Um dies zu gewährleisten, wurde das Vorgehen und Verfahren dieses Forschungsprozesses genau dokumentiert. Dies geschah mit der Absicht, diesen Prozess in seiner Gesamtheit transparent sowie die interpretativen Schritte und theoriegenerierenden Gedanken nachvollziehbar und somit valide zu machen.

[848] Weitere, theoretisch mögliche qualitative Forschungsmethoden sind die Gruppendiskussion, die indirekte Befragung, die Beobachtung und die Einzelfallstudie. Da jedoch diese Untersuchungsmethoden für die Untersuchung der in der vorliegenden Forschungsarbeit zu ermittelnden Fragestellung nicht geeignet erscheinen, wird an dieser Stelle nicht näher darauf eingegangen.

[849] vgl. hierzu Fußnote 860

vertieften sich auch die Dispute. Dies kann ohne Zweifel als ein Vorgehen in der hermeneutischen Spirale[850] angesehen werden.[851]

Unter anderem entstand aus diesem hermeneutischen Prozess heraus die Aufteilung der hybriden Koordinationsform „Holzimportagentur" in relativ marktnahe sowie hierarchienahe Varianten (vgl. Kap 5.4). Des Weiteren entwickelte sich daraus die weiterführende Annahme, dass diese Unterscheidung zwischen markt- und hierarchienah auch innerhalb eines einzigen hybriden Unternehmens getroffen werden kann (vgl. Abbildung 17). Schließlich konnten mit Hilfe dieses Prozesses auch die Hypothesen zur Merkmalsausprägung der jeweiligen Transaktionsdimensionen generiert werden (vgl. Kap. 5.5.3). Aus diesen leiteten sich wiederum die in diesem Kapitel zu untersuchenden Fragestellungen ab.[852]

Diese Möglichkeit der kontinuierlichen Kommunikation mit den Marktteilnehmern kann für den Entstehungsprozess der Arbeit als besonders wertvoll betrachtet werden. Aufgrund seiner Berufserfahrung in dieser Branche ist es dem Autor möglich, Inhalt und Tragweite von Aussagen der Kommunikationspartner qualifiziert zu beurteilen.[853] Hinzu kommt, dass diese Gespräche i.d.R. relativ offen und in einer angenehmen Atmosphäre geführt werden konnten, da sie häufig auch nicht primär als

---

[850] Die Hermeneutik ist per Definition die Kunst der Auslegung, Deutung, Erklärung, insbesondere von Texten. Die hermeneutische Grundregel besagt, dass das Ganze aus dem Einzelnen und das Einzelne aus dem Ganzen verstanden werden muss. Früher verwendete man eher den Ausdruck „Hermeneutischer Zirkel, heute spricht man vom Begriff „Hermeneutische Spirale".

[851] vgl. z.B.: teachSam - Lehren und Lernen online: Hermeneutischer Zirkel, in: http://www.teachsam.de/deutsch/d_schreibf/schr_schule/txtinterpr/txtinterpr_3_1_1_1.htm (Zugriff: 05.05.03); siehe hierzu auch: Universität Essen, Fachbereich Literaturwissenschaft: Regeln und Probleme des Textverstehens: Hermeneutik, in: http://www.uni-essen.de/literaturwissenschaft-aktiv/Vorlesungen/hermeneutik/-hzirkel.htm, (Zugriff: 05.05.03)

[852] Durch diese Herangehensweise konnte auch dem explorativen Untersuchungsansatz Rechnung getragen werden. Dieser ist dadurch gekennzeichnet, dass er nicht der Untersuchung bereits vorliegender Forschungshypothesen, sondern deren Generierung dient. Durch diese Vorgehensweise erreicht man eine schrittweise Theorienbildung und -weiterentwicklung im Sinne einer „rolling hypothesis" vgl. Kepper, G.: a.a.O., S. 31 f. sowie S. 133 ff.

[853] Dadurch wird der Autor einer weiteren Forderung der qualitativen Marktforschung gerecht. Diese fordert, dass der Forscher stärker als in standardisierten Untersuchungen spezielle Kenntnisse über den jeweiligen Forschungsinhalt benötigt, um ein kommunikatives Verständnis der jeweiligen Sinnzusammenhänge entwickeln zu können. vgl.: Kepper, G.: a.a.O., S. 29 f. (vgl. hierzu auch Tabelle 16)

Interviews zur Erstellung dieser Arbeit vorgesehen waren.[854] Die dabei erzielten Ergebnisse dürften daher einen hohen Grad an Authentizität aufweisen und somit weitgehend unverfälscht sein.

6.2.2 Das qualitative Interview

In einem zweiten, stärker systematisierten und problemorientierten Untersuchungsschritt sollen nun die in dem vorangegangenen Kapitel aufgestellten Hypothesen konkret in Form qualitativer Interviews[855] mit den Marktteilnehmern empirisch überprüft werden. Nachfolgender Abschnitt beschäftigt sich mit den Merkmalen qualitativer Interviews sowie den unterschiedlichen qualitativen Interviewformen.

6.2.2.1 Merkmale des qualitativen Interviews

Das qualitative Interview kann als mündliche und persönliche Form der Befragung beschrieben werden, bei der es um eine unverzerrte und möglichst vollständige Sammlung von Informationen zu der untersuchenden Fragestellung geht.[856]

Als Charakteristika des qualitativen Interviews können folgende Punkte zusammengefasst werden:[857]

- Qualitative Interviews werden i.d.R. als mündliche Einzelbefragungen durchgeführt;
- Es handelt sich dabei i.d.R. um nicht-, bzw. teilstandardisierte[858] Interviews;[859]

---

854 Hiermit wurde eine weitere Vorgabe der qualitativen Interviewtechnik erzielt. Diese verlangt, dass zur Förderung der Erzählbereitschaft des Gesprächspartners eine vertrauliche und entspannte Atmosphäre aufgebaut werden sollte, um eine weitgehend alltagsnahe Gesprächssituation zu erreichen. vgl.: Kepper, G.: a.a.O., S. 35 (vgl. Kap. 6.2.2.1)

855 Weitere qualitative Marktforschungsmethoden sind die Gruppendiskussion, die indirekte Befragung, die Beobachtung sowie die Einzelstudie. Diese sollen hier allerdings lediglich der Vollständigkeit halber aufgeführt werden. Im weiteren Verlauf dieser Arbeit wird jedoch nicht näher auf diese Methoden eingegangen.

856 vgl. Kepper, G.: a.a.O., S. 34 f.

857 vgl. ebenda, S. 35 ff.

858 Dies bedeutet, dass ein Leitfaden vorgegeben sein kann. Die Reihenfolge und Formulierung der Fragen bleibt jedoch dem Interviewer überlassen.

859 Durch die erforderliche situative Anpassung sind vorformulierte Fragen und deren Reihenfolge schwer vorgebbar, wie es bei standardisierten Befragungen (mit detailliert ausgearbeiteten Fragebögen) der Fall ist.

- Bei qualitativen Interviews werden überwiegend offene Fragen[860] gestellt, begleitet von einer weichen[861] Gesprächsführung;
- Im Hinblick auf die Intentionen des Interviewers handelt es sich hierbei vornehmlich um vermittelnde[862] Interviews;
- Beim qualitativen Interview werden die Prinzipien der Offenheit,[863] Flexibilität,[864] der Zurückhaltung durch den Forscher[865] sowie das Prinzip der Relevanzsysteme berücksichtigt.[866]

Die Interviews sollen soweit wie möglich im alltäglichen Milieu des Befragten erfolgen, um eine möglichst natürliche Situation herzustellen und authentische Informationen zu erhalten. Zu Beginn des Gespräches sollte der Befragte so weit wie möglich über Zweck, Gegenstand und Durchführung des Interviews informiert werden. Anonymität und Vertraulichkeit müssen zugesichert und negative Sanktionen ausgeschlossen werden.

Die Atmosphäre sollte vertraulich und freundschaftlich-kollegial sein, da eine Vertrauensbasis sehr bedeutsam ist. Die Kommunikation ist, vergleichbar mit Alltagsgesprächen, asymmetrisch. Das heißt, ein Gesprächspartner erzählt, während der Andere zuhört. Für die Aussagen des jeweiligen Interviewpartners sollte Interesse gezeigt werden, ohne jedoch eigene Erfahrungen mit einzubringen, um einen eventuell dadurch hervorgerufenen Rollentausch zu vermeiden. Dazu gehören eine deutliche Zurückhaltung des Interviewers im Gespräch sowie seine Fähigkeit, jeweils individuell auf die Auskunftsperson eingehen zu können. Der Interviewer sollte sich, soweit möglich, an das jeweilige Sprachniveau anpassen. Wissenschaftliche Begriffe sind möglichst zu vermeiden.

---

860 Offene Fragen zeichnen sich dadurch aus, dass sie keine Antwortvorgaben bzw. -kategorien liefern. vgl. Kepper, G.: a.a.O., S. 39

861 „Weich" bedeutet, dass der Interviewer versucht, ein Vertrauensverhältnis zu seinem Gesprächspartner aufzubauen, indem er Sympathie demonstriert und versucht, sympathisierendes Verständnis zum Ausdruck zu bringen.

862 Bei vermittelnden Interviews fließt der Informationsfluss einseitig vom Interviewer zum Befragten. Bei ermittelnden Interviews dagegen ist der Informationsfluss umgekehrt.

863 Das Prinzip der Offenheit besagt, dass der Interviewer auch für unerwartete Informationen zugänglich sein soll.

864 Dieses Prinzip besagt, dass es zu den Aufgaben des Interviewers gehört, in Interviewsituationen variabel auf die Bedürfnisse der Befragten zu reagieren.

865 Dieses Prinzip weist darauf hin, dass bei dieser Interviewform hauptsächlich der Befragte zu Wort kommen soll.

866 Das Prinzip der Relevanzsysteme beabsichtigt, dass es zu keiner Prädetermination durch den Forscher kommt, sondern Wirklichkeitsdefinition durch den Befragten erfolgt.

Die Fragen sollen offen formuliert, gegebenenfalls durch konkretes Nachfragen ergänzt werden. Der Erzählfluss darf möglichst nicht unterbrochen werden.

Diese Prinzipien bringen mit sich, dass vor allem vom Interviewer ein hohes Maß an Kompetenz gefordert wird. Er muss Verbalisierungs- und Artikulationsvermögen besitzen. Die zeitliche Länge des qualitativen Interviews sollte im Prinzip nicht limitiert sein.[867]

Sonderfall qualitativ leitfadengestütztes Telefoninterview[868]

Ein Sonderfall der qualitativen Interviewtechnik ist das leitfadengestützte qualitative Telefoninterview. Es wird einerseits als eine sehr effiziente und ökonomische Art der qualitativen Datenerhebung dargestellt. Andererseits ist es im Vergleich zum persönlichen Interview, bei dem man dem Gesprächspartner gegenübersitzt, mit einer Reihe erschwerender Rahmenbedingungen behaftet. Abgesehen davon, dass man i.d.R. nur eine Hand frei hat, da man mit der anderen den Hörer hält, ist vor allem problematisch, dass man bei dem Gespräch ausschließlich auf den rein verbalen Anteil der Kommunikation beschränkt ist. Daher muss den Empfehlungen der SOZIALFORSCHUNGSSTELLE DORTMUND entsprechend, ein qualitatives Telefoninterview noch sorgfältiger vorbereitet werden.[869]

Um das gegenseitige Verständnis nicht noch weiter[870] zu erschweren, sollte darauf geachtet werden:[871]

1. dass die Fragen so klar und so präzise wie möglich formuliert werden (vgl. Kap. 6.3.1.1);
2. dass der Interviewer genau hinhört, was der Gesprächsteilnehmer an Informationen vermittelt. Das genaue Hinhören wird dabei als noch

---

867 vgl. Kepper, G.: a.a.O., S. 37; Ausnahme bei leitfadengestützten Telefoninterviews - diese sollen i.d.R. nicht länger als 45 Minuten dauern.

868 Diese Beschreibung ist notwendig, da einige der Interviews auf Wunsch der zu interviewenden Personen telefonisch durchgeführt wurden (vgl. Kap. 6.3.4.1).

869 vgl. Busse, G.: Das leitfadengestützte Telefoninterview, in: Kopp, R. et al.: Methodenhandbuch, Angewandte empirische Methoden, Erfahrungen aus der Praxis, Sozialforschungsstelle Dortmund, Landesinstitut, Stand vom 15.03.00, in: http://www.sfs-dortmund.de/download/Beitrag113.pdf, S. 29 ff. (Zugriff: 07.05.03)

870 Gemeint ist hier: „...nicht noch weiter im Verhältnis zu dem persönlichen, mündlichen Interview".

871 vgl. Busse, G.: Das leitfadengestützte Telefoninterview, in: Kopp, R. et al.:, a.a.O., S. 33

wichtiger erachtet als die präzise Formulierung der Fragen. Viele Experten neigen nämlich aufgrund ihrer Erfahrung dazu, bei ihrem Gegenüber zuviel an Informationen vorauszusetzen.[872]

6.2.2.2 Qualitative Interviewformen

Allgemein wird bei qualitativen Interviews zwischen drei verschieden Interviewformen unterschieden:[873]

- **Tiefeninterview**
  Tiefeninterviews werden u.a. in der Psychoanalyse verwendet. Das Ziel ist z.B. die Aufdeckung bestimmter unbewusster Motivationsstrukturen des Befragten.[874]
- **Exploratives Interview**
  Im Rahmen des explorativen Interviews werden Wissen, Erfahrung, Einstellungen oder Know-how erfragt. Dabei wird zwischen zwei verschiedenen Techniken unterschieden:[875]
  - Narrative Interviewtechnik
    Das narrative Interview gilt als Prototyp der freien oder offenen Interviews. Dabei wird der Befragte durch den Interviewer zur Erzählung eigener Erfahrungen aufgefordert. Der Interviewstil ist weich bis neutral in einer möglichst kollegial-freundschaftlichen Vertrauensatmosphäre.
    Besonders bei diesem Interviewtyp kann der Befragte Inhalt und Verlauf des Gesprächs selbst bestimmen. Narrative Interviews finden sich häufig in der Lebenslauf- und Biographieforschung.
  - Problemzentrierte Interviewtechnik
    Bei dieser Form der Interviewtechnik besitzt der Interviewer ein wissenschaftliches Konzept, das bei Bedarf modifiziert werden kann. Durch den inhaltlichen Gegenstand ist ein theoretisch-wissenschaftliches Vorverständnis des Interviewers erforderlich. Auch hier wird dem Erzählprinzip gefolgt, wobei die inhaltlichen

---

[872] Diese Gefahr konnte durch die jahrelange Tätigkeit und der somit intensiven Vertrautheit des Autors mit der Materie weitgehend ausgeschlossen werden.

[873] Bereits hier wird ein Schwerpunkt auf die Beschreibung der explorativen Interviewform gelegt, da diese im weiteren Verlauf der Arbeit als Grundlage der Befragung dient. Die anderen beiden Interviewformen „Tiefeninterview und Fokussiertes Interview“ werden lediglich der Vollständigkeit halber (entsprechend kurz) aufgeführt.

[874] vgl. Kepper, G.: a.a.O., S. 37 ff.

[875] vgl. ebenda, S. 41 ff.

Richtlinien nicht ganz frei sind, weil sich das Gespräch mit einem bestimmten Gegenstand oder Problem beschäftigt.
Als Brücke zum quantitativen Interview nutzt man gelegentlich einen standardisierten Kurzfragebogen.
Die Offenheit ist in den meisten Fällen weitgehend gegeben. Die Kommunikation verläuft erzählend, wobei der Interviewer problemorientiert Fragen stellt. Durch die eingeschränkte Themenvorgabe ist die Flexibilität eingeschränkt. Der Leitfaden kann immer dann verlassen werden, wenn durch eine leichte Themenabwandlung die erwünschten Interviewergebnisse leichter oder schneller zu erreichen sind.

- **Fokussiertes Interview**
  Im Rahmen dieser Interviewform besteht die Möglichkeit, qualitative Interviews mit der Präsentation bestimmter Stimuli (Filme, Zeitungsartikel etc.) zu kombinieren, um die im Prinzip offene Befragungstechnik zielgerichtet steuern zu können.[876]

Abbildung 20 fasst die Struktur der beschriebenen qualitativen Interviewformen zusammen:

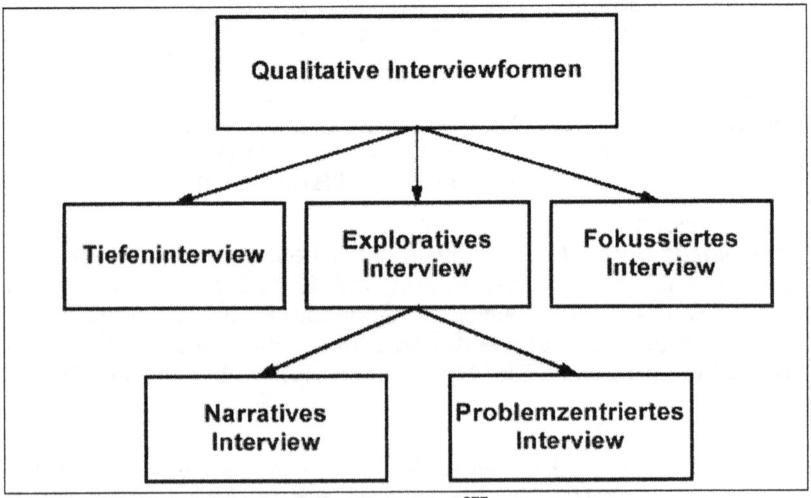

Abbildung 20: Qualitative Interviewformen[877]

---

[876] vgl. Kepper, G.: a.a.O., S. 37
[877] vgl. ebenda, S. 41

Aufgrund des gegebenen theoretischen Bezugsrahmens sowie der beschriebenen marktstrukturellen Ausgangssituation ist im Rahmen dieser Arbeit vorgesehen, durch problemzentrierte Experteninterviews[878] mit einer Großzahl der im nordischen Holzgeschäft aktiven Marktteilnehmer[879] die themenspezifischen Sachverhalte zu diskutieren. Das Ziel dabei ist, Sach-, bzw. Strukturzusammenhänge herauszuarbeiten. Die Methode der Interviewführung orientiert sich dabei an der Methode des „problemzentrierten Interviews" nach KEPPER,[880] den methodischen Überlegungen zu qualitativen Befragungsmethoden, insbesondere Experteninterviews von HARDES[881] sowie am Methodenhandbuch „Angewandte empirische Methoden" der SOZIALFORSCHUNGSSTELLE DORTMUND.[882]

6.3 Durchführung der qualitativen Interviews

Nachfolgende Gliederungspunkte geben einen Überblick, in welcher Art und Weise die qualitativen Interviews durchgeführt wurden. Dabei wird die Vorgehensweise bei der Erstellung des Interviewleitfadens, die Auswahl der Experten sowie die Kontaktaufnahme zu den ausgewählten Interviewpartnern erläutert. In der Folge wird beschrieben, welche theoretischen Vorgaben als Grundlage zur Durchführung der qualitativen Interviews relevant waren und wie diese in der praktischen Umsetzung angewandt wurden.

6.3.1 Erstellung des Interviewleitfadens

Entsprechend dem theoriegeleiteten Forschungsansatz wurde der Interviewleitfaden bzw. Fragebogen auf Basis der erstellten Arbeitshypothesen sowie des theoretischen Bezugsrahmens aufgebaut. Dieser Leitfa-

---

878 Experteninterviews werden in der empirischen Sozialforschung insbesondere dazu genutzt, um spezifisches und konzentriertes Wissen ausgewählter Personen zu einem eingegrenzten Themenbereich abzufragen. vgl. Hardes, H.D. et al: Methodische Überlegungen zu qualitativen Befragungsmethoden, insbesondere Experteninterviews, elektronisch veröffentlicht unter der URL: http://www.uni-trier.de/uni/fb4/vwl-apo/4207ws0102/efstudien.pdf (Zugriff: 05.05.03)

879 Verkaufsbüros der skandinavischen Forstkonzerne, Importgroßhändler sowie auf dem deutschen Markt ansässige Holzimportagenturen

880 vgl. Kepper, G.: a.a.O., S. 44 ff.

881 vgl. Hardes, H.D. et al: Methodische Überlegungen zu qualitativen Befragungsmethoden, a.a.O., S. 3 f.

882 vgl. Kopp, R. et al.(Hrsg.): Methodenhandbuch, Angewandte empirische Methoden, Erfahrungen aus der Praxis, Sozialforschungsstelle Dortmund, Landesinstitut, Stand vom 15.03.00, in: http://www.sfs-dortmund.de/download/Beitrag 113.pdf (Zugriff: 07.05.03)

den bildete dabei das Bindeglied zwischen theoretischem Vorwissen und Empirie. Aus der Theorie wurden die Hypothesen und aus diesen wiederum die Leitfadenfragen abgeleitet. Das bestehende wissenschaftliche Konzept und die Arbeitshypothesen sollten in den Interviews überprüft und durch die geäußerten Ansichten der Erzählenden eventuell modifiziert werden.

6.3.1.1 Kriterien für die Erstellung eines Interviewleitfadens

Bei der Erarbeitung eines Interviewleitfadens sind, nach den methodischen Empfehlungen der erwähnten fachbezogenen Literatur, folgende Gesichtspunkte zu beachten:[883]

- Der Interviewleitfaden soll klar strukturiert sein und eine logische, für den Interviewten nachvollziehbare Ordnung erkennen lassen;
- Die Fragen sollen möglichst kurz und allgemeinverständlich formuliert sein;
- Der Leitfaden soll detaillierte Steuerungsanweisungen enthalten, so dass einerseits auch ein Außenstehender das Interview führen könnte und andererseits der Interviewer die inhaltliche Linie nicht verliert;
- Standardinformationen, die relativ leicht aus anderen Quellen zu beziehen sind, wie z.B. rechtlicher Status der Organisation, Betriebsgröße, Branche etc., sollen nicht in einem Experteninterview erhoben werden;
- Nutzt man den Leitfaden als Untersuchungsinstrument zur Überprüfung von Hypothesen, ist es ratsam, Fragenkomplexe möglichst detailliert zu untergliedern. Dieser Leitfaden ähnelt somit einem standardisierten Fragebogen, mit dem Unterschied, dass er mehr „offene" Fragen enthält;[884]
- Bei qualitativen leitfadengestützten Telefoninterviews kommt noch hinzu, dass bei der Auswahl der Fragen beachtet wird, dass das In-

---

883 Hierbei sind die Empfehlungen der Sozialforschungsstelle Dortmund für leitfadengestützte Telefoninterviews besonders berücksichtigt worden (vgl. hierzu auch Kap. 6.2.2.1). vgl. Busse, G.: Das leitfadengestützte Telefoninterview, in: Kopp, R. et al.:, a.a.O., S. 31 f.

884 Diese Empfehlung wurde im Hinblick auf die vorgesehenen qualitativen Telefoninterviews besonders intensiv umgesetzt (vgl. Leitfaden im Anhang 2).

terview (mit Voranmeldung) nicht viel länger als etwa 45 Minuten dauern sollte.[885]

6.3.1.2 Struktur des Interviewleitfadens

Der Leitfaden (vgl. Anhang 2) wurde als Fragentrichter konzipiert, der von einer offenen zu einer spezielleren Gesprächsform führt. Nachfolgende Aufzählung gibt die Struktur des erstellten Leitfadens wieder:

- Zu Beginn wird das Forschungsvorhaben kurz vorgestellt und das Ziel der Befragung erläutert;
- Im ersten Teil ermitteln allgemeine Fragen den strukturellen Aufbau der Unternehmen, die Koordinationsform innerhalb der Distribution von nordischem Nadelschnittholz sowie die Position der Gesprächspartner innerhalb des Unternehmen;
- Danach erfolgt eine Einengung der Fragen hinsichtlich der Transaktionsmerkmale des theoretischen Bezugsrahmens. Hierbei werden die Gesprächspartner in offenen Fragen zuerst dahingehend befragt, warum ihrer Meinung nach ihr jeweiliges skandinavisches Partner-, oder Mutterunternehmen speziell diese Form der Distribution ausgewählt hat, um das Schnittholz auf dem deutschen Markt abzusetzen;[886]
- Als nächstes zielt die offene Fragestellung darauf ab, von den Interviewpartnern zu erfahren, welche Gründe für die Entscheidung skandinavischer Ablader für oder gegen ein bestimmtes Distributionssystem sprechen könnten;
- In einem weiteren Schritt werden den Gesprächspartnern die vom Autor erstellten Hypothesen vorgetragen und sie gebeten, diese zu beurteilen und entsprechend ihrer Bedeutung zu bewerten;
    - Bei der ersten Gesprächsrunde mit den Verkaufsbüros wird versucht herausfinden, ob die aufgestellten Annahmen auch tatsächlich als Charakteristikum für hierarchische Koordinationsformen angesehen werden können. Außerdem soll ermittelt werden, wel-

[885] vgl. Busse, G.: Das leitfadengestützte Telefoninterview, in: Kopp, R. et al.:, a.a.O., S. 31 f.

[886] Durch diese Vorgehensweise wird versucht, eine Einflussnahme des Autors durch frühzeitige Offenlegung der Hypothesen auszuschließen. Zuerst sollen die Befragten ihre Einschätzungen kundtun. Erst in einem weiteren Schritt werden die Hypothesen des Autors diskutiert.

che weiteren Faktoren für integrierte Distributionsformen kennzeichnend sind;[887]

- In der zweiten Befragungsrunde mit den Holzimportgroßhändlern soll festgestellt werden, ob die getroffenen Selbsteinstufungen der Verkaufsbüros für die Marktvariante nicht bzw. weniger zutreffend sind. Das Ziel dabei ist, eine klare Abgrenzung zu erhalten, welche Merkmalsausprägungen der jeweiligen Transaktionsdimension als typisch für die jeweiligen Distributionsformen Hierarchie und Markt angesehen werden können;
- Die Ergebnisse der beiden ersten Befragungsrunden bilden die Ausgangsbasis für die dritte Befragung der Holzimportagenturen. Hierbei soll ermittelt werden, ob bei diesen hybriden Koordinationsformen eine generelle Unterscheidung in tendenziell hierarchienah bzw. marktnah orientierte Unternehmen getroffen werden kann. Parallel dazu soll dann die vom Autor erstellte Hypothese überprüft werden, dass innerhalb der jeweiligen Agenturen sowohl hierarchienahe als auch marktnahe Beziehungen bestehen.

Die Gliederung der Interviewleitfäden wurde somit nach folgendem Muster erstellt:

I. Kurze Vorstellung des Forschungsvorhabens;

II. Allgemeine Fragen zu den Strukturdaten des Unternehmens bzw. der jeweiligen Stellung der Gesprächsperson innerhalb des Unternehmens;

III. Offener Fragenteil über die Einschätzung des Gesprächspartners über die Gründe der Wahl ihres Schnittholzlieferanten für die jeweilige Distributionsform. Hinzu kommt die Erfragung der jeweiligen persönlichen Meinung zum Vorhandensein unterschiedlicher Distributionsformen;

IV. Fragen zu den Merkmalsausprägungen der jeweiligen Transaktionsdimension und Überprüfung der getroffenen Hypothesen:

   a. Faktorspezifität;
   b. Unsicherheit;
   c. Häufigkeit;
   d. Transaktionsatmosphäre.

---

[887] Dieses Vorgehen dient dem Zweck, herauszufinden, in welchem Maße, nach Meinung der befragten Experten, die Grundannahme der Transaktionskostentheorie bestätigt werden kann, dass eine hohe Ausprägung der jeweiligen Transaktionsdimensionen tendenziell zu einer hierarchischen Distributionsform führt.

Aufgrund der mehrschichtigen Zielsetzung mussten unterschiedliche Interviewleitfäden entwickelt werden. Die beiden ersten Befragungsrunden mit den hierarchisch sowie marktlich organisierten Distributionsformen konnten mit dem gleichen Fragebogen durchgeführt werden. Dabei stand die Erwartung, dass sich die Antworten der verschiedenen Koordinationsformen „Hierarchie“ und „Markt“ an den beiden unterschiedlichen Enden der Skala wiederfinden. Angelehnt an den inhaltlichen Aufbau des ersten Leitfadens wurde für die hybride Koordinationsform ein eigenes Fragekonzept entwickelt. Die für die entsprechende Koordinationsform entwickelte Variante des Interviewleitfadens kann dem Anhang 2 entnommen werden.[888]

6.3.1.3 Skalierung der Interviewleitfäden

Die Skalierung der Interviewleitfäden erfolgt im speziellen (geschlossenen) Fragenteil zu den Transaktionsdimensionen mittels monopolaren Skalen mit verbaler Umschreibung aller Antwortstufen nach folgendem Schema:

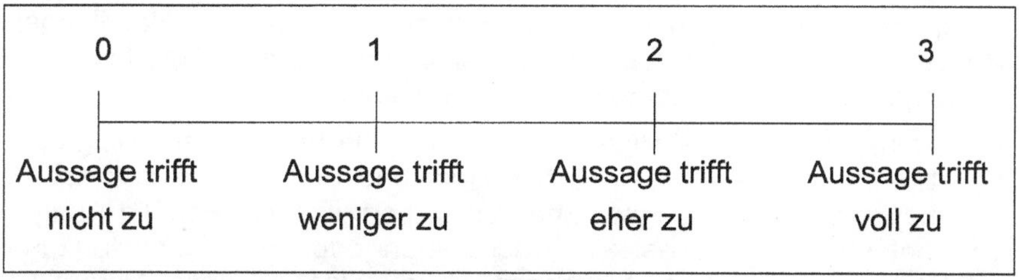

Abbildung 21: Skalierung der Interviewleitfäden

Diese Form der Skalierung hat folgende Bewandtnis. Die Einteilung der Transaktionsdimensionen verfolgte das Ziel, spezielle Ausprägungen für die drei unterschiedlichen Distributionsformen „Hierarchie“, „Hybride“ und „Markt“ zu erzielen. Dementsprechend wurden die Transaktionsdimensionen regelmäßig in die drei Kategorien: „niedrig“, „mittel“ und „hoch“ unterteilt.[889] Zum Erzielen dieser drei Bereichsfelder[890] im Rahmen der

[888] Wie im Anhang 2 erkennbar, wurden die jeweiligen Fragen der Interviewleitfäden bewusst im Rahmen der Möglichkeit sehr allgemein formuliert. Das Ziel dabei war, u.a. durch diese Art der offenen Fragestellung auch die Möglichkeit zu schaffen, die Interviewleitfäden in gleicher oder ähnlicher Form auch für zukünftige Untersuchungen in (zumindest) benachbarten Branchen anzuwenden.

[889] Beziehungsweise geschah diese Unterteilung andernorts in die drei Kategorien: „nichtspezifisch“, „mittel-“ und „hochspezifisch“ (siehe hierzu beispielhaft Tabelle 13, Seite 177 und Tabelle 14, Seite 178).

durchzuführenden Interviews ist es daher notwendig, vier verschiedene Antwortmöglichkeiten für die Interviewpartner zu ermöglichen. Somit ist zu erwarten, dass die ermittelten Durchschnittswerte der gegebenen Antworten der jeweiligen Distributionsform innerhalb der jeweiligen Bereichsfelder „niedrig", „mittel" und „hoch" liegen werden, ohne jedoch eine genaue Grenzziehung bei den einzelnen Werten als notwendig zu erachten.

6.3.2 Auswahl der Experten

Als Experten werden allgemein sachkundige Personen angesehen, die als Akteure des Untersuchungsfeldes über spezifisches Handlungs- und Erfahrungswissen verfügen. Sie repräsentieren i.d.R. bestimmte Organisationen oder Institutionen und verfügen über internes Organisationswissen (Betriebswissen).[891]

Die Auswahl von Experten richtet sich allgemein nach der Auswahl bestimmter Organisationen, der Reputation und Position von relevanten Akteuren bzw. Personen sowie nach Einflussmöglichkeiten bzw. Beteiligung von Personen an relevanten Entscheidungen bzw. Handlungen. Bei betrieblichen Falluntersuchungen sind die befragten Experten häufig Personen aus Führungsebenen oder Stabsabteilungen.[892]

Experten bilden als Beteiligte oder Insider eine unmittelbare Zielgruppe von Untersuchungen. Deren Erfahrungs- und Betriebswissen bewirken den hauptsächlichen Gegenstand von Experteninterviews. Die Analyse von betrieblichen Prozessen, Programmen oder Handlungsstrukturen erfolgt auf der Basis des fachspezifischen Insider-Wissens. Darauf bezogene Fragestellungen, Hypothesen und theoretische Erklärungen können aus der Sicht der Experten erkundet, beantwortet und geklärt werden.[893]

Die für die Interviews vorgesehenen Experten wurden nicht repräsentativ ausgewählt,[894] sondern ergaben sich aus der gegebenen Marktstruktur

---

[890] Diese drei Bereichsfelder stellen den Skalenbereich „0-1", „1-2" und „2-3" dar.

[891] vgl. Hardes, H.D. et al: Methodische Überlegungen zu qualitativen Befragungsmethoden, a.a.O.

[892] vgl. ebenda

[893] vgl. ebenda

[894] Einer der Grundsätze der Experteninterviews ist, dass Experten nicht repräsentativ ausgewählt werden können, wodurch ein erheblicher Unterschied zu Repräsentativbefragungen deutlich wird. vgl. Brockhoff, K.: Prognoseverfahren für die Unternehmensplanung, 1. Aufl., Wiesbaden: Gabler Verlag 1977, S. 75. Die Auswahl der Experten geschah daher im Prinzip durch eine nicht-zufällige Aus-

des nordischen Holzmarktes. So wurde bei allen in Deutschland ansässigen Verkaufsbüros der skandinavischen Forstkonzerne angefragt, ob sie sich an diesen Interviews beteiligen. Auch bei den in der zweiten Befragungsrunde vorgesehenen Holzimportgroßhändlern wurden die verantwortlichen Geschäftsführer vieler bedeutsamer[895] Unternehmen der Branche gebeten, durch ihre Mithilfe dieses Forschungsvorhaben zu unterstützen. Schließlich wurden für die letzte Befragungsreihe viele der maßgeblichen, im nordischen Nadelschnittholzmarkt arbeitenden deutschen Holzimportagenturen ausgewählt. Auch hierbei war vorgesehen, ausschließlich die mit dieser Thematik befassten Experten[896] für die Interviews zu gewinnen.[897]

6.3.3 Kontaktaufnahme mit den Experten

Die Kontaktaufnahme mit den potentiellen Gesprächspartnern zur Durchführung der Interviews erfolgte i.d.R. durch den Autor direkt telefonisch bzw. persönlich bei brancheninternen Veranstaltungen. In diesem Zusammenhang wurde das Projekt den jeweiligen Beteiligten in Kurzform vorgestellt, ihnen dabei das Anliegen erläutert und sie um ihre Mithilfe gebeten.

Die erste konkrete[898] Kontaktaufnahme erfolgte im November 2003, das erste Treffen zur Durchführung eines Interviews war Anfang Dezember

---

wahl nach dem Konzentrationsprinzip. Allerdings wurde versucht, durch die Befragung, eine wesentlich höhre Anzahl der aktiven Marktteilnehmer zu erreichen, als dies normalerweise bei der Auswahl nach dem Konzentrationsprinzip üblich ist.

895 Bedeutsam im Sinne von einzuschätzender Größenordnung an der importierten nordischen Nadelschnittholzmenge.

896 Es gibt dabei zwei Möglichkeiten. Bei einigen Unternehmen sollen die Gesellschafter persönlich befragt werden. Bei anderen Unternehmen, die in unterschiedlichen Märkten, wie z.B. Amerika, Afrika, Asien usw., arbeiten, werden die im nordischen Nadelschnittholzmarkt verantwortlichen Abteilungsleiter interviewt.

897 Die Auswahl der Experten erfolgte in enger Abstimmung mit Herrn Jan Fr. Schulzebeer. Herr Schulzebeer ist Gesellschafter und Geschäftsführer der Holzimportagentur Jan Fr. Schulzebeer & Co. Er ist seit mehreren Jahrzehnten in der nordischen Holzbranche aktiv und hat daher ein sehr hohes branchenspezifisches Insiderwissen. Er kennt die meisten Marktteilnehmer persönlich und konnte den Autor dadurch optimal bei der Auswahl der Ansprechpartner unterstützen.

898 Bereits bei früheren Branchentreffen wurden die einzelnen, für das Vorhaben anvisierten Personen darüber informiert, dass man diesbezüglich mit ihnen in Kontakt treten wolle. Jedoch führte der relativ hohe zeitliche Aufwand für die Vorbereitung dazu, dass die ersten konkreten Anfragen erst im November 2003 gestellt wurden.

2003. Das weitere Kontaktieren der jeweils vorgesehenen Ansprechpartner erfolgte dann entsprechend dem beschriebenen Ablauf der Untersuchung sukzessive in mehreren Runden. Jede hierarchische Ebene wurde für sich befragt. Erst nachdem die Befragung der jeweiligen Hierarchieebene abgeschlossen war, erfolgte die Kontaktaufnahme zur nächsten Ebene. Der Grund dafür liegt in der vorgesehenen regelmäßigen Weiterentwicklung des Interviewleitfadens durch neu gewonnene Erkenntnissen und somit dem Arbeiten in der hermeneutischen Spirale.

Die Interviews wurden somit in nacheinander folgenden Runden zwischen Dezember 2003 und März 2004 durchgeführt.

6.3.4 Interviewsituation

Der folgende Abschnitt beschäftigt sich mit der praktischen Umsetzung der theoretischen Vorgaben qualitativer Interviews, während und nach den jeweiligen Befragungen.

6.3.4.1 Praktische Umsetzung der Interviewvorgaben

Den theoretischen Vorgaben folgend, wurden die persönlichen Interviews überwiegend in den jeweiligen Geschäftsräumen des zu interviewenden Gesprächspartners durchgeführt.[899] Auf Wunsch einiger Beteiligten ist ein Teil der Interviews telefonisch organisiert worden (vgl. Tabelle 17).[900] Um zu Gesprächsbeginn eine vertrauensvolle Gesprächsatmosphäre zu schaffen, wurde zuerst allgemein über die aktuelle Holzmarktsituation sowie über die zu erwartende Marktentwicklung gesprochen. Danach kamen eine kurze Vorstellung des Forschungsvorhabens sowie eine Erläuterung über Sinn, Zweck und Ziel des vorgesehenen Interviews. Schließlich holte man von den Beteiligten das Einverständnis für die Protokollierung des Interviews ein. Dabei wurde den Interviewpartnern versichert, dass weder sie als Personen noch ihr Unternehmen oder irgendeine im Verlauf des Interviews genannte Person oder Unternehmung im Rahmen dieser Arbeit namentlich erwähnt werden würde. Des Weiteren ist Ihnen explizit zugesichert worden, dass in dieser Arbeit weder offene noch versteckte Hinweise erkennbar gemacht werden, die auf sie als Urheber dieser Informationen hinweisen könnten. Schließlich

---

899 Ein Interviewpartner wünschte, dass man in ein benachbartes Cafe gehe, da man dort mehr Ruhe habe. Einige der Interviews wurden auf Wunsch der Interviewten in den Räumen der Holzimportagentur Jan Fr. Schulzebeer & Co. durchgeführt.

900 Dabei wurde genau auf die Einhaltung der Vorgaben für leitfadengestützte Telefoninterviews der Sozialforschungsstelle Dortmund geachtet (vgl. Kap. 6.2.2.1).

wurde noch auf den ungefähren Zeitrahmen des Interviews von etwa einer Stunde hingewiesen.

Um eine Beeinflussung durch den Autor so weit wie möglich zu vermeiden, wurden die aus dem theoretischen Kontext des Forschungsvorhabens getroffenen Hypothesen ganz bewusst erst nach Abschluss der Ausführungen der Interviewten zur Diskussion gestellt (vgl. Interviewleitfaden, Kap. 6.3.1.2 sowie Anhang 2). Ziel dieser Vorgehensweise war es, neuen, bisher nicht berücksichtigten Charakteristika der unterschiedlichen Koordinationsformen zu ermitteln und eine Theorieverzerrung des empirischen Materials zu vermeiden.[901]

Des Weiteren wurde der Fragebogen allen Gesprächspartnern bereits einige Tage vor dem Interview per elektronischer Post übersandt. Damit war die Bitte verbunden, sich bis zum Interviewtermin, insbesondere zu den offenen Fragen, Gedanken zu machen. Somit konnte ein weiterer Faktor einer möglichen Beeinflussung durch den Interviewer reduziert werden.

Während der Interviews lag nun der (teilweise) ausgefüllte Fragebogen dem Interviewer vor. Insofern konnte er sich darauf konzentrieren, durch wiederholtes Nachfragen herauszufinden, ob die Aussage des Interviewpartners auch richtig verstanden wurde.

Somit wurden zusammenfassend folgende Maßnahmen ergriffen, um so weit wie möglich eine Beeinflussung der Gesprächspartner durch den Interviewer zu vermeiden:

- Vorabversendung der Fragebögen, mit der Bitte, sich über die jeweiligen Fragen bis zum Interviewzeitpunkt Gedanken zu machen;
- Offen strukturierter Gesprächsbeginn;
- Fragentrichter von offenen Fragen zu speziellen Fragen nach Maßgabe des theoretischen Bezugsrahmens und der Arbeitshypothesen;

---

901 Probleme bei der Durchführung von Interviews ergeben sich häufig aus der Unterscheidung zwischen Meinungen (Theorie der Befragten, wie die Wirklichkeit zu erklären ist) und Erfahrungen. Um diese Unterschiede herauszufinden, ist es notwendig, bei Unklarheiten die Gesprächspartner um Konkretisierung zu bitten. Im Erzählen oder Darstellen konkreter Projekte und Erfahrungen wird man näher an die Realität des Befragten herankommen als bei der Frage nach allgemeinen Einschätzungen. Da auch Meinungen dazu beitragen können, z.B. die Relevanz eines Problems kennen zu lernen, soll auf sie aber auch nicht verzichtet werden. vgl. Lamnek, S.: Qualitative Sozialforschung, Band 2 - Methoden und Techniken, 3. überarbeitete Auflage, Psychologie Verlags Union Weinheim 1993, S.68 f.; siehe hierzu auch Dienel, W.: a.a.O., S. 98

- Flexibler Umgang mit Erzählelementen und Nachfrage nach Konkretisierungen, insbesondere Beispielen des Interviewten und interaktive Gesprächsstrukturierung;
- Offenlegung der eigenen Meinung und Hypothesen erst nach Abschluss der Ausführungen der Gesprächspartner.

Umsetzung der Anforderungen an leitfadengestützte Telefoninterviews

Um einerseits sicherzustellen, bei den Telefoninterviews die diskutierten Sachverhalte richtig wiedergegeben zu haben, sowie andererseits sich zugleich auch gegen etwaige nachträgliche Kritik an den empirischen Grundlagen der Untersuchung abzusichern, wurde der Fragebogen den Interviewpartnern ebenfalls vorab per elektronischer Post übersandt. Der Interviewpartner konnte sich somit auf das Telefonat vorbereiten und in dem Fragebogen bereits entsprechend Notizen machen.

Vor Interviewbeginn wurden die Gesprächspartner gebeten, ihre Notizen an den Interviewer zurückzufaxen. Somit hatten beide Parteien den ausgefüllten Fragebogen des Interviewten vorliegen.

Während des Telefoninterviews ging man dann nochmals gemeinsam Schritt für Schritt alle Fragen durch. Somit konnte das Problem eingeschränkt werden, dass sowohl von der Seite des Interviewten eine Frage missverständlich aufgefasst, als auch vom Interviewer manche Antworten nicht richtig verstanden würden. In Einzelfällen wurde durch intensives Nachfragen, verbunden mit der Bitte zur Nennung von konkreten Beispielen, versucht sicherzustellen, Missverständnisse so weit wie möglich zu vermeiden.

Zum Gesprächsende wurde dann das eigene Protokoll nochmals mit dem Interviewpartner abgeglichen. Schließlich ist noch vereinbart worden, dass, falls sich in dem einen oder anderen Punkt Nachfragen ergeben würden, der Gesprächspartner noch einmal für ein weiteres Telefonat zur Verfügung stehen würde.[902]

6.3.4.2 Datenerhebung während des Interviews

Da es grundsätzlich nicht möglich ist, sich alle Details eines Interviews zu merken, um sie anschließend in einem Postskriptum aufzuzeichnen,

---

902 Dieses Angebot wurde auch im Rahmen der Auswertung der Fragebögen vom Autor sowohl bei den telefonisch als auch bei den persönlich geführten Interviews mehrfach in Anspruch genommen.

ist eine Datenerhebung und -erfassung während des Interviews unumgänglich.

Die verwendete Methodenliteratur zur Sozialforschung weist jedoch darauf hin, dass man zur Erhebung der Daten möglichst dezente Mittel wählen sollte, da sonst schnell gehemmte oder verfälschte Aussagen gemacht werden könnten.[903]

Im Rahmen der für dieses Forschungsvorhaben durchgeführten Interviews wurden daher die Gespräche protokolliert.[904]

6.3.4.3 Datenerhebung nach dem Interview (Postskriptum)

Von allen durchgeführten Interviews wurde (am gleichen oder spätestens am darauf folgenden Tag) das Gesprächsprotokoll in Computerdateien übertragen. In diesem Zusammenhang wurde außerdem noch zusätzlich ein Gedächtnisprotokoll erstellt, bei dem besondere Merkmale oder Aussagen des Interviews vermerkt wurden.

6.4 Zusammenfassung der Experteninterviews

Gesprächsbereit waren insgesamt vierundzwanzig der fünfundzwanzig kontaktierten Unternehmen. Da in einem Unternehmen zwei Personen befragt wurden, konnten im Rahmen der Untersuchung insgesamt fünfundzwanzig Interviews durchgeführt werden.[905] Probleme entstanden

---

903 vgl. Kopp, R. et al.: a.a.O., S. 20

904 Eine zuvor durchgeführte Befragung bei mehreren potentiellen Gesprächsteilnehmern hatte zum Ergebnis, dass die meisten Teilnehmer der persönlichen Interviews und fast alle Beteiligten der Telefoninterviews einem Mitschnitt des Interviews auf Tonband negativ bis vollkommen ablehnend gegenüber standen.

905 Dem Autor ist wohl bewusst, dass dies bei der Durchführung rein quantitativer Interviews eventuell als problematisch anzusehen wäre. Zum einen aber hat, wie bereits erwähnt, die qualitative Vorgehensweise das Ziel, relevante Problemdimensionen zu erkennen und diese dann hinsichtlich des Untersuchungsziels in ihrer vollen Bedeutung zu erfassen sowie entsprechend zu deuten bzw. zu verstehen. Dabei geht es nicht zwingend um Aussagen über Häufigkeiten oder quantitativ bezifferbare Unterschiede (vgl. Kap. 6.1.1). Zum anderen haben die beiden befragten Mitarbeiter völlig unterschiedliche Aufgabenbereiche und einen vollkommen verschiedenen Kundenkreis (Industriekunden versus Handelskunden). Somit waren durch die beiden Personen unterschiedliche Antworten (insbesondere im offenen Frageteil) und dadurch umfangreichere Erkenntnisse für die zu untersuchende Thematik zu erwarten. Aus diesen Gründen hat sich der Autor in diesem Fall für die Durchführung beider Interviews im selben Unternehmen entschlossen. Selbstverständlich wurden quantitative Angaben des Unternehmens wie z.B. Verkaufsmengen etc. nur einmal in die Statistiken mit aufge-

zum Teil dadurch, dass Termine langfristig angelegt werden mussten bzw. kurzfristig abgesagt und/oder verschoben wurden. Für die Erhebung erwies sich die sukzessive Anlage der Interviewrunden als Vorteil, weil sie dem Prozess der Weiterentwicklung des Leitfadens Raum bot. Tabelle 17 gibt eine Übersicht über die kontaktierten und interviewten Unternehmen.

Tabelle 17: Zusammenfassung der durchgeführten Experteninterviews

Anzahl der kontaktierten Unternehmen:	**25**
➢ davon Verkaufsbüros nordischer Forstunternehmen:[906]	5
➢ davon Importgroßhändler/Streckengeschäftsabteilungen:	9
➢ davon Holzimportagenturen:	11
Anzahl der durchgeführten Experteninterviews: [907]	**25**
➢ davon persönliche Interviews:	15
➢ davon telefonische Interviews:	10
Mengenanteil der interviewten Unternehmen in cbm:[908]	**ca. 800.000**
Dies entspricht einem Anteil am Gesamtimportvolumen:	**ca. 90%**

Somit konnte mit einem erreichten Mengenanteil am Nadelschnittholzimportvolumen aus Skandinavien nach Deutschland von etwa 90% ein sehr hoher Prozentsatz der auf dem Markt agierenden relevanten Unternehmen interviewt werden.

---

nommen. Lediglich die qualitativen Aussagen wurden von beiden befragten Personen separat berücksichtigt. In anderen Unternehmen wurde dagegen bewusst auf die Durchführung mehrerer Interviews verzichtet, da dort verschiedene Mitarbeiter den gleichen Kundenkreis bedienen.

906 Nach Kenntnis des Autors gibt es für den Vertrieb von nordischem Nadelschnittholz in Deutschland lediglich diese fünf Unternehmen. Es gibt zwar noch weitere Verkaufsbüros nordischer holzbearbeitender Unternehmen, jedoch vertreiben diese andere Produkte, wie z.B. Hobelware oder Sperrholz usw.

907 Bei einem Verkaufsbüro wurden, wie erwähnt, zwei Mitarbeiter interviewt. Andererseits hat ein kontaktierter Importgroßhändler keine Bereitschaft gezeigt, sich interviewen zu lassen. Demzufolge wurden bei 24 von 25 kontaktierten Unternehmen insgesamt 25 Personen interviewt.

908 Verglichen werden hierbei die von den Interviewpartnern in Frage Nr. 3 der Fragebögen angegebene Selbsteinstufung Ihrer Unternehmen einerseits, mit den von dem Europäischen Wirtschaftsdienst veröffentlichten Importmengen an nordischem Nadelschnittholz für das Jahr 2003 andererseits (vgl. Kap. 2.2). Da in dem Fragebogen jedoch eine gewisse Spanne bei der Mengeneinstufung möglich war (z.B. 50.000 cbm - 100.000cbm - vgl. Interviewleitfaden im Anhang 2), kann es sich bei der angegebenen Zahl lediglich um einen Näherungswert handeln.

6.5 Methodische Vorgehensweise bei der Auswertung der qualitativen Interviews

Die im Anschluss beschriebene Vorgehensweise zur Auswertung der qualitativen Interviews richtet sich im Wesentlichen nach der Methode der qualitativen Inhaltsanalyse nach Mayring.[909]

Übersicht der systematischen Vorgehensweise

Im Folgenden werden die Schritte der systematischen Auswertung der Fragebögen beschrieben:

1. Bearbeitung der Gesprächsprotokolle

Die Interviewprotokolle wurden, wie den Befragten zugesichert, anonymisiert d.h. Namen und Daten wurden unabhängig von ihrer Relevanz gestrichen. Stattdessen wurden Hinweise auf Geschäftsbeziehungen oder andere Verhältnisse eingefügt. Anschließend wurden die Interviewbögen nummeriert. Die Nummerierung erfolgte nach folgendem System. Die Verkaufsbüros erhielten den Buchstaben „V“ dem eine fortlaufende Nummer beigefügt wurde (V1 bis V6). Adäquat hierzu wurden die Importgroßhändler mit „I1 bis I8“ und die Agenturen mit „A1 bis A11“ gekennzeichnet.
Die Auswertung erfolgte zuerst einzelfallbezogen für jedes befragte Unternehmen. Dabei wurde sich primär anhand der Kriterien und Fragen des Interviewleitfadens orientiert. Diese Vorgehensweise erleichterte es, den Überblick in der Fülle des Materials zu behalten.

2. Auswertung des speziellen Fragenteils zu den Transaktionsdimensionen

Als Nächstes erfolgte die Betrachtung der Tabellenergebnisse des speziellen Fragenteils. Aus der Summe der gegebenen Antworten wurden zuerst die jeweiligen Häufigkeitsverteilungen der Antworten ermittelt. Aus darstellungstechnischen Gründen[910] hat sich der Autor erlaubt, den je-

---

909 vgl. Mayring, P.: Qualitative Inhaltsanalyse [28 Absätze]. Forum Qualitative Sozialforschung / Forum: Qualitative Social Research [On-line Journal], 1(2), Juni 2000, Abrufbar über: http://qualitative-research.net/fqs/fqs-d/2-00inhalt-d.htm (Zugriff: 20.03.04)

910 Die Darstellung der einzelnen Häufigkeitsverteilungen hätte einige hundert Graphiken ergeben, ohne dabei an Aussagekraft zu gewinnen.

weiligen Anwortstufen entsprechend Punkte[911] zuzuordnen und daraus die arithmetischen Mittelwerte der untersuchten Transaktionsdimension je befragten Unternehmens zu ermitteln. Dies geschah, um die einzelnen Betriebe innerhalb der jeweiligen Koordinationsform miteinander vergleichen zu können. Schließlich wurden die Ergebnisse der jeweiligen Unternehmen innerhalb der verschiedenen Distributionswege zu Durchschnittswerten zusammengefasst. Somit konnten, wie vorgesehen, die verschiedenen Distributionsvarianten auf einen Blick direkt miteinander verglichen werden. Die Darstellung dieser Ergebnisse erfolgte graphisch nach folgendem Musterexempel:

Tabelle 18: Auswertungsbeispiel - Aussagen zur Transaktionsdimension (Muster)

	Mittelwert		
Aussagen zur Dimension	**V**	**A**	**I/S**
Annahme 1	3,00	2,50	1,25
Annahme 2	2,80	1,40	0,70
Gesamtergebnis	**2,90**	**1,95**	**0,98**

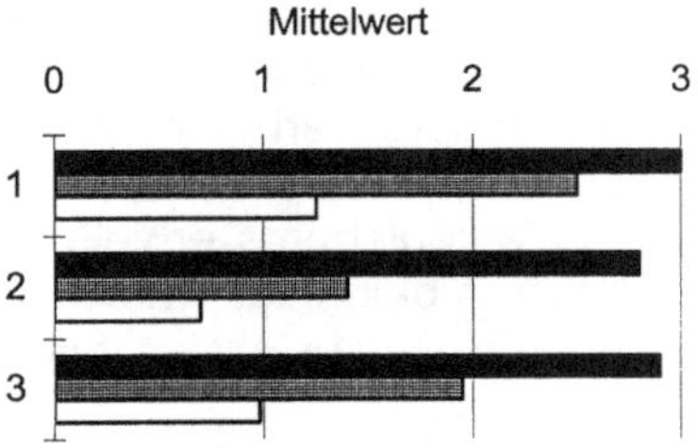

= Verkaufsbüros (V)
= Holzimportagenturen (A)
= Importgroßhändler (I/S)

(0)= „Aussage trifft nicht zu" (1)= „Aussage trifft weniger zu"
(2)= „Aussage trifft eher zu" (3)= „Aussage trifft voll zu"

Frage Nr „...": Bitte äußern Sie für die folgenden Aussagen (der Transaktionsdimension) den Grad Ihrer Zustimmung.

In der linken Textspalte werden nacheinander die einzelnen Annahmen (vgl. Kap. 5.5.3) stichwortartig aufgeführt. In den Zahlenspalten sind die jeweils dazugehörigen ermittelten Werte für die jeweilige Distributionsform „Verkaufsbüro (V), Holzimportagentur (A) und Importgroßhändler/ Streckengeschäftsabteilung (I/S) numerisch dargestellt. Die Säulenbalken auf der rechten Seite geben das numerische Ergebnis noch einmal nach Gruppen graphisch wieder. Die obige Musterdarstellung zeigt ein

911 Diese Punktezuweisung geschah einheitlich für alle Auswertungen entsprechend folgender Vorgabe: Antwortstufe 0 = 0 Punkte, Antwortstufe 1 = 1 Punkt, Antwortstufe 2 = 2 Punkte, Antwortstufe 3 = 3 Punkte;

Ergebnis, wie es entsprechend der transaktionstheoretischen Vorüberlegungen erwartet werden müsste. Die integrierte Vertriebsform „Verkaufsbüro“ ist durch eine hohe Ausprägung der betrachteten Transaktionsdimension gekennzeichnet, währenddessen die marktliche Vertriebsform „Importgroßhändler“ durch eine niedrige Ausprägung dieser Dimension beschrieben ist. Das Ergebnis der hybriden Distributionsform „Holzimportagentur“ liegt zwischen den beiden erstgenannten.

Für die vergleichende Gegenüberstellung der untersuchten Holzimportagenturen untereinander wird eine andere Darstellungsform gewählt, wie folgendes Musterbeispiel exemplarisch aufzeigen soll.

Tabelle 19: Auswertungsbeispiel - Transaktionsdimensionen (Muster) der Holzimportagenturen

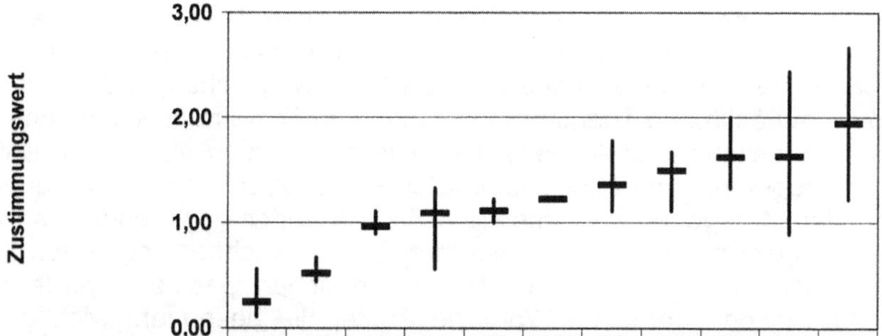

	A8	A7	A6	A1	A5	A11	A4	A2	A3	A10	A9
Höchstwert	0,56	0,67	1,11	1,33	1,22	1,22	1,78	1,67	2,00	2,44	2,67
niedrigster Wert	0,11	0,44	0,89	0,56	1,00	1,22	1,11	1,11	1,33	0,89	1,22
– Mittelwert	0,25	0,52	0,96	1,09	1,11	1,22	1,36	1,49	1,62	1,63	1,94

Agenturen

(0)= „Aussage trifft nicht zu“ (1)= „Aussage trifft weniger zu“
(2)= „Aussage trifft eher zu“ (3)= „Aussage trifft voll zu“

Frage Nr.“...“: Bitte äußern Sie für die folgenden Aussagen (der Transaktionsdimension) den Grad Ihrer Zustimmung.

Die Graphik ist folgendermaßen zu lesen. Die vertikalen Linien stellen die Spannweite der gegebenen Antworten der jeweiligen Holzimportagenturen vom niedrigsten bis zum höchstgenannten Wert dar. Die horizontalen Striche symbolisieren den arithmetischen Mittelwert der von den jeweiligen Agenturen (A1 - A11) genannten Antworten. Dieser ermittelt sich aus der Summe der einzelnen Antworten dividiert durch die Anzahl der genannten Ablader. Die ermittelten Werte sind in der darunter liegenden Tabelle aufgeführt.

Beispielhaft soll dies an Agentur A1 erläutert werden. Bei der Auswertung dieser Transaktionsdimension ergeben sich folgende Durchschnittswerte für die fünf, von der Agentur genannten Ablader: 3x1,33, 1x0,89 und 1x0,56. Dies bedeutet, die Spannweite der Ergebnisse reicht von 0,56 bis 1,33. Addiert man diese Durchschnittswerte miteinander (3x1,33 + 1x0,89 + 1x056), so erhält man eine Summe von 5,44. Teilt man diesen Wert durch die Anzahl der erwähnten Ablader (5) erhält man den arithmetischen Mittelwert von 1,088 = 1,09 (gerundet).

3. Systematisierung der Aussagen nach den Kategorien des Interviewleitfadens

Der nächste Bearbeitungsschritt sollte die gegebenen Aussagen der Interviewpartner zu den offenen Fragen, den Kategorien des Interviewleitfadens zuordnen. Bereits beim ersten Durchlesen der Aussagen des offenen Fragenteils wurden dafür die Protokolle Absatzweise nach den Kategorien des Interviewleitfadens codiert. Dies geschah, indem durch Nummern bestimmte Themen und Kriterien im Text angezeigt wurden.[912] Neu hinzugekommene Aspekte oder Themen wurden als weitere Kriterien hinzugefügt. Anschließend wurden die betrachteten Ausführungen nach den Kategorien des Interviewleitfadens oder gegebenenfalls neu hinzuzufügenden Merkmalen geordnet. Bei Überschneidungen von Angaben, die zu verschiedenen Themenbereichen passten, wurde mit Querverweisen gearbeitet. Wörtliche Zitate, die besonders wichtig erschienen, wurden bereits zu diesem Zeitpunkt hervorgehoben.

4. Theoretische Interpretation sowie Vergleich der Ergebnisse mit den Arbeitshypothesen

Schließlich wurden die Ergebnisse der Interviews mit den aufgestellten Arbeitshypothesen verglichen und einer theoretischen Interpretation unterzogen. Die Interpretation erfolgte in mehreren Durchgängen entsprechend dem Bewegen in der hermeneutischen Spirale.
Dabei wurde nach folgendem Schema gearbeitet. Wie bereits beschrieben, wurden die Ergebnisse des speziellen Fragenteils in Form von vergleichenden Tabellen für die jeweiligen Transaktionsdimensionen dargestellt (siehe oben). Diese Tabellen wurden dahingehend analysiert, ob bereits auf den ersten Blick verwertbare Ergebnisse der Untersuchung erkennbar waren, ohne bei diesem Schritt die Ergebnisse des offenen

---

[912] Diese Codierung geschah entsprechend der Nummerierung des Interviewleitfadens. Beispielsweise bekamen die Passagen, die der zweiten Hypothese der zehnten Frage (Faktorspezifität) zugeordnet wurden, die Nr. 10.2 usw.

Fragenteils mit einzubeziehen. Konnten bereits aus dieser Sichtung erste Schlüsse gezogen werden, wurden diese aufgeführt. Im weiteren Vorgehen wurden die zusammengefassten Aussagen des offenen Fragenteils (s.o.) dahingehend gesichtet, ob von dem jeweiligen Interviewpartner zu den einzelnen Kategorien Stellung genommen wurde bzw. beim ersten Durchgehen bereits Querverweise eingefügt worden sind. Beim Auffinden relevanter Aussagen wurden diese mit der beschriebenen Nummerierung versehen, (z.B. V3 für das Verkaufsbüro Nr. 3) und in die jeweilige Annahmenauswertung mit einbezogen. Zitate, die für die einzelnen Komplexe besonders relevant erschienen, wurden als so genannte Ankerzitate mit Anführungsstrichen versehen und wörtlich in den Text übernommen. Schließlich wurde nach Beendigung der Überprüfung der jeweiligen Hypothesen zu den einzelnen Transaktionsdimensionen eine abschließende Zusammenfassung der Ergebnisse der einzelnen Transaktionsdimensionen erstellt.

5. Dimensionsübergreifende Auswertung

Nach Abschluss der einzelnen Auswertungsschritte, erfolgte eine Gesamtzusammenfassung der einzelnen Ergebnisse. Im weiteren Vorgehen wurden diese Gesamtergebnisse mit den wirtschaftswissenschaftlichen Vorgaben der Transaktionskostentheorie sowie den theoriegeleiteten Überlegungen aus den vorangegangenen Kapiteln verglichen und beurteilt. Auch hierbei wurde bei Bedarf mit Ankerzitaten gearbeitet.
Durch die schrittweise interpretative Durchdringung der Interviews konnte somit das Typische (Verallgemeinerbare) für die jeweiligen Koordinationsformen zusammengefasst werden. Die charakteristischen Sichtweisen oder Problemwahrnehmungen von Unternehmen gleicher institutioneller Arrangements wurden herausgestellt. Außerdem wurden gruppenübergreifende, themenorientierte Darstellungen von Kernproblemen möglich.

7 Auswertung der Experteninterviews

In diesem Kapitel werden die Ergebnisse der im Dezember 2003 bis März 2004 durchgeführten Experteninterviews (vgl. Kap. 6) graphisch sowie textlich dargestellt, beschrieben und ausgewertet.

Abbildung 7 gibt einen Überblick über die Struktur dieses Kapitels.

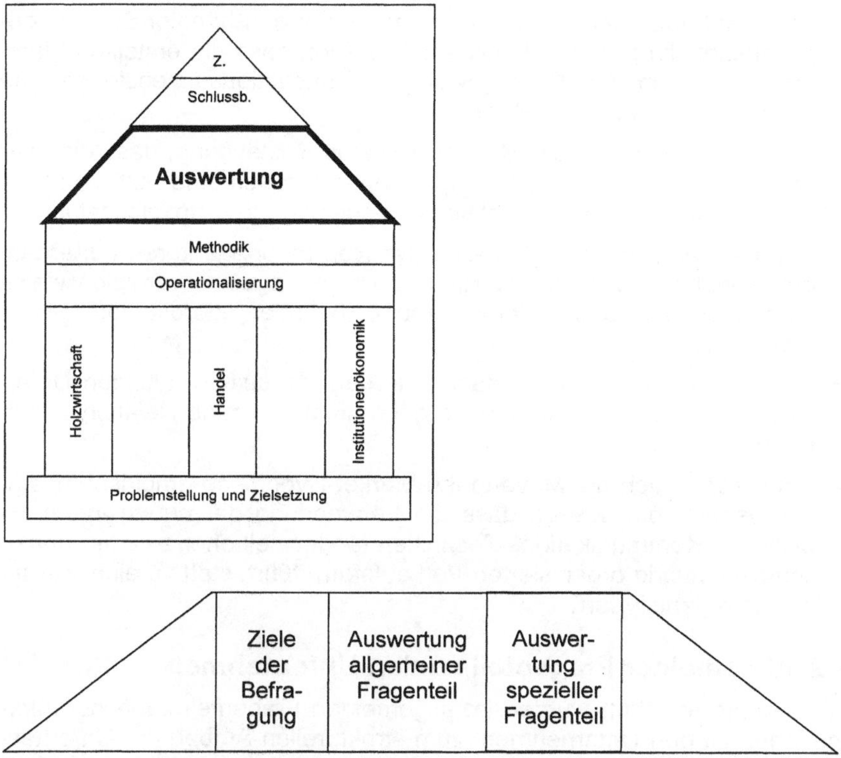

Abbildung 22: Struktur des Kapitels 7

7.1 Ziele der Befragung

Im empirischen Teil dieser Arbeit wird folgenden transaktionskostentheoretischen Fragestellungen nachgegangen (vgl. Kap. 5.5.3):

- Kann durch die Untersuchung bestätigt werden, dass die Distributionsform Hierarchie durch eine hohe Ausprägung der zu überprüfenden Merkmale der jeweiligen Transaktionsdimensionen gekennzeichnet ist?
- Wird anhand der Interviews der Importgroßhändler/Streckengeschäftsabteilungen die Hypothese bestätigt, dass die erstellten Merkmale (vgl. Kap. 5.5.3) der jeweiligen Transaktionsdimensionen eine niedrige Ausprägung erfahren?
- Findet des Weiteren die Mutmaßung eine Bestätigung, dass die hybride Koordinationsform „Holzimportagentur" durch eine mittlere Merkmalsausprägung der Transaktionsdimensionen gekennzeichnet ist?
- Kann anhand der Interviewreihe der Holzimportagenturen außerdem die Annahme bestätigt werden, dass es sowohl vergleichsweise marktnahe als auch hierarchienahe hybride Koordinationsformen gibt?
- Ist die Vermutung richtig, dass innerhalb desselben hybriden Unternehmens sowohl marktnahe als auch hierarchienahe Relationen auftreten?
- Kann schließlich die Move-to-the-Market-Hypothese empirisch bestätigt werden, die besagt, dass die Verwendung der neuen Informations- und Kommunikations-Techniken tendenziell eher zu einer marktlich bzw. hybrid organisierten Verkaufsform führt, statt zu einer hierarchisch organisierten?

7.2 Allgemeiner Fragenteil zu den Unternehmen

Wie bereits erwähnt, wurden im allgemeinen Fragenteil zunächst Informationen zu den Unternehmen, zum strukturellen Aufbau der Unternehmen, zur Koordinationsform innerhalb der Distribution von nordischem Nadelschnittholz sowie zur Position des Gesprächspartners innerhalb des Unternehmens erfragt.

7.2.1 Unternehmensart

Tabelle 20 zeigt das Ergebnis der Befragung zur jeweiligen Unternehmensart.

Tabelle 20: Unternehmensart

Unternehmensart	Anzahl
nordisches Verkaufsbüro (V)	5
Holzimportagentur (A)	11
Importgroßhändler/Streckenabteilung (I/S)	8
Gesamt	**24**

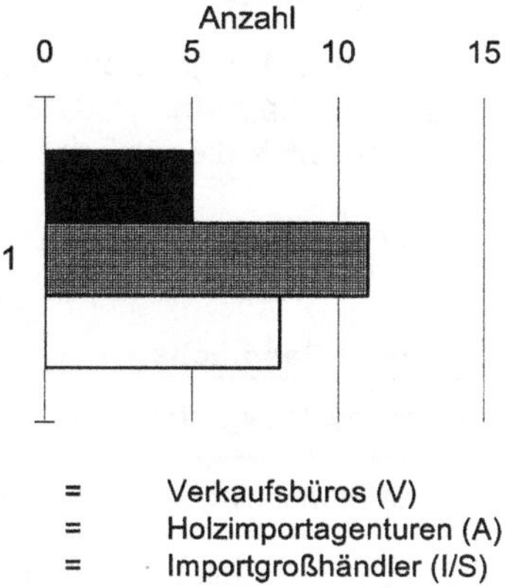

Frage 1: Bitte ordnen Sie Ihr Unternehmen in das folgende Schema ein

Im Rahmen der drei Interviewreihen wurden insgesamt 24 Unternehmen nach Ihrem Interesse befragt, an der Untersuchung teilzunehmen. Von den in Deutschland ansässigen Verkaufsbüros nordischer Forstunternehmen haben freundlicherweise alle fünf Firmen ihre Bereitwilligkeit gezeigt, an den Befragungen teilzunehmen. Diese Tatsache erwies sich als besonderer Glücksfall, da diese Unternehmen etwa die Hälfte der gesamten, in Skandinavien produzierten Nadelschnittholzmenge von ca. dreißig Millionen Kubikmetern abdecken (vgl. Kap. 2.1.2).

Außerdem wurden insgesamt neun Importgroßhändler bzw. Streckengeschäftsabteilungen von Nadelschnittholzimporteuren nach ihrer Bereitschaft befragt, an den Interviews teilzunehmen. Acht Unternehmen davon haben ihr Einverständnis erklärt, sich befragen zu lassen. Lediglich ein Holzgroßhändler wollte die Erhebung nicht durchführen lassen.

Schließlich wurden in der dritten und letzten Interviewrunde elf maßgebliche, im nordischen Schnittholzmarkt tätige Holzimportagenturen gebeten, an den Interviews teilzunehmen. Auch in diesem Fall waren erfreulicherweise alle Firmen dazu bereit, an der Befragung teilzunehmen.

Somit konnten vierundzwanzig der fünfundzwanzig angefragten Unternehmen interviewt werden, was einer Teilnehmerquote von 96% entspricht!

7.2.2 Position der Gesprächspartner innerhalb der befragten Unternehmen

Die zweite Frage zielte auf die Position des jeweiligen Gesprächspartners innerhalb des jeweilig befragten Unternehmens ab. Tabelle 21 zeigt das Ergebnis dieser Erhebung.

Tabelle 21: Position des Gesprächspartners

	Unternehmensart			
Position Gesprächspartner	**V**	**A**	**I/S**	**Summe**
Abteilungsleiter Schnittholz	5	2	3	10
Unternehmensinhaber	0	9	3	12
Mitarbeiter Schnittholzverkauf	1	0	2	3
Gesamt	**6**	**11**	**8**	**25**

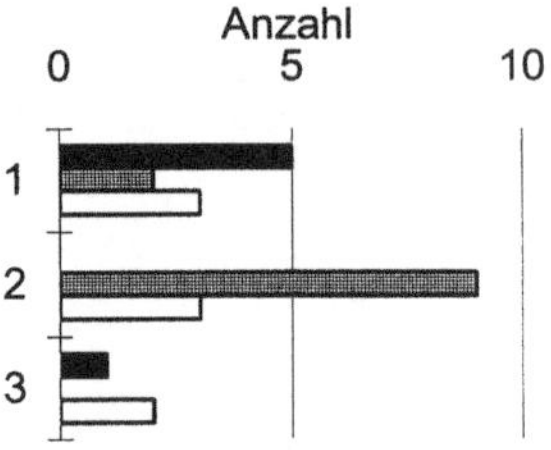

= Verkaufsbüros (V)
= Holzimportagenturen (A)
= Importgroßhändler (I/S)

Frage 2: Welche Position nehmen Sie als antwortende Person in Ihrem Unternehmen ein?

Bei den fünf Verkaufsbüros nordischer Forstkonzerne wurden alle für den Schnittholzverkauf zuständigen Abteilungsleiter befragt. In einem Fall wurde außerdem ein ebenfalls für den Schnittholzverkauf verantwortlicher, zusätzlicher Mitarbeiter interviewt, so dass bei den Verkaufsbüros insgesamt sechs Personen genannt werden (vgl. hierzu Fußnote 905).

Bei den marktlichen Koordinationsformen muss man die Ergebnisse der Holzimportgroßhandlungen nochmals von denen der Streckengeschäftsabteilungen der Importhobelwerke differenzieren. Antworteten bei letzteren in erster Linie die für den Nadelschnittholzeinkauf zuständigen Mitarbeiter, hielten sich bei den Handelsunternehmen in Abhängigkeit von Unternehmensgröße und Zuständigkeitsbereich[913] die Unternehmensinhaber mit den verantwortlichen Schnittholzeinkäufern in etwa die Waage.

Wie zu erwarten war, standen aufgrund der durchschnittlich geringen Mitarbeiteranzahl der Holzimportagenturen (vgl. Kap 3.3.2) in erster Linie

913 In vielen Unternehmen führt der Geschäftsinhaber noch traditionsgemäß die Einkaufsverhandlungen.

die Geschäftsinhaber als Interviewpartner zur Verfügung. Lediglich bei den größeren Unternehmen, die neben dem nordischen Agenturgeschäft auch noch in anderen Agenturgeschäften bzw. im Handel von Holzwerkstoffen sowie Papier bzw. Zellstoffprodukten tätig sind, antworteten i.d.R. die für das nordische Nadelschnittholz zuständigen Abteilungsleiter.

Zusammenfassend lässt sich festhalten, dass bei den durchgeführten Interviews ausnahmslos ein mit der Thematik des Imports von nordischem Nadelschnittholz vertrauter Personenkreis befragt werden konnte.

7.2.3 Verkaufsmengen an nordischem Nadelschnittholz

Die nächste Fragestellung sollte eine ungefähre Einschätzung der nach Deutschland verkauften nordischen Nadelschnittholzmengen der einzelnen Unternehmen ermitteln. Tabelle 22 zeigt das Ergebnis dieser Untersuchung.

Tabelle 22: Verkaufsmengen an nordischem Nadelschnittholz

	Anzahl			
Verkaufsmenge in cbm/Jahr	**V**	**A**	**I/S**	**Summe**
bis 10.000 cbm/Jahr	0	1	6	7
10.000 - 25.000 cbm/Jahr	0	3	1	4
25.000 - 50.000 cbm/Jahr	1	3	1	5
50.000 -100.000 cbm/Jahr	1	4	0	5
> 100.000 cbm/Jahr	3	0	0	3
Gesamt	**5**	**11**	**8**	**24**

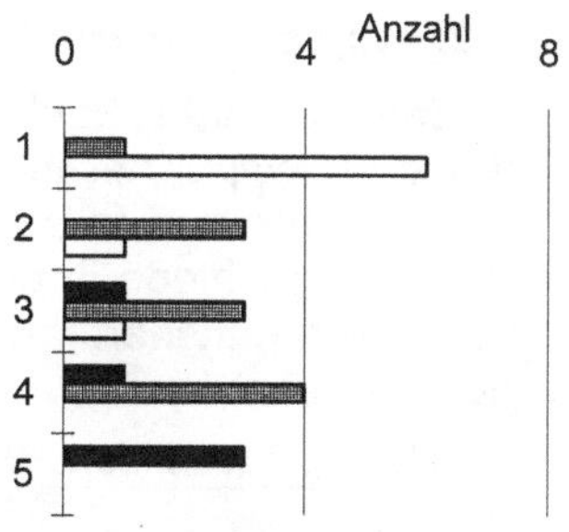

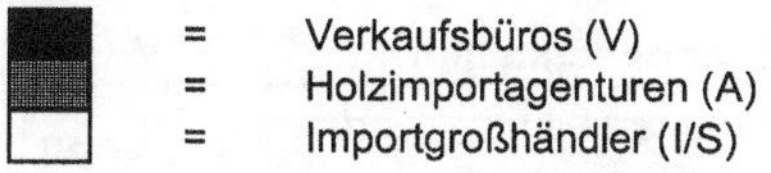

Frage 3: In welcher Größenordnung vertreibt Ihr Unternehmen skandinavisches Nadelschnittholz pro Jahr nach Deutschland?

Diese Darstellung zeigt eine deutliche Differenzierung der befragten Unternehmensformen bezüglich Ihrer Verkaufsmengen an nordischem Nadelschnittholz auf den deutschen Markt. Während die fünf Verkaufsbüros ausnahmslos die oberen Mengenstaffeln für ihr jeweiliges Unternehmen nannten, kreuzten sechs der acht Handelsunternehmen die kleinste Mengenkategorie an. Die befragten Agenturen lagen mit ihren Antworten in der Mitte der beiden erstgenannten Vertriebsformen.

Allerdings ist es schwer möglich, aus diesen Antworten eine exakte Größenordnung der durch die befragten Unternehmen erreichten Gesamtverkaufsmenge abzuleiten. Zum einen dürfte zumindest ein Teil der Handelsunternehmen sein nordisches Nadelschnittholz auch von den nordischen Verkaufsbüros sowie Holzimportagenturen beziehen. Dadurch würde durch einfache Addition der oben aufgeführten Mengen, die Gefahr der Doppelberechnung von Verkaufsmengen entstehen. Zum anderen ist beispielsweise bei den nordischen Verkaufsbüros nicht genau erkennbar, wie weit ihre jährlichen Verkaufsmengen über der Grenze von 100.000 cbm/Jahr liegen.

Bei einer, unter der Berücksichtigung dieser genannten Faktoren, vorsichtigen Schätzung wurde durch die Befragung eine jährliche Verkaufsmenge von etwa 800.000 cbm nordischem Nadelschnittholz in die Bundesrepublik Deutschland erreicht. Diese Menge stellt im Vergleich zur im Jahre 2003 importierten Gesamtmenge von 880.139 cbm (vgl. Kap. 2.3) einen befragten Marktanteil von ca. 90% dar.

7.2.4 Zusammenarbeit mit mehreren Abladern

In den folgenden beiden Fragen, sollte zum einen ermittelt werden, ob die Interviewpartner in Skandinavien mit mehreren Sägewerken zusammenarbeiten und falls ja, ob es bei den untersuchten Unternehmensformen Unterschiede in der Intensität der Zusammenarbeit mit ihren jeweiligen Geschäftspartnern gibt. Tabelle 23 und Tabelle 24 stellen das Ergebnis dieser beiden Fragen dar.

Tabelle 23: Zusammenarbeit mit mehreren Sägewerken/Abladern

	Anzahl			
Antwortmöglichkeiten	**V**	**A**	**I/S**	**Summe**
Zusammenarbeit mit mehreren Abladern/Sägewerken	4	11	8	23
Zusammenarbeit mit einem Ablader/Sägewerk	1	0	0	1
Gesamt	**5**	**11**	**8**	**24**

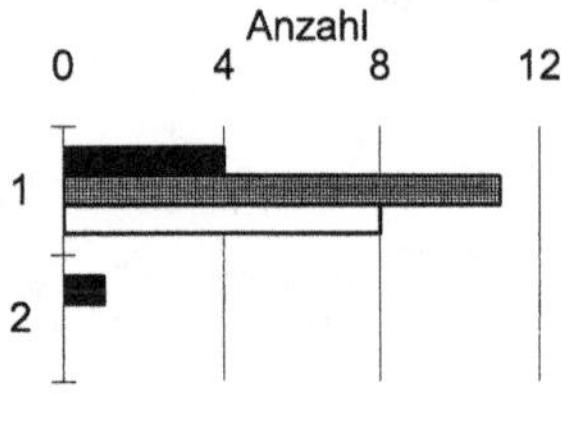

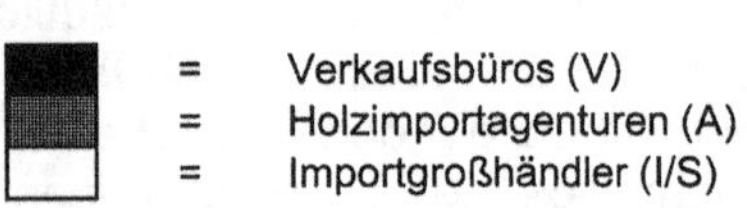

Frage 4: Arbeiten Sie in Skandinavien mit mehreren Sägewerken/Abladern zusammen?

Tabelle 24: Unterschied in der Intensität der Zusammenarbeit

Antwortmöglichkeiten	V	A	I/S
	in % der Frage 4		
Intensität der Zusammenarbeit unterscheidet sich	100	90,9	100
Intensität der Zusammenarbeit unterscheidet sich nicht	0	8,1	0

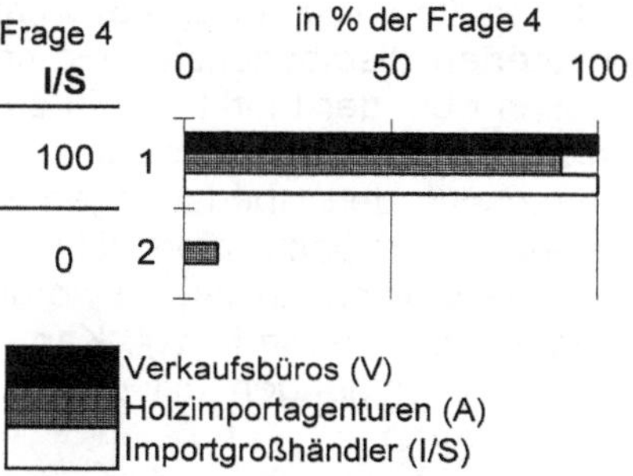

Frage 5: Falls Sie Frage 4 mit „Ja" beantwortet haben, unterscheidet sich die Intensität der Zusammenarbeit mit den unterschiedlichen Sägewerken?

Nahezu alle befragten Betriebe, die mit mehr als einem Sägewerk zusammenarbeiten haben bestätigt, dass es Unterschiede in der Intensität der Zusammenarbeit mit den verschiedenen Sägewerken gibt. Lediglich eine Agentur sieht keine Ungleichheiten in der Kooperation mit dem jeweiligen skandinavischen Partner. Dieses Ergebnis lässt die Vermutung aufkommen, dass auf dem Kontinuum der Distributionsformen, auch die beiden Varianten Markt und Hierarchie nicht als vollkommen starr anzusehende Extrempositionen zu verstehen sind. Vielmehr kann vermutet werden, dass sich auch diese Unternehmensformen auf unterschiedlichen Positionen des Markt-Hierarchie-Kontinuums wiederfinden.

Inwiefern die von den Holzimportagenturen in dieser Frage bestätigten Abweichungen der Zusammenarbeitsintensität mit ihren Abladern zu einer Differenzierung dieser hybriden Distributionsform auf dem Markt-Hierarchie-Kontinuum führen kann, soll in den nachfolgenden Abschnitten einer genaueren Betrachtung unterzogen werden.

7.3 Spezieller Fragenteil zu den Transaktionsdimensionen

Im Rahmen des speziellen Fragenteils der durchgeführten Experteninterviews wurden die jeweiligen Gesprächspartner durch offene Fragestellungen gebeten kundzutun, aufgrund welcher Überlegungen der skandinavischen Ablader die unterschiedlichen Vertriebsformen zu begründen sind. Im Anschluss daran wurden die Gesprächspartner in geschlossenen Fragestellungen aufgefordert, ihre jeweilige Unternehmensform den entsprechenden Merkmalsausprägungen der im Rahmen dieser Arbeit definierten Transaktionsdimensionsmerkmale zuzuordnen.

7.3.1 Interviewreihen mit allen beteiligten Koordinationsformen

Im Abschnitt „Arbeitshypothesen zu den Bestimmungsfaktoren der Transaktion“ (vgl. Kap. 5.5) wurden Hypothesen erstellt, die bei einer integrierten Distributionsform in hoher Ausprägung vorkommen sowie umgekehrt bei der Marktform in sehr geringer Ausprägung bzw. überhaupt nicht vorhanden sein sollen. Die hybriden Unternehmen müssten entsprechend den Überlegungen zwischen den beiden anderen Unternehmensformen positioniert sein. Diese Hypothesen wurden mittels dreier Interviewreihen an 24, im nordischen Nadelschnittholzmarkt tätige Unternehmen überprüft (vgl. Kap. 6). Nachfolgend werden die Ergebnisse dieser Befragungen mit den aufgestellten Hypothesen verglichen und ausgewertet.

A. Faktorspezifität

In einem ersten Schritt wurde, den theoretischen Vorgaben entsprechend, die Transaktionsdimension „Faktorspezifität“ betrachtet. Die Transaktionskostentheorie behauptet, dass eine hohe Ausprägung dieser Dimension ein wesentlicher Faktor für integrierte Organisationsformen darstellt. Tabelle 25 zeigt das Ergebnis der Untersuchung dieser Transaktionsdimension für den Handel mit nordischem Nadelschnittholz in die Bundesrepublik Deutschland.

Wie bereits erwähnt, haben die theoretischen Überlegungen ergeben (vgl. Kap. 5.5.3), dass für die Transaktionsdimension „Humankapitalspezifität“ in der täglichen Praxis der unterschiedlichen Distributionsformen beim Handel mit nordischem Nadelschnittholz aus Skandinavien nach Deutschland folgende Merkmale relevant sind:

1. Es wurde angenommen, dass spezielle Kenntnisse um die Herstellung sowie die Eigenschaften des Produktes als Kennzeichen für integrierte Distributionsformen anzusehen sind.
   Diese Annahme konnte durch die durchgeführte Untersuchung grundsätzlich bestätigt werden. Auf einer Zustimmungsskala von „0 = (Aussage trifft überhaupt nicht zu)“ bis „3 = (Aussage trifft voll zu)“ erreichten die Antworten der integrierten Distributionsformen (Verkaufsbüros) einen Gesamtdurchschnittswert von 2,67. Im Gegensatz dazu konnte für die marktliche Distributionsform (Importgroßhändler) ein Wert von 1,50 ermittelt werden.

Tabelle 25: Aussagen zur Faktorspezifität[914]

Aussagen zur Faktorspezifität	Mittelwert V	A	I/S
Produktkenntnisse	2,67	2,17	1,50
Problemkenntnisse	2,50	2,13	1,50
Fachschulungen	3,00	0,98	0,50
Personenkenntnisse	2,67	2,36	1,38
Produktentwicklung	2,33	1,72	1,00
Marketingstrategien	2,83	1,38	0,57
Marketingveranstaltungen	3,00	0,26	0,25
Einblick in Lagerbestände	2,50	0,36	0,13
Dokumentenbearbeitung	2,50	0,00	0,13
Gesamtergebnis	**2,67**	**1,26**	**0,77**

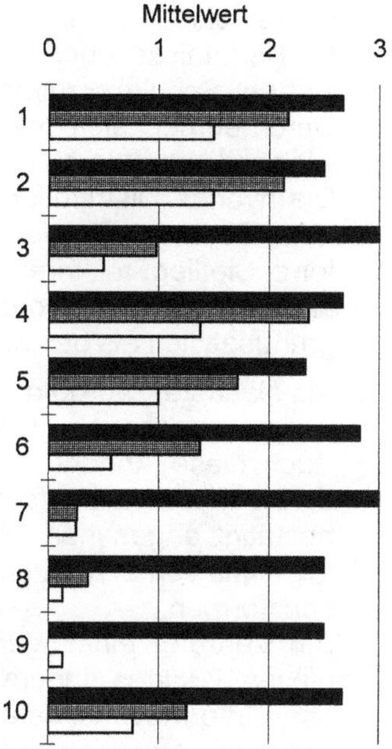

= Verkaufsbüros (V)
= Holzimportagenturen (A)
= Importgroßhändler (I/S)

(0)= „Aussage trifft nicht zu“ (1)= „Aussage trifft weniger zu“
(2)= „Aussage trifft eher zu“ (3)= „Aussage trifft voll zu“

Frage 10: Bitte äußern Sie für die folgenden Aussagen (der Faktorspezifität) den Grad Ihrer Zustimmung.

Dass der Unterschied zwischen diesen beiden Distributionsformen entsprechend den Ausgangserwartungen nicht noch deutlicher ausgefallen ist, hängt bei einer Betrachtung der gegebenen Antworten aller Wahrscheinlichkeit nach mit der Art der Fragestellung zusammen. Die Vertreter der Importgroßhändler bzw. der Streckengeschäftsab-

914 Die Aussagen zur jeweiligen Transaktionsdimension, z.B. Produktkenntnisse, Problemkenntnisse etc., sind Stichwörter, die aus den jeweiligen Fragestellungen der Fragebögen hergeleitet wurden (vgl. Fragebögen Anhang 2).

teilungen gaben an, vergleichsweise weniger genau Bescheid zu wissen über die exakten Produktionstermine sowie -abläufe, wie beispielsweise die Verkaufsbüros. Andererseits haben sie ebenfalls hohe Kenntnisse über das Produkt Nadelschnittholz sowie die produzierten Schnittholzdimensionen. Insofern ordneten die marktlichen Unternehmen sich bei den möglichen vier Antwortkategorien überwiegend im mittleren Bereich ein.
Die hybride Distributionsform Holzimportagentur beantwortete mit einem Durchschnittswert von 2,17 die Aussage ebenfalls als zutreffend. Sie liegt mit ihrem Wert erwartungsgemäß zwischen den beiden anderen Organisationsformen. Demnach kann diese Annahme grundsätzlich als bestätigt angesehen werden.

2. Als Nächstes wurde das Wissen um die Schwierigkeiten des Produktionsprozesses als Kriterium für die Hierarchievariante untersucht. Auch diese Annahme kann grundsätzlich mit einem Mittelwert von 2,50 bei den Verkaufsbüros und 1,50 bei den Importgroßhändlern als bestätigt angesehen werden. Die Importagenturen liegen mit einem Ergebnis von 2,13 auch hier zwischen den beiden anderen Organisationsformen.
Ein Vertreter eines Verkaufsbüros (V1) unterstreicht die Wichtigkeit dieses Punktes, indem er die Bedeutung eines umfassenden täglichen Informationsaustausches in diesem Bereich zum Zwecke einer schnellen Reaktion auf das Marktgeschehen, einer flexiblen Handlungsfähigkeit und somit letztendlich von zufriedenen Kunden würdigt.
Jedoch stellt sich auch hier die Frage, warum der Unterschied zwischen den Verkaufsbüros und der marktlichen Distributionsform nicht deutlicher ausgefallen ist. Eine mögliche Antwort gibt ein Vertreter eines Verkaufsbüros (V2). Dieser meint, dass die regelmäßige Information über Probleme des Produktionsprozesses seitens der Sägewerke ein sehr wünschenswerter Aspekt wäre. Aufgrund der kulturellen Mentalitätsunterschiede innerhalb der beteiligten Nationen ist, trotz der Beschäftigung im gleichen Unternehmen, teilweise immer noch ein großes Misstrauen untereinander vorhanden. Dieser Argwohn hemmt den Austausch solcher Informationen. Auch der Vertreter einer Agentur (A10) antwortete in die gleiche Richtung. Seine Ablader würden sich mit Informationen über Probleme sehr stark zurückhalten. Diese Verhaltensweise würde nicht zuletzt zu einer sehr komplizierten Bearbeitung von Reklamationen führen.

3. Regelmäßige unternehmensinterne Fachschulungen sowie die Information über unternehmensinterne Neuerungen sind, nach Annahme

des Autors, weitere Hinweise für hierarchische Koordinationsformen. Auch diese Annahme kann durch die Befragungen voll bestätigt werden. Während alle Verkaufsbüros diese Aussage mit „trifft voll zu" (Mittelwert 3,0) beantworteten, lag die Antwort der marktlichen Unternehmensformen mit 0,5 nahezu am unteren Ende der Skala. Der Vertreter eines Verkaufsbüros (V2) unterstreicht dies mit seiner Aussage, dass man als Verkaufsbüro deutlich mehr administrative Aufgaben besitzt. Hierzu gehören die Mitarbeit bei der Produktentwicklung, Teilnahme oder sogar Durchführung von Schulungen, interne Budget- und Strategiemeetings etc. Man ist vergleichsweise wesentlich intensiver mit den Unternehmensinhalten, den Produktionsprozessen sowie sonstigen Unternehmensaufgaben beschäftigt.
Unerwartet niedrig ist mit einem Durchschnittswert von 0,98 das Ergebnis der hybriden Distributionsform. Eine Erklärung hierfür ist vielleicht in der Aussage des Befragten einer Agentur (A9) zu sehen. Dieser erklärt, dass organisierte Schulungen bei seinen kleinen bis mittelgroßen Abladern nicht vorkommen. Allerdings ist er sehr häufig zu Besuch bei seinen Lieferanten. Im Rahmen dieser Besuche wird man i.d.R. über firmeninterne Neuerungen des Abladers umfassend informiert. Gleiches bestätigt ein anderer Agent (A2), der jährlich oft mehrere Wochen bei seinen Lieferanten verbringt, um sich zu informieren und die Kontakte zu pflegen. Dementsprechend hätte eventuell eine geänderte Fragestellung, weg von einer organisierten Fachschulung hin zu regelmäßigen Informationsbesuchen zu einer klareren Unterscheidung dieses Aspektes zwischen den jeweiligen Distributionsformen führen können.

4. Als weitere Annahme soll „das Kennen" der jeweiligen verantwortlichen Personen „hinter" dem Verkaufspersonal als Kriterium für eine integrierte Distributionsform gelten.
Auch diese Annahme wird mit einem Verhältnis von 2,67 (Verkaufsbüros), 2,36 (Agenturen) und 1,38 (Importgroßhändler) grundsätzlich bestätigt. Auch im Rahmen der offenen Fragen wurde dieser Punkt von allen Verkaufsbüros als wesentliches Kriterium für integrierte Distributionsformen genannt (V1, V2, V3, V4, V5). Man arbeitet aufgrund des vergleichsweise größeren Vertrauens zueinander wesentlich intensiver zusammen. Man wächst enger zusammen (V3) und kann dadurch auftretende Probleme deutlich effizienter lösen.
Das vergleichsweise hohe Ergebnis der marktlichen Organisationsform musste ebenfalls im Rahmen der offenen Befragung genauer beleuchtet werden. In der Regel haben diejenigen Importeure (I/S1, I/S2, I/S4, I/S5, I/S7, I/S8) mit einer relativ geringen Verkaufsmenge an nordischem Nadelschnittholz (bis 10.000 cbm/Jahr) diese Aussa-

ge überwiegend mit „trifft weniger zu“ beantwortet. Diesen Unternehmen ist häufig der Geschäftsführer bzw. Inhaber des skandinavischen Sägewerks sowie der eine oder andere Mitarbeiter persönlich bekannt. Denjenigen Unternehmen (I/S3, I/S6), für die Schnittholz jedoch einen bedeutenderen Geschäftszweig darstellt (Verkaufsmenge 10-25.000 cbm respektive 25-50.000 cbm), sind auch die Personen hinter dem Verkaufspersonal persönlich bekannt. Deutliche Unterschiede zwischen den beiden Distributionsformen (Markt und Hierarchie) bestehen hierbei jedoch in der Regelmäßigkeit des Kontaktes mit diesem Personenkreis. Während den Importeuren durchaus die Leute im Hintergrund persönlich bekannt sind[915], findet zwischen den Verkaufsbüros und diesen Mitarbeitern ein täglicher, intensiver und regelmäßiger Kontakt statt (V2).
Das mit einem Durchschnittswert von 2,36 ebenfalls relativ hohe Ergebnis der Importagenturen bestätigt wiederum die Aussage im Punkt 3 (siehe oben). Regelmäßige Besuche der Ablader führen zu intensivem persönlichem Kontakt, nicht nur mit dem zuständigen Ansprechpartner selbst, sondern auch mit dem übrigen Personal der Partnerunternehmen.

5. Die Annahme, dass die Mitglieder der Verkaufsbüros deutlich mehr Einfluss nehmen auf die Neuentwicklung von Produkten sowie deren Vermarktung, wurde durch die Untersuchung mit einem Verhältnis von 2,33 (Verkaufsbüros) zu 1,00 (Importgroßhändler/Streckengeschäftsabteilungen) ebenfalls bestätigt.
   Während der Vertreter des Verkaufsbüros V1 diesen Punkt als wesentlichen Grund für die Einrichtung eines Verkaufsbüros seines Unternehmens genannt hat, kritisiert V5 diesen Aspekt in seinem Unternehmen als noch zu wenig ausgereift, jedoch in jedem Fall wünschenswert. V2 nennt unter anderem diesen Aspekt als wesentlichen Unterschied in seiner täglichen Arbeit im Vergleich zu den anderen Distributionsformen.
   Die Agenturen liegen mit einem Ergebnis von 1,72 zwar zwischen den beiden anderen Vertriebsformen, jedoch wird von einigen Vertretern der Agenturen (A3, A9) die geringe Einflussmöglichkeit ihrer Unternehmen auf derartige Entwicklungen bedauert.

6. Die Einflussmöglichkeiten auf Werbe- und Marketingstrategien der hierarchischen Koordinationsformen im jeweiligen Distributionsland

[915] Importgroßhändler (I/S1) spricht von einem durchschnittlichen 4-6 Wochen Rhythmus zwischen den einzelnen Gesprächen mit den skandinavischen Abladern.

bis hin zur Preisbildung stehen mit einem Mittelwert von 2,83 (V), 1,38 (A) zu 0,57 (I/S) in der erwarteten Relation zueinander. Somit kann diese Annahme ebenfalls als bestätigt angesehen werden.
Den Transport einer Corporate Identity nennt das Verkaufsbüro V3 als für sein Unternehmen wichtigsten Grund überhaupt, ein Verkaufsbüro in den jeweiligen Ländern zu errichten. V5 betont, dass ein wesentlicher Aufgabenbereich eines Verkaufsbüros, die Vermarktung von neuen oder schwierigen Produkten sei, für die sich der Aufwand bei anderen Koordinationsformen nicht lohnen würde.

7. Die Beteiligung an Marketingveranstaltungen der Produzenten, wie z.B. Holzfachmessen, wurde mit einem Mittelwertverhältnis von 3,0 (V) zu 0,25 (I/S) am deutlichsten bestätigt.
Lediglich ein einziges Importhandelsunternehmen (I/S4) nimmt gelegentlich an derartigen Veranstaltungen seiner Lieferanten teil. Stattdessen stellt diese Aufgabe für alle Verkaufsbüros ein „muss“ dar. Auffallend ist das mit einem Durchschnittswert von 0,26 relativ niedrige Ergebnis der hybriden Organisationsform. Lediglich zwei Agenturen (A9, A10) haben bei jeweils einem Ablader diese Aussage als voll zutreffend beantwortet. Eine Begründung hierfür könnte in der Aussage der Agentur A9 zu finden sein. Diese erklärt, dass die meisten ihrer Ablader überhaupt nicht auf solchen Marketingveranstaltungen wie Holzfachmessen vertreten sind und somit für sie auch keine Möglichkeit der Teilnahme bestehen würde.

8. Auch der Einblick in das Computersystem der Sägewerke, um z.B. Informationen über Lagerbestände oder Liefersituationen zu erhalten, kann nach Auswertung der Interviews ebenfalls als Kriterium für integrierte Unternehmensformen angesehen werden.
Wird diese Frage bei den Importhandelsunternehmen mit einem Mittelwert von 0,13 als nahezu unzutreffend bezeichnet, so trifft diese Annahme bei den Verkaufsbüros mit einem Mittelwert von 2,50 in den meisten Fällen voll zu.
Allerdings liegen auch hier die Agenturen mit einem Mittelwert von 0,36 relativ niedrig. Lediglich bei den Unternehmen A5, A9 und A10 besteht die Möglichkeit eines Zugangs in das Computersystem der Sägewerke, um entsprechende Informationen zu erhalten.

9. Die enge Verzahnung der Kontrakterstellung und Dokumentenabwicklung kann mit einem Verhältnis von 2,50 (V) zu 0,13 (I/S) ebenfalls als weiteres Kriterium der Distributionsform Hierarchie angesehen werden. Diejenigen Verkaufsbüros (V2, V3), die diese Kategorie lediglich mit „trifft eher zu“ statt mit „trifft voll zu“ angegeben haben, gaben den Hinweis, dass, aufgrund technischer Neuerungen im Un-

ternehmen, in naher Zukunft die Möglichkeit der innerbetrieblichen Kontrakt- und Dokumentenbearbeitung gegeben sein wird. Keine der befragten Agenturen ist über das allgemeine Maß hinaus mit ihren Abladern vernetzt.

Die Gesamtauswertung der Transaktionsdimension „Faktorspezifität" zeigt ein relativ deutliches Ergebnis (Verkaufsbüro 2,67, Agenturen 1,26 und Importgroßhändler 0,77). Die Hypothese, dass die aufgeführten Merkmale einer hohen Ausprägung der Transaktionsdimension „Humankapitalspezifität" als Kennzeichen integrierter Distributionsformen angesehen werden können, kann durch die durchgeführte Untersuchung somit als grundsätzlich bestätigt angesehen werden.

Durch die Beantwortung der offenen Fragen ist noch ein weiterer Aspekt neu hinzugekommen. Einige der befragten Verkaufsbüros (V1, V2 und V4) haben als weiteren wesentlichen Grund für die Einrichtung von Verkaufsbüros die Synergieeffekte angeführt, die durch den gemeinsamen Vertrieb unterschiedlicher Produkte (Schnittholz, Hobelware, Sperrholz etc.) entstehen. Dieser in den bisherigen Überlegungen vernachlässigte Faktor[916] sollte bei zukünftigen Untersuchungen in die Fragestellungen mit einbezogen werden.

B. Unsicherheit

Im nächsten Untersuchungsschritt wurde den theoretischen Überlegungen zufolge, die Transaktionsdimension „Unsicherheit" untersucht. Insbesondere die aus transaktionskostentheoretischer Sicht bedeutsame Art der Verhaltensunsicherheit war Gegenstand der durchgeführten Interviews. Tabelle 26 zeigt das Ergebnis dieser Befragung.

Die Hypothese beruhte auf der transaktionskostentheoretischen Überlegung, dass eine hohe Ausprägung der Transaktionsdimension Unsicherheit ebenfalls für eine hierarchisch organisierte Organisationsform charakteristisch ist. Eine niedrige Ausprägung liefert dagegen einen Hinweis in Richtung einer marktlichen Koordination. Die hybride Form sollte sich, entsprechend der Theorie, zwischen den beiden anderen beschriebenen Verkaufsformen wiederfinden.

---

[916] Obwohl dieser Aspekt als Vorteil der hierarchischen Koordinationsform bereits genannt wurde (vgl. Kapitel 5.5.2, Nr. C1i), wurde dies zum damaligen Zeitpunkt vom Autor lediglich aus Corporate Identity Gesichtspunkten erkannt und bewertet. Nimmt man daher bei zukünftigen Untersuchungen diesen Aspekt unter beiden Gesichtspunkten (Corporate Identity und Synergieeffekte) noch in die Faktorspezifität mit auf, so dürfte man der Bedeutung dieses Faktors besser gerecht werden.

Tabelle 26: Aussagen zur Unsicherheit

Aussagen zur Unsicherheit	Mittelwert **V**	**A**	**I/S**	
Informationsweiterleitung	3,00	2,47	1,25	1
Marktberichte/-prognosen	3,00	1,81	0,63	2
Gesamtergebnis	**3,00**	**2,14**	**0,94**	3

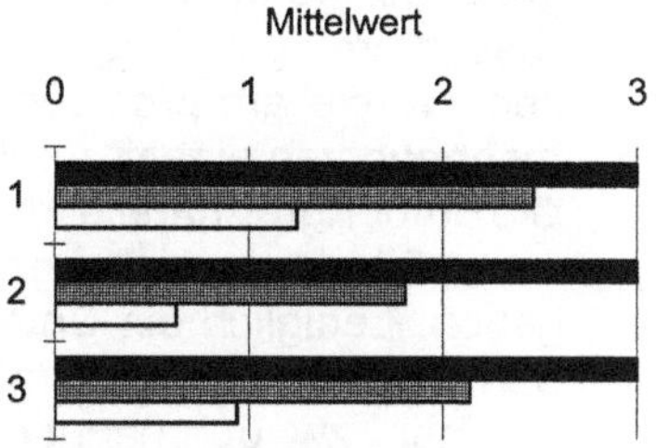

= Verkaufsbüros (V)
= Holzimportagenturen (A)
= Importgroßhändler (I/S)

(0)= „Aussage trifft nicht zu" (1)= „Aussage trifft weniger zu"
(2)= „Aussage trifft eher zu" (3)= „Aussage trifft voll zu"

Frage 11: Bitte äußern Sie für die folgenden Aussagen (der Unsicherheit) den Grad Ihrer Zustimmung.

Folgende Merkmale wurden bei dieser Fragestellung als relevant angesehen.

1. Das Weiterleiten sämtlicher markt- bzw. produktrelevanter Informationen an die skandinavische Zentrale bzw. Produktionsstätte wurde von den Mitarbeitern der Verkaufsbüros mit einem Mittelwert von 3,0 vollkommen bestätigt. Auch im Rahmen der Beantwortung der offenen Fragen, war dieser Aspekt sehr bedeutsam. Das Unternehmen V5 weist zum Beispiel darauf hin, dass durch die Sägewerke eine 100% Betreuung seitens der Mitarbeiter des Verkaufsbüros gefordert wird. Dieser Mitarbeiter betont weiterhin, dass eine der wesentlichen Aufgaben darin besteht, für das Sägewerk Informationen zu sammeln. „Man muss seinem Sägewerk „Service, Service, Service" bieten". Auch die anderen Verkaufsbüros unterstreichen dies ausnahmslos. Zum Beispiel erklärt V4, dass es „von oben gewünscht wird", dass die Sägewerke regelmäßig intensiv über das Marktgeschehen informiert werden. Bei den skandinavischen Konzernen sei man der Meinung, diese Informationen lediglich über eigene Verkaufsbüros zu erhalten. Andererseits befürchtet man, dass andere Distributionsformen oftmals wichtige Informationen für sich behalten würden. Umgekehrt möchte man jedoch auch, dass das Personal in den jeweiligen Vertriebsländern optimal informiert ist. Anderen Distributionsformen gegenüber würde man viele Informationen zurückhalten, da dieses Wissen auch für andere Zwecke, z.B. für die Konkurrenz, genutzt

werden könnte (V4, V2). Ein wichtiger Aspekt hierbei sei auch der gegenseitige Informationsfluss zwischen den verschiedenen Märkten. Dieser ermöglicht dem Unternehmen, seine Ware dorthin abzusetzen, wo sie am profitabelsten ist (V4). V1 spricht in diesem Zusammenhang von einem „totalen täglichen Informationsaustausch."
Die Importgroßhändler haben diese Aussage mit einem Mittelwert von 1,25 als deutlich weniger bedeutsam für ihr Unternehmen angegeben. Lediglich ein Unternehmen (I/S8) leitet Informationen im großen Umfang nach Skandinavien weiter, während alle anderen dies weniger bzw. überhaupt nicht tun.
Bemerkenswert ist der mit 2,47 relativ hohe Durchschnittswert der Agenturen. Hervorzuheben sind hierbei die Agenturen A2, A3, A9 und A11, die sich in ihrem Selbstverständnis als günstigere aber nicht minder leistungsfähige Form eines Verkaufsbüros für ihre skandinavischen Ablader begreifen. Die Agentur A6 unterstreicht dies mit der Aussage: „Wir behandeln jeden Ablader so, als wenn er unser einziger wäre" und „wir bieten für jeden unserer Ablader moralisches Delkredere."[917]

2. Auch die Notwendigkeit, regelmäßig Marktberichte über die aktuellen sowie Prognosen über die anstehenden Verkaufsperioden zu erstellen, wurde von den Verkaufsbüros mit einem Mittelwert von 3,0 uneingeschränkt bestätigt. Das Verkaufsbüro V4 bezeichnet die Berichterstattungspflichten als wesentlichen Unterschied zwischen den hierarchischen und allen anderen Distributionsformen. Auch der Vertreter des Verkaufsbüros V5 weist darauf hin, dass man in ihrem Unternehmen vergleichsweise viele administrative Aufgaben wie Marktberichte, Kundenanalysen usw. zu bewältigen hat. Der Interviewpartner des Verkaufsbüros V2 gibt einen Einblick in den zeitlichen Auf-

917 Nach weiterem Nachfragen, was er denn unter „moralischem Delkredere" versteht, gab der Agent folgende (nicht ganz ernstzunehmende) Antwort: „Moralisches Delkredere soll heißen, dass wir unsere Herren Ablader .... immer und ausschließlich mit Kunden in Verbindung bringen, die charakterlich unbescholten und streng katholisch erzogen sind, eine humanistische Ausbildung genossen haben, über genügend Geld verfügen, um Importe zu finanzieren, möglichst verheiratet sein sollten und einen einwandfreien Leumund haben .... Aufs polizeiliche Führungszeugnis verzichten wir meistens. Wenn die Angedachten dann noch Humor haben, trinkfest sind, ein oder zwei Instrumente spielen (oder singen) können, würde das unsere Beurteilung in positiver Hinsicht beeinflussen. Kurzum, wir überlegen schon VOR einer Geschäftsanbahnung, ob wir etwas unternehmen (anfragen) - oder nicht. Die Moral von der Geschichte, man kann nur dem trauen, mit dem man/frau schon mal einen Sack Salz zusammen verzehrt hat..... das sind nicht viele...."

wand dieser Aufgabe, indem er sie als „dramatische Rapportierungsaufgaben" bezeichnet.
Wie vermutet, fließen von den importierenden Handelsunternehmen kaum markt- bzw. produktrelevante Auskünfte in Form von Marktberichten an den Produzenten zurück (Mittelwert 0,63). Lediglich zwei Unternehmen (I/S3, I/S4) haben diese Aussage als zutreffend bezeichnet, für alle anderen trifft diese Aussage nicht zu. Die Antworten der Agenturen (Mittelwert 1,81) zeigen, dass auch diese in einem hohen Maße daran arbeiten, ihre Ablader regelmäßig mit neuen Marktinformationen auf dem Laufenden zu halten.[918]

Das Gesamtergebnis zeigt eine höchstmögliche Zustimmungsrate der Verkaufsbüros für diese Transaktionsdimension (Mittelwert 3,0) sowie eine häufige Hervorhebung dieses Aufgabenbereichs im Rahmen der offenen Fragestellung. Diese Dimension besitzt somit, nach Auswertung der offenen Fragen, eine mindestens gleichwertige, bei den geschlossenen Fragen sogar eine noch höhere Bedeutsamkeit für die Bildung integrierter Koordinationsformen, als die Transaktionsdimension „Faktorspezifität".[919] Für Agenturen nimmt diese Dimensionsform mit einem Durchschnittswert von 2,14 noch immer einen relativ hohen Stellenwert ein. Stattdessen bezeichnen die Importgroßhändler, mit einer durchschnittlichen Zustimmungsrate von 0,94 im Wesentlichen diese Aussage als weniger zutreffend. Die aus den theoretischen Annahmen der Transaktionskostentheorie getroffene Hypothese kann somit als bestätigt angesehen werden.

C. Häufigkeit

Als nächstes wurden die Gesprächspartner zur Transaktionsdimension Häufigkeit befragt. Es wurde vorausgesetzt, dass sich vergleichsweise hohe Anfangsinvestitionen oder relativ hohe spezifische Beherrschungs- und Überwachungskosten nur bei großen Transaktionen amortisieren können, die sich häufig wiederholen. Tabelle 27 und Tabelle 28 zeigen das Ergebnis der Befragung zu dieser Transaktionsdimension.

---

918 Interessanterweise widerspricht diese Aussage der Agenturen der Wahrnehmung, die viele der skandinavischen Ablader von ihnen haben. Diese sehen die Agenten als einen Kommunikationsfilter an, die nicht sämtliche Informationen an ihre skandinavischen Partner weiterleiten (vgl. Kap. 5.5.2).

919 Diese Aussage wird zusätzlich noch dadurch unterstrichen, dass die hohe Bedeutung des Informationsflusses von den skandinavischen Abladern als häufigster Kritikpunkt im Rahmen der empirischen Untersuchung der Internationalen Handelshochschule Jönköping (vgl. Kap. 5.5.3) genannt wurden.

In der ersten Auswertungstabelle (Tabelle 27) werden die Antworten der Fragestellung 3 nochmals einer differenzierten Betrachtung unterzogen. Dies geschieht, indem die jährlichen Verkaufsmengen an Nadelschnittholz der jeweiligen Organisationsformen einander vergleichend gegenübergestellt werden.

Tabelle 27: Aussagen zur Häufigkeit (1)

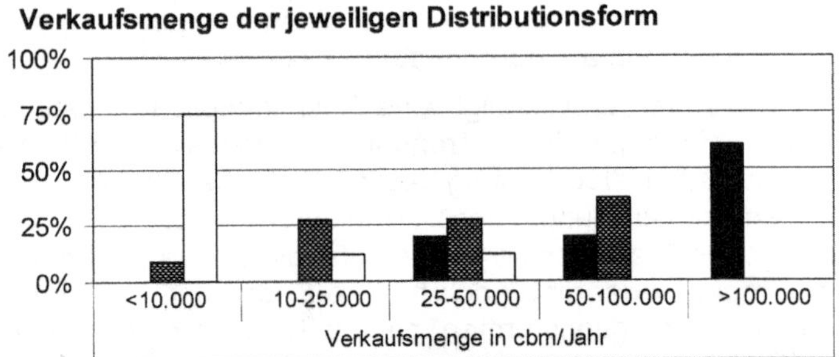

	<10.000	10-25.000	25-50.000	50-100.000	>100.000
■ Verkaufsbüros	0,00%	0,00%	20,00%	20,00%	60,00%
▩ Holzimportagenturen	9,09%	27,27%	27,27%	36,36%	0,00%
□ Importgroßhändler	75,00%	12,50%	12,50%	0,00%	0,00%

Frage 3: In welcher Größenordnung vertreibt Ihr Unternehmen skandinavisches Nadelschnittholz pro Jahr nach Deutschland?

Tabelle 28: Aussagen zur Häufigkeit (2)

	Mittelwert		
Aussagen zur Häufigkeit	**V**	**A**	**I/S**
Absatz einer großen Menge	1,50		1,25
Distributionsformänderung	0,67	0,70	2,00

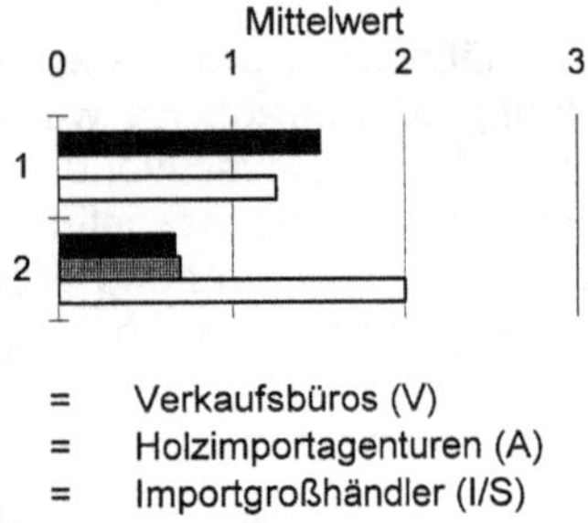

(0)= „Aussage trifft nicht zu“ (1)= „Aussage trifft weniger zu“
(2)= „Aussage trifft eher zu“ (3)= „Aussage trifft voll zu“

Frage 12: Bitte äußern Sie für die folgenden Aussagen (der Häufigkeit) den Grad Ihrer Zustimmung.

Im ersten Teil der Frage Nr. 12 sollten die Unternehmen angeben, ob die Entscheidung ihrer Lieferanten für die jeweilige Vertriebsform in einer möglichst hohen Verkaufsmenge zu sehen sei. Im Umkehrschluss müssten die Sägewerke darüber besorgt sein, bei einer Änderung der Distributionsform diese Mengen nicht mehr absetzen zu können.

Im zweiten Teil der Frage 12 sollte herausgefunden werden, ob die befragten Unternehmen die Sorge tragen, dass ihre Lieferanten bei einer wesentlichen Änderung der Verkaufsmenge nach Deutschland darüber nachdenken könnten, die Distributionsform zu ändern.

Es wurde davon ausgegangen, dass eine hohe Ausprägung der Transaktionsdimension Häufigkeit beim Handel mit nordischem Nadelschnittholz ebenfalls zu integrierten Distributionsformen führen würde.

1. Grundsätzlich kann auch diese Hypothese durch die Befragung als bestätigt angesehen werden. Der Gegenüberstellung der Verkaufsmenge der jeweiligen Distributionsform (vgl. Tabelle 27) ist zu entnehmen, dass die marktlichen Koordinationsformen in ihrer jährlichen Verkaufsmenge an nordischem Nadelschnittholz ausschließlich in den Kategorien bis maximal 50.000 cbm/Jahr agieren, mit einem eindeutigen Schwerpunkt (75%) auf der Kategorie „bis 10.000 cbm/Jahr“.
   Die Verkaufsbüros wiederum beginnen bei einer Größenordnung um die 50.000 cbm/Jahr und finden mit 60% der Unternehmen ihren Kulminationspunkt in der Sparte „mehr als 100.000 cbm/Jahr“.
   Entsprechend den theoretischen Vorüberlegungen, befinden sich die Agenturen mit ihren Verkaufsmengen zwischen den beiden anderen Organisationsformen. Insofern kann bereits hieraus mit einer hohen Wahrscheinlichkeit die Aussage getroffen werden, dass eine hohe Ausprägung der Transaktionsdimension Häufigkeit tendenziell zu einer hierarchischen Koordinationsform führt. Umgekehrt kommen die marktlichen Vertriebsformen überwiegend bei einer relativ geringen Ausprägung dieser Dimension zum Tragen. Die hybriden Formen befinden sich erwartungsgemäß dazwischen.

2. Die Ergebnisse der Frage Nr. 12 zur Häufigkeit (vgl. Tabelle 28) geben allerdings kein derart klares Bild wieder, wie dies bei den beiden vorangegangenen Transaktionsdimensionen der Fall war (das Verhältnis von Verkaufsbüros zu Importgroßhändler liegt hier lediglich bei 1,50 zu 1,25).
   Daher ist es hierbei umso notwendiger, das Ergebnis der offenen Fragestellungen hinzuzuziehen. Bei diesen haben die Verkaufsbüros ausnahmslos bestätigt, dass eine gewisse Mindestmenge an verkauftem Nadelschnittholz notwendig ist, damit bei den skandinavischen

Forstunternehmen überhaupt die Einrichtung von Verkaufsbüros in Erwägung gezogen wird. Diese Mindestmenge hängt, nach Ansicht der Interviewpartner, im Wesentlichen von der Produktart, der Kundenzahl und dem mit dem Verkauf des jeweiligen Produktes verbundenen Aufwand sowie dem daraus erzielten Erlös ab (V3). Beispielsweise hat die Produktart „Astreine-Rotholz-Seitenware“ einen wesentlich höheren Preis, als beispielsweise das Produkt „Weißholz Schalung“. Sie braucht aber andererseits wiederum einen wesentlich höheren Zeit- und Arbeitsaufwand beim Vertrieb. Des Weiteren bedeuten beispielsweise zehn kleinere Kunden mit einer jährlichen Abnahmemenge von durchschnittlich 2.000 cbm einen wesentlich höheren Zeit- und Arbeitsaufwand als ein Großkunde, der 20.000 cbm Nadelschnittholz im Jahr abnimmt. In Abhängigkeit dieser genannten Faktoren liegen, nach Ansicht der Verkaufsbüros, die jährlichen Mindestverkaufsmengen an nordischem Nadelschnittholz zur Einrichtung einer integrierten Vertriebsstätte zwischen 35.000 cbm (V3) und 80.000 cbm (V5). Durch diese Aussagen findet die Annahme eine weitere Bestätigung, dass die Transaktionsdimension Häufigkeit bei der Entscheidung der Einrichtung einer hierarchisch organisierten Verkaufsform ein bedeutsamer Faktor ist.
Das vergleichsweise hohe Ergebnis der Antworten der Importgroßhändler bei den geschlossenen Fragen ist im Detail nochmals zu beleuchten. Zieht man die Antworten der offenen Fragen hinzu, fällt auf, dass wesentliche Kennzeichen dieser Vertriebsform die beiden Handelsfunktionen „Lagerhaltung“ und „Distributionsfunktion“ (I/S1, I/S3, I/S5, I/S6, I/S7) sind. Nimmt man nun in Betracht, dass die Handelsunternehmen i.d.R. kleinere Mengen an Nadelschnittholz (wenige Kubikmeter/Lieferung) an ihre Kunden verkaufen, ergibt der hohe Wert der geschlossenen Befragung wiederum einen Sinn. Die skandinavischen Ablader sind nämlich häufig aus rein logistischen Gründen nicht in der Lage bzw. Willens, diese Aufgaben selbst zu erfüllen und bedürfen daher die Mithilfe der Importgroßhändler vor Ort. Die Lieferanten erhoffen somit auf diesem Wege eine vergleichsweise hohe Menge abzusetzen, die sie über die jeweils anderen Distributionsformen nicht verkaufen können.
Da diese Fragestellung von den jeweiligen Seiten zu unterschiedlich aufgefasst werden kann, eignet sie sich nicht besonders für die Differenzierung der unterschiedlichen Koordinationsformen. Aus diesem

Grunde wurde sie bei der Befragung der hybriden Vertriebsform nicht weiter berücksichtigt.[920]

3. Auch die Annahme, dass bei einer deutlichen Veränderung der Verkaufsmenge, das Unternehmen seine Verkaufsstrategie ändern und die Distributionsform wechseln würde, ist noch einer detaillierten Betrachtung zu unterziehen. Die Antworten der Verkaufsbüros weisen zwar darauf hin, dass eine gewisse Grundverkaufsmenge notwendig ist, um ein Verkaufsbüro zu eröffnen (s.o.). Danach allerdings verliert die Verkaufsmenge wieder an Bedeutung. Ein Gesprächspartner (V4) bringt diesen Aspekt auf den Punkt. Er sagt aus, dass sein Unternehmen das Nadelschnittholz in diejenigen Märkte verkauft, die den besten Erlös bringen. Somit kann es im Extremfall vorkommen, dass in einem Jahr nach Deutschland 100.000 cbm geliefert werden, im darauf folgenden aber nur 20.000 cbm. Ein Agent könnte mit dieser unsicheren Kalkulation nicht auskommen.[921] Daher würde man auch bei einer deutlichen Mengenverschiebung zwischen den Märkten bei der integrierten Distributionsform verbleiben.
Dieser Aspekt wird auch noch durch weitere Aussagen unterstützt. Alle hierarchisch strukturierten Unternehmen weisen darauf hin, dass auf Märkten, auf denen ihr Unternehmen noch mit Agenturen arbeitet, dies entweder noch aus traditionellen Gründen geschieht oder die Märkte so unbedeutend und Mengen so gering sind, dass sich die Einrichtung eines Verkaufsbüros nicht lohnt. Aus diesen Aussagen ist zu schließen, dass die getroffene Vermutung, dass eine bedeutsame Mengenverschiebung zu einer Vertriebsformänderung führen kann, von den befragten Verkaufsbüros als nicht zutreffend angesehen wird.[922]

---

920 Somit erklärt sich die Lücke bei den Agenturen in Tabelle 28 zur Frage „Absatz einer großen Menge". Diese Frage wurde nämlich in der dritten Fragerunde nicht mehr gestellt, da die erzielten Ergebnisse nicht bzw. erst durch umfangreiches Nachfragen im offenen Fragenteil zu verwenden waren. siehe hierzu: „Arbeiten in der hermeneutischen Spirale" (vgl. Kap. 6.3.3 sowie Fußnote 850)

921 Diese Aussage ist bemerkenswert und i. P. auch als Sonderfall anzusehen. Bei der Auflistung der Vor- und Nachteile der unterschiedlichen Distributionsformen (vgl. Kap. 5.5.2) ist zu erkennen, dass die Lieferanten gerade daher einen Vorteil der Agenturen sehen, dass diese nur dann Kosten verursachen, wenn durch sie Geschäftsabschlüsse getätigt werden.

922 Allerdings wurde hierbei nicht berücksichtigt, dass bei vielen Unternehmen eine einmal getroffene Investitionsentscheidung nicht sofort bei Änderung der Ausgangsparameter wieder rückgängig gemacht wird. Häufig werden selbst verlustreiche Investitionen noch jahrelang weitergeführt bzw. subventioniert, bis die Entscheidung der Abwicklung getroffen wird.

Das in der Tabelle 28 ersichtliche, relative hohe Ergebnis (2,0) bei den Importgroßhändlern weist allerdings darauf hin, dass diese bei einer wesentlichen Erhöhung der Warenmenge sehr wohl die Sorge tragen, dass ihre skandinavischen Partner die Verkaufs- und Lieferungsabwicklung selbst übernehmen könnten.
Der relativ niedrige Durchschnittswert der Importagenturen (0,70) dagegen zeigt auf, dass sie im Prinzip nicht davon ausgehen, dass ihre Ablader in einem solchen Fall die Distributionsform ändern würden. Letzteres kann möglicherweise auch mit der hohen Bedeutung der Transaktionsatmosphäre bei dieser Vertriebsform zusammenhängen (vgl. hierzu Tabelle 29).

Als Fazit für die Häufigkeit ist somit festzuhalten, dass die Hypothese, eine hohe Ausprägung dieser Transaktionsdimension führe tendenziell zu einer integrierten Distributionsform, im Grundsatz eine Bestätigung fand. Insbesondere die Ergebnisse in Tabelle 27 können hierfür als Beleg angesehen werden. Auch haben alle integrierten Unternehmensformen ausgesagt, dass eine gewisse Mindestverkaufsmenge notwendig ist, damit ein Verkaufsbüro eröffnet werden kann. Im weiteren Verlauf nehmen jedoch andere strategische Faktoren einen bedeutsameren Platz ein, so dass die jeweilige Verkaufsmenge mehr und mehr in den Hintergrund tritt.
Die Importgroßhändler sehen ihre spezielle Bedeutung darin, dass sie Funktionen übernehmen, welche die anderen Organisationsformen aus logistischen Gründen häufig nicht erfüllen können. Daher empfinden die Importgroßhändler aus Skandinavien eine relativ geringe Bedrohung und unterscheiden sich somit bei der Beantwortung der geschlossenen Fragestellungen nur unwesentlich von den Verkaufsbüros. Besorgter hingegen sind sie bei der Fragestellung, ob eine wesentliche Mengenerhöhung dazu führen könnte, dass die Ablader die Abwicklung in Eigenregie durchführen könnten. Diese Besorgnis der Importgroßhändler kann als weiteres Indiz dafür gesehen werden, dass eine hohe Ausprägung der Transaktionsdimension Häufigkeit tendenziell zu einer hierarchischen Distributionsform führt.
Die Antworten der Holzimportagenturen geben indes keinen eindeutigen Hinweis darauf, dass eine Veränderung der Transaktionsdimension Häufigkeit zu einem Wandel der Vertriebsform führen könnte.
Zusammenfassend kann somit festgehalten werden, dass die aktuellen Verkaufsmengen der jeweiligen Distributionsform die theoretischen Annahmen der Transaktionskostentheorie grundsätzlich bestätigen. Betrachtet man jedoch die weiteren Fragestellungen im Detail, zeigt sich diese Bestätigung nicht mehr ganz so eindeutig. Dies unterstreicht wiederum die Behauptung der Transaktionstheoretiker, dass die Dimension

Häufigkeit zwar grundsätzlich eine Rolle bei der Wahl der Distributionsform spielt, jedoch im Vergleich zu den beiden vorher betrachteten Transaktionsdimensionen „Faktorspezifität“ und „Unsicherheit“ eine eher variable Bedeutung einnimmt.

D. Transaktionsatmosphäre

Abschließend erfolgte die Befragung der Interviewpartner zur Transaktionsdimension „Transaktionsatmosphäre“. Es wurde angenommen, dass eine gute persönliche Beziehung zwischen den verschiedenen Hierarchiestufen bei hierarchisch strukturierter Zusammenarbeit vergleichsweise unbedeutender ist, als dies im Verhältnis der Geschäftspartner privat geführter Firmen zueinander der Fall ist. Tabelle 29 zeigt das Ergebnis der vorgenommenen Untersuchung.

Tabelle 29: Aussagen zur Transaktionsatmosphäre

	Mittelwert		
Transaktionsatmosphäre	**V**	**A**	**I/S**
Soziokulturelle Faktoren:			
Persönliche Beziehung ist ohne Bedeutung für Zusammenarbeit	2,67	0,77	1,00
(davon Konzern-Verkaufsbüros)	2,80		
Technische Bedingungen:			
Übermittlung digitaler Daten	2,67	1,26	1,13

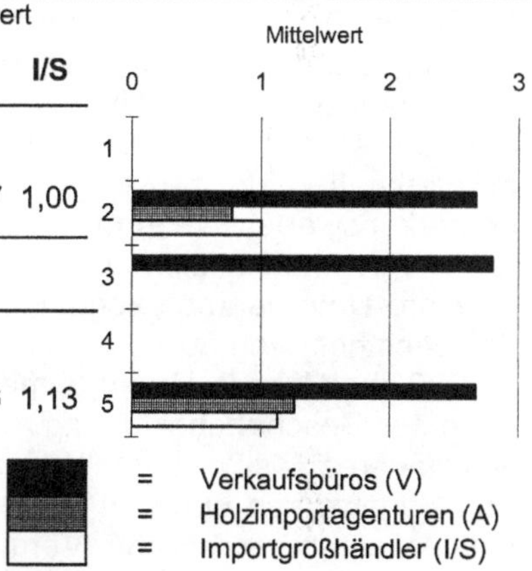

(0)= „Aussage trifft nicht zu“ (1)= „Aussage trifft weniger zu“
(2)= „Aussage trifft eher zu“ (3)= „Aussage trifft voll zu“

Frage 13: Bitte äußern Sie für die folgenden Aussagen (der Transaktionsatmosphäre) den Grad Ihrer Zustimmung.

Soziokulturelle Faktoren

Diese Hypothese wurde durch die Untersuchung ebenfalls vollkommen bestätigt. Fünf der sechs Mitarbeiter von Verkaufsbüros sind in konzernartig strukturierten Unternehmen beschäftigt. Diese haben fast ausnahmslos (Mittelwert 2,80) das persönliche Verhältnis zwischen ihnen und den Geschäftsführern ihres jeweiligen Mutternunternehmens als bedeutungslos dafür angesehen, dass das Schnittholz über diese Distributionsform vertrieben wird. Bei einem Wechsel der verantwortlichen Personen auf einer der beiden Seiten, würde der Vertrieb in gleicher oder ähnlicher Form weitergehen. Aber auch das eine Verkaufsbüro, welches nicht in konzernartig organisierten Unternehmen eingebunden ist, sieht dies ähnlich, so dass ein Gesamtwert von 2,67 ermittelt werden konnte.

Vollkommen entgegengesetzt stellt sich die Situation bei den Importgroßhändlern dar (Mittelwert 1,0). Wie vermutet, besitzt das persönliche Verhältnis zwischen dieser Distributionsform und ihren skandinavischen Geschäftspartnern eine relative hohe Bedeutung für den Vertrieb des Nadelschnittholzes. Diese Feststellung ist umso bedeutsamer, da es sich, wie in Tabelle 21 erkennbar, bei fünf von acht Interviewpartnern (62,5%) um angestellte Mitarbeiter und nicht um die Firmeninhaber selbst handelt.

Besonders interessant zeigt sich das Ergebnis der Holzimportagenturen. Mit einem Durchschnittswert von 0,77 geben diese der persönlichen Beziehung zu ihren skandinavischen Abladern eine hohe bis sehr hohe Bedeutung. Die befragten Unternehmen gehen im Wesentlichen davon aus, dass ein Austausch einer der beteiligten Personen zu einer Veränderung der verkauften Mengen an Nadelschnittholz führen würde. Dies ist umso bemerkenswerter, wenn man berücksichtigt, dass die befragten Agenturen mit durchschnittlich über 40.000 cbm/Jahr vermitteltes Nadelschnittholz pro Unternehmen vergleichsweise deutlich höhere Mengen an Nadelschnittholz verkaufen als die Importgroßhändler (durchschnittlich ca. 14.000 cbm/Jahr je Unternehmen).[923] Somit würde ein Auseinanderbrechen der Geschäftsbeziehung Ablader-Agentur für beide Seiten ein deutlich höheres Risiko darstellen, als dies bei den Beziehungen zwischen den Sägewerken und den Importgroßhändlern der Fall wäre. Die transaktionskostentheoretische Vermutung, dass zwischen Freunden auch bei sehr spezifischen Transaktionen aufwendige Absicherungsmaßnahmen gegen opportunistisches Verhalten entfallen können, weil die faire Interaktion für die Beteiligten ein „Wert an sich" darstellt, findet hiermit eine Bestätigung.

Der Inhaber der Agentur A10 unterstreicht dies, indem er die „persönliche Freundschaft" zwischen ihm und den Inhabern der Sägewerke als einen wesentlichen Grund dafür nennt, dass diese Unternehmen ihr Schnittholz über seine Agentur vertreiben. Auch drei weitere Firmen (A4,

[923] Diese Zahlen sind Näherungswerte und wurden aus den Durchschnittswerten der Tabelle 22 entnommen.

A6 und A7) beschreiben die langjährige freundschaftliche Verbindung, die gegenseitige Wertschätzung sowie das gegenseitige Vertrauen zwischen ihnen und ihren Abladern als maßgebliche Gründe für einen Vertrieb der Produkte über ihre Unternehmen.

Diese Aussagen bestätigen somit im Wesentlichen die Annahme der Transaktionstheoretiker. Diese besagt, je besser die Transaktionsatmosphäre zwischen den beteiligten Akteuren ist, desto wahrscheinlicher werden Transaktionen über „nichthierarchische" Koordinationsformen abgewickelt. Andererseits neigt die Vertriebsform tendenziell eher zur hierarchischen Koordination, je schlechter das persönliche Verhältnis zueinander ist (vgl. Kap. 4.6.5.3).

Technische Bedingungen

Die Annahme, dass die Standardisierung von Betriebssystemen und Anwendersoftware mittlerweile so weit fortgeschritten ist, dass es kaum noch Unterschiede in der Übertragung des Dokumentenverkehrs bei den unterschiedlichen Distributionsformen gibt, kann zum jetzigen Zeitpunkt der Auswertung nicht eindeutig bestätigt werden. Zwar verläuft die Informationsübermittlung in den hierarchisch strukturierten Unternehmen bereits überwiegend in digitaler Form. Dort wo dies aktuell noch nicht der Fall ist (V3), wird sich diese Situation durch die Einrichtung der entsprechenden Software in naher Zukunft ändern. Jedoch geschieht die Informationsübertragung zwischen den skandinavischen Lieferanten und den Importgroßhändlern noch überwiegend in herkömmlicher Form mittels Fax- bzw. Postsendungen (Mittelwert 1,13). Die Agenturen (Wert 1,26) unterscheiden sich hierbei nicht wesentlich von der Marktvariante.

Die beschriebene Move-to-the-Market-Hypothese (vgl. Kap. 4.6.6) ist somit bei vorliegendem Auswertungsstand nicht eindeutig ersichtlich.

7.3.2 Zusammenfassung der Ergebnisse der Interviewreihen mit allen beteiligten Koordinationsformen

Insgesamt können durch die vorliegende Auswertung der empirischen Untersuchung die theoretischen Überlegungen der Transaktionskostentheorie auch für den Handel von nordischem Nadelschnittholz aus Skandinavien in die Bundesrepublik Deutschland als empirisch bestätigt angesehen werden. Hohe Ausprägungen der untersuchten Transaktionsdimensionen finden sich im Allgemeinen in hierarchischen Distributionsformen wieder. Marktliche Vertriebsformen sind dagegen durch vergleichsweise geringe Ausprägungen der jeweiligen Dimension gekennzeichnet. Die hybriden Organisationsformen nehmen bei den meisten betrachteten Untersuchungsergebnissen die von ihnen erwartete Mittelstellung ein.

Auch die Gewichtung der jeweiligen Transaktionsdimensionen zueinander fand durch die Untersuchung eine weitgehende Bestätigung. Die wesentlichen Gründe für eine Hierarchisierung scheinen in einer hohen Ausprägung der beiden Transaktionsdimensionen „Faktorspezifität" und „Unsicherheit" zu liegen.

Im Gegensatz zu den theoretischen Vorüberlegungen wurde jedoch seitens der Interviewpartner eine höhere Bedeutung der Transaktionsdimension „Unsicherheit" vermittelt. Somit ist bei der Beurteilung der vorliegenden Untersuchungsergebnisse die Ansicht von FISCHER (vgl. Kap. 4.6.5.3) bestätigt worden. Dieser unterstreicht die besondere Bedeutung der Dimension „Unsicherheit", indem er feststellt, dass diese ihren Einfluss nicht nur in der Wechselwirkung mit der Transaktionsdimension „Faktorspezifität" erhält, sondern sich institutionelle Arrangements auch in Abhängigkeit der unterschiedlichen Intensitätsgrade dieser Transaktionsdimension ändern können.[924]

Eine Bestätigung fanden auch die Überlegungen der Transaktionswissenschaftler, dass die beiden Dimensionen „Häufigkeit" und „Transaktionsatmosphäre" einen vergleichsweise nachrangigen, aber dennoch nicht ganz unbedeutenden Einfluss auf die Wahl des jeweiligen institutionellen Arrangements besitzen.

7.3.3 Interviewreihe mit den Holzimportagenturen

Wie bereits erwähnt, soll anhand der Interviewreihe mit den Holzimportagenturen zusätzlich untersucht werden, ob sich die hybriden Koordinationsformen in „tendenziell marktnahe" und „tendenziell hierarchienahe" Typen unterteilen lassen. Außerdem wurde die These erstellt, dass innerhalb desselben Agenturunternehmens sowohl marktnahe als auch hierarchienahe Relationen auftreten müssten. Diese beiden Annahmen wurden ebenfalls anhand der vier unterschiedlichen Transaktionsdimensionen beleuchtet.

A. Faktorspezifität

Im ersten Schritt erfolgt die Auswertung dieser Fragestellung wiederum anhand der Transaktionsdimension „Faktorspezifität".

---

924 vgl. Fischer, M.: Make-or-Buy-Entscheidungen im Marketing, a.a.O., S. 101 f. sowie S. 226 ff.

Tabelle 30: Transaktionsdimension „Faktorspezifität" Holzimportagenturen (1)

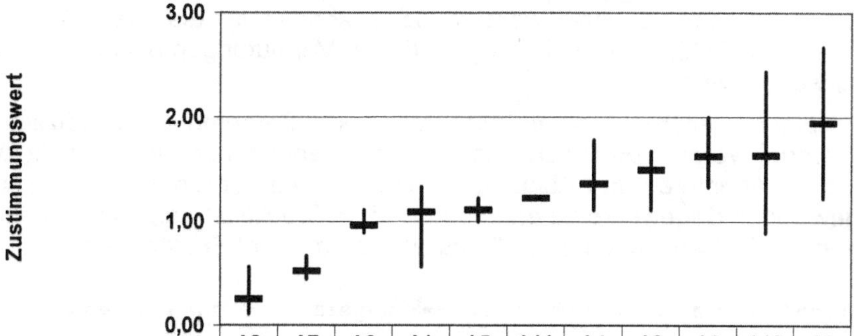

	A8	A7	A6	A1	A5	A11	A4	A2	A3	A10	A9
Höchstwert	0,56	0,67	1,11	1,33	1,22	1,22	1,78	1,67	2,00	2,44	2,67
niedrigster Wert	0,11	0,44	0,89	0,56	1,00	1,22	1,11	1,11	1,33	0,89	1,22
– Mittelwert	0,25	0,52	0,96	1,09	1,11	1,22	1,36	1,49	1,62	1,63	1,94

Agenturen

(0)= „Aussage trifft nicht zu" (1)= „Aussage trifft weniger zu"
(2)= „Aussage trifft eher zu" (3)= „Aussage trifft voll zu"

Frage 10: Bitte äußern Sie für die folgenden Aussagen (der Faktorspezifität) den Grad Ihrer Zustimmung.

Das Ergebnis der Transaktionsdimension „Faktorspezifität" zeigt eine eindeutige Zustimmung zur aufgestellten Annahme. Die elf befragten Agenturen finden sich mit ihren Mittelwerten auf unterschiedlichen Positionen des Markt-Hierarchie Kontinuums wieder. Das Unternehmen A8 unterschreitet mit einem Mittelwert von 0,25 sogar deutlich den Durchschnittswert der acht befragten Importgroßhändler bzw. Streckengeschäftsabteilungen (0,77). Stattdessen erreicht die Agentur A9 mit ihrem Spitzenwert von 2,67 sogar das Ergebnis der Verkaufsbüros. Somit kann bestätigt werden, dass die hybriden Distributionsunternehmen sich an unterschiedlichen Orten des Markt-Hierarchie-Kontinuums positionieren.

Auch die zweite Annahme kann als bestätigt angesehen werden. Zehn der elf Unternehmen haben in ihren Antworten unterschiedliche Intensitäten in der Zusammenarbeit zwischen ihren Unternehmen und den verschiedenen skandinavischen Abladern bestätigt. Dieses soll am Beispiel der Agentur A10 kurz erläutert werden. Während diese die Ausprägung der Faktorspezifität zu einem ihrer Ablader mit 0,89 als kaum zutreffend beschreibt, liegt die Antwort der gleichen Agentur in Bezug zu einem anderen Ablader mit 2,44 zwischen den Aussagen „trifft eher zu" und „trifft voll zu“ auf einem sehr hohen Niveau. Ähnliche, wenn auch teilweise weniger ausgeprägte, Ergebnisse können für die meisten anderen Agenturen ebenfalls ermittelt werden. Somit können für die Transaktionsdimension „Faktorspezifität“ die getroffenen Vermutungen als bestätigt angesehen werden.

In einem weiteren Auswertungsschritt soll außerdem noch zusätzlich überprüft werden, ob Unterschiede in der Zusammenarbeitsintensität zwischen Agenturen und Abladern in Abhängigkeit der Größenordnung der jeweiligen Sägewerke zu erkennen sind.[925] Tabelle 31 zeigt das Ergebnis dieser Untersuchung für die Transaktionsdimension „Faktorspezifität“.

Tabelle 31: Transaktionsdimension „Faktorspezifität“ Holzimportagenturen (2)

Aussagen zur Faktorspezifität	Mittelwert A
Gesamtergebnis der Agenturen bei Abladern < 100.000 cbm Jahresproduktion	1,02
Gesamtergebnis der Agenturen bei Abladern > 100.000 cbm Jahresproduktion	1,57

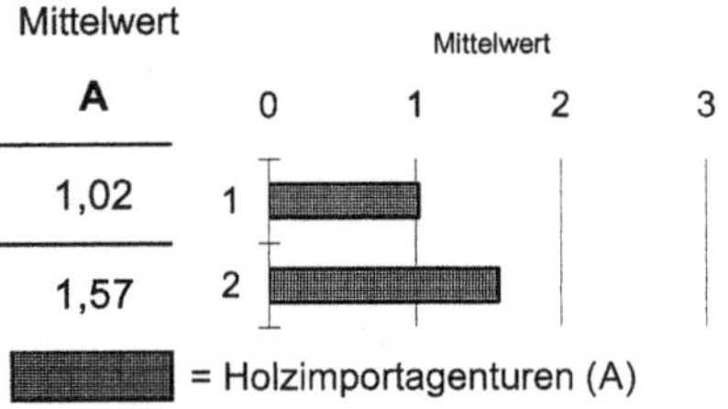

(0)= „Aussage trifft nicht zu“ (1)= „Aussage trifft weniger zu“
(2)= „Aussage trifft eher zu“ (3)= „Aussage trifft voll zu“

Frage 12: Bitte äußern Sie für die folgenden Aussagen (der Faktorspezifität) den Grad Ihrer Zustimmung.

Geht man vom ursprünglichen Mittelwert aller Holzimportagenturen zur Transaktionsdimension „Faktorspezifität“ aus (1,26), zeigt die unterschiedliche Betrachtung dieser Transaktionsdimension anhand der Größenordnung der Sägewerke ein differenziertes Ergebnis. Liegt der Mittelwertwert bei einer Größenordnung der Sägewerke unter 100.000 cbm Nadelschnittholzproduktion pro Jahr mit 1,02 in dem Aussagebereich „trifft weniger zu“, steigt dieser bei den Sägewerken mit einer Jahresproduktion an Nadelschnittholz über 100.000 cbm auf 1,57. Somit wird bei

---

925 Dieser Schritt wurde zusätzlich in die Auswertung mit eingeführt, da bei der Beantwortung der offenen Fragen relativ häufig von den Interviewpartnern der Holzimportagenturen darauf hingewiesen wurde, dass eine differenzierte Beantwortung der Fragen in Abhängigkeit der Größenordung der jeweiligen Ablader notwendig sei (A3, A4, A10). Diesen Anregungen wurde Folge geleistet und diese Differenzierung bei der Auswertung mit berücksichtigt.

der Zusammenarbeit mit den größeren Sägewerken eine über 50% höhere Zustimmungsrate (Verhältnis 1,02 zu 1,57) erreicht.

B. Unsicherheit

Im nächsten Schritt sollen die gleichen Fragestellungen anhand der Transaktionsdimension „Unsicherheit“ untersucht werden. Tabelle 32 zeigt das Untersuchungsergebnis.

Tabelle 32: Transaktionsdimension „Unsicherheit“ der Holzimportagenturen (1)

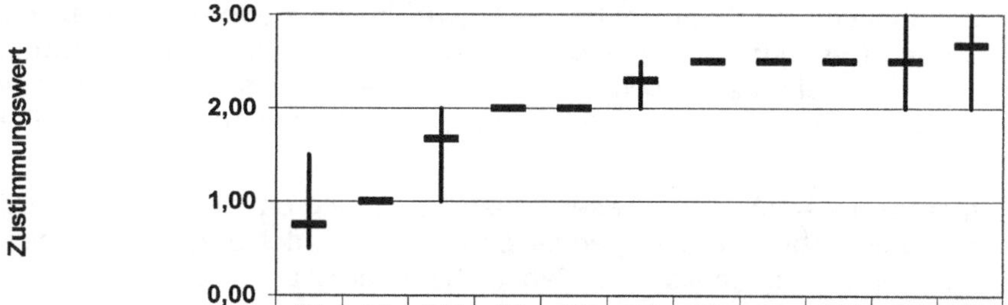

	A8	A1	A10	A5	A7	A4	A2	A3	A11	A6	A9
Höchstwert	**1,50**	**1,00**	**2,00**	**2,00**	**2,00**	**2,50**	**2,50**	**2,50**	**2,50**	**3,00**	**3,00**
niedrigster Wert	**0,50**	**1,00**	**1,00**	**2,00**	**2,00**	**2,00**	**2,50**	**2,50**	**2,50**	**2,00**	**2,00**
– Mittelwert	**0,75**	**1,00**	**1,67**	**2,00**	**2,00**	**2,30**	**2,50**	**2,50**	**2,50**	**2,50**	**2,67**

Agenturen

(0)= „Aussage trifft nicht zu“ (1)= „Aussage trifft weniger zu“
(2)= „Aussage trifft eher zu“ (3)= „Aussage trifft voll zu“

Frage 11: Bitte äußern Sie für die folgenden Aussagen (der Unsicherheit) den Grad Ihrer Zustimmung.

Auch diese Darstellung bestätigt die getroffene Annahme dahingehend, dass sich die hybriden Unternehmen auf unterschiedlich hierarchienahen bzw. -fernen Positionen wiederfinden. Insbesondere ist hierbei der hohe Zustimmungsgrad der beteiligten Unternehmen zu der Fragestellung interessant. Acht der elf befragten Unternehmen liegen mit ihren Mittelwerten zwischen den Zustimmungswerten 2,0 (Aussage trifft eher zu) und 3,0 (Aussage trifft voll zu). Zwei Agenturen (A6 und A9) behandeln bei diesem Aspekt ihre Hauptablader mit der gleichen Intensität, wie dies die Verkaufsbüros (Wert 3,0) tun. Dieses Ergebnis könnte ein weiterer Hinweis darauf sein, dass der Dimension „Unsicherheit“ ein mindestens gleichwertiger Stellenwert wie der Faktorspezifität zuzuerkennen ist.

Des Weiteren bekräftigen fünf der elf befragten Unternehmen, dass die Intensität dieser Transaktionsdimension zu ihren verschiedenen Lieferanten unterschiedliche Qualitäten besitzt. Somit fällt die Zustimmung zwar nicht so eindeutig aus wie bei der Faktorspezifität, kann jedoch durchaus als gegeben angesehen werden.

Dass bei einigen Agenturen keine Unterschiede in der Qualität der Marktinformationen zu den unterschiedlichen Abladern bestehen, kann auch wiederum mit der Art der Fragestellung zusammenhängen. Es ging dabei im Wesentlichen um die Versorgung der skandinavischen Partner mit marktrelevanten Informationen. Der zeitaufwendige Faktor bei der Marktberichterstattung ist das Verfassen dieser Berichte. Das anschließende Versenden ist vergleichsweise wenig arbeitsintensiv. Dadurch könnte es sein, dass auch Sägewerke in den Genuss dieser Informationen kommen, für die man diese ansonsten nicht unbedingt speziell aufbereitet hätte.

Interessant erscheint in diesem Zusammenhang daher die weitere Differenzierung des Agenturergebnisses hinsichtlich der Sägewerkskapazitäten ihrer genannten Ablader. Tabelle 33 verdeutlicht dies.

Tabelle 33: Transaktionsdimension „Unsicherheit“ der Holzimportagenturen (2)

Aussagen zur Unsicherheit	Mittelwert **A**
Gesamtergebnis Agenturen bei Abladern <100.000 cbm Jahresproduktion	1,35
Gesamtergebnis Agenturen bei Abladern >100.000cbm Jahresproduktion	2,40

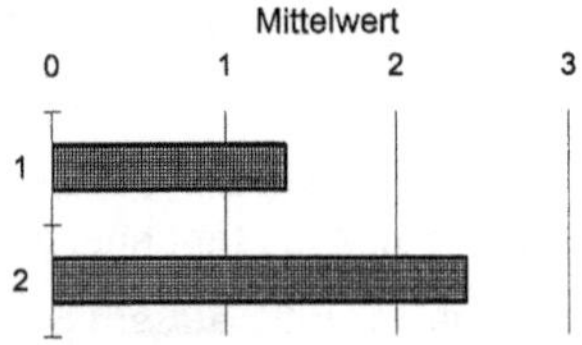

= Holzimportagenturen (A)

(0)= „Aussage trifft nicht zu“ (1)= „Aussage trifft weniger zu“
(2)= „Aussage trifft eher zu“ (3)= „Aussage trifft voll zu“

Frage 11: Bitte äußern Sie für die folgenden Aussagen (der Unsicherheit) den Grad Ihrer Zustimmung.

Das Ergebnis dieser Darstellung zeigt, dass bei einer Zusammenarbeit der Agenturen mit größeren Sägewerken eine deutlich intensivere Berichterstattung seitens der Agenturunternehmen erfolgt. Sie nähern sich mit ihren Antworten sehr stark den Ergebnissen der hierarchischen Organisationsformen (Mittelwert 3,0) an. Dies kann damit zusammenhängen, dass, ähnlich wie die großen Forstkonzerne, diese Ablader aufgrund ihrer Größenordnung deutlich unflexibler sind und daher wesentlich genauer planen müssen als kleinere Ablader. Diese Planungen können, um möglichst risikofrei zu sein, aber lediglich mit einem hohen Maß an Informationen aus den jeweiligen (Haupt-)märkten erfolgen. Diesem höheren Wissensbedarf scheinen die Agenturen insofern Rechnung zu tragen, dass den größeren Abladern ein deutlich höherer Umfang an relevanten Informationen zur Verfügung gestellt wird.

C. Häufigkeit

Im nächsten Auswertungsschritt wurde die Transaktionsdimension „Häufigkeit" hinsichtlich der Fragestellung betrachtet, ob sich die Agenturunternehmen auf verschiedenen Positionen zwischen Markt und Hierarchie wiederfinden. Außerdem soll auch hier die Annahme überprüft werden, ob die Agenturen zu ihren Abladern unterschiedliche intensive Beziehungen unterhalten. Tabelle 34 zeigt das Ergebnis dieser Untersuchung.

Tabelle 34: Transaktionsdimension „Häufigkeit" der Holzimportagenturen (1)

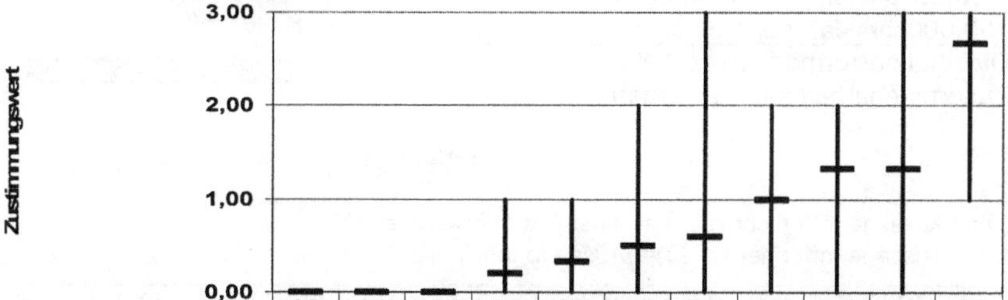

	A2	A4	A11	A1	A7	A8	A3	A5	A10	A6	A9
Höchstwert	0,00	0,00	0,00	1,00	1,00	2,00	3,00	2,00	2,00	3,00	3,00
niedrigster Wert	0,00	0,00	0,00	0,00	0,00	0,00	0,00	0,00	0,00	0,00	1,00
— Mittelwert	0,00	0,00	0,00	0,20	0,33	0,50	0,60	1,00	1,33	1,33	2,67

Agenturen

(0)= „Aussage trifft nicht zu" (1)= „Aussage trifft weniger zu"
(2)= „Aussage trifft eher zu" (3)= „Aussage trifft voll zu"

Frage 12: Bitte äußern Sie für die folgenden Aussagen (der Häufigkeit) den Grad Ihrer Zustimmung.

Die Fragestellung, ob eine nennenswerte Mengenänderung seitens der skandinavischen Ablader zu deren ernsthaften Überlegung führen könnte, den Distributionsweg zu wechseln, wurde erwartungsgemäß von den Agenturen unterschiedlich beantwortet. Sind mit Ausnahme der Agentur A9 (Mittelwert 2,67) die meisten Unternehmen der Meinung, ihre Ablader würden dies tendenziell eher nicht tun, schwanken die

Ergebnisse immerhin noch zwischen den Mittelwerten 0,00 (A2, A4, A11) und 1,33 (A6, A10).

Interessanterweise gibt es eine sehr große Bandbreite innerhalb der Antworten der Argenturen. Haben zehn der elf befragten Unternehmen den niedrigsten Wert mit 0,00 (Aussage trifft nicht zu) angegeben, erreichen drei der Antworten einen Wert von 3,0 (Aussage trifft voll zu). Drei weitere Agenturen beantworten diese Fragestellung für manche ihrer Ablader immerhin noch mit zutreffend (2,0).

Aus diesem Grund scheint sich eine Betrachtung der Ergebnisse anhand der unterschiedlichen Größenordnung ebenfalls zu lohnen.

Tabelle 35: Transaktionsdimension „Häufigkeit" der Holzimportagenturen (2)

Aussagen zur Häufigkeit	Mittelwert **A**
Distributionsformänderung bis 100.000cbm Jahresproduktion	0,27
Distributionsformänderung bei mehr als 100.000cbm Jahresproduktion	1,24
Distributionsformänderung bei Zusammenarbeit mit Konzernen	3,00

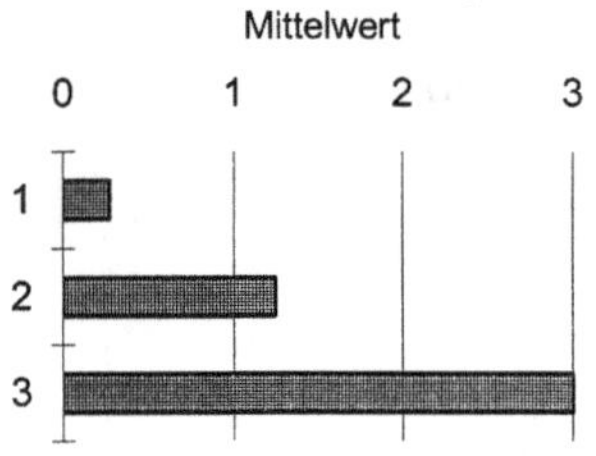

= Holzimportagenturen (A)

(0)= „Aussage trifft nicht zu" (1)= „Aussage trifft weniger zu"
(2)= „Aussage trifft eher zu" (3)= „Aussage trifft voll zu"

Frage 12: Bitte äußern Sie für die folgenden Aussagen (der Häufigkeit) den Grad Ihrer Zustimmung.

Die durchgeführte Auswertung zeigt, dass die Agenturen bei kleineren Abladern mit einem Mittelwert von 0,27 derartige Gedanken im Prinzip vollkommen ausschließen. Zwar ist das Ergebnis der Befragung bei den größeren Produzenten schon um einiges höher, jedoch mit einem Durchschnittswert von 1,24 immer noch relativ niedrig.

Die Auswertung der Fragestellung bei Agenturen, die mit Forstkonzernen zusammenarbeiten, führt zu einem interessanten Ergebnis. Mit einem Mittelwert von 3,0 kommt die Vermutung auf, dass nicht allein die Größenordnung, sondern auch die Firmenstruktur eine wesentliche Rolle dafür spielen, auf welche Art und Weise ein Unternehmen seine Produkte vertreibt. Jedoch kann dies an dieser Stelle lediglich als Vermutung geäußert werden, da nur zwei der siebenundvierzig genannten Ablader Forstkonzerne sind und somit die Aussage nicht sicher sein kann.[926]

D. Transaktionsatmosphäre

Schließlich wurde in einer letzten Untersuchungsreihe die Dimension „Transaktionsatmosphäre" hinsichtlich der o.g. Fragestellung untersucht. Wie zuvor wurde gefragt, welche Bedeutung die persönliche Geschäftsbeziehung zwischen den Agenturen und den Geschäftsführern/Firmeninhabern ihrer skandinavischen Ablader für den Vertrieb des Nadelschnittholzes über ihr jeweiliges Unternehmen hat. Tabelle 36 zeigt das Ergebnis dieser Untersuchung.

Tabelle 36: Transaktionsdimension „Transaktionsatmosphäre" der Holzimportagenturen (1) (Soziokulturelle Faktoren)

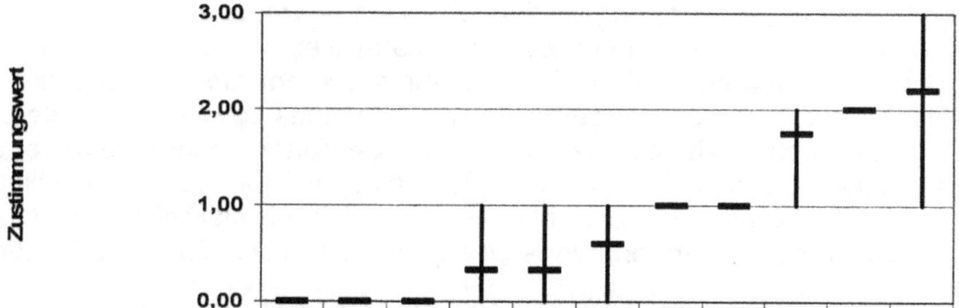

	A2	A3	A11	A6	A10	A4	A7	A9	A8	A5	A1
Höchstwert	0,00	0,00	0,00	1,00	1,00	1,00	1,00	1,00	2,00	2,00	3,00
niedrigster Wert	0,00	0,00	0,00	0,00	0,00	0,00	1,00	1,00	1,00	2,00	1,00
– Mittelwert	0,00	0,00	0,00	0,33	0,33	0,60	1,00	1,00	1,75	2,00	2,20

Agenturen

(0)= „Aussage trifft nicht zu" (1)= „Aussage trifft weniger zu"
(2)= „Aussage trifft eher zu" (3)= „Aussage trifft voll zu"

Frage 12: Bitte äußern Sie für die folgenden Aussagen (der soziokulturellen Faktoren) den Grad Ihrer Zustimmung.

926 Allerdings scheint jedoch die aktuelle Praxis diese Vermutung zu bestätigten. Im Juni 2004 hat der bisher von Holzimportagenturen vertretene, mehrheitlich zum finnischen Konzern Metsäliitto gehörende, norwegische Forstkonzern Moelven seine Vertriebsstrategie geändert. Ab 01. Januar 2005 wird das Unternehmen sein Nadelschnittholz über das in Bremen ansässige, ebenfalls zu Metsäliitto gehörende Verkaufsbüro von Finnforest vertrieben.

Die negierende Aussage,[927] dass die persönlichen Beziehungen zwischen den Unternehmensinhabern bzw. Geschäftsführern der skandinavischen Sägewerke und den deutschen Agenturen ohne Bedeutung ist, wird von den befragten Agenturen erwartungsgemäß unterschiedlich bewertet. Drei der Unternehmen (A2, A3 und A11) sind der Ansicht, dass die persönlichen Beziehungen zu allen genannten Abladern von derart hoher Bedeutung sind (Wert 0,00), dass ein Austausch einer der beteiligten Personen einen Abbruch der Geschäftsbeziehung zur Folge haben könnte. Dagegen ist die Agentur A1 mit einem Mittelwert von 2,20 überwiegend der Meinung, dass ein Austausch einer der Personen keinen nennenswerten Einfluss auf die Geschäftsbeziehungen der beteiligten Unternehmen hätte.Fünf der elf befragten Unternehmen erklärten, dass sie unterschiedlich intensive persönliche Beziehungen zu ihren skandinavischen Geschäftspartnern haben. Dies bestätigt wiederum die Annahme, dass es auch innerhalb von hybriden Unternehmen zu unterschiedlichen Ausprägungen der Dimension „Transaktionsatmosphäre" kommen kann. Am Eindrucksvollsten kann dies an der Agentur A1 beschrieben werden. Geht diese Agentur mit ihrem niedrigsten Wert 1,0 davon aus, dass ein Personenwechsel durchaus zu einer Veränderung der Geschäftsbeziehung bei diesem Ablader führte könnte, vermutet sie bei ihrem Höchstwert 3,0, dass es in diesem Falle auf die beteiligten Personen überhaupt nicht ankommt. Ob es auch hierbei Unterschiede zwischen den Größenordnungen der Ablader gibt, soll Tabelle 37 zeigen.

Tabelle 37: Transaktionsdimension „Transaktionsatmosphäre" der Holzimportagenturen (2) (Soziokulturelle Faktoren)

Aussagen zu soziokulturellen Faktoren	Mittelwert **A**
Gesamtergebnis der Agenturen bei Abladern < 100.000 cbm Jahresproduktion	0,88
Gesamtergebnis der Agenturen bei Abladern > 100.000 cbm Jahresproduktion	0,62

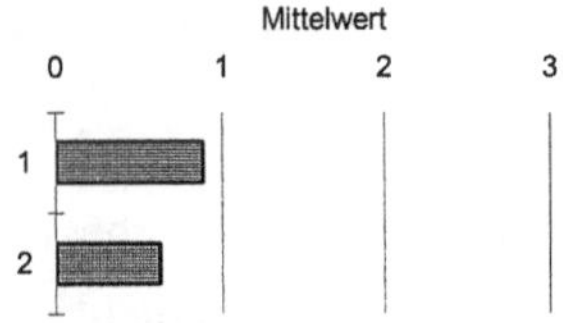

= Holzimportagenturen (A)

(0)= „Aussage trifft nicht zu" (1)= „Aussage trifft weniger zu"
(2)= „Aussage trifft eher zu" (3)= „Aussage trifft voll zu"

Frage 12: Bitte äußern Sie für die folgenden Aussagen (der soziokulturellen Faktoren) den Grad Ihrer Zustimmung.

[927] Diese Negierung der Fragestellung geschah aus darstellungstechnischen Gründen für Tabelle 29.

Schließlich sollte in einer abschließenden Befragung die Move-to-the-Market-Hypothese[928] nochmals einer detaillierten Betrachtung unterzogen werden. Dies geschah wiederum mittels der Fragestellung, ob die Übermittlung von Kontrakten, Dokumenten, Stocklisten, Informationen etc. zwischen den Vertriebsunternehmen und ihren skandinavischen Partnerunternehmen überwiegend in digitaler (Excel, Word, PDF Dateien) oder in herkömmlicher manueller Form, z.B. per Fax, Post, geschieht. Tabelle 38 zeigt das Ergebnis dieser Untersuchung.

Tabelle 38: Transaktionsdimension „Transaktionsatmosphäre“ der Holzimportagenturen (3) (Technische Bedingungen)

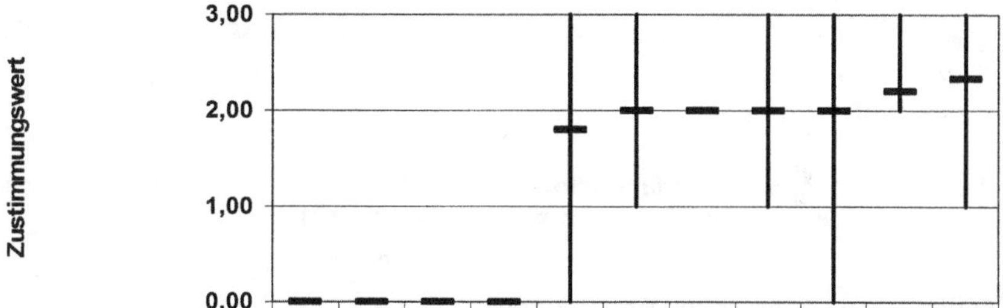

	A2	A7	A8	A11	A1	A3	A5	A9	A10	A4	A6
Höchstwert	0,00	0,00	0,00	0,00	3,00	3,00	2,00	3,00	3,00	3,00	3,00
niedrigster Wert	0,00	0,00	0,00	0,00	0,00	1,00	2,00	1,00	0,00	2,00	1,00
– Mittelwert	0,00	0,00	0,00	0,00	1,80	2,00	2,00	2,00	2,00	2,20	2,33

Agenturen

(0)= „Aussage trifft nicht zu“ (1)= „Aussage trifft weniger zu“
(2)= „Aussage trifft eher zu“ (3)= „Aussage trifft voll zu“

Frage 12: Bitte äußern Sie für die folgenden Aussagen (der technischen Bedingungen) den Grad Ihrer Zustimmung.

Als erstes fällt bei der Betrachtung ins Auge, dass entweder nur sehr hohe Mittelwerte (1,8 bis 2,33) oder ganz niedrige Werte (0,00) herauskommen. Dazwischen gibt es keine Ergebnisse. Die Agenturen A1 und A10 arbeiten mit manchen Abladern sowohl in herkömmlicher manueller Form als auch bereits in digitaler Form zusammen. Ob bei den Agentu-

[928] Diese Hypothese besagt, dass durch den Einsatz der Neuen Informations- und Kommunikationstechniken eine Senkung der Transaktionskosten ermöglicht wird und sich dadurch eine Tendenz weg von der hierarchischen Distribution hin zu hybriden und marktlich orientierten Koordinationsformen ergeben kann (vgl. Kap. 4.6.6).

ren A2, A7, A8 und A11 der Grund der ausschließlich manuellen Bearbeitungsform bei den Abladern oder den Agenturen zu suchen ist, ist schwer zu beantworten. Interessanterweise bearbeiten aber bereits zum jetzigen Zeitpunkt sechs der elf befragten Unternehmen die Dokumente in digitaler Form (Höchstwert 3,0). Auch die Agentur A5 erreicht mit einem Wert von 2,0 ein relativ hohes Ergebnis.[929] Somit sind insgesamt sieben von elf Unternehmen (63,6%) im Stande, mit der neuen Informationstechnologie so zu arbeiten, dass bereits zum heutigen Zeitpunkt Kontrakte, Dokumente, Stocklisten und sonstige Informationen überwiegend in digitaler Form übermittelt werden können. Damit liegt die Vermutung sehr nahe, dass die Move-to-the-Market-Hypothese durchaus ihre Berechtigung haben könnte.

Vielversprechend scheint daher wiederum die Differenzierung nach der Einschnittsmenge der jeweiligen Sägewerke zu sein. Tabelle 39 zeigt das Ergebnis dieser Unterscheidung.

Tabelle 39: Transaktionsdimension „Transaktionsatmosphäre“ der Holzimportagenturen (4) (Technische Bedingungen)

Aussagen zu technischen Bedingungen	Mittelwert A	
Gesamtergebnis der Agenturen bei Abladern < 100.000 cbm Jahresproduktion	0,80	1
Gesamtergebnis der Agenturen bei Abladern > 100.000 cbm Jahresproduktion	2,05	2

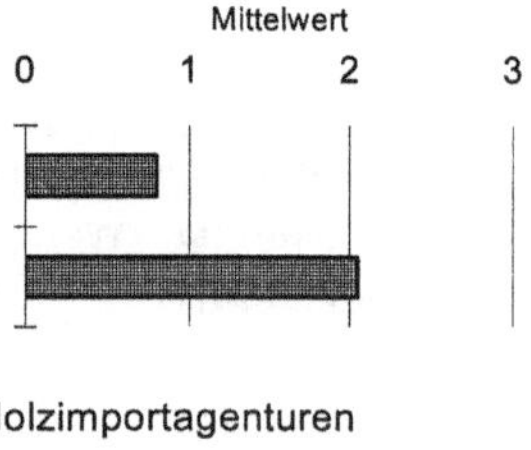

(0)= „Aussage trifft nicht zu“ (1)= „Aussage trifft weniger zu“
(2)= „Aussage trifft eher zu“ (3)= „Aussage trifft voll zu“

Frage 12: Bitte äußern Sie für die folgenden Aussagen (der technischen Bedingungen) den Grad Ihrer Zustimmung.

Die Darstellung zeigt eine eindeutige Differenzierung der Antworten dahingehend, dass bei einer Jahresproduktion der Sägewerke bis 100.000 cbm an Nadelschnittholz nicht bzw. kaum mit der neuen Informationstechnologie gearbeitet wird. Der angegebene Wert liegt mit 0,80 noch unter dem Mittelwert, der von den Importgroßhändlern genannt wurde (1,13). Bemerkenswert allerdings ist das Ergebnis der Zusam-

[929] Wie bereits erwähnt, ist es schwierig zu erkennen, ob der Grund bei der Agentur oder dem Ablader liegt.

menarbeit mit größeren Produzenten. In diesem Fall erfolgte mit einem Mittelwert von 2,05 eine weitgehende Zustimmung zur Fragestellung. Der Mittelwert der hierarchischen Varianten lag bei dieser Fragestellung bei 2,67. Die beschriebene Move-to-the-Market-Hypothese kann somit für die Zusammenarbeit zwischen Agenturen und kleineren Produktionen als nicht zutreffend bezeichnet werden. Für die Beziehung zu großen und leistungsfähigen Lieferanten kann diese Annahme jedoch durchaus als bestätigt angesehen werden.

7.3.4 Zusammenfassung der Ergebnisse der Interviewreihe mit den Holzimportagenturen

Insgesamt kann bei der durchgeführten Befragung der Holzimportagenturen die Annahme ebenfalls vollkommen bestätigt werden, dass es sowohl tendenziell marktnahe als auch hierarchienahe hybride Koordinationsformen gibt. Die Auswertung aller vier Transaktionsdimensionen hat diese Annahme zu 100% bestätigt.

Auch die Vermutung, dass innerhalb desselben Agenturunternehmens sowohl marktnahe als auch hierarchienahe Relationen auftreten, kann durch die vorgenommene Untersuchung als zutreffend bezeichnet werden. Abgesehen von der Agentur A11, die bei allen genannten Transaktionsdimensionen keine unterschiedlichen Beziehungen zu ihren verschieden Abladern angab, haben alle anderen Agenturen in mindestens einem der vier Transaktionsdimensionen bestätigt, dass zu ihren Abladern unterschiedlich intensive Beziehungen bestehen. Zwei der Agenturen (A6 und A10) haben diese Annahme sogar bei allen durchgeführten Fragestellungen als zutreffend bezeichnet. Vier Agenturen (A1, A5, A8 und A9) bestätigten diese Annahme immerhin noch bei mindestens vier der fünf Fragestellungen.

Die weitere Differenzierung der Fragestellung in Abhängigkeit der unterschiedlichen Größenordnung der jeweiligen Ablader brachte ebenfalls äußerst interessante Ergebnisse hervor. Es kann festgehalten werden, dass für die Transaktionsdimensionen „Faktorspezifität“, „Unsicherheit“, „Häufigkeit“ und „Technische Faktoren der Transaktionsatmosphäre“ die jeweilige Ausprägung der Transaktionsdimensionen bei größeren Abladern deutlich höher ist, als bei kleineren Sägewerksunternehmen. Dies ist deswegen auch bemerkenswert, da eine größere Produktionskapazität nicht zwingend gleichbedeutend ist mit einer höheren Verkaufsmenge. Somit nähern sich die Beziehungen zwischen den Agenturen und den Abladern tendenziell eher der Hierarchievariante, je größer das beteiligte Sägewerksunternehmen ist. Umgekehrt tendiert das Verhältnis zwischen den beteiligten Unternehmen eher in Richtung Markt, je geringer die Produktionskapazität des Abladers ist. Am deutlichsten ist dieser Unterschied bei der Transaktionsdimension „Unsicherheit" zu erkennen, wodurch die bereits mehrfach festgestellte besondere Bedeutung dieser Transaktionsdimension eine weitere Bestätigung erfährt. [930] Auch die Ergebnisunterschiede bei den technischen Bedingungen sind eindrucksvoll. Zeigen sie doch, dass die aufgestellte Move-to-the-Market-Annahme bei der Zusammenarbeit mit größeren Abladern eine relativ klare Zustimmung erfährt.

---

[930] Aufgrund dieser mehrfach festgestellten hohen Bedeutung der Transaktionsdimension Unsicherheit drängt sich die Frage auf, ob z.B. eine Verschärfung der Wettbewerbssituation zu einer Veränderung des Verhältnisses der Transaktionsdimensionen zueinander führen könnte?

8 Schlussbetrachtung

Die Schlussbetrachtung beleuchtet kritisch die gewonnenen Erkenntnisse der durchgeführten Untersuchung sowie die dabei angewandte Methodik. Außerdem wird in diesem Kapitel versucht, eine Entscheidungshilfe zu generieren, die skandinavischen Sägewerken bei der Auswahl ihrer jeweiligen Vertriebsform behilflich sein sollen.

Abbildung 23 zeigt die strukturelle Gliederung dieses Kapitels.

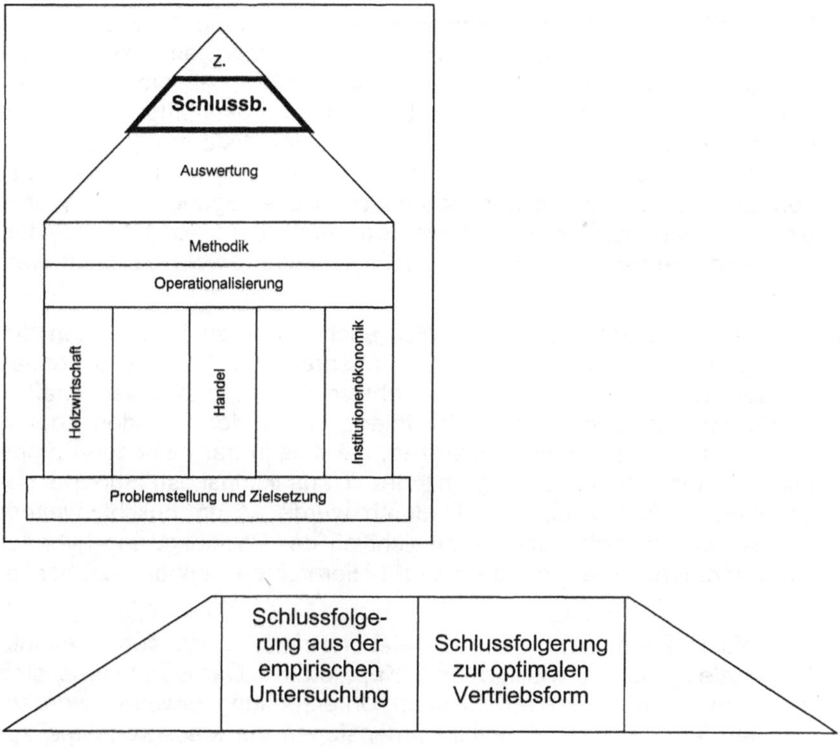

Abbildung 23: Struktur des Kapitels 8

8.1 Schlussfolgerung aus der empirischen Untersuchung

Die vorliegende Forschungsarbeit hat, nach Ansicht des Autors, einen wesentlichen Erkenntnisfortschritt sowohl innerhalb der Holzhandelsforschung als auch innerhalb der transaktionskostentheoretischen Forschung gebracht.

1. So ist sie nach aktuellem Kenntnisstand die erste Arbeit überhaupt, die grundlegend und umfassend die Marktstrukturen sowie Abläufe des Handels mit nordischem Nadelschnittholz aus den drei Ländern Norwegen, Schweden und Finnland nach Deutschland beschreibt.
2. Des Weiteren stellt diese empirische Untersuchung eine der ersten ihrer Art dar, die sich mit dem Handel von nordischem Nadelschnittholz aus Sicht der Neuen Institutionenökonomik im Allgemeinen sowie der Transaktionskostentheorie im Besonderen beschäftigt.[931] Dadurch konnten erstmals die unterschiedlichen Vertriebsformen, die in der Praxis des Imports nordischen Nadelschnittholzes nach Deutschland vorfindbar sind, anhand der theoretischen Überlegungen des Transaktionskostenansatzes erklärt werden. Außerdem konnten die dort definierten Aussagen auch für diesen Branchenzweig bestätigt werden.
3. Aber nicht nur innerhalb der Holzbranche konnten im Rahmen der vorliegenden Analyse wissenschaftstheoretische Fortschritte erzielt werden. So ist den Anregungen mehrerer Wirtschaftswissenschaftler Rechnung getragen worden, sich intensiver mit den hybriden Koordinationsformen auseinanderzusetzen, als dies in der bisherigen empirischen Auseinandersetzung mit der Transaktionskostentheorie geschehen ist (vgl. Kap. 5.4). Dadurch wurde es ermöglicht, weitere Wissenslücken insbesondere hinsichtlich der Positionierung hybrider Unternehmensformen auf dem Markt-Hierarchie-Kontinuum zu schließen.
4. Schließlich konnten im Rahmen dieser Arbeit transaktionsrelevante Merkmale generiert werden (vgl. Kap. 5.5.3). Darüber hinaus sind diese im Rahmen der empirischen Untersuchung erweitert worden, um den jeweiligen Transaktionsdimensionen als Messgrundlage zugeordnet werden zu können. Sie konnten somit als Grundlage zur Generierung der Fragebögen dienen. Diese Merkmale können (evtl. leicht modifiziert) als Basis für zukünftige Untersuchungen innerhalb

[931] Nach bisherigem Kenntnisstand gibt es lediglich eine einzige transaktionskostentheoretische empirische Arbeit innerhalb der Holzhandelsbranche (vgl. Fußnote 14).

und eventuell auch außerhalb der Holzhandelsbranche zur Ermittlung der jeweils optimalen institutionellen Arrangements dienen. Durch diese Merkmalsgenerierung konnte erreicht werden, dass zumindest ansatzweise der Kritikpunkt der fehlenden Messgrundlage an der neuen Transaktionskostentheorie für den Bereich des Vertriebs abgeschwächt werden kann (vgl. Kap. 4.8.3).

5. Somit dürfte die vorliegende Arbeit als weiterer Baustein zur Anerkennung der neuen institutionenökonomischen Ansätze sowie insbesondere der Transaktionskostentheorie zur Erklärung wirtschaftswissenschaftlicher Fragestellungen anzusehen sein.

Nachfolgende Gliederungspunkte setzen sich nochmals mit der Herangehensweise an die Fragestellung sowie der praktischen Anwendbarkeit der gewonnenen Ergebnisse auseinander. Dabei wird versucht, aus den empirisch gewonnenen Erkenntnissen eine Skizze zur Operationalisierung dieses Wissens zu generieren. Damit soll skandinavischen Abladern eine Entscheidungshilfe an die Hand gegeben werden, eine für das jeweilige Unternehmen passende Vertriebsform beim Export ihres Nadelschnittholzes zu ermitteln. Abschließend werden Fragestellungen diskutiert, die durch die Erarbeitung der vorliegenden Thematik neu aufgetreten sind und zu deren Klärung es weiterer wissenschaftlicher Bemühungen bedarf.

8.1.1 Eignung der Verwendung der Transaktionsdimensionen zur Ermittlung des jeweilig optimalen Vertriebswegs

A. Faktorspezifität

Die theoretischen Annahmen zur Transaktionsdimension „Faktorspezifität" haben sich als Erklärungsmuster für die unterschiedlichen Vertriebswege von Nadelschnittholz aus Skandinavien als geeignet erwiesen. Die Auswertungen dieser Transaktionsdimension haben Ergebnisse hervorgebracht, die sehr nah an den theoretischen Vorstellungen der Transaktionskostentheorie liegen.

Bei der Beurteilung der Herangehensweise ist in Erinnerung zu rufen, dass die Aussagen innerhalb der Fragebögen bewusst sehr allgemein gehalten wurden (vgl. Fußnote 888). Ziel war es, dass sie, leicht modifiziert, als Grundlage für zukünftige Untersuchungen zu ähnlichen Fragestellungen, z.B. auch in anderen Branchen, Verwendung finden können. Allerdings ist bei dieser Überlegung zu beachten, dass es sich bei Nadelschnittholz um ein vergleichsweise gering veredeltes Erzeugnis handelt. Der amerikanische Wirtschaftswissenschaftler PENG weist in einer Studie über den Erfolg amerikanischer hybrider Verkaufsorganisationen beim Export darauf hin, dass diese vor allem ihre Stärken in gering veredelten Produkten haben.[932] Insofern dürfte die angewandte Vorgehensweise vor allem bei der Distribution von Rohstoffen bzw. rohstoffnahen Produkten anzuraten sein.[933]

B. Unsicherheit

Interessanterweise hat sich im Verlauf der vorliegenden Untersuchung diese Transaktionsdimension für alle Unternehmen als sehr bedeutsam herausgestellt. Dies mag ebenfalls damit zu tun haben, dass das Produkt Nadelschnittholz eine relativ niedrige Veredelungsstufe darstellt. Für den Vertrieb einfacher Produkte wird allgemein ein vergleichsweise geringes faktorspezifisches Wissen[934] benötigt. Umso mehr sind die Märkte für neue Vertriebsunternehmen interessant, die die traditionellen Anbieter aus ihren Märkten verdrängen wollen.[935] Auch ist das Produkt Nadelschnittholz durch relativ häufige und starke Preisschwankungen gekennzeichnet. Um diesen Unsicherheitsfaktoren Rechnung zu tragen, sind die Produktionsunternehmen auf eine intensive Versorgung mit Informationen von ihren Marktbearbeitern vor Ort angewiesen. Ob daraus der Schluss gezogen werden kann, dass bei wenig veredelten Produkten sich das Verhältnis zwischen den beiden Transaktionsdimensionen „Faktorspezifität“ und „Unsicherheit“ allgemein stärker in Richtung Unsicherheit verschiebt, kann jedoch aufgrund des vorliegenden Kenntnisstandes

---

932 vgl. Peng, M.W.: Behind Intermediary performance in Export trade: Transactions, Agents and Resources, Journal of International Business Studies, March 2001, S. 340 in: http://fisher.osu.edu/mhr/faculty/peng/publications/Peng 01JIBS.pdf (Zugriff: 27.03.04)

933 Dies bedeutet, dass die vorliegende Untersuchung bei höher veredelten Produkten evtl. zu anderen Ergebnissen führen könnte, da dadurch evtl. eine Verschiebung des Verhältnisses der drei Distributionsformen zueinander möglich sein könnte.

934 Gemeint ist hierbei die in dieser Arbeit betrachtete Humankapitalspezifität zum Vertrieb des Nadelschnittholzes. Dass die Produktion von Nadelschnittholz zweifelsohne eine hohe Standort- und Sachkapitalspezifität sowie zweckgebundene Sachwerte voraussetzt (vgl. Kap. 4.6.3.1), soll mit dieser Aussage nicht in Abrede gestellt werden.

935 Der Agent A10 hat in diesem Zusammenhang berichtet, dass ihm nahezu wöchentlich Holzangebote von Anbietern zugesandt werden, bei denen es sich sehr schnell herausstellt, dass es sich bei diesen Personen nicht um Fachleute handeln kann. In den jeweiligen Telefonaten erklärt er diesen Personen dann, dass Holz zwar ein einfaches Wort mit nur vier Buchstaben ist, allerdings das Wort das einzige sei, was an diesem Geschäft einfach ist.

nicht geklärt werden. Diese Fragestellung bedürfte einer eigenen wissenschaftlichen Untersuchung.

C. Häufigkeit

Auch bei der Häufigkeit konnten die transaktionstheoretischen Überlegungen als die geeignete Herangehensweise angesehen werden. Die Aussage, dass eine hohe Ausprägung dieser Transaktionsdimension tendenziell zu hierarchischen Distributionsorganen führt, konnte durch die durchgeführte Untersuchung bestätigt werden.

Die Sorge mancher Interviewpartner, durch die Beantwortung dieser Fragen Firmeninterna preiszugeben, wurde durch eine großzügige Mengenstaffelung erfolgreich entkräftet. Dabei hat sich als richtig herausgestellt, dass es nicht unbedingt notwendig ist, absolut genaue Verkaufsmengen des Unternehmens zu erhalten. Viel bedeutsamer ist es, die Größenordnungen der jeweiligen Vertriebsform überhaupt zu erfahren.

Bei zukünftigen Untersuchungen sollte bei dieser Transaktionsdimension von Fragestellungen zu relativen Größenordnungen eher Abstand genommen werden. Beispielsweise bedeutet eine jährliche Verkaufsmenge von 50.000 cbm für ein Importgroßhändler eine „relativ hohe Verkaufsmenge", für die Holzimportagentur eine „relativ mittlere Verkaufsmenge" und für das Verkaufsbüro eine „relativ niedrige Verkaufsmenge" an nordischem Nadelschnittholz. Die gleiche Fragestellung, an die unterschiedlichen Unternehmensformen gerichtet, führt somit zu unklaren Ergebnissen und bedarf anschließend intensives Nachfragen im offenen Fragenteil.

D. Transaktionsatmosphäre

Auch die Herangehensweise im Rahmen der Untersuchung der Transaktionsatmosphäre hat sich als erfolgreich gezeigt. Als nicht ganz einfach erwies sich der Umgang mit der aus Darstellungsgründen verwendeten negierenden Fragestellung zur persönlichen Beziehung zwischen den beteiligten Geschäftspartnern. Hier hat es sich als positiv herausgestellt, dass die Interviews durch den Autor selbst durchgeführt wurden. Somit konnten die befürchteten Missverständnisse vermieden werden.

Da die Auswertung der soziokulturellen Faktoren und technischen Bedingungen ohnehin getrennt durchzuführen sind, könnte bei zukünftiger Verwendung dieser Vorgehensweise auch eine Trennung der Fragestellung überlegt werden.

8.1.2 Eignung der qualitativen Interviewform als Untersuchungsvariante zur Ermittlung des optimalen Vertriebswegs

Im Grundsatz kann die durchgeführte Art der Untersuchung in Form von qualitativen Interviews als geeignet angesehen werden, um die Fragestellung des optimalen Vertriebswegs zu erforschen.

Es hat sich gezeigt, dass trotz gründlicher Vorbereitung sowohl einige der Fragestellungen als auch manche Antworten unterschiedlich interpretierbar sind. Häufig konnte dieses unterschiedliche Verständnis erst durch Nachfragen, verbunden mit teilweise intensiven Diskussionen, zum Ergebnis geführt werden. Daher erscheint es notwendig, dass bei derartigen Befragungen, die Interviews von dem Forscher persönlich durchgeführt und diese nicht delegiert werden sollten.

Auch die Gestaltungsform als Mischung von offenen und geschlossenen Fragen, sowie die Offenlegung der eigenen Hypothesen erst nach Abschluss der Ausführungen der Gesprächspartner, hat sich als erfolgreiche Methode erwiesen. Dadurch konnte beispielsweise die ursprünglich nicht berücksichtigte bzw. vernachlässigte Verknüpfung unterschiedlicher Produkte (Schnittholz, Hobelware, Sperrholz, Papier etc.) mittels eigenen Vertriebswegs als weitere, bedeutsame Faktorspezifität ermittelt werden.

Auch die Vorabversendung der Fragebögen hat sich als günstige Herangehensweise herausgestellt. Zum einen hat sie den Interviewpartnern gezeigt, dass keine Firmeninterna abgefragt werden und somit ein eventuell vorhandenes Misstrauen beseitigt. Zum anderen haben sich die Interviewpartner auf das Gespräch vorbereiten können, was dazu führte, dass viele der Fragebögen beim Interviewbeginn schon (teil)ausgefüllt vorlagen. Dadurch konnte der Zeitaufwand der Interviews teilweise reduziert werden.[936]

Allerdings ist anzumerken, dass mit einer Grundgesamteinheit von fünfundzwanzig Interviews bereits die Grenze der Realisierbarkeit für die Durchführung qualitativer Interviews in der vorliegenden Form[937] erreicht wurde. Die intensive Vorbereitung auf die Gespräche sowie die teilweise schwierige Termingestaltung samt der mehrere Stunden dauernden In-

---

[936] Allerdings haben manche Interviews aufgrund der ausführlichen Erzählweise der Interviewpartner bis zu 3 Stunden gedauert.

[937] Damit ist gemeint, dass die Erstellung der Fragebögen, die praktische Durchführung sowie die anschließende Auswertung der Interviews durch eine einzige Person durchgeführt werden.

terviews sind nur ein kleiner Teil des Aufwandes, verglichen mit der Fülle an erzielten Daten, die es zu sichten, sortieren und auszuwerten gilt.

Wenn eine vergleichsweise große Untersuchungseinheit von einer einzelnen Person untersucht werden soll, empfiehlt sich folgende Vorgehensweise. In einem ersten Untersuchungsschritt versendet man an die relevanten Unternehmen den Fragebogen, der ebenfalls mit geschlossenen und offenen Fragen versehen sein sollte. Nach Rückerhalt und Auswertung dieser Fragebögen sollten mit einer definierten Anzahl von Unternehmen jeder Vertriebsform (in der Summe etwa 10 Firmen) in Form persönlicher Interviews spezielle Fragestellungen nochmals intensiv diskutiert werden. Diese Vorgehensweise führt höchstwahrscheinlich zu einem sehr ähnlichen Ergebnis der Untersuchung, reduziert den zu erbringenden Aufwand jedoch erheblich.

8.1.3 Eignung der Vorgehensweise in der hermeneutischen Spirale

Die relativ zeitaufwendige Vorgehensweise in der hermeneutischen Spirale hat sich ebenfalls als erfolgreich herausgestellt. Dadurch konnten im späteren Verlauf der Arbeit Erkenntnisse berücksichtigt werden, über die zu einem früheren Zeitpunkt noch kein Wissen vorhanden war.

Allerdings hat auch diese Herangehensweise ihre Grenzen. Ist es noch möglich, dass man die Erkenntnisse der jeweiligen vorangegangenen Interviewrunden (Hierarchie, Hybride, Markt) in die darauf folgenden mit einfließen lässt, ist eine weitere Verfeinerung nicht mehr realisierbar. Wollte man Erkenntnisse aus vorangegangenen Interviews in die nächsten mit übernehmen, würde dies sowohl den realisierbaren Aufwand als auch die Vergleichbarkeit der verschiedenen Interviews in Frage stellen.

8.1.4 Bestätigung des Markt-Hierarchie-Kontinuum

Die transaktionskostentheoretische Annahme, dass es nicht nur die institutionellen Arrangements Markt und Hierarchie als Extreme sowie die hybriden Organisationsformen dazwischen gibt, sondern eine ganze Reihe von Unternehmen, die sich auf einem Kontinuum zwischen zwei Extrempolen befinden, konnte durch die vorliegende Untersuchung bestätigt und für die hybriden Unternehmensformen erweitert werden. Die Erweiterung erfolgte bei dem vorliegenden Untersuchungsobjekt dahingehend, dass festgestellt wurde, dass die einzelnen hybriden Unternehmen sich nicht als Fixpunkte auf dem Kontinuum wiederfinden. Vielmehr beschreiben die jeweiligen Firmen bestimmte Teilabschnitte auf dem Kontinuum zwischen Markt und Hierarchie, die sich durchaus auch überschneiden können.

Durch die starken Veränderungen der letzten Jahrzehnte innerhalb der nordischen Holzbranche,[938] die auch an den Holzimportagenturen nicht spurlos vorübergingen (vgl. Kap. 4.9), ist anzunehmen, dass die Position der jeweiligen hybriden Unternehmen auch zeitlich nicht als statisch angesehen werden kann. Stattdessen kann man vermuten, dass sich der jeweilige Standort der hybriden Unternehmen auf dem Kontinuum fortdauernd in die eine oder andere Richtung verändert. Der Verlust eines Abladers, mit dem eine Agentur besonders hierarchienahe Verhältnisse pflegte, führt höchstwahrscheinlich zu einer Positionsveränderung des Unternehmens hin zu einer mehr marktlich orientierten hybriden Koordinationsform. Eine genaue Feststellung dieser Vermutung bedürfte jedoch weiterer wissenschaftlicher Untersuchungen.

Die Auswertung der Fragen Nummer 4 und 5 des Fragebogens[939] ergaben, dass auch alle Unternehmen der Vertriebsformen Markt und Hierarchie angaben, dass es bei ihnen Unterschiede in den Intensitäten der Zusammenarbeit mit den jeweiligen Sägewerken gibt. Demnach ist zu vermuten, dass auch die marktlich und hierarchisch arbeitenden Produzenten nicht als Fixpunkte zu sehen sind. Vielmehr nehmen anscheinend auch sie gewisse Abschnitte auf dem Kontinuum ein. Auch hier bedarf es jedoch weiterer Untersuchungen, um diese Annahmen bestätigen zu können.

8.2 Schlussfolgerungen zur optimalen Vertriebsform

Wie bereits erwähnt, ist die vorliegende Arbeit eingebettet in ein Forschungsvorhaben der schwedischen Universität Växjö und des Arbeitsbereichs Ökonomie der Holz- und Forstwirtschaft der Universität Hamburg. Dieses Vorhaben soll die verschiedenen Formen der Zusammenarbeit zwischen der schwedischen Sägeindustrie und den deutschen holzverarbeitenden Unternehmen untersuchen. Wunsch der Projektinitiatoren ist daher nicht allein die wirtschaftswissenschaftliche Durchleuchtung der gegebenen Markt- und Vertriebsstrukturen, sondern auch eine praktische Umsetzungsmöglichkeit der Ergebnisse dieser Arbeit. Aus

938 Wie erwähnt, haben viele Unternehmen ihre Soloagenturen (Alleinvertretungsrechte für große Ablader) an die Verkaufsbüros abgegeben. Außerdem haben sich durch die mittlerweile zehn Jahre andauernde, rezessive Phase der Baubranche viele skandinavische Ablader vom deutschen Markt abgewandt und sich auf andere lukrativere Märkte konzentriert.

939 Die Fragen zielten daraufhin ab, auch für die institutionellen Arrangements Markt und Hierarchie zu erkunden, ob sie mit ihren verschiedenen Sägewerken unterschiedlich intensiv zusammenarbeiten (vgl. Tabelle 23 und Tabelle 24).

diesem Grunde wird nachfolgend der Versuch unternommen, eine Entscheidungshilfe für skandinavische Ablader zu generieren.

8.2.1 Skizze einer Entscheidungshilfe für die Praxis

8.2.1.1 Entwicklung der Entscheidungshilfe

Die Entwicklung einer Entscheidungshilfe für skandinavische Sägewerke zur optimalen Vertriebsform kann allerdings nicht mehr als eine Skizze werden. Eine praxisreife Ausformulierung würde einerseits einen eigenen umfassenden Arbeitsschritt darstellen, andererseits bedürfte diese Entscheidungshilfe zur Absicherung der Anwendbarkeit einer umfangreichen empirischen Erprobung.[940] Hinzu kommt, dass die Entscheidungssituationen fallspezifisch sind, so dass genau vordefinierte Kategorien nur schwierig direkt von einem Fall auf den anderen übertragen werden können. Es ist also fraglich, inwieweit überhaupt ein „Standardverfahren" entwickelt werden kann. Nichts desto trotz soll versucht werden, die in dieser Arbeit gewonnenen theoretischen Erkenntnisse in Form einer praktischen Entscheidungshilfe zur Bestimmung der optimalen Vertriebsform umzusetzen.

Diese Entscheidungshilfe ist in Form eines Bestimmungsschlüssels aufgebaut. Als Grundlage hierfür werden die Fragebögen (vgl. Kap. 6.3.1 sowie Anhang 2) verwendet, die mit Hilfe der aus der empirischen Analyse gewonnenen Erfahrungen entsprechend modifiziert werden.

Für skandinavische Sägewerke, die darüber nachdenken, welcher Vertriebsweg für sie geeignet erscheint und diese Entscheidungshilfe zur Unterstützung Ihrer Überlegung verwenden wollen, ist folgende Vorgehensweise vorgesehen. Man beginnt mit der Bearbeitung der Frage Nummer 1 zum Thema „Faktorspezifität". Am Ende dieser und aller weiteren Fragen sind detaillierte Steuerungshinweise vorhanden, die einem in Abhängigkeit der erreichten Durchschnittswerte bzw. der gegebenen Antworten zu der jeweilig nächsten Frage (2, 3 oder 4) weiterleiten usw.[941] Nach Beantwortung aller Fragen wird man schließlich zu einem

---

940 Die Entscheidungshilfe wurde im April 2004 in Form eines Pretests an zwei skandinavischen Sägewerken sowie in leicht modifizierter Form an einem deutschen Industriehobelwerk überprüft (vgl. Kap. 8.2.1.2).

941 Die Ermittlung der Grenzwerte dieser Steuerungshinweise erfolgte aus den Ergebnissen des geschlossenen Fragenteils der durchgeführten Interviews für die jeweiligen Koordinationsformen. Beispielhaft soll dies anhand der Aussagen zur Faktorspezifität veranschaulicht werden. Das Ergebnis der hierarchischen Form war der Mittelwert 2,67. Erreicht man nun bei nachfolgender Orientierungshilfe

Ergebnis (A, B oder C) geführt, das Tendenzen aufzeigen soll, welche Vertriebsform (Verkaufsbüro, Agentur, Importgroßhändler) aufgrund der gegebenen Antworten für das betreffende Unternehmen geeignet erscheint. Der strukturelle Aufbau dieser Entscheidungshilfe kann Abbildung 24 entnommen werden.

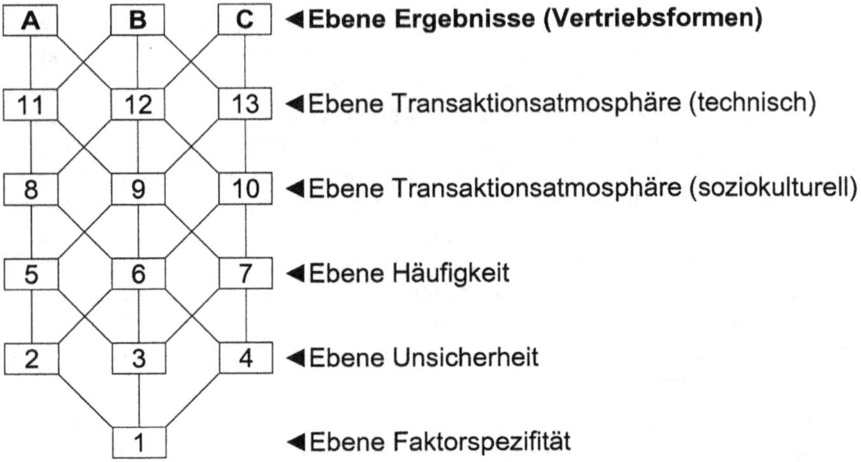

Abbildung 24: Struktureller Aufbau der Entscheidungshilfe

Wie erkennbar, kann man von jeder Frageebene zu unterschiedlichen Fragen der nächsten Ebene gelangen. Die Linien symbolisieren dabei, wohin man durch die Steuerungshinweise von der jeweiligen Frage weitergeleitet werden kann. Beispielhaft soll dies an Frage Nr. 8 erläutert werden. Je nach gegebener Antwort gelangt man weiter zur Frage Nr. 11 oder Nr. 12. Von Frage Nr. 11 aus ist lediglich das Ergebnis A oder B er-

einen Mittelwert der Faktorspezifität zwischen 2 und 3, wird man in Richtung hierarchischer Vertriebsform weitergeleitet. Ist das Ergebnis zwischen 1 und 2 angesiedelt (Mittelwert Agenturen 1,26) folgt man dem Weg in Richtung hybrider Koordinationsform und liegt das Ergebnis schließlich unter dem Wert 1 (Mittelwert Marktform 0,77), erfolgt die Weiterleitung gen marktlichem Vertrieb. Die gleiche Vorgehensweise erfolgte auch bei den Aussagen zu den anderen Transaktionsdimensionen. Außerdem sind die Steuerungshinweise derart definiert, dass es schwieriger ist, die Richtung wieder zu wechseln, wenn man sich bereits bei einer Vertriebsform befindet, als auf diesem Weg zu bleiben. Damit soll bewusst vermieden werden, dass durch die Beantwortung einer einzigen Frage, alle bisherigen Antworten einfach verworfen werden können.

reichbar, von Frage Nr. 12 dagegen alle drei Ergebnisse A, B oder C. Adäquat könnte dies ebenfalls an anderen Fragen demonstriert werden.

Selbstverständlich ist diese Vorgehensweise, insbesondere die Grenzen der Steuerungshinweise, trotz der Ableitung aus den Ergebnissen der Experteninterviews, noch immer subjektiv. Somit kann sie lediglich ein Beitrag zur rationalen Entscheidungsfindung in einer komplexen Situation bieten. In keinem Falle stellt dieses Vorgehen ein eindeutiges Lösungsverfahren dar und ersetzt die Betrachtung und Beurteilung des jeweiligen Gesamtkontextes der unternehmerischen Entscheidung.

1. Aussagen zur Faktorspezifität

Bitte äußern Sie für die folgenden Aussagen den Grad Ihrer Zustimmung: (0)= „Aussage trifft nicht zu" (1)= „Aussage trifft weniger zu" (2)= „Aussage trifft eher zu" (3)= „Aussage trifft voll zu"

1/	*Aussage:* **Punkte**	**0**	**1**	**2**	**3**
/1	*Es ist wichtig für uns, dass unsere Vertriebspartner genaue Kenntnisse über die Produkte, Produktionsabläufe, Produktionszeiten, Produktionsprozesse sowie Produktionstermine der jeweiligen Holzarten sowie der produzierten Dimensionen usw. besitzen!*	☐	☐	☐	☐
/2	*Es ist wichtig für uns, dass unsere Vertriebspartner regelmäßig und umfassend informiert sind über auftretende Probleme und Schwierigkeiten innerhalb des Produktionsprozesses, um beim Verkauf entsprechend darauf reagieren zu können!*	☐	☐	☐	☐
/3	*Es ist wichtig für uns, dass unsere Vertriebspartner über unsere Produkte bzw. sonstige unternehmensinterne Neuerungen informiert werden zum Beispiel in Form von unternehmenseigenen Fachschulungen oder sonstigen Informationsveranstaltungen!*	☐	☐	☐	☐
/4	*Es ist wichtig für uns, dass unsere Vertriebspartner die verantwortlichen Personen in unserem Unternehmen hinter dem jeweiligen Verkaufspersonal persönlich kennen (Rundholzeinkäufer, Produktionschef, Exportverkäufer in andere Märkte, Verwaltungspersonal etc.)!*	☐	☐	☐	☐
/5	*Es ist wichtig für uns, dass sich unsere Vertriebspartner in unserem Unternehmen Einfluss auf die Neuentwicklung von Produkten sowie deren Vermarktung nehmen können!*	☐	☐	☐	☐
/6	*Es ist wichtig für uns, dass unsere Vertriebspartner in unserem Unternehmen Einflussmöglichkeiten auf Werbe- und Marketingstrategien bis hin zur Preisbildung in den entsprechenden Märkten haben!*	☐	☐	☐	☐
/7	*Es ist wichtig für uns, dass sich unsere Vertriebspartner an Marketingveranstaltungen unseres Unternehmens beteiligen, wie z.B. Holzfachmessen!*	☐	☐	☐	☐

/8	*Es ist wichtig für uns, dass unsere Vertriebspartner direkten Zugang in unser Computersystem haben, um z.B. Informationen über verfügbare Lagerware oder den aktuellen Lieferstatus zu erhalten!*	☐ ☐ ☐ ☐
/9	*Unsere Vertriebspartner sollen über das allgemeine Maß (Internet) hinaus mit uns vernetzt sein, z.B. durch SAP o.ä., so dass z.B. Kontrakte, die sie ins Computersystem eingeben, sofort überall eingesehen und entsprechend weiterbearbeitet werden können!*	☐ ☐ ☐ ☐
/10	*Es ist wichtig für uns, dass die Distribution unterschiedlicher Produkte unseres Unternehmens, (z.B. Schnittholz, Hobelware, Sperrholz), je Markt durch nur einen Vertriebsweg erfolgt!*	☐ ☐ ☐ ☐

Bitte summieren Sie die Anzahl der erreichten Punkte und dividieren Sie das Ergebnis durch 10.

- Liegt das ermittelte Ergebnis zwischen 2,1 und 3,0 - setzten Sie bitte mit Frage Nr. 2 fort;
- Liegt das erreichte Ergebnis zwischen 1,1 und 2,0 - setzen Sie bitte mit Frage Nr. 3 fort;
- Liegt das erreichte Ergebnis zwischen 0 und 1,0 - setzen Sie bitte mit Frage Nr. 4 fort.

2. Aussagen zur Unsicherheit (1)

Bitte äußern Sie für die folgenden Aussagen den Grad Ihrer Zustimmung: (0)= „Aussage trifft nicht zu" (1)= „Aussage trifft weniger zu" (2)= „Aussage trifft eher zu" (3)= „Aussage trifft voll zu"

2/	***Aussage:*** ***Punkte:***	**0 1 2 3**
/1	*Es ist wichtig für uns, dass unsere Vertriebspartner markt- bzw. produktrelevante Informationen im großen Umfang an uns weiterleiten, damit wir über die jeweilige Marktsituation möglichst umfassend informiert sind!*	☐ ☐ ☐ ☐
/2	*Es ist wichtig für uns, dass unsere Vertriebspartner regelmäßig Marktberichte über die aktuellen sowie Marktprognosen über die anstehenden Verkaufsperioden erstellen!*	☐ ☐ ☐ ☐

Bitte summieren Sie die Anzahl der erreichten Punkte und dividieren Sie das Ergebnis durch 2

- Liegt das erreichte Ergebnis zwischen 2,0 und 3,0 - setzen Sie bitte mit Frage Nr. 5 fort;
- Liegt das erreichte Ergebnis unter 2,0 - setzen Sie bitte mit Frage Nr. 6 fort.

3. Aussagen zur Unsicherheit (2)

Bitte äußern Sie für die folgenden Aussagen den Grad Ihrer Zustimmung:
(0)= „Aussage trifft nicht zu" (1)= „Aussage trifft weniger zu" (2)= „Aussage trifft eher zu" (3)= „Aussage trifft voll zu"

3/	*Aussage:* **Punkte:**	0	1	2	3
/1	*Es ist wichtig für uns, dass unsere Vertriebspartner markt- bzw. produktrelevante Informationen im großen Umfang an uns weiterleiten, damit wir über die jeweilige Marktsituation möglichst umfassend informiert sind!*	☐	☐	☐	☐
/2	*Es ist wichtig für uns, dass unsere Vertriebspartner regelmäßig Marktberichte über die aktuellen, sowie Marktprognosen über die anstehenden Verkaufsperioden erstellen!*	☐	☐	☐	☐

Bitte summieren Sie die Anzahl der erreichten Punkte und dividieren Sie das Ergebnis durch 2

- Liegt das erreichte Ergebnis bei 3,0 - setzen Sie bitte mit Frage Nr. 5 fort;
- Liegt das erreichte Ergebnis zwischen 1,0 und 2,9 - setzen Sie bitte mit Frage Nr. 6 fort;
- Liegt das erreichte Ergebnis unter 1,0 - setzen Sie bitte mit Frage Nr. 7 fort.

4. Aussagen zur Unsicherheit (3)

Bitte äußern Sie für die folgenden Aussagen den Grad Ihrer Zustimmung:
(0)= „Aussage trifft nicht zu" (1)= „Aussage trifft weniger zu" (2)= „Aussage trifft eher zu" (3)= „Aussage trifft voll zu"

4/	*Aussage:* **Punkte:**	0	1	2	3
/1	*Es ist wichtig für uns, dass unsere Vertriebspartner markt- bzw. produktrelevante Informationen im großen Umfang an uns weiterleiten, damit wir über die jeweilige Marktsituation möglichst umfassend informiert sind!*	☐	☐	☐	☐
/2	*Es ist wichtig für uns, dass unsere Vertriebspartner regelmäßig Marktberichte über die aktuellen, sowie Marktprognosen über die anstehenden Verkaufsperioden erstellen!*	☐	☐	☐	☐

Bitte summieren Sie die Anzahl der erreichten Punkte und dividieren Sie das Ergebnis durch 2

- Liegt das erreichte Ergebnis zwischen 1,5 und 3,0 - setzen Sie bitte mit Frage Nr. 6 fort;
- Liegt das erreichte Ergebnis unter 1,5 - setzen Sie bitte mit Frage Nr. 7 fort.

5. Aussage zur Häufigkeit (1)

5/	***Aussage:***	**Fortsetzung**
/1	*Die geplante Verkaufsmenge für diesen Markt liegt > 50.000 cbm Nadelschnittholz pro Jahr*	**Frage Nr. 8**
/2	*Die geplante Verkaufsmenge für diesen Markt liegt < 50.000 cbm Nadelschnittholz pro Jahr*	**Frage Nr. 9**

6. Aussage zur Häufigkeit (2)

6/	***Aussage:***	**Fortsetzung**
/1	*Die geplante Verkaufsmenge für diesen Markt liegt > 80.000 cbm Nadelschnittholz pro Jahr*	**Frage Nr. 8**
/2	*Die geplante Verkaufsmenge für diesen Markt liegt zwischen 10.000 cbm und 80.000 cbm Nadelschnittholz pro Jahr*	**Frage Nr. 9**
/3	*Die geplante Verkaufsmenge für diesen Markt liegt < 10.000 cbm Nadelschnittholz pro Jahr*	**Frage Nr. 10**

7. Aussage zur Häufigkeit (3)

7/	***Aussage:***	**Fortsetzung**
/1	*Die geplante Verkaufsmenge für diesen Markt liegt > 35.000 cbm Nadelschnittholz pro Jahr*	**Frage Nr. 9**
/2	*Die geplante Verkaufsmenge für diesen Markt liegt < 35.000 cbm Nadelschnittholz pro Jahr*	**Frage Nr. 10**

8. Aussagen zur Transaktionsatmosphäre (1)

Bitte äußern Sie für die folgenden Aussagen den Grad Ihrer Zustimmung:
(0)= „Aussage trifft nicht zu" (1)= „Aussage trifft weniger zu" (2)= „Aussage trifft eher zu" (3)= „Aussage trifft voll zu"

8/	***Aussage:***	***Punkte:*** **0 1 2 3**
Soziokulturelle Faktoren:		
/2	*Die* ***persönlich-private*** *Geschäftsbeziehung zwischen uns und den Personen unserer Vertriebswege ist von hoher Bedeutung, damit das Schnittholz über diesen Vertriebsweg verkauft wird!*	☐ ☐ ☐ ☐

- Liegt das erreichte Ergebnis bei 0 oder 1 - setzen Sie bitte mit Frage Nr. 11 fort;
- Liegt das erreichte Ergebnis bei 2 oder 3 - setzen Sie bitte mit Frage Nr. 12 fort.

9. Aussagen zur Transaktionsatmosphäre (2)

Bitte äußern Sie für die folgenden Aussagen den Grad Ihrer Zustimmung:
(0)= „Aussage trifft nicht zu" (1)= „Aussage trifft weniger zu" (2)= „Aussage trifft eher zu" (3)= „Aussage trifft voll zu"

9/	***Aussage:***	***Punkte:* 0 1 2 3**
Soziokulturelle Faktoren:		
/2	*Die **persönlich-private** Geschäftsbeziehung zwischen uns und den Personen unserer Vertriebswege ist von hoher Bedeutung, damit das Schnittholz über diesen Vertriebsweg verkauft wird!*	☐ ☐ ☐ ☐

- Liegt das erreichte Ergebnis bei 0 - setzen Sie bitte mit Frage Nr. 11 fort;
- Liegt das erreichte Ergebnis bei 1 - setzen Sie bitte mit Frage Nr. 13 fort;
- Liegt das erreichte Ergebnis bei 2 oder 3 - setzen Sie bitte mit Frage Nr. 12 fort.

10. Aussagen zur Transaktionsatmosphäre (3)

Bitte äußern Sie für die folgenden Aussagen den Grad Ihrer Zustimmung:
(0)= „Aussage trifft nicht zu" (1)= „Aussage trifft weniger zu" (2)= „Aussage trifft eher zu" (3)= „Aussage trifft voll zu"

10/	***Aussage:***	***Punkte* 0 1 2 3**
Soziokulturelle Faktoren:		
/2	*Die **persönlich-private** Geschäftsbeziehung zwischen uns und den Personen unserer Vertriebswege ist von hoher Bedeutung, damit das Schnittholz über diesen Vertriebsweg verkauft wird!*	☐ ☐ ☐ ☐

- Liegt das erreichte Ergebnis bei 3 - setzen Sie bitte mit Frage Nr. 12 fort;
- Liegt das erreichte Ergebnis bei 0, 1 oder 2 - setzen Sie bitte mit Frage Nr. 13 fort.

11. Aussagen zur Transaktionsatmosphäre (4)

Bitte äußern Sie für die folgenden Aussagen den Grad Ihrer Zustimmung:
(0)= „Aussage trifft nicht zu" (1)= „Aussage trifft weniger zu" (2)= „Aussage trifft eher zu" (3)= „Aussage trifft voll zu"

11/	***Aussage:***	***Punkte* 0 1 2 3**
Technische Faktoren:		
/3	*Die Übermittlung von Kontrakten, Dokumenten, Stocklisten, Informationen etc. zwischen uns und unserem Vertriebspartner sollte in digitaler (Excel, Word, PDF Dateien) und nicht mehr in herkömmlicher Form manuell, (z.B. per Fax, Post,) geschehen!*	☐ ☐ ☐ ☐

- Liegt das erreichte Ergebnis bei 2 oder 3 - gehen Sie bitte zu Ergebnis A;
- Liegt das erreichte Ergebnis bei 0 oder 1 - gehen Sie bitte zu Ergebnis B.

12. Aussagen zur Transaktionsatmosphäre (5)

Bitte äußern Sie für die folgenden Aussagen den Grad Ihrer Zustimmung:
(0)= „Aussage trifft nicht zu" (1)= „Aussage trifft weniger zu" (2)= „Aussage trifft eher zu" (3)= „Aussage trifft voll zu"

12/	***Aussage:***	***Punkte*** **0 1 2 3**
Technische Faktoren:		
/1	*Die Übermittlung von Kontrakten, Dokumenten, Stocklisten, Informationen etc. zwischen uns und unserem Vertriebspartner sollte in digitaler (Excel, Word, PDF Dateien) und nicht mehr in herkömmlicher Form manuell, (z.B. per Fax, Post), geschehen!*	☐ ☐ ☐ ☐

- Liegt das erreichte Ergebnis bei 3 - gehen Sie bitte zu Ergebnis A;
- Liegt das erreichte Ergebnis bei 1 oder 2 - gehen Sie bitte zu Ergebnis B;
- Liegt das erreichte Ergebnis bei 0 - gehen Sie bitte zu Ergebnis C.

13. Aussagen zur Transaktionsatmosphäre (6)

Bitte äußern Sie für die folgenden Aussagen den Grad Ihrer Zustimmung:
(0)= „Aussage trifft nicht zu" (1)= „Aussage trifft weniger zu" (2)= „Aussage trifft eher zu" (3)= „Aussage trifft voll zu"

13/	***Aussage:***	***Punkte*** **0 1 2 3**
Technische Faktoren:		
/1	*Die Übermittlung von Kontrakten, Dokumenten, Stocklisten, Informationen etc. zwischen uns und unserem Vertriebspartner sollte in digitaler (Excel, Word, PDF Dateien) und nicht mehr in herkömmlicher Form manuell, (z.B. per Fax, Post), geschehen!*	☐ ☐ ☐ ☐

- Liegt das erreichte Ergebnis bei 2 oder 3 - gehen Sie bitte zu Ergebnis B;
- Liegt das erreichte Ergebnis bei 0 oder 1 - gehen Sie bitte zu Ergebnis C.

Ergebnis A) Verkaufsbüro

Für Ihr Unternehmen kann es für den betreffenden Markt durchaus von Interesse sein, ein eigenes Verkaufsbüro zu eröffnen. Ihnen liegt insbesondere sehr viel an der inhaltlichen Einbindung Ihrer ausländischen

Marktbearbeiter in Ihr Unternehmen. Des Weiteren ist Ihnen sehr wichtig, dass Ihr Personal sehr gute Kenntnisse der Produkte und der Produktionsabläufe besitzt sowie persönlich Einfluss auf die Neuentwicklung von Produkten und deren Vermarktung nimmt. Schließlich ist Ihnen sehr an einem umfassenden Informationsfluss sowohl zwischen ihren ausländischen Mitarbeitern und der Zentrale als auch innerhalb der Mitarbeiter unterschiedlicher Märkte gelegen. Sie streben eine gewisse Mindestabsatzmenge an, die in Abhängigkeit verschiedener Faktoren (Produkt, Marktzusammensetzung etc.) bei Minimum 50.000 cbm/Jahr Nadelschnittholz liegen sollte. Wenn Sie jetzt noch Synergieeffekte durch den gemeinsamen Vertrieb unterschiedlicher Produkte (Schnittholz, Hobelware, Sperrholz etc.) erzielen können, ist das Verkaufsbüro vor Ort für Sie die optimale Vertriebsform.

Ergebnis B) Agentur

Für den Vertrieb Ihrer Produkte scheint die vor Ort ansässige Holzimportagentur die optimale Vertriebsform zu sein. Für Sie ist es bedeutsam, dass Ihr Agent über Ihre Produkte sowie die Entwicklung ihres Unternehmens gut informiert ist. Zur optimalen Abstimmung des Vertriebs halten Sie auch einen guten Kontakt zwischen Ihrem Agenten und den Mitarbeitern Ihres Unternehmens für sinnvoll. Von hoher Wichtigkeit für Sie ist die umfassende Informationsversorgung von Ihren Agenten aus den jeweiligen Märkten, um für Ihr Unternehmen rechtzeitig richtungsweisende Entscheidungen treffen zu können. Schließlich legen Sie besonderen Wert auf die persönliche Geschäftsfreundschaft zwischen Ihnen und dem Inhaber bzw. zuständigen Vertriebspartner der Agentur.

Ergebnis C) Importgroßhändler

Für Ihr Unternehmen scheint der vor Ort ansässige Holzimportgroßhandel die optimale Vertriebsform zu sein. Die Handelsunternehmen übernehmen für Sie einen Großteil der Aufgaben im Exportland, wie Lagerhaltung, Warendistribution, Kreditrisiko usw. Sie überlassen den Vertrieb ihrer Ware den Spezialisten vor Ort mit einem häufig flächendeckenden Einsatz geschulter Außendienstmitarbeiter. Sie können sich auf Ihre eigentliche Aufgabe, die Produktion des Nadelschnittholzes, konzentrieren. Je größer die Verkaufsmenge je Handelsunternehmen, umso wichtiger ist für Sie die persönliche Beziehung zu dem jeweiligen Ansprechpartner, um von diesem regelmäßig und ausführlich über die jeweilige Marktsituation informiert zu werden.

8.2.1.2 Überprüfung der Entscheidungshilfe in Form von Pretests

Im Mai 2004 wurde diese Entscheidungshilfe in Form von Pretests an zwei privat geführten, finnischen Sägewerken[942] durchgeführt. Die Testbefragung sollte die Entscheidungshilfe hinsichtlich der Verständlichkeit der Fragestellungen sowie ihrer praktischen Anwendbarkeit überprüfen. Die jeweiligen Inhaber dieser Unternehmen wurden gebeten, die Fragen durchzuarbeiten und das Ergebnis mit ihren bisherigen Vertriebsstrategien auf ihren Hauptmärkten zu vergleichen.

In beiden Fällen führte die Bearbeitung der Entscheidungshilfe zu dem Vertriebsweg „Agentur". Dies entspricht bei beiden Unternehmen nahezu vollständig[943] ihrer bisherigen Vertriebsstrategie. Auch sind beide Inhaber der Ansicht, dass die Entscheidungshilfe in der vorgelegten Form funktionieren würde.

Des Weiteren wurde diese Entscheidungshilfe im April 2004 in leicht modifizierter Form[944] an einem deutschen Industriehobelwerk überprüft. Die Geschäftsführung des Unternehmens dachte zu diesem Zeitpunkt darüber nach, welchen Vertriebsweg sie für den Export ihrer Hobelware wählen sollte. Das erzielte Ergebnis (Verkaufsbüro) entsprach ebenfalls exakt den Vorstellungen der Geschäftsführung.

8.2.2 Schlussfolgerungen für die Wissenschaft

Neben der praktischen Anwendbarkeit ist nicht minder von Bedeutung, welche neuen theoretischen Fragestellungen sich aus der Bearbeitung der vorliegenden Forschungsarbeit ergeben haben. Die wirtschaftswissenschaftliche Bearbeitung nachfolgend aufgeführter Punkte könnte zu weiteren vertieften Erkenntnissen der transaktionskostentheoretischen Betrachtung, nicht zuletzt innerhalb der nordischen Nadelschnittholzbranche, führen.

1. Die vorliegende Untersuchung hat ergeben, dass die hybriden Koordinationsformen nicht lediglich Fixpunkte auf einer langen Linie zwischen Markt und Hierarchie darstellen, sondern als gewisse Abschnitte auf einem Kontinuum auftreten. Im Rahmen der bisherigen Kennt-

---

942 Die beiden finnischen Unternehmen Luvian Saha OY und Keitele Timber OY können neben den konzerneigenen Sägewerken zu den größten und leistungsfähigsten skandinavischen Sägeunternehmen gerechnet werden.

943 Beide Unternehmen arbeiten in Einzelfällen auch mit Handelsunternehmen zusammen. Das Gros der Produktionsmenge wird jedoch bei beiden durch die hybride Koordinationsform „Holzagentur" vertrieben.

944 Modifiziert bezüglich der Mengen in der Transaktionsdimension „Häufigkeit".

nisse wurde die Vermutung geäußert, dass diese Abschnitte im Verlaufe der Zeit eine gewisse Positionsveränderung erfahren könnten. Eine wissenschaftliche Betrachtung dieser temporalen Veränderung dürfte weitere transaktionskostentheoretische Erkenntnisse hervorbringen.

2. Des Weiteren wurde im Rahmen der vorliegenden Arbeit die Vermutung geäußert, dass auch die beiden diametral entgegengesetzt liegenden institutionellen Arrangements Markt und Hierarchie keine statischen Positionen einnehmen. Stattdessen könnten auch Unternehmen dieser Koordinationsformen lediglich Teilabschnitte auf dem Gesamtkontinuum besetzen. Auch die Klärung dieser Vermutung bedarf einer weiteren detaillierten wissenschaftstheoretischen Auseinandersetzung.
3. Der amerikanische Wirtschaftswissenschaftler PENG hat herausgefunden, dass hybride Koordinationsformen insbesondere bei relativ gering veredelten Produkten ihre Stärken besitzen (vgl. Kap 8.1.1). Es wäre daher interessant, herauszufinden, ob die transaktionskostentheoretischen Erkenntnisse aus der vorliegenden Untersuchung auch bei vergleichsweise spezifischeren Produkten angewendet werden können.
4. Im Verlauf dieser Forschungsarbeit wurde mehrmals die vergleichsweise herausragende Bedeutung der Transaktionsdimension „Unsicherheit“ diskutiert. Es wäre wünschenswert, wenn zukünftige Untersuchungen diese Fragestellung weiter vertiefen könnten, insbesondere hinsichtlich der Überlegung, dass eine Veränderung der Wettbewerbssituation, (z.B. Verschärfung), zu einer Verschiebung des Verhältnisses der Transaktionsdimensionen zueinander, (z.B. zu einer stärkeren Bedeutung der Dimension Unsicherheit), führen könnte.
5. Aus praktischer Sicht wäre das Ergebnis einer umfassenden Erprobung der skizzierten Entscheidungshilfe zur Findung der optimalen Vertriebsform von großem Interesse. Diese Erprobung könnte sowohl an skandinavischen Sägewerken sowie entsprechend modifiziert an sonstigen Unternehmensgruppen der Holzbranche und evtl. sogar anderer Branchen erfolgen.
6. Schließlich wurden bei der Betrachtung der jeweiligen Forschungsansätze der Neuen Institutionenökonomik weitere Problemfelder aufgeführt, für die eine intensive theoretische Auseinandersetzung vorstellbar wäre (vgl. Kap. 4.4.6, 4.5.5 und 4.6.8). Dies geschah nicht nur für den Transaktionskostenansatz, sondern auch für die beiden anderen Forschungszweige der Neuen Institutionenökonomik, die Property-

Rights-Theorie sowie den Prinzipal-Agent-Ansatz. Daran anknüpfend könnten zukünftige Untersuchungen zu einer Ausweitung der bisherigen Erkenntnisse der Neuen Institutionenökonomik für den Handel mit Holz und Holzprodukten im Allgemeinen sowie mit nordischem Nadelschnittholz im Speziellen führen.

9 Zusammenfassung

Eingebettet in ein schwedisch-deutsches Forschungsprojekt soll die vorliegende Arbeit anhand der Neuen Institutionenökonomik und insbesondere der Transaktionskostentheorie analysieren, in welcher Form institutioneller Arrangements (Markt, Hierarchie, Intermediäre) die Transaktion des Nadelschnittholzverkaufs von Skandinavien nach Deutschland abgewickelt und organisiert wird.

Ziel der Arbeit ist zum einen, festzustellen, ob die theoretischen Überlegungen der Transaktionskostentheorie anhand der in der Praxis beobachtbaren Distributionspolitik der verschiedenen skandinavischen Sägewerksunternehmen bestätigt werden können. Insbesondere die in der bisherigen Forschung weitgehend vernachlässigten, hybriden Koordinationsformen sollen dabei besondere Beachtung erfahren. Zum anderen wird im Rahmen dieser Arbeit der Versuch unternommen, eine Entscheidungshilfe für skandinavische Sägewerke zur Findung einer für sie optimalen Vertriebsform zu entwickeln.

Die theoretischen Überlegungen zur Transaktionskostentheorie ergeben, dass bei gegebenen Einflussgrößen diejenige Vertriebsform ausgewählt wird, welche vergleichsweise die geringsten Transaktionskosten verursacht. Da aber Transaktionskosten nicht direkt gemessen werden können, müssen für die Überprüfbarkeit dieser Theorie andere Wege gefunden werden, um festzustellen, wie verschiedene Transaktionen in der Realität organisiert werden können. Dies geschieht anhand einer Untersuchung der Intensitätsausprägung der vier Transaktionsdimensionen „Faktorspezifität", „Unsicherheit", „Häufigkeit" und „Transaktionsatmosphäre". Die Theorie besagt, dass, je höher die Intensität dieser Transaktionsdimensionen entwickelt ist, die Lieferanten umso eher dazu neigen, den Vertrieb ihrer Produkte in ihr Unternehmen zu integrieren.

Umgekehrt wird bei einer niedrigen Ausprägung dieser Dimensionen der Vertrieb über den Markt abgewickelt. Bei mittlerer Dimensionsausbildung wird der Warenverkauf über hybride Koordinationsformen organisiert.

Um diese theoretischen Überlegungen operationalisierbar zu machen, werden im Rahmen dieser Forschungsarbeit für den nordischen Nadelschnittholzhandel Merkmale generiert, die den genannten Transaktionsdimensionen zugeordnet werden können. Diese Merkmale werden mittels qualitativer Experteninterviews der unterschiedlichen Koordinationsformen (Verkaufsbüros, Holzimportagenturen, Importgroßhändler) eines Großteils der in Deutschland ansässigen Vertriebsunternehmen für nordisches Nadelschnittholz empirisch überprüft.

Als Ergebnis dieser Befragungen ist festzuhalten, dass die theoretischen Überlegungen der Transaktionskostentheorie auch für den Handel von nordischem Nadelschnittholz aus Skandinavien in die Bundesrepublik Deutschland im Wesentlichen als zutreffend bezeichnet werden können.

Hohe Ausprägungen der untersuchten Transaktionsdimensionen finden sich im Allgemeinen in der hierarchischen Distributionsform Verkaufsbüro wieder. Die marktlichen Vertriebsformen der Importgroßhändler sind stattdessen durch vergleichsweise geringe Ausprägungen der jeweiligen Dimensionen gekennzeichnet. Die hybride Organisationsform Holzimportagentur nimmt bei den meisten betrachteten Untersuchungsergebnissen die von ihr erwartete Mittelstellung ein.

Auch die in der Theorie beschriebene Gewichtung der jeweiligen Transaktionsdimensionen zueinander findet durch die Interviews eine weitgehende Bestätigung. Die wesentlichen Gründe für eine Hierarchisierung scheinen in einer jeweils hohen Ausprägung der beiden Transaktionsdimensionen „Faktorspezifität“ und „Unsicherheit“ zu liegen.

Im Gegensatz zu den theoretischen Vorüberlegungen wird jedoch seitens der Interviewpartner eine vergleichsweise höhere Bedeutung der Transaktionsdimension „Unsicherheit“ vermittelt. Somit kann der Beurteilung einiger Transaktionskostentheoretiker gefolgt werden, die die besondere Bedeutung der Dimension „Unsicherheit“ unterstreichen. Sie behaupten, dass die Unsicherheit ihren Einfluss nicht nur in der Wechselwirkung mit der Transaktionsdimension „Faktorspezifität“ erhält, sondern sich institutionelle Arrangements auch in Abhängigkeit der unterschiedlichen Intensitätsgrade dieser Transaktionsdimension ändern können.

Bestätigung finden auch die theoretischen Überlegungen, dass die beiden Dimensionen „Häufigkeit“ und „Transaktionsatmosphäre“ einen vergleichsweise nachrangigen, aber dennoch nicht ganz unbedeutenden Einfluss auf die Wahl des jeweiligen institutionellen Arrangements besitzen.

Ebenso wird in der vorliegenden Arbeit das Vorhandensein des Markt-Hierarchie-Kontinuums für den nordischen Nadelschnittholzhandel empirisch belegt. Durch die Untersuchung konnte die Existenz verschiedener hybrider Koordinationsformen auf unterschiedlichen Positionen dieses Kontinuums nachgewiesen werden.

Schließlich sind auch die eigenen Vorüberlegungen, dass innerhalb derselben hybriden Unternehmensform unterschiedlich intensive Integrationsrelationen auftreten, durch die vorgenommene Untersuchung als zutreffend erkannt worden.

Auch eine Betrachtung der Beziehungen zwischen Prinzipalen und (Holzimport)Agenten in Abhängigkeit der Leistungsfähigkeit der Prinzipale, bringt interessante Ergebnisse hervor. Durch die Untersuchung ergibt sich, dass für die Transaktionsdimensionen „Faktorspezifität", „Unsicherheit", „Häufigkeit" und „Technische Faktoren der Transaktionsatmosphäre" die jeweilige Ausprägung der Transaktionsdimensionen bei größeren Lieferanten deutlich höher ist, als bei kleineren Unternehmen. Die Beziehungen zwischen Agenturen und ihren jeweiligen Lieferanten nähern sich umso mehr einer integrierten Vertriebsvariante, je größer das beteiligte Produktionsunternehmen ist. Umgekehrt tendiert das Verhältnis zwischen den beteiligten Unternehmen bei kleineren Lieferanten stärker in Richtung der Vertriebsform Markt. Am deutlichsten kann dies an der Transaktionsdimension „Unsicherheit" erkannt werden, wodurch die Bedeutsamkeit dieser Dimension eine weitere Bekräftigung erfährt.

Im Rahmen der vorliegenden Untersuchung wird außerdem die Fragestellung untersucht, welche Auswirkungen die Nutzung der neuen Informations- und Kommunikationstechniken auf die Wahl der Vertriebsform hat. Das Ergebnis dieser Untersuchung zeigt, dass die von einigen Wirtschaftswissenschaftlern aufgestellte Move-to-the-Market-Hypothese vor allem bei der Zusammenarbeit zwischen hybriden Koordinationsformen und größeren Produzenten eine Zustimmung erfährt.

Die in einer abschließenden Überlegung entwickelte Entscheidungshilfe für skandinavische Sägewerke zur Findung einer für sie optimalen Vertriebsform bringt bei den drei durchgeführten Pretests positive Ergebnisse hervor. Positiv in der Form, dass die Resultate in voller Hinsicht den persönlichen Vorstellungen der Geschäftsführer bzw. der bereits angewandten Vertriebsform der getesteten Unternehmen entsprechen.

Literaturverzeichnis

ADOLFSSON, G. et al.: Samverkan och affärsutveckling i träkedjan - sågverk och nätverk i förändring. Centre for Studies of Humans, Technology and Organization, Linköping universität, Linköping, Sweden 2000.

ALTMANN, J.: Außenwirtschaft für Unternehmen, 2. völlig neubearbeitete und erweiterte Auflage, Lucius und Lucius Verlag, Stuttgart 2001.

ANDERSON, E.; COUGHLAN, A.T.: International Market Entry and Expansion via Independent or Integrated Channels of Distribution, in: Journal of Marketing, Vol. 51, January 1987, S. 71-82.

ANDERSON, E.; SCHMITTLEIN, D.C.: Integration of the sales force: an empirical examination, in: Rand Journal of Economics, Vol. 15, No. 3, Autumn 1984, S. 385-395.

ANDERSON, E.: The Salesperson as Outside Agent or Employee, in: Marketing Science, Vol. 4, No. 3, 1985, S. 234-254.

AXELSSON, K. et al.: Inter-organizational Development in the Wood Industry - Results of a Pilot Study, Centre for Studies of Humans, Technology and Organization, Linköping universität, Linköping, Sweden 1999.

AXELSSON, K. et al.: Using Business Action Theory for Dyadic Analysis. Centre for Studies of Humans, Technology and Organization, Linköping universität, Linköping, Sweden 2000.

BECKMANN, C.: Erfassung und Dokumentation der Struktur der deutschen Importhobelindustrie sowie die Bestimmung der Warenströme unter besonderer Berücksichtigung der südschwedischen Sägeindustrie, Diplomarbeit zur Erlangung des akademischen Grades Diplom-Holzwirtin an der Universität Hamburg, Ordinariat für Weltforstwirtschaft, Arbeitsbereich Ökonomie der Forst- und Holzwirtschaft, Hamburg 2002.

BEGEMANN, H.F.: Holz Import-Export Praxis, Deutscher Betriebswirte-Verlag GmbH, Gernsbach 1979.

BELKERT, J.; HEDBERG, P.; SJÖGREN, E.: Agenter, Kärnkompetens i en föråldrad bransch, Internationella Handelshögskolan Jönköping, Juni 2000.

BELKERT, J.; HEDBERG, P.; SJÖGREN, E.: Träindustrin, Sågverk, grossister och industriella kunder, Internationella Handelshögskolan Jönköping, Juni - Dezember 2000.

BELKERT, J.; SJÖGREN, E.: Trävaruindustrin, Mellanhänder och agentled, Internationella Handelshögskolan Jönköping, August 1999.

BLETTNER, K. et al.: Strukturwandel in der Warendistribution: Wettbewerbsposition und Entwicklungsperspektiven für die Handelsvertretung, Münster 1998.

BOGASCHEWSKY, R.: Vertikale Kooperation - Erklärungsansätze der Transaktionskostentheorie und des Beziehungsmarketing. In: Kaas, K. P. (Hrsg.): Kontrakte, Geschäftsbeziehungen, Netzwerke - Marketing und Neue Institutionenökonomik. In: Zeitschrift für betriebswirtschaftliche Forschung: Sonderheft 35, Düsseldorf; Frankfurt/Main 1995.

BROCKHOFF, K.: Prognoseverfahren für die Unternehmensplanung, 1. Aufl., Gabler Verlag, Wiesbaden 1977.

BROCKSTEDT, H-P.: Der Nadelschnittholzimport der Bundesrepublik Deutschland aus Schweden seit 1952, Diplomarbeit zur Erlangung des akademischen Grades eines Diplom-Holzwirtes an der Mathematisch-Naturwissenschaftlichen Fakultät der Universität Hamburg, Hamburg 1964.

BÜCHS, M.J.: Zwischen Markt und Hierarchie, Kooperationen als alternative Koordinationsform, in Albach, H. (Hrsg.), Joint Ventures. Praxis internationaler Unternehmenskooperationen, Ergänzungsheft 1/91 der Zeitschrift für Betriebswirtschaft, Wiesbaden 1991, S. 1-38.

DEUTSCHER TASCHENBUCH VERLAG (Hrsg.): Etymologisches Wörterbuch des Deutschen, DTV-Verlag, München 1999.

DIENEL, W.: Organisationsprobleme im Ökomarketing - eine transaktionskostentheoretische Analyse im Absatzkanal konventioneller Lebensmittelhandel, Dissertation an der Humboldt Universität zu Berlin, Berlin 2001.

DRW-VERLAG (Hrsg.): HOLZLEXIKON 3. Auflage, Stuttgart 1988.

EBERS, M. / GOTSCH, W.: Institutionenökonomische Theorien der Organisation, in: Kieser, A. (Hrsg.): Organisationstheorien, 4. unveränderte Aufl., Stuttgart 2001.

ERLEI, M. et al.: Neue Institutionenökonomik, Schäffer-Poeschel Verlag, Stuttgart 1999.

EUROPÄISCHER WIRTSCHAFTSDIENST (EUWID): Fachzeitschrift Holz und Holzwerkstoffe, Verlag Gernsbach.

FALGER, U.; MOHR, A.: Handbuch MassivHolz: Arbeitskreis Massivholz, Hamburg 1995.

FELDMANN, H.: Eine institutionalistische Revolution, Zur dogmenhistorischen Bedeutung der modernen Institutionenökonomik, Volkswirtschaftliche Schriften, Heft 448, Duncker & Humblot Verlag, Berlin 1995.

FIEDLER, G.; KÖNIG, R.: Wirtschaftstheorien im Überblick, Verlag Die Wirtschaft, Berlin 1991.

FISCHER, M.: Make-or-Buy der Distributionsleistung. Überlegungen aus transaktionskostentheoretischer Sicht, in: Betriebswirtschaftliche Forschung und Praxis 4/94, S. 291-315.

FISCHER, M.: Die Theorie der Transaktionskosten, in: Wirtschaftswissenschaftliches Studium, Heft 11, München November 1994, S. 582-584.

FISCHER, M.: Distributionsentscheidungen aus transaktionskostentheoretischer Sicht, in: Marketing, München 1993, H. 4., S. 247-258.

FISCHER, M.: Make-or-Buy-Entscheidungen im Marketing - Neue Institutionenlehre und Distributionspolitik; Reihe Neue betriebswirtschaftliche Forschung Band 119, Gabler Verlag, Wiesbaden 1993.

FÖRENINGEN SVENSKA SÅGVERKMÄN: Sortering av sågat virke av furu och gran, Stockholm 1982.

FÖRENINGEN SVENSKA SÅGVERKMÄN, SUOMEN SAHATEOLLISUUSMIESTEN YHDISTYS & TREINDUSTRIENS TEKNISKE FORENING I NORGE: Nordisches Holz, Sortierungsregeln, Arbor Publishing AB, Stockholm/Helsinki/Oslo 1994.

GARBE, M.: Der Einfluss neuer Informations- und Kommunikationstechnik auf die Effizienz der Koordination, in: Brill, A.; de Vries M. (Hrsg.): Virtuelle Wirtschaft, Opladen 1998.

GESAMTVERBAND HOLZHANDEL e.V.: Aufgaben, Personen, Anschriften, in: Handbuch Holzhandel, 4. Auflage, Wiesbaden 2000.

GESAMTVERBAND HOLZHANDEL e.V.: Gütevorschriften und technische Standards, in: Handbuch Holzhandel, 4. Auflage, Wiesbaden 2000.

GLOBERMANN, S.; SCHWIND, R.: The Organization of Vertically Related Transactions in the Canadian Forest Products Industries, in: Journal of economic behavior & organization, 7. Jg., 1986, S. 199-212.

GÖBEL, E.: Neue Institutionenökonomik, Konzeption und betriebswirtschaftliche Anwendungen, UTB-Verlag Lucius und Lucius, Stuttgart 2002.

HOLZHANDELSVERBAND HAMBURG, LÜBECK UND SCHLESWIG-HOLSTEIN e.V. (Hrsg.): Der Holzhandelsverband Hamburg, Lübeck und Schleswig-Holstein e.V., Seine Aufgaben und seine Arbeit von 1971-1998, Wiesbaden 1999.

HOLZ-ZENTRALBLATT: Nummer 92, 2. August 2002.

INDUSTRIE- UND HANDELSKAMMER ZU LÜBECK: Internationale Geschäftskontakte für Holzunternehmen im Bezirk der Industrie- und Handelskammer zu Lübeck, Lübeck 2001.

JAHRMANN, F.U.: Außenhandel, 10. überarbeitete und erweiterte Auflage, Friedrich Kiehl Verlag GmbH, Ludwigshafen 2001, 602 Seiten.

JOKELA, T.: Verflechtung der Holzwirtschaft Finnlands mit der EG - Entwicklung und Perspektiven, Diplomarbeit zur Erlangung des akademischen Grades Diplom-Holzwirt an der Universität Hamburg - Fachbereich Biologie, Hamburg 1992.

KEPPER, G.: Qualitative Marktforschung, Methoden, Einsatzmöglichkeiten und Beurteilungskriterien, 2. überarbeitete Auflage, Deutscher Universitäts-Verlag GmbH, Wiesbaden 1996.

KLEIN, S.; FRAZIER, G.; ROTH, V.: „A Transaction Cost Analysis Model of Channel Integration in International Markets“, Journal of Marketing Research, 27. Mai 1990, S. 196-208.

KNOLMAYER, G.: Zur Berücksichtigung von Transaktions- und Koordinationskosten in Entscheidungsmodellen für Make-or-Buy-Probleme, in: Betriebswirtschaftliche Forschung und Praxis, 4/1994, S. 316 - 332.

KRAFT, M.: An Empirical Investigation of the Antecedents of Sales Force Control System, in: Journal of Marketing, Vol. 63 (July 1999), S. 120 - 134.

KROTH, W.; BARTELHEIMER, P.: Holzmarktlehre, Verlag Paul Parey, Hamburg und Berlin 1993.

LAMNEK, S.: Qualitative Sozialforschung, Band 2, Methoden und Techniken, 3. überarbeitete Auflage, Psychologie Verlags Union, Weinheim 1993.

LINK, H.: Transaktionskosten des internationalen Holzhandels, seine praktische Abwicklung und Organisation, Diplomarbeit an der Universität Hamburg, Studiengang Holzwirtschaft, Hamburg 1995.

MALMBERG, T.; WADELL, T.: Virkessorteringskurs angående nya CEN-standard för marknadsföringskursen, Stiftelsen Skog & Trä, Skinnskatteberg, Mai 1999.

MANDEWIRTH, S.O.: Transaktionskosten von Handelskooperationen: ein Effizienzkriterium für Verbundgruppen und Franchise-Systeme, Schriften zur Handelsforschung, Bd. 91, Physica-Verlag, Heidelberg 1997.

MARKGREN, F.; MELIN, U.: Product Identity and Coordination - A Case Study of Order Handling in an Organisational Network. Centre for Studies of Humans, Technology and Organization, Linköping universität, Linköping, Sweden 2000.

MAYER, H.: Europäische Wälder, Gustav Fischer Verlag, Stuttgart, New York 1986.

MELIN, U.; AXELSSON, K.: Images of a Wood Industrial Network - A Multi-Perspective Approach. Centre for Studies of Humans, Technology and Organization, Linköping universität, Linköping, Sweden 2000.

MENTOR COMMUNICATIONS AB (Hrsg.): Handbook of the northern Wood Industries, 2002/2003, Timber-Wood Pulp-Paper, 18. Auflage, Stockholm 2002.

MERTENS, B.: Absatzwege und Vertragskonzepte für forstliche Umwelt- und Erholungsprodukte, Schlussfolgerungen aus 98 Fallstudien vor dem Hintergrund des Transaktionskostenansatzes, Sozialwissenschaftliche Schriften zur Forst- und Holzwirtschaft, Herausgeber Udo Mantau, Peter Lang GmbH, Europäischer Verlag der Wissenschaften, Frankfurt/M. 2000.

MICHAELIS, E.: Organisation unternehmerischer Aufgaben - Transaktionskosten als Beurteilungskriterien, Frankfurt am Main, Bern, New York 1985.

NORTH, D.: Theorie des institutionellen Wandels. Eine neue Sicht der Wirtschaftsgeschichte, übersetzt aus dem amerikanischen von Monika Streissler, Mohr-Verlag, Tübingen 1988.

PENG, M.W.: Behind the success and failure of U.S. export intermediaries: Transactions, agents, and resources, New York and Westport 1997.

PICOT, A. et al.: Die grenzenlose Unternehmung, Information, Organisation und Management, Lehrbuch zur Unternehmensführung im Informationszeitalter, 4. vollständig überarbeitete und erweiterte Auflage, Gabler Verlag, Wiesbaden 2001.

PICOT, A. et al.: Organisationen: eine ökonomische Perspektive, 2. überarbeitete und erweiterte, Auflage, Verlag Schäffer-Poeschel, Stuttgart 1999.

PICOT, A.; REICHWALD, R.; WIGAND, R.: Die Grenzenlose Unternehmung, 4. Auflage, Gabler Verlag, Wiesbaden 2001.

PICOT, A.: Ökonomische Theorien der Organisation - Ein Überblick über neuere Ansätze und deren betriebswirtschaftliches Anwendungspotential, in.: Ordelheide, D. et al.: Betriebswirtschaftslehre und ökonomische Theorie, Stuttgart 1991.

RICHTER, R.; FUROBOTN, E.: Neue Institutionenökonomik, eine Einführung und kritische Würdigung. Übersetzt von Monika Streissler, 2. durchgesehene u. ergänzte Auflage, Mohr-Siebeck, Tübingen 1999.

RICHTER, R.: Institutionen ökonomisch analysiert: Zur jüngeren Entwicklung auf einem Gebiet der Wirtschaftstheorie, Mohr Verlag, Tübingen 1994.

RICHTER, R.: Institutionenökonomische Aspekte der Theorie der Unternehmung, in: Ordelheide, D. et al.: Betriebswirtschaftslehre und ökonomische Theorie, Tagungsband der 51. Wissenschaftlichen Jahrestagung des Verbands der Hochschullehrer für Betriebswirtschaft e.V. 1990, Frankfurt am Main 1990, Stuttgart 1991.

ROSEN VON, G-F.: Der Holzimport Deutschlands unter besonderer Berücksichtigung der zukünftigen deutschen Holzversorgung, Dissertation zur Erlangung des Doktorgrades der Mathematisch-Naturwissenschaftlichen Fakultät der Universität Hamburg, Hamburg 1953.

SCHEUFFELE, F.: Das Profilholz, ein Produkt mit guter Vergangenheit und Zukunft, Holzzentralblatt, 113. Jahrgang 1987, Nr. 50.

SCHNEIDER, O.: Die für den deutschen Holzimport wichtigsten Rahmenverträge unter besonderer Berücksichtigung des nordischen Marktes (Entstehung, Bedeutung und Erläuterung der verschiedenen Verträge), Diplom-Arbeit zur Erlangung des akademischen Grades eines Diplom-Holzwirtes an der Mathematisch-Naturwissenschaftlichen Fakultät der Universität Hamburg, Hamburg 1958.

SCHOPPE, S.G. et al.: Moderne Theorie der Unternehmung, München und Wien 1995.

SCHWANER, J.: Integration von Kunden und Lieferanten: Analyse langfristiger Geschäftsbeziehungen auf Businessmärkten, Neue betriebswirtschaftliche Forschung, Bd. 205, Gabler Verlag, Wiesbaden 1996.

STOLL, H-L.: Abhängigkeit des westdeutschen Holzmarktes von Importen aus den nordeuropäischen Ländern unter besonderer Berücksichtigung des Nadelschnittholz-Sortimentes, Dissertation zur Erlangung des Doktorgrades der Mathematisch-Naturwissenschaftlichen Fakultät der Universität Hamburg, Hamburg 1953.

VOIGT, S.: Institutionenökonomik, Wilhelm Fink Verlag, München 2002.

WALLIS, J.; NORTH, D.: Measuring the Transaction Sector in the American Economy, 1870-1970, in: Engermann, S.; Gallman, R. (Hrsg.): Long-Term Factors in American Economic Growth, Chicago/London 1986.

WILLIAMSON, O.E.: The New Institutional Economics: Taking Stock, Looking Ahead, in: Journal of Economic Literature, Band 38, Ausgabe 3, 2000, S. 595-613.

WILLIAMSON, O.E.: Comparative Economic Organization: The Analysis of Discrete Structural Alternatives, in: Administrative Science Quarterly, Vol. 39, 1991, S. 269-296.

WILLIAMSON, O.E.: Die ökonomischen Institutionen des Kapitalismus: Unternehmen, Märkte, Kooperationen, übersetzt aus dem Amerikanischen von M. Streissler, Mohr-Verlag, Tübingen 1990.

WINDSPERGER, J.: Transaktionsspezifität, Reputationskapital und Koordinationsform, in: Zeitschrift für Betriebswirtschaft 66. Jg. H 8, Gabler Verlag, Wiesbaden 1996, S. 965-978.

ZENTRALE MARKT- UND PREISBERICHTSTELLE: für Erzeugnisse der Land-, Forst- und Ernährungswirtschaft GmbH, (ZMP) Jahrbücher, Bonn 1955-2003.

Quellen im Internet

ANDERSON, E.; GATIGNON, H.: Modes of foreign entry: A transaction cost analysis and propositions, Herbst 1986, S. 1-26, in http://www.jibs.net/archive/1986/17%5F3%5F86%5F1.pdf (Zugriff: 13.01.02)

BENITO, G. et al: Export Channel Dynamics: An Empirical Analysis of Changes in the organization of foreign distribution, Sept. 1999, 15 S., in: http://www.cbs.dk/departments/int/publications/wp_2000/wp7-2000_bp_tp.pdf (Zugriff: 13.01.02)

BUNDESMINISTERIUM FÜR VERBRAUCHERSCHUTZ, ERNÄHRUNG UND LANDWIRTSCHAFT: Gesamtwaldbericht der Bundesregierung, Juli 2001, in: http://www.verbraucherministerium.de/wald_forst/gesamtwaldbericht-07-2001.pdf, (Zugriff: 03.03.02).

BUSSE, G.: Das leitfadengestützte Telefoninterview, in: Kopp, R. et al. (Hrsg.): Methodenhandbuch, Angewandte empirische Methoden, Erfahrungen aus der Praxis, Sozialforschungsstelle Dortmund, Landesinstitut, Stand vom 15.03.00, in: http://www.sfs-dortmund.de/download/Beitrag113.pdf (Zugriff: 07.05.03).

DÖRING, H.: Kritische Analyse der Leistungsfähigkeit des Transaktionskostenansatzes, Dissertation zur Erlangung des wirtschaftswissenschaftlichen Doktorgrades der wirtschaftswissenschaftlichen Fakultät der Universität Göttingen, Göttingen 1999, in: http://webdoc.gwdg.de/diss/1999/doering/inhalt.htm (Zugriff: 30.05.02).

FINNISH MINISTRY OF AGRICULTURE AND FORESTRY: Finnlands Wald, Beschäftigung, Einkommen, Natur und Erlebnisse, in: http://www.mmm.fi:800/julkaisut/esitteet/met.doc (Zugriff: 02.03.02).

FOREST CAPITAL DEVELOPMENT ASSOCIATION: Finland, in: http://www.borealforest.org/world/world_finland.htm (Zugriff: 05.03.03).

FOREST CAPITAL DEVELOPMENT ASSOCIATION: Norway, in: http://www.borealforest.org/world/world_norway.htm (Zugriff: 05.03.03).

FOREST CAPITAL DEVELOPMENT ASSOCIATION: Scandinavia, in: http://www.borealforest.org/world/scan_mgmt.htm (Zugriff: 05.03.03).

FOREST CAPITAL DEVELOPMENT ASSOCIATION: Sweden, in: http://www.borealforest.org/world/world_sweden.htm (Zugriff: 05.03.03).

GESAMTVERBAND DEUTSCHER HOLZHANDEL e.V.: Dienstleistungen für Mitglieder in: http://www.gdholz.de/s_intern.htm (Zugriff: 10.05.03).

GESAMTVERBAND DEUTSCHER HOLZHANDEL e.V.: in: http://www.-gdholz.de Intranet (Zugriff: 11.03.02).

HARDES, H.D. et al: Methodische Überlegungen zu qualitativen Befragungsmethoden, insbesondere Experteninterviews, elektronisch veröffentlicht unter der URL: http://www.uni-trier.de/-uni/fb4/vwl-apo/4207ws0102/efstudien.pdf (Zugriff: 05.05.03).

HOSTETTLER, M.: Persönliche Arbeitstechnik - Neue Organisationsökonomik, 16 S., in: http://www.tensor.ch/team/person/ho/-pub/noe.pdf (Zugriff: 11.08.2002).

HOSTETTLER, M.: Trends der internationalen Forst- und Holzwirtschaft - Und die Schweiz? Handlungsoptionen der Wirtschaftspolitik, Referat, Birmensdorf vom 09.April 2002, 14 S., in: http://-www.tensor.ch/team/person/ho/pub/tifh.pdf (Zugriff: 19.06.02).

INNOVATUM KUNSKAPENS HUS: Kraftkällan, in: http://kh.innovatum.se/Files/Kraftkallan.pdf (Zugriff: 01.12.03).

INTRAHA REEDEREI-KONTOR GMBH: Lexikon, in: http://www.intraha.de/de/Lexikon/ e.htm (Zugriff: 11.03.02).

INVEST IN FINLAND BUREAU: Möglichkeiten für Investitionen in die Holzbe- und -verarbeitende Industrie in Finnland, Januar 2000 in: http://www.investinfinland.fi/invest/mechwoodger.pdf (Zugriff: 28.02.02).

KOPP, R. et al (Hrsg.): Methodenhandbuch, Angewandte empirische Methoden, Erfahrungen aus der Praxis, Sozialforschungsstelle Dortmund, Landesinstitut, Stand vom 15.03.00, in: http://-www.sfs-dortmund.de/download/Beitrag 113.pdf (Zugriff: 07.05.03).

MAYRING, P.: Qualitative Inhaltsanalyse [28 Absätze]. Forum Qualitative Sozialforschung / Forum: Qualitative Social Research [Online Journal], 1(2), Juni 2000, Abrufbar über: http://qualitative-research.net/fqs/fqs-d/2-00inhalt-d.htm (Zugriff: 20.03.04).

MINISTRY OF TRADE AND INDUSTRY FINLAND: Press Release, in: http://rhino.digia.com/ktm/bulletin.nsf/HeadlinesPublicEngArch/FE0E6FDEA420F15BC2256BA5003A9BE2 (Zugriff: 20.11.03).

NORDIC TIMBER COUNCIL, in: http://www.nordictimber.org/ntc/page.-asp?NodeID=117 (Zugriff: 21.11.03).

NORDIC TIMBER COUNCIL, in: http://www.nordictimber.org/german/-productrange/dimensions.htm (Zugriff: 05.03.03).

NORGES SKOGEIERFORBUND: The Forest in Norway, in: http://www.skog.no/foreststatist.htm (Zugriff: 03.03.02).

NORGES STATISTISK SENTRALBYRÅ: Norges offisielle statistikk, Skogstatistikk 1999 ISBN 82-537-4915-5, in: http://www.ssb.-no/emner/10/04/20/nos_skogstat/nos_c648/nos_c648.pdf (Zugriff: 20.03.01).

OSTERLOH, M. et al: Was kann das Unternehmen besser als der Markt, Universität Zürich, Institut für betriebswirtschaftliche Forschung, Lehrstuhl für Organisation, Technologie und Innovationsmanagement, 29 S., in: www.unizh.ch/ifbf/orga/-downloads/publikationen/C71WaskanndasUnternehmen.pdf (Zugriff: 26.06.02).

OSTERLOH, M.; FROST, J.: Motivation in a Knowledge-Based Theory of the Firm, 28 S., in: www.unizh.ch/ifbf/orga/downloads/publikationen/16Ost_Frost_LINKOctober.pdf (Zugriff: 29.06.02).

PENG, M.W. et al: Schumpeterian Dynamics Versus Williamson Considerations: A test of export intermediary performance, März 2000, S. 167-184, in: http://www.cob.ohio-state.edu/mhr/faculty/peng/publications/schumpeterian.pdf (Zugriff: 29.06.02).

PENG, M.W.; ILINITCH, A.Y.: Export Intermediary Firms: A Note on Export Development Research, in: http://www.jibs.net/archive/-1998/29%5F3%5F98%5F609.pdf (Zugriff: 29.06.02).

PENG, M.W.: Behind Intermediary performance in Export trade: Transactions, Agents and Resources, Journal of International Business Studies, März 2001, S. 327-346, in: http://fisher-.osu.edu/mhr/faculty/peng/publications/Peng01JIBS.pdf (Zugriff: 27.03.02).

PENG, M.W.: Controlling the Foreign Agent: How Governments deal with multinationals in a transition economy, Febr. 2000, in: http://www.cob.ohio-state.edu/mhr/faculty/peng/publications/-mirauto1299.doc (Zugriff: 29.06.02).

PENG, M.W.: Cultures, Institutions and Strategic Choices: Towards an institution-based View of Business Strategy, Sept. 1999, 17 S., in: www.cob.ohio-state.edu/mhr/faculty/peng/publications/culthand0999.doc (Zugriff: 29.06.02).

PENG, M.W.: The Resource-Based View and International Business, Revision of an article prepared for the Journal of Management, Special Issue on "The Resource-Based View of the Firm, Ten Years After", August 2001, in: http://www.cob.ohio-state.edu/mhr/faculty/peng/publications/resource_based.pdf (Zugriff: 29.06.02).

PENG, M.W.; WANG D.Y.: Innovation Capability and foreign direct investment: Toward a learning option perspective, January 2000, S. 79-93, in: http://fisher.osu.edu/mhr/faculty/peng/-publications/Peng00MIRfdi.pdf (Zugriff: 29.06.02).

PICOT, A.: Die grenzenlose Unternehmung, Vortrag im Rahmen einer Vortragsreihe der Bayerischen Landesbank in Zusammenarbeit mit dem ifo-Institut „Gespräche auf der Bank", 23 S., in: http://www.iuk.bwl.uni-muenchen.de/forschung/veroeffentlichungen/picot/vortraege/index.php (Zugriff: 29.06.02).

PICOT, A.: Evolutionen von Institutionen und Management des Wandels, Kurzfassung zum Vortrag der 63. Jahrestagung des Verbandes der Hochschullehrer für Betriebswirtschaft e.V., Aller-Ludwigs-Universität Freiburg, i. Br., 8. Juni 2001, 12 S., in: http://www.iuk.bwl.uni-muenchen.de/forschung/veroeffentlichungen/picot/vortraege/index.php (Zugriff: 29.06.02).

SCA TIMBER: Tunadals sågverk, För mervärde i utvecklat trä, in: http://www.timber.sca.com/pdf/TUNADALSSAGVERK.pdf (Zugriff: 01.12.03).

SIEBRECHT, J.: Der Einfluss neuer Informations- und Kommunikationstechnik auf Wettbewerb und Koordination am Beispiel der

Bankbranche, Diplomarbeit im Fach Wirtschaftsinformatik im Studiengang Betriebswirtschaftslehre der Wirtschafts- und Sozialwissenschaftlichen Fakultät der Universität zu Köln, Juni 2000, in: www.systementwicklung.uni-koeln.de/forschung/veroeffentlichungen/dokumente/dpl-siebrecht.pdf. (Zugriff 17.03.03).

STATISTISCHES BUNDESAMT DEUTSCHLAND: Verkehr, in: http://www.destatis.de/basis/d/verk/verktab4.htm (Zugriff: 28.04.02).

SVENSKA INSTITUTET: Forstwirtschaft und holzverarbeitende Industrie, in: http://www.si.se/infosweden/523.cs (Zugriff: 02.03.02).

SVERIGES LANTBRUKSUNIVERSITET, Institutionen för skogshushållning, Technik, in: http://www.sh.slu.se/svensk/Saginv95/-saginv/deutsch/technik.html (Zugriff: 05.03.03).

SVERIGES LANTBRUKSUNIVERSITET, Institutionen för skogshushållning, Produkte, in: http://www.sh.slu.se/svensk/Saginv95/-saginv/deutsch/produkte.html (Zugriff: 05.03.03).

SVERIGES LANTBRUKSUNIVERSITET: Institutionen för skogshushållning, Schweden, in: http://www.sh.slu.se/svensk/Saginv95/-saginv/deutsch/schweden.html (Zugriff: 05.03.03).

SVERIGES LANTBRUKSUNIVERSITET: Institutionen för skogshushållning, Sågfakta 2000, in: http://www.sh.slu.se/saw2000/-Sagfakta%20pdf%20korrfinal.pdf (Zugriff: 05.03.03).

SVERIGES LANTBRUKSUNIVERSITET: Institutionen för skogshushållning, Holzabsatzmärkte, in: http://www.sh.slu.se/svensk/-Saginv95/saginv/deutsch/markte.html (Zugriff: 05.03.03).

SVERIGES LANTBRUKSUNIVERSITET: Institutionen för skogshushållning, Einschlag, in: http://www.sh.slu.se/svensk/Saginv95/-saginv/deutsch/schlag.html (Zugriff: 05.03.03).

TEACHSAM: Lehren und Lernen online, Hermeneutischer Zirkel, in: http://www.teachsam.de/deutsch/d_schreibf/schr_schule/txtinterpr/txtinterpr_3_1_1_1.htm (Zugriff: 05.05.03).

TRELASTINDUSTRIENS LANDSFORENING: Tabeller og figurer er hentet fra TLs statistikkhefte og årsberetning år 2000, in: http://www.trelast.no/aarstat.htm (Zugriff: 11.03.02).

UNIVERSITÄT ESSEN, FACHBEREICH LITERATURWISSENSCHAFT: Regeln und Probleme des Textverstehens: Hermeneutik, in:

http://www.uni-essen.de/literaturwissenschaft-aktiv/Vorlesungen/hermeneutik/hzirkel.htm (Zugriff: 05.05.03).

VERBAND DER FINNISCHEN FORSTINDUSTRIE: Helsinki 6/2001 ISSN 1238-4151: Fakten und Zahlen 2001, in: http://www.forestindustries.fi/index_2.htm (Zugriff 11.03.02).

VERBAND DER FINNISCHEN FORSTINDUSTRIE: Schlüssel zur Forstindustrie, S. 47, in: http://www.forestindustries.fi/fi/julkaisut/-pdf/schlussel_zur_forstindustrie_finnlands.pdf (Zugriff: 05.03.03).

WIRTSCHAFTSKAMMER WIEN: Übersicht über die Incoterms, in: http://www.wkw.at/docextern/abtawi/extranet/HIncoterms-Liste.htm (Zugriff: 30.04.02).

ZEKO, D.: Reisende versus Handelsvertreter, Referat im Rahmen des Seminars zur allgemeinen Betriebswirtschaftslehre „Außendienststeuerung", 18 S., in: www.ecommerce.wiwi.uni-frankfurt.de/lehre/00ss/abwl-seminar/zeko.pdf (Zugriff: 29.06.02).

http://www.sagverk.se/stats/bransch.htm (Zugriff: 28.02.02).

http://www.erdkunde-online.de/1501.htm (Zugriff: 03.03.02).

http://www.erdkunde-online.de/1241.htm (Zugriff: 03.03.02).

http://www.fimr.fi/en/palvelut/jaapalvelu/jaatilanne.html (Zugriff: 13.04.04).

http://www.haeussermann.de (Zugriff: 11.03.02).

http://www.moco.de (Zugriff: 11.03.02).

http://www.pinus.de (Zugriff: 11.03.02).

http://www.lkw-walter.com (Zugriff: 28.04.02).

http://www.nybrok.com (Zugriff: 28.04.02).

http://www.holzagenturen.de (Zugriff: 10.05.03).

http://www.ahk.de (Zugriff: 20.11.03).

http://www.cdh.de/fachverband-bauwesen (Zugriff 03.05.04).

http://www.gdholz.de (Zugriff: 20.11.03).

http://www.havemann-holz.de (Zugriff: 20.11.03).

http://www.ihk.de (Zugriff: 20.11.03).

http://www.sagverk.se (Zugriff: 20.11.03).

http://www.finnforest.de (Zugriff: 21.11.03).

http://www.holzabsatzfonds.de (Zugriff: 21.11.03).

http://www.keitele-timber.com (Zugriff: 21.11.03).

http://www.kht.de (Zugriff: 21.11.03).

http://www.klenk.de (Zugriff: 21.11.03).

http://www.knt.de (Zugriff: 21.11.03).

http://www.luviansaha.fi (Zugriff: 21.11.03).

http://www.metsaliitto.com (Zugriff: 21.11.03).

http://www.modoskog.modogroup.com (Zugriff: 21.11.03).

http://www.moelven.com (Zugriff: 21.11.03).

http://www.nordictimber.org (Zugriff: 21.11.03).

http://www.norske-skog.com (Zugriff: 21.11.03).

http://www.sca.com (Zugriff: 21.11.03).

http://www.sodra.se (Zugriff: 21.11.03).

http://www.storaenso.com (Zugriff: 21.11.03).

http://virtual.finland.fi/finfo/saksa/factde.html (Zugriff: 03.03.02).

http://www.suomensahat.fi/ger/index.htm (Zugriff: 20.11.03).

http://www.timber.asdo.com (Zugriff: 21.11.03).

http://www.trelast.no (Zugriff: 20.11.03).

http://www.upm-kymmene.com (Zugriff: 21.11.03).

http://www.vapo.fi (Zugriff: 21.11.03).

http://www.vierumaenteollisuus.fi (Zugriff: 21.11.03).

http://www.zoll-d.de/index.html (Zugriff: 11.03.02).

Mündliche Quellen

EBERT, J.: mündliche Aussage des Prokuristen des Importhobelwerkes Finke + Bünemann GmbH, Bremen, März 2002.

GRASCHT, J.: mündliche Aussage des Geschäftsführers des Schiffsmaklers Larssen und Stoss, Lübeck, April 2002.

SCHULZEBEER, J.Fr.: mündliche Aussage des Eigentümers der Holzagentur Jan Fr. Schulzebeer & Co., Hamburg, Juli 2001.

SCHWARZ, K.: Telefonische Auskunft des für den Außenhandel zuständigen Mitarbeiters des Gesamtverbands Holzhandel, Berlin März 2002.

Anhang 1: Allgemeine Bedingungen des Schlussscheins „Germania 1998“

Allgemeine Bedingungen des Schlussscheins „Germania 1998“
angenommen von dem Verband der Finnischen Forstindustrie (FFIF)
dem Verein Schwedischer Holzexporteure (STEF)
dem Verband der Norwegischen Sägeindustrie (NSIA)
und dem Gesamtverband Holzhandel (BD Holz — VDH) e.V.
2. Auflage Mai 2000

§ 1 PREISBASIS

Die Preise verstehen sich je Kubikmeter. Längen, Breiten und Stärken sind metrisches Maß.

§ 2 GEFAHRENÜBERGANG UND BEFRACHTUNG

Dieser Vertrag gilt für alle jeweils gültigen INCOTERMS.

1. Schiffstransport

1.1 Lieferung

Soweit der Transport per Schiff durchgeführt wird, erfolgt die Lieferung frei an Schiffsseite (FAS gern. INCOTERMS). Für andere Lieferungen gelten die nachfolgenden Bestimmungen analog.

1.2 Befrachtung

Der erforderliche Schiffsraum ist vom Käufer rechtzeitig zu chartern. Sofort nach der Befrachtung soll der Käufer dem Verkäufer eine Kopie des Frachtvertrages übersenden. Der Käufer verpflichtet sich, dafür Sorge zu tragen, dass der Verkäufer von der berechneten Ankunft jedes Schiffes benachrichtigt wird und dass dabei die Namen des Schiffes und des Käufers genannt werden. Diese Benachrichtigung und die vollständigen Verladeinstruktionen müssen mindestens 14 Kalendertage vor der Ankunft des Schiffes in Händen des Verkäufers sein. Wenn bei der Benachrichtigung des voraussichtlichen Ankunftstages des Schiffes nicht die gebührende Sorgfalt aufgewandt worden ist, ist der Käufer für Kosten verantwortlich, die dadurch entstehen, dass Waggons durch das Nichteintreffen des Schiffes zu dem gemeldeten Zeitpunkt aufgehalten werden. Der Käufer ist auch für eventuelle Lagermieten im Hafen, die aus demselben Grunde entstehen können, verantwortlich. Der Verkäufer hat die nicht ordnungsgemäße Meldung des Schiffes sowie seine dadurch entstandenen Kosten zu beweisen.

Der Käufer verpflichtet sich, in den Frachtvertrag eine Bestimmung aufzunehmen, gemäß welcher der Kapitän die approximative Lademenge spätestens bei Ankunft des Schiffes schriftlich zu beordern hat.

Der Verkäufer hat die Ladung so schnell längsseits zu liefern, wie das Schiff empfangen und in der üblichen Arbeitszeit wegstauen kann, jedoch unter Berücksichtigung der Gebräuche des Hafens.

Die Ware ist auf dem Schiff an Deck, auch bei Lieferungen gemäß Gruppe 0 und D der INCOTERMS, mit Planen sorgfältig zu schützen. Bei Regenwetter oder Schneefall darf weder geladen noch gelöscht werden. Der Frachtvertrag soll einen entsprechenden Vermerk enthalten.

Der Verkäufer hat den Käufer direkt oder über den Agenten unverzüglich über die Ankunft und den Abgang jedes Schiffes telegrafisch/fernschriftlich/per Fax zu benachrichtigen.

1.2 Anzahl der Konnossemente

Die Anzahl der Konnossemente soll 10 pro 500 m3 nicht übersteigen. Ansonsten sind dafür anfallende Mehrkosten gegenseitig zu vereinbaren.

Wenn der Kapitän erst bei Ankunft oder während der Beladung eine Erhöhung der Vertragsmenge gemäß der Marginalklausel verlangt, so kann der Verkäufer die zusätzliche Ladung auf gesonderte Konnossemente verladen.

An Schiffsseite hat die Übergabe der Ladung so zu erfolgen, dass der Kapitän den zu jedem Konnossement gehörenden Teil der Ladung getrennt halten kann. Mengen von 250 m3 und darunter, für welche ein gesondertes Konnossement beordert wird, sind an das Schiff gleichzeitig anzuliefern, so dass der Kapitän, wenn nicht ein Teil auf Deck verladen wird, alle auf ein Konnossement zu ladende Ware an einer Stelle stauen kann.

1.4 Leerfracht

Der Verkäufer verpflichtet sich, sämtliche Leerfrachten und Liegegelder zu bezahlen, die er im Verladehafen nachweislich verursacht hat.

Im Falle von Streik und Aussperrung auf dem Ladeplatz oder Holzlager des Verkäufers ist dieser für die Überliegezeit nicht verantwortlich, solange der Streik oder die Aussperrung dauern.

1.5 Frachtvorschuss

Der Kapitän ist nicht berechtigt, Frachtvorschuss zu fordern. Der Frachtvertrag soll einen entsprechenden Vermerk enthalten.

2. Waggon- und LKW-Transport

2.1 Gefahrenübergang

Gefahrenübergang gemäß INCOTERMS.

2.2 Verladung

Der Käufer hat die Ware zu einem bestimmten Liefertermin abzurufen. Abruf mit Verladeinstruktionen müssen mindestens 14 Kalendertage vor dem berechneten Versand beim Verkäufer sein.

Die Verladung darf nicht bei Regen oder Schneewetter erfolgen. Für jeden Waggon/LKW soll der Ablader dem Käufer eine Spezifikation mit Angabe der Waggon-/LKW-Nummer sofort nach erfolgtem Versand per Fax zusenden. Liegengebliebene Ware ist sorgfältig zu schützen.

2.3 Waggon-/LKW-Bestellung

Die Waggon-/LKW-Bestellung erfolgt nach Absprache entweder durch den Käufer oder den Verkäufer. Die Mindestauslastung ist im Schlussschein festzulegen. Standgeld an der Verladestation, das seine Ursache in verzögerter Beladung hat, geht zu Lasten des Verkäufers.

2.4 Abdeckung

Die Ware ist auf offenen Waggons mit Planen der Eisenbahn usancenmäßig abgedeckt zu liefern. Hat der Käufer andere Wünsche betreffs der Anzahl bzw. der Größe der Planen, sollen diese im Abruf angegeben werden. Deckenmiete geht zu Lasten des Käufers

2.5 Waggon-/LKW-Mangel

Verzögerung durch Waggon-/LKW-Mangel hat der Verkäufer nicht zu vertreten. Er hat den Mangel zum Verladezeitpunkt jedoch zu beweisen. Der Verkäufer ist bis zum Gefahrenübergang verpflichtet, den Käufer vom Waggon/LKW-Mangel unverzüglich telegrafisch/fernschriftlich/per Fax zu unterrichten, andernfalls haftet er für jeden dem Käufer aus der Verzögerung erwachsenen Schaden.

2.6 Zurücknahme von Abrufen

Sofern der Käufer einen Abruf nachträglich zurücknimmt, muss er dem Verkäufer die dadurch entstandenen Extrakosten ersetzen.

§ 3 SORTIERUNG UND ENDEN

Das Holz soll der üblichen Sortierung, Durchschnittslänge und der fairen Längenverteilung des Verkäufers entsprechen. Enden (1,80 - 2,40 m) dürfen maximal 10% an der Gesamtmenge eines Sortiments ausmachen.

Die Enden bilden einen Teil der Gesamtmenge des Vertrages; sie werden jedoch bei der Ermittlung der Durchschnittslänge nicht berücksichtigt.

Wenn im Vertrag kein spezieller Preis für Enden (1,80 -2,40 m) vereinbart ist, kann der Verkäufer bei jedem Sortiment bis zu 3% der Menge dieses Sortiments als Enden mitliefern und zum vollen Preis berechnen. Wird dieser Prozentsatz überschritten, so werden sämtliche Enden (d. h. einschließlich der ersten 3%) zu 2/3 des Kontraktpreises abgerechnet. Wird dieser Prozentsatz unterschritten, kann nicht wegen nicht üblicher Längenverteilung reklamiert werden. Für die Preisreduktion gilt bei Schiffsverladung der FAS-Preis, bei Waggonverladung der Preis ab Verladestation und bei LKW-Verladung der Preis ab Sägewerk.

Bei Hobelware werden die Enden in jedem Fall zum vollen Preis abgerechnet.

§ 4 PAKETIERTE WARE

Es erfolgt Längenpaketierung, wobei alle Pakete mit Seriennummer laut Spezifikation zu zeichnen und zu identifizieren sind.

Die Paketierung ist so vorzunehmen, dass bei sachgemäßer Handhabung Verformungen sowie ein Auseinanderfallen der Pakete ausgeschlossen sind, so dass ihre ordnungsgemäße Stauung und/oder Einlagerung möglich ist.

Insbesondere ist jedes Paket separat mit Bandeisen zu versehen.

Längenpaketiert bedeutet, dass ein Paket nur eine Länge und eine Dimension von einer Qualität enthält. Truckpaketiert bedeutet, dass ein Paket verschiedene Längen derselben Dimension und Qualität enthält, und dass ein Ende des Paketes endengleich ist.

Wenn bei Längenpaketierung der Rest einer Länge nicht für ein ganzes Paket ausreicht, dürfen maximal drei aufeinanderfolgende Längen in einem Paket zusammengefasst werden. Die Anzahl der Restpakete in % oder in Paketanzahl je Holzart, Dimension und Qualität soll im Schlussschein geregelt werden.

§ 5 TROCKENHEIT UND MASSHALTIGKEIT

Bei der zu liefernden Ware wird hinsichtlich ihrer Trockenheit zwischen vier Optionen unterschieden:

- verschiffungstrocken
- bearbeitungstrocken
- spezialgetrocknet
- frische Ware

1. Verschiffungstrocken

Die Ware muss so trocken geliefert werden, dass bei sorgfältiger Verladung und Lieferung weder beim Transport noch bei der anschließenden Lagerung in gedeckten Hallen beim Käufer feuchtigkeitsbedingte Schäden entstehen.

2. Bearbeitungstrocken

16% ± 2%, jedoch dürfen 15% der Stückzahl pro Paket diesen Rahmen um 1% nach oben und unten überschreiten. Sollten 0,5% der Stückzahl einen Feuchtigkeitsgehalt aufweisen, der auch über diesen erweiterten Rahmen nach oben oder unten hinausgeht, so gilt dies wegen der unregelmäßigen Trocknungskurve nicht als Reklamationsgrund. Dementsprechend hat die Spalte 3 der Tabelle II in Anlage 1 für bearbeitungstrockene Ware keine Gültigkeit.

3. Spezialgetrocknet

Die zulässige prozentuale Holzfeuchte einschließlich möglicher Toleranzen muss individuell zwischen den

Vertragspartnern ausgehandelt und im Kontrakt angegeben werden.

4. Frische Ware

Besondere Bedingungen werden in den jeweiligen Klauseln, wie Abholfristen, approximative Rechnung, Reklamation usw. geregelt.

5. Empfehlungen für das Messen des Feuchtigkeitsgehalts (s. Anlage 1)

6. Maßhaltigkeit

Kontrahierte Dimensionen gelten bei einer Referenzfeuchtigkeitsquote von 20% als Mindestmaß. Dessen ungeachtet müssen bei bearbeitungstrockener Ware (siehe § 5 Absatz 2) die Kontraktmaße vorhanden sein. Zu berücksichtigen ist dabei Punkt 10 der Anlage 1.

§ 6 ABHOLFRISTEN / APPROXIMATIVE FRISTEN

Bei Verkäufen nach Gruppe 0 und 0 gemäß INCOTERMS hat der Verkäufer das Recht, den Ladetermin des Schiffes zu bestimmen. Er sollte diesen in der Regel mit dem Käufer innerhalb der Abholfristen vorher abstimmen. Im übrigen gelten die folgenden Abholfristen:

- bei verschiffungstrockener Ware: - 30 Kalendertage
- bei bearbeitungstrockener Ware: -30 Kalendertage
- bei spezialgetrockneter Ware: - 14 Kalendertage
- bei frischer Ware: - Abholung nach Vereinbarung

Die Abholfrist beginnt an dem Bereitschaftstag. Dieser soll im Schlussschein festgelegt werden. Der Verkäufer ist verpflichtet, die Nichteinhaltung des vereinbarten Bereitschaftstages rechtzeitig anzuzeigen. Liegt die Ware am mitgeteilten Tag noch nicht bereit, so beginnt die Abholfrist am Tag der tatsächlichen Bereitstellung, die dem Käufer erneut mitzuteilen ist.

Holt der Käufer die zur Abholung bereitgestellte Ware nicht innerhalb der vorgenannten Abholfristen ab, ist der Verkäufer nach Verstreichung der Fristen berechtigt, dem Käufer eine approximative Rechnung zu stellen. Beim Absenden der approximativen Rechnung muss die Ware zur Abholung bereitliegen.

Werden die Abholfristen überschritten, wird die im Kontrakt vereinbarte Trockenheitsbedingung unwirksam. Es gilt dann folgendes:

- Verschiffungstrockenheit muss in jedem Fall gewährleistet sein, sofern nicht frische Ware gekauft wurde.
- Bearbeitungstrocken gekaufte Ware muss verschiffungstrocken sein.
- Spezialgetrocknete Ware muss bearbeitungstrocken sein.

Der Verkäufer befindet sich im Verzug, wenn die Ware nicht am im Vertrag festgelegten Bereitschaftstag zur Verfügung steht. Der Käufer ist verpflichtet, eine angemessene Nachfrist zur Vertragserfüllung zu setzen, erst dann ist er berechtigt, Schadensersatz wegen Nichterfüllung zu verlangen oder Deckungskauf vorzunehmen.

§ 7 SPIELRAUM DES VERKÄUFERS

Die Menge eines oder jedes einzelnen Postens darf nach Wahl des Verkäufers mit 10% über- oder unterschritten werden (Spielraum für Einzelposten höchstens 100 m', bei Posten von 10 bis 50 m3 höchstens 5 m3). Alles gilt unter der Bedingung, dass die Gesamtmenge sich - mit Ausnahme von dem in § 8 Nr. 1 genannten Fall - nicht ändert. Der Spielraum gilt auch für überliegende Ware.

§ 8 BESONDERE REGELUNGEN FUR DEN SCHIFFSTRANSPORT

1. Spielraum bei der Befrachtung

Zur Erleichterung der Befrachtung wird ein Spielraum in der Gesamtmenge von 10% mehr oder weniger, höchstens aber 250 m3 gewährt, jedoch für bearbeitungstrockene Waren 5% mehr oder weniger, aber höchstens 125 m3.

Wenn für einen Vertrag mehrere Schiffe befrachtet werden, so gilt der Spielraum nur für die Menge des zuletzt zu ladenden Schiffes. Mehrlieferungen im Rahmen dieses Spielraumes müssen in vorhandenen Vertragsdimensionen, möglichst im Mengenverhältnis zu den kontrahierten Qualitäten, erfolgen; sie dürfen bei keiner Dimension 50% der gekauften Menge überschreiten.

Falls der Kapitän während der Beladung eine Reduzierung oder Mehrlieferung der abgerufenen Liefermenge verlangt, hat der Ausgleich bei den letzten Konnossementes zu erfolgen. In diesem Fall darf der Ablader nach Rücksprache mit dem Käufer die Mehrlieferung auch in truckpaketierter Ware vornehmen.

Bei überliegender Ware wird kein Spielraum gewährt.

Der Spielraum bei der Befrachtung entfällt, wenn eine Minimal-/Maximalmenge im Vertrag festgesetzt ist. In diesem Fall hat die Befrachtung auf einer „Minimum/Maximumbasis zu erfolgen.

2. Mehr- und Minderlieferungen

Bei Mehrlieferung eines Postens oder der gesamten Vertragsmenge über den zugelassenen Spielraum hinaus ist der Käufer nicht berechtigt, die ganze Lieferung zurückzuweisen. Ihm steht aber das Recht zu, die Konnossemente aufzunehmen und dabei nur die kontrahierten Mengen einschließlich des zugelassenen Spielraums zu bezahlen, den übrigen Teil der Lieferung aber zurückzuweisen. Dasselbe Recht steht dem Käufer zu, wenn die Mehrlieferung nicht aus den Konnossementen ersichtlich ist, sondern erst bei Ankunft der Ware am endgültigen Bestimmungsort erkannt wird. Der Verkäufer hat dem Käufer jegliche durch die Mehrlieferung entstandenen Extrakosten zu vergüten.

Liefert der Verkäufer von allen oder einzelnen Posten weniger als hiernach zulässig ist, so hat der Käufer die verschifften Mengen zu bezahlen. Er ist jedoch berechtigt, Entschädigung oder Nachlieferung für die Minderlieferung zu verlangen.

§ 9 HÖHERE GEWALT

1. Falls die Herstellung und/oder Verschiffung der abgeschlossenen Partien infolge Überschwemmung, Dürre, Eis, Schaden im Sägewerk und/oder Holzlager oder Abladeplatz, Streik, Aussperrung oder sonstiger Ereignisse, mit Ausnahme der in § 9 Nr. 2 aufgeführten Hinweise, auf die der Verkäufer keinen Einfluss hat, verhindert oder verzögert wird, hat der Verkäufer den Käufer hiervon unverzüglich telegrafisch/fernschriftlich/per Fax zu benachrichtigen und ist dann für den dadurch entstandenen Schaden nicht verantwortlich. In einem solchen Fall kann der Verkäufer den Bereitschaftstag bis zu 42 Kalendertage verschieben.

Falls der Verkäufer auch nicht in der Lage ist, innerhalb dieser verlängerten Frist zu erfüllen, hat er den Käufer hiervon umgehend bei entsprechender Erkenntnis, spätestens jedoch 14 Kalendertage vor Ablauf dieser Frist zu informieren. Der Käufer ist nach Erhalt der Mitteilung des Verkäufers berechtigt, bei sofortiger Benachrichtigung des Verkäufers entweder vom Vertrag zurückzutreten oder spätere Lieferung mit dem Verkäufer zu vereinbaren.

Wenn jedoch das Werk so stark zerstört ist, dass die Produktion eingestellt werden muss und bis 42 Kalendertage nach dem kontrahierten Bereitschaftstag auch nicht wieder aufgenommen werden kann, hat der Verkäufer bei sofortiger Benachrichtigung des Käufers das Recht, ohne Haftung für den entstandenen Schaden vom Vertrag zurückzutreten. Der Verkäufer hat die Voraussetzungen für den Rücktritt in geeigneter Weise nachzuweisen.

Wenn der Verkäufer in diesem Fall den Kontrakt nicht annulliert, hat er eine spätere Lieferung mit dem Käufer - sofern dieser einverstanden ist - zu vereinbaren.

Falls sich der Verkäufer mit der Lieferung in Verzug befindet, kann er höhere Gewalt generell nicht geltend machen, es sei denn, der Schaden wäre auch bei rechtzeitiger Leistung eingetreten. Der Verkäufer befindet sich in Verzug, wenn die Ware nicht am im Vertrag festgelegten Bereitschaftstag zur Verfügung steht.

2. Sollten Krieg, Ausfuhr- oder Einfuhrverbote oder eine Blockade zu irgendeinem Zeitpunkt vor dem ursprünglich festgelegten oder gemäß § 11 verschobenen Termin der approximativen Zahlung den Verkäufer daran hindern, die Ware herzustellen und/oder zu verschiffen oder den Käufer daran hindern, die Ware abzunehmen, wird der nicht erfüllte Teil des Vertrags aufgehoben.

Falls Ausfuhr oder Einfuhr von der Erteilung von Lizenzen abhängig sind, tritt anstelle von § 9 Nr. 2 der §13

§ 10 VERSICHERUNG BEI TRANSPORT

Der Versicherungsanspruch bei Transport regelt sich laut INCOTERMS. Der Verkäufer hat bei CIF- bzw. CIPVerkäufen zugunsten des Käufers eine alle Risiken abdeckende Versicherung abzuschließen, die der entsprechenden Mindestversicherung der CIF- bzw. CIP-INCOTERMS entspricht. Bezüglich Gefahrenübergang und Versicherung gelten die entsprechenden Klauseln der jeweils gültigen Fassung der INCOTERMS.

§ 11 UBERLIEGENDE WARE

Falls die Waren oder ein Teil derselben nicht spätestens nach dem im Vertrag vorgesehenen letzten Tag der Abholfrist abgeholt worden sind, erfolgt die Zahlung unter Berücksichtigung der vertraglichen Zahlungsfristen gegen Aushändigen der approximativen Originalrechnung.

Der Verkäufer ist verpflichtet, überliegende Ware auf eigene Kosten gegen Feuerschaden zu versichern. Die Nummer der Versicherungs-Police soll in der approximativen Rechnung genannt werden. Sofern der Käufer nicht auf diese beim Unterzeichnen des Vertrags verzichtet, muss eine Garantieerklärung von einer soliden Bank in dem Lande, in welchem die Abholung bzw. Verladung

stattfindet, gegeben werden. Es muss ferner versichert werden, dass, vorausgesetzt die Ware wird vor dem 1. August des folgenden Jahres abgerufen, der Kaufpreis der nicht verschifften Ware dem Käufer zurückerstattet wird, falls die Ware oder ein Teil derselben infolge einer anderen Ursache als Zerstörung durch Feuer nicht geliefert wird. Die nachgewiesenen Kosten für diese Garantieerklärung trägt der Käufer, jedoch im Höchstfalle 1,5% des Garantiebetrages. Wenn der Abruf der Ware bis zum 1. August des folgenden Jahres nicht erfolgt, erlischt zwar die Bankgarantie, jedoch bleibt der Verkäufer an den Vertrag gebunden.

Die Verpflichtung des Käufers zur Zahlung der approximativen Rechnung soll jedoch aufgeschoben werden, wenn die Verhinderung an der Abholung bzw. Verladung der Waren auf irgendeine der Ursachen, die unter § 9 Nr. 1 zusammengefasst sind, mit Ausnahme von Eis, zurückzuführen ist. Der Tag der approximativen Zahlung soll um den gleichen Zeitraum hinausgeschoben werden, den die Verzögerung in Anspruch nimmt. Wenn nach der angegebenen Frist die Abholung bzw. Verladung der Waren infolge Eis unmöglich geworden ist, so soll der genannte Zahlungstag weiterhin bis zum nächsten 1. April hinausgeschoben werden.

Wenn die Ware oder ein Teil derselben vor dem Tage der approximativen Zahlung nicht abgeholt worden ist, hat der Käufer von dem genannten Tage an eine Lagermiete von 0,75% des Warenwertes pro m3 pro Monat (kürzere Zeiträume pro rata) zu bezahlen.

Wenn jedoch die Abholung der Ware nach dem Inkrafttreten der Lagermiete durch irgendeinen Umstand außerhalb der Gewalt des Käufers mit Ausnahme von Eis verhindert wird, hat der Käufer solange die Hälfte der Lagermiete zu bezahlen, als dieses Hindernis nicht beseitigt ist.

Wenn die zur Abholung bzw. Verladung per 15. Dezember oder später während der Saison gekaufte Ware, die für Abholung innerhalb einer Woche nach dem Bereitschaftstag befrachtet wurde, infolge von Eishindernissen nicht abgeholt werden kann, ist die Bestimmung über die Lagermiete im vorstehenden Absatz nicht vor dem 1. April in Anwendung zu bringen

Anstelle überliegender Ware kann der Verkäufer teilweise oder ganz neu geschnittene Ware liefern. Qualität und Trockenheit später geschnittener Ware müssen den Vertragsbedingungen entsprechen.

Bei Lieferung von überliegender Ware haftet der Verkäufer nicht für eine Verschlechterung, die man bei usancenmäßig geschützter Ware in der entsprechenden Zeit in Kauf nehmen muss.

Im Falle der Nichtabnahme der Ware kann der Verkäufer entweder die Zahlung gegen Aushändigung der vorläufigen Rechnung verlangen, nach Setzung einer Nachfrist von 30 Kalendertagen mit Ablehnungsandrohung vom Vertrag zurücktreten oder Schadensersatz wegen Nichterfüllung verlangen. Wird der Vertrag bei approximativer Zahlung annulliert, hat der Verkäufer den approximativ bezahlten Betrag nach Abrechnung der Lagermiete und anderer evtl. vertragsmäßiger Kosten ohne Zinsen an den Käufer zurückzuzahlen.

§ 12 EIGENTUMSVORBEHALT

Die Lieferungen bleiben bis zur Bezahlung sämtlicher Forderungen des Verkäufers, gleich aus welchen Rechtsgründen, dessen Eigentum, auch wenn der Kaufpreis für besonders bezeichnete Waren bezahlt ist. Bei laufender Rechnung gilt das vorbehaltene Eigentum als Sicherung für die Saldoforderung des Verkäufers.

Der Verkäufer hat das Recht, wenn der Käufer in Verzug ist oder die Interessen des Verkäufers durch die wirtschaftliche Lage oder durch das Verhalten des Käufers gefährdet sind, die unter dem Eigentumsvorbehalt des Verkäufers stehenden Lieferungen ganz oder teilweise vom Käufer oder dessen Abnehmer herauszuholen und darüber zu verfügen. Der Verkäufer kann verlangen, dass die Rücksendung der Ware frachtfrei zum Erfüllungsort auf Kosten und Gefahr des Käufers erfolgt. Der Verkäufer hat auch ein Recht, die Ware vom Käufer abzuholen und auf seine Kosten zurückzutransportieren. Mit der Ausübung des Rückholrechtes gilt das Vertragsverhältnis als aufgehoben, nur dann, wenn dies der Verkäufer schriftlich erklärt. Der Käufer hat den dem Verkäufer durch die Nichterfüllung des Vertrages entstandenen Schaden zu ersetzen.

Von einer Pfändung oder einer sonstigen Beeinträchtigung durch Dritte muss der Käufer den Verkäufer unverzüglich benachrichtigen. Be- und Verarbeitung erfolgen für den Verkäufer unter Ausschluss des Eigentumserwerbs nach §950 BGB, ohne den Verkäufer zu verpflichten.

Die verarbeitete Ware dient zur Sicherung des Verkäufers in Höhe des Rechnungswertes der Vorbehaltsware. Bei Verarbeitung mit anderen, nicht dem Verkäufer gehörenden Waren durch den Käufer, steht dem Verkäufer das Miteigentum an der neuen Sache zu im Verhältnis des Wertes der Vorbehaltsware zu den anderen verarbeiteten Waren zur Zeit der Verarbeitung. Für die aus der Verarbeitung entstehende neue Sache gilt sonst das gleiche wie bei der Vorbehaltsware, sie gilt als Vorbehaltsware im Sinne dieser Bedingungen.

Der Käufer darf das Eigentum des Verkäufers nur im gewohnten Geschäftsverkehr und nur solange er nicht im Verzuge ist und das Rückholrecht nicht ausgeübt worden ist, verarbeiten und veräußern; eine Verpfändung, Sicherungsübereignung oder sonstige Verfügung ist ausgeschlossen. Der Käufer ist zum Weiterverkauf und zur Weiterveräußerung der Vorbehaltsware ferner nur mit der Maßgabe berechtigt und ermächtigt, dass die Kaufpreisforderung aus dem Weiterverkauf gemäß folgender Bestimmungen auf den Verkäufer übergeht.

Die Forderung des Käufers gegen einen Dritten aus dem Weiterverkauf der Vorbehaltsware oder einem sonstigen Rechtsgrund wird bereits vorab an den Verkäufer abgetreten, und zwar gleichgültig, ob die Vorbehaltsware ohne oder nach Verarbeitung und ob sie an einen oder mehrere Abnehmer weiterverkauft wird oder der Anspruch gegen den Dritten auf sonstige Weise begründet wird. Der Käufer ist auch nach der Abtretung der Forderung zum Forderungseinzug berechtigt, solange er sich vertragstreu verhält und keine Zahlungsunfähigkeit vorliegt. Die abgetretene Forderung dient dem Verkäufer zur Sicherung in Höhe des Wertes der jeweils verkauften Vorbehaltsware. Für den Fall, dass die Vorbehaltsware vom Käufer mit anderen, nicht dem Verkäufer gehörenden Waren, sei es

ohne, sei es nach Verarbeitung, verkauft wird, gilt die Abtretung der Kaufpreisforderung nur in der Höhe des Wertes der Vorbehaltsware, die mit anderen Waren Gegenstand dieses Kaufvertrages oder Teil des Kaufgegenstandes ist.

Der Käufer ist verpflichtet, dem Verkäufer auf Verlangen die der Abtretung unterliegenden Forderungen und deren Schuldner bekannt zugeben, alle zum Einzug erforderlichen Angaben zu machen und die dazugehörenden Unterlagen auszuhändigen. Auf Verlangen des Verkäufers ist der Käufer verpflichtet, die Abtretung dem Drittkäufer zur Zahlung an den Verkäufer bekannt zugeben. Kommt der Käufer dem Verlangen des Verkäufers nicht unverzüglich nach, so ist der Verkäufer berechtigt, die Abtretung dem Schuldner anzuzeigen und Zahlung an sich zu verlangen.

Übersteigt der Wert der für den Verkäufer bestehenden Sicherheiten dessen Forderung insgesamt um mehr als 20%, so ist der Verkäufer auf Verlangen des Käufers insoweit zur Freigabe von Sicherheiten nach Wahl des Verkäufers verpflichtet.

§ 13 AUSFUHR- UND EINFUHRGENEHMIGUNGEN

Das Gesuch für Aus- und Einfuhrgenehmigung ist vom Verkäufer bzw. Käufer einzureichen. Die Kosten hierfür sowie Aus- und Einfuhrzoll und Abgaben und Gebühren, die für die Ausfuhr oder Einfuhr der Ware zu bezahlen sind, sind vom Verkäufer bzw. Käufer zu tragen.

Wenn eine Partei, die das Gesuch um Lizenz eingereicht hat, die Genehmigung spätestens an dem im Vertrag genannten Termin nicht erhalten hat, ist sie berechtigt, den Vertrag bei sofortiger Benachrichtigung der anderen Partei zu annullieren.

Wenn eine Partei spätestens am vorgenannten Tage trotz Anfrage der anderen Partei nicht mitgeteilt hat, dass die erforderliche Genehmigung bewilligt ist, ist die letztgenannte Partei berechtigt, ohne Haftung für Schadensersatz bei sofortiger Benachrichtigung der anderen Partei den Vertrag zu annullieren.

Wenn die erforderliche Genehmigung der einen Partei abgeschlagen oder wenn die erteilte Genehmigung vor der Verschiffung widerrufen worden ist, hat diese Partei die andere hiervon telegrafisch/fernschriftlich/per Fax in Kenntnis zu setzen. Jede Partei ist dann berechtigt, den Vertrag schriftlich zu annullieren.

§ 14 ANNAHMEVERWEIGERUNG

Der Käufer hat das Recht, die Ware zur Verfügung zu stellen und die in dem Vertrag vereinbarte Zahlung zu verweigern, nur wenn eine andere als im Vertrag vereinbarte Holzart oder Spezifikation (Dimension und/oder Qualitätsklasse) geliefert wurde. Das Zahlungsverweigerungsrecht des Käufers bezieht sich nur auf diesen fehlerhaften Teil der Lieferung.

§ 15 REKLAMATIONEN

Reklamationen müssen, um gültig zu sein, unverzüglich nach Entdeckung des Mangels, spätestens jedoch innerhalb von 30 Kalendertagen, bei Waggon- und LKW-Lieferung bis zu einem Kontraktvolumen von 200 m3 innerhalb von 14 Kalendertagen, beim Verkäufer oder dessen Agenten angemeldet werden. Bei versteckten Mängeln, wozu auch Mängel in geschlossenen Paketen zählen, die bei der handelsüblichen Untersuchung nicht erkennbar waren, gilt eine Frist von 90 Kalendertagen. Die Anzeige muss unverzüglich nach der Entdeckung gemacht werden, anderenfalls gilt die Ware auch in Ansehung dieses Mangels als genehmigt.

Die Reklamationsfrist beginnt mit dem vollständigen Löschen des Schiffes, des LKWs oder des Waggons; bei Abladungen, die für die Rheinhäfen oder andere Binnenhäfen bestimmt sind, ist maßgebend der Zeitpunkt des vollständigen Löschens der Leichter.

Bei spezialgetrockneter Ware beträgt die Frist für Reklamationen, die sich auf den Feuchtigkeitsgehalt beziehen, 7 Kalendertage, bei Partien ab 1000 m3 14 Kalendertage.

Die Anmeldung jeder Reklamation muss Angaben über die betroffenen Dimensionen, Art und Ausmaß der angetroffenen Fehler sowie die geschätzte Höhe der Forderung des Käufers enthalten.

Der Käufer ist gehalten, die Ware mit der gebührenden Sorgfalt aufzubewahren.

Wenn frische Ware gekauft wurde, ist der Käufer nicht berechtigt, Reklamationen bezüglich des Trockenheitsgrades und daraus resultierender Verfärbungen zu erheben, sofern der Verkäufer unmittelbar nach Produktion die Versandbereitschaft angezeigt hat.

Reklamationen bezüglich der Qualität können für einzelne Posten oder Teilposten der Ladung erhoben werden. Als Posten gilt ein Konnossement; als Teilposten gilt alle Ware gleicher Dimension, Qualität und Beschreibung eines Konnossements. Reklamierte Posten oder Teilposten dürfen nicht angebrochen werden. Posten oder Teilposten werden als unangebrochen bezeichnet, wenn sie in der Gesamtheit wie entladen den Arbitern und dem Obmann vorgewiesen werden können.

Falls die Reklamationen den Trockenheitsgrad oder die Bläue betreffen, kann der Käufer frei über diejenige Ware verfügen, die von der Reklamation nicht betroffen wird. Die Reklamation kann nur die Menge umfassen, die den Arbitern und dem Obmann vorgewiesen werden kann.

§ 16 ARBITRAGE BEI VERLADENER BZW. VERSCHIFFTER WARE

Alle aus dem Vertrag herrührenden Streitigkeiten über verladene bzw. verschiffte Ware sind im Wege der Arbitrage zu schlichten, falls sich die Parteien über Reklamationen und/oder sonstige Streitfragen nicht innerhalb von 15 Kalendertagen, gerechnet vom Tage des Reklamationsempfangs oder Mitteilung der nach Auffassung der Partei zu klärenden Fragen, gütlich einigen. Die Parteien können die Frist zur gütlichen Einigung im gegenseitigen Einvernehmen verlängern. Kann eine gütliche Einigung innerhalb dieses Zeitraumes nicht erzielt werden, müssen die Parteien binnen weiterer 7 Kalendertage die Schlichtung entweder einem gemeinsam gewählten Arbiter übertragen oder, falls sie sich über die Person eines einzigen Arbiters nicht einigen können, jede für sich einen Arbiter bestimmen und dessen Namen und Anschrift der anderen Partei mitteilen. Als Parteien im Sinne dieser Regelung gelten der Verkäufer oder sein Repräsentant einerseits und der Käufer andererseits.

Falls der Käufer es unterlässt, den Arbiter innerhalb dieser Frist zu benennen, wird der Arbiter auf Verlangen der nicht im Verzuge befindlichen Partei vom Gesamtverband Holzhandel (BD Holz — VDH) e.V. ernannt. Falls der Verkäufer es unterlässt, den Arbiter innerhalb dieser Frist zu benennen, wird der Arbiter auf Verlangen der nicht im Verzuge befindlichen Partei im Falle eines im Falle eines finnischen Verkäufers vom Verband der Finnischen Forstindustrie (FFIF), eines schwedischen Verkäufers von dem Verein Schwedischer Holzexporteure (STEF) und im Falle eines norwegischen Verkäufers vom Verband der Norwegischen Sägeindustrie (NSIA), ernannt. Die Verbände können von der säumigen Partei Gebühren für den Fall verlangen, dass sie aufgefordert werden, Arbiter zu benennen. Sämtliche Arbitrageurteile sollten den Verbänden zur Kenntnis gegeben werden. Die Verbände verpflichten sich zur Wahrung der Anonymität der beteiligten Parteien Dritten gegenüber.

Die Arbiter haben unverzüglich, spätestens jedoch innerhalb von drei Tagen, nachdem sie die Anzeige von ihrer Ernennung erhalten haben, mitzuteilen, ob sie das Schiedsrichteramt übernehmen.

Verweigert ein Arbiter die Übernahme des Arbiteramtes oder verweigert er später die Ausführung des Arbiteramtes, stirbt er oder fällt er aus einem anderen Grunde aus, so hat die Partei, die ihn ernannt hat, einen anderen Arbiter zu bestellen; Absatz 2 findet hierauf entsprechende Anwendung.

Die Arbiter müssen Holzfachleute sein, soweit es sich um Streitigkeiten handelt, die fachliche Kenntnisse erfordern.

Die Arbiter haben die Besichtigung der Ware, sofern dieses nicht als unnötig erachtet wird, sobald wie möglich vorzunehmen und spätestens 14 Kalendertage nach ihrer Ernennung entweder den Schiedsspruch auszufertigen und beiden Parteien unverzüglich zuzustellen oder mangels Einigung einen Obmann zu ernennen. Einigen sie sich über dessen Person nicht, so bestimmt jeder der Arbiter einen Namen aus der Obmännerliste, und die beiden Arbiter oder ihre bevollmächtigten Vertreter losen über diesen Namen und setzen den Ausgelosten unverzüglich in Kenntnis. Diese Mitteilung ist die Ernennung. Kommt ein Arbiter den vorstehenden Verpflichtungen nicht nach, so wählt und lost an seiner Statt die Organisation der Gegenpartei. Steht der ausgeloste Obmann nicht zur Verfügung, so bestimmt der bei der Auslosung obsiegende Arbiter bzw. die Organisation den Obmann aus der Obmännerliste.

Die Obmännerliste wird gemeinsam von FFIF, STEF und NSIA einerseits und dem Gesamtverband Holzhandel (BD Holz — VDH) eV. andererseits aufgestellt und enthält 20 Namen, je fünf Personen benennen die Exporteure und fünf der Gesamtverband Holzhandel (BD Holz — VDH) eV. Die Liste kann vor dem 1. Mai eines jeden Jahres überprüft werden.

Bei Arbitragen über finnische Ware erfolgt die Verlosung unter den von deutscher und finnischer Seite benannten Personen der Obmännerliste, bei schwedischer Ware unter den von' deutscher und schwedischer Seite benannten Personen und bei norwegischer Ware unter den von deutscher und norwegischer Seite benannten Personen.

Der Obmann trifft seine Entscheidung allein binnen einer Frist von 14 Kalendertagen nach seiner Ernennung und stellt den Schiedsspruch beiden Parteien unverzüglich zu.

Die Arbiter und der Obmann haben die beanstandete Ware so bald wie möglich, spätestens jedoch im Zeitpunkt der Ausfertigung des Schiedsspruchs, zur weiteren Verwendung freizugeben.

§ 17 ARBITRAGE BEI UNVERLADENER BZW. UNVERSCHIFFTER WARE

Alle aus dem Vertrag herrührenden, aber nicht unter § 16 fallenden Streitigkeiten, über die sich die Parteien nicht gütlich einigen, sind ebenfalls im Wege der Arbitrage zu schlichten. Das Verfahren ist das gleiche wie unter § 16 dargestellt, jedoch mit folgenden Abweichungen:

Einigen sich die Arbiter über die Person des Obmannes nicht, so soll von den Arbitern ausgelost werden, welche Organisation der beiden Parteien den Obmann ernennen soll. Der Obmann soll eine besondere Eignung für die Entscheidung des betreffenden Streitfalles haben und braucht nicht eine von den in der Obmännerliste lt. § 16 genannten Personen zu sein.

Der Obmann ist berechtigt, alle Maßnahmen zu treffen, die der Klärung des Sachverhalts dienlich sind, wie z.B. gemeinsame Beratung mit den Arbitern, Anforderung eines unparteilichen Gutachtens, Anordnung eines Lokaltermins usw.

§ 18 ARBITRAGE BEI VERLADENER BZW. VERSCHIFFTER UND UNVERLADENER BZW. UNVERSCHIFFTER WARE

Betrifft eine Streitigkeit sowohl verschiffte als auch unverschiffte Ware, so wird sie nach § 17 geschlichtet.

§ 19 SOLOARBITRAGE

Bezieht die Reklamation sich auf nicht mehr als auf einen Doppelwaggon oder zwei LKW-Ladungen, so findet Soloarbitrage statt. Einigen sich die Parteien nicht über die Person eines einzigen Arbiters, so wird der Arbiter vom Gesamtverband Holzhandel (BD Holz — VDH) e.V. im Benehmen mit FFIF im Falle eines finnischen Verkäufers, mit STEF im Falle eines schwedischen Verkäufers und im Benehmen mit NSIA im Falle eines norwegischen Verkäufers aus der Arbiterliste ernannt. Diese wird vom Gesamtverband Holzhandel (BD Holz — VDH) e.V. im Einvernehmen mit FFIF, STEF und NSIA aufgestellt und enthält mindestens acht Namen. Die Soloarbitrage sollte aus Kostengründen von einem unabhängigen Arbiter mit Wohnsitz in dem Land durchgeführt werden, in dem der Reklamationsfall zu regeln ist. Einigen sich die Vereine nicht auf einen Arbiter, entscheidet das Los. Im übrigen finden die Vorschriften des § 16 entsprechend Anwendung.

§ 20 RECHTSKRAFT DER ARBITRAGE-ENTSCHEIDUNG

Die nach den § 16 — 19 getroffene schiedsgerichtlichen Entscheidungen sind endgültig und für beide Parteien bindend. Zuständiges Gericht im Sinne der Zivilprozessordnung ist das Oberlandesgericht Bremen, außer für in Finnland, Schweden und Norwegen nach Germania 98 durchgeführte Schiedsverfahren.

§ 21 VERTEILUNG DER ARBITRAGEKOSTEN

Die Arbiter sind berechtigt und verpflichtet, eine Kostenentscheidung zu treffen. Die Arbitragekosten werden im prozentualen Verhältnis entsprechend dem Urteil auf die Parteien verteilt. Dabei ist angemessen zu berücksichtigen, inwieweit sich die einzelnen Parteien um eine gütliche Einigung bemüht haben.

§ 22 ZAHLUNG VON REKLAMATIONSBETRÄGEN

Zahlungsverpflichtungen aufgrund von Reklamationen, die durch freundschaftliche Einigung oder durch Arbitrageurteil festgelegt werden, sind innerhalb von 10 Kalendertagen nach Eingang der Debet-Note bei freundschaftlicher Einigung oder nach Zustellung des Arbitrageurteils zu erledigen

§ 23 ZAHLUNGSBEDINGUNGEN

1. Alle Zahlungsbedingungen werden ab dem letzten Datum der Abgangstransportdokumente gerechnet. Bei approximativen Rechnungen ist das Datum des Poststempels maßgeblich.
2. Alle Rechnungen sind innerhalb von 30 Kalendertagen netto ohne Abzug zu zahlen.
3. Bei einer Zahlung innerhalb von 12 Kalendertagen werden 2,5% Skonto gewährt, bei Schiffsverladungen auf den FAS-Preis, bei Waggonverladungen auf den Preis ab Verladestation und bei LKW-Verladungen auf den Preis ab Sägewerk.
4. Die Zahlungen sollen zwei Tage vorher erfolgen, so dass der Zahlungseingang innerhalb der genannten Fristen erfolgt.
5. Im Falle des Verzuges hat die säumige Partei Verzugszinsen von 5% p.a. über dem Basiszinssatz zu zahlen.
6. Reklamationen berechtigen nicht zum Einbehalten von Zahlungen soweit in diesen Bedingungen nicht anderes bestimmt ist.

Anlage 1: Empfehlungen für das Messen des Feuchtigkeitsgehalts

1. In diesen Empfehlungen wird die Methode definiert, mit der festgestellt wird, ob Nadelschnittholz-Partien kontraktgemäß getrocknet worden sind.

2. Es wird empfohlen, dass die Feuchtigkeit durch elektrische Messgeräte bestimmt wird, da dies eine wirtschaftliche Methode für die Bestimmung der Holzfeuchtigkeit darstellt. Wenn Käufer und/oder Verkäufer eine Feuchtigkeitsbestimmung durch die Darrmethode wünschen, ist 130/015 4470 zu berücksichtigen.

3. Die folgenden Bestimmungen beinhalten eine Stichproben-Untersuchung, die auf statistischen Wahrscheinlichkeitsberechnungen beruht.

4. Bei der Untersuchung eines Schnittholzpakets sind die äußersten Stücke des Pakets außer acht zu lassen.

5. Für die Bestimmung des Feuchtigkeitsgehalts ist ein elektrisches Widerstands-Feuchtigkeits-Messgerät mit wenigstens 25 mm langen isolierten Elektroden zu verwenden. Die Stärke des Messgeräts soll der zu messenden Holzart entsprechen, damit sich die Temperatur in angemessenen Grenzen bewegt und damit sichergestellt wird, dass jede einzelne Messung nicht mehr als 2% vom effektiven Feuchtigkeitsgehalt abweicht, d.h., wenn die effektive Feuchtigkeit 16% ausmacht, sollte das Messgerät immer Werte zwischen 14 und 18% angeben.

6. Pakete sollten aus den Partien und einzelne Stücke sollten aus den Paketen nach zufälligen Gesichtspunkten zur Prüfung entnommen werden. Die Anzahl der zu prüfenden Pakete in eine/r Partie ist in Tabelle 1 aufgeführt; die Gesamtzahl der zu prüfenden Stücke ist in Tabelle II angegeben. Von jedem Paket sollte etwa der gleiche Prozentsatz an Stücken entnommen werden.

Tabelle 1

Anzahl der Pakete der Partie	Anzahl der zu öffnenden Pakete
1	1
2-5	2
6-11	3
12 und mehr	4

Tabelle II

Anzahl der Stücke einer Partie	Anzahl der zu untersuchenden Stücke	Anzahl der Probestücke, die den zulässigen Feuchtigkeitsgehalt überschreiten dürfen
20 - 32	19	1
33 - 50	30	2
51 - 77	40	3
78 - 120	51	4
121 - 198	62	5
199 - 386	72	6
387 - 1 500	83	7
1 501 und mehr	94	8

7. Vier Feuchtigkeitsmessungen sind an jedem einzelnen Probestück durchzuführen: Zwei auf jeder Seite. Die beiden Messungen auf jeder Seite sind ungefähr in der Mitte des Probestücks durchzuführen, und zwar etwa 10-15 mm voneinander entfernt. Die Messungen sollten nicht in der Nähe von Asten oder Holzfehlern durchgeführt werden.

8. Bei der Messung sollten die Elektroden in eine Tiefe von 20% der Dicke des Probestückes eindringen. Wenn Messgeräte zur Kontrolle der Tiefe des Eindringens der Elektroden benutzt werden, sollten diese aus einem Material bestehen, dass das Resultat nicht beeinflusst, z.B. aus Gummi oder Plastik.

9. Von den ermittelten Werten werden der höchste und der niedrigste Wert nicht berücksichtigt. Der Durchschnitt der beiden anderen Messungen wird - auf eine ganze Zahl abgerundet - als Feuchtigkeitsgehalt des Probestückes angesehen.

10. Es ist zu berücksichtigen, dass Schnittholz mit einem Feuchtigkeitsgehalt von weniger als 20% häufig geringere Dimensionen aufweist als in der Spezifikation angegeben ist, da die Einschnittmaße im allgemeinen auf einem Feuchtigkeitsgehalt von 20% basieren. Empfehlungen für die Berechnung der Abweichungen bei einem anderen Feuchtigkeitsgehalt werden in 130 738-1981 (E) „Coniferous sawn timber - Sizes Permissible deviations and shrinkage" gegeben.

Herausgeber:
Gesamtverband Holzhandel (BD Holz — VDH) e.V. Rostocker Straße 16, 65191 Wiesbaden

Tel.: 0611 5069—0 Fax: 0611 506969 E-Mail: bdholz@bdholz.de
Internet: http://www.holzhandel.de

Anhang 2: Fragebögen für die qualitativen Interviews

Anhang 2a: Fragebogen für die hierarchischen bzw. marktlichen Unternehmungen

Fragebogen zur Ermittlung der Gründe unterschiedlicher Vertriebswege für nordisches Nadelschnittholz

Kurzvorstellung des Forschungsvorhabens

Eingegliedert in ein Forschungsprojekt der Universität Hamburg zum nordischen Holzmarktgeschehen soll anhand einer Doktorarbeit untersucht werden, warum nordisches Nadelschnittholz über unterschiedliche Kanäle (Verkaufsbüros, Holzagenturen, Importgroßhändler/Streckengeschäftsabteilungen) an die/das holzverarbeitende Industrie/Gewerbe in Deutschland verkauft wird.

Wirtschaftswissenschaftliche Forschungen besagen, dass es vor allem von der Höhe der jeweiligen Kosten (sogenannte Transaktionskosten) abhängig ist, für welchen Vertriebsweg sich ein Unternehmen entscheidet.

Um diese Aussagen anhand der Realität überprüfen zu können, werden diese Kosten in Form unterschiedlicher Dimensionen (sogenannte Transaktionsdimensionen wie z.B. Art und Intensität der Zusammenarbeit, Beziehungen zwischen den Geschäftspartnern, Verkaufsmenge, Marktsituation etc.) in messbare Größen überführt. Die Wirtschaftstheorie vermutet nun, dass, je stärker diese Dimensionen ausgeprägt sind, desto eher ein Unternehmen dazu neigt, seine Produkte über ein eigenes Verkaufsbüro zu verkaufen und umgekehrt.

Der vorliegende Fragebogen soll nun mit Ihrer Hilfe ermitteln, ob die Vermutungen dieser Wirtschaftstheorie auch für den Vertrieb von nordischem Nadelschnittholz aus Skandinavien nach Deutschland zutreffend sind.

ERSTER TEIL: ALLGEMEINE FRAGEN

1. Bitte ordnen Sie Ihr Unternehmen in das folgende Schema ein.

1/ 1 ☐ *Verkaufsbüro eines skandinavischen Forstunternehmens für nordisches Nadelschnittholz*
2 ☐ *Importgroßhändler bzw. Streckengeschäftsabteilung für nordisches Nadelschnittholz*
3 ☐ *Holzimportagentur für nordisches Nadelschnittholz*

2. Welche Position nehmen Sie als antwortende Person in Ihrem Unternehmen ein?

2/ 1 ☐ *Abteilungsleiter für den Verkauf von nordischem Nadelschnittholz*
2 ☐ *Unternehmensinhaber*
3 ☐ *Zuständiger Mitarbeiter für den Verkauf von nordischem Nadelschnittholz*

3. In welcher Größenordnung vertreibt Ihr Unternehmen skandinavisches Nadelschnittholz pro Jahr nach Deutschland?

3/ 1 ☐ *bis 10.000 cbm/Jahr*
2 ☐ *10.000 - 25.000 cbm/Jahr*
3 ☐ *25.000 - 50.000 cbm/Jahr*
4 ☐ *50.000 - 100.000 cbm/Jahr*
5 ☐ *mehr als 100.000 cbm/Jahr*

4. Arbeiten Sie in Skandinavien mit mehren Sägewerken/Abladern zusammen?

4/ **1** ☐ *Ja, wir arbeiten mit mehreren Sägewerken/Abladern zusammen! Anzahl*:
2 ☐ *Nein, wir vertreiben Schnittholz nur von einem einzigen Sägewerk/Ablader!*

5. Falls Sie die Frage 4 mit „Ja" beantwortet haben, unterscheidet sich die Intensität der Zusammenarbeit mit den unterschiedlichen Sägewerken?

5/ 1 ☐ *Ja, die Intensität der Zusammenarbeit zwischen uns und den jeweiligen Sägewerken unterscheidet sich!*
2 ☐ *Nein, die Intensität der Zusammenarbeit zwischen uns und den jeweiligen Sägewerken unterscheidet sich nicht!*

ZWEITER TEIL: SPEZIELLE FRAGEN NR. 1
OFFENER FRAGENTEIL

Persönliche Einschätzung des Interviewpartners über die Wahl des skandinavischen Partner- bzw. Mutterunternehmens für die jeweilige Distributionsform

Nachfolgende Fragen sollen Ihre persönliche Einschätzung ermitteln, warum Ihre skandinavischen Partnerunternehmen Ihr Unternehmen für den Vertrieb seines nordischen Nadelschnittholzes gewählt haben.

6. **Aus welchen Gründen hat/haben sich Ihrer persönlichen Einschätzung nach ihr(e) skandinavischer(n) Partner dazu entschlossen, das Nadelschnittholz über den Distributionsweg, den Sie vertreten (Verkaufsbüros/Agenturen/Importgroßhändler bzw. Streckengeschäftsabteilungen) nach Deutschland zu verkaufen?**

---

7. **Erfolgt die Distribution von Nadelschnittholz von Ihrem(n) skandinavischen Partner(n) auch über eine der anderen Distributionsformen (Verkaufsbüros/Agenturen/Importgroßhändler bzw. Streckengeschäftsabteilungen) z.B. in anderen Ländern? Falls ja, welche Gründe sprechen Ihrer Meinung nach für diese unterschiedliche Herangehensweise (Gleichzeitige Nutzung unterschiedlicher Vertriebswege des(r) Sägewerks(e))?**

---

8. **Was glauben Sie, aus welchen Gründen sich andere skandinavische Lieferanten, für einen jeweils anderen Distributionsweg (Verkaufsbüros/Agenturen/Importgroßhändler bzw. Streckengeschäftsabteilungen) als den Ihrigen entschieden haben?**

---

9. **Was glauben Sie, worin sich die alltägliche Arbeit beim Vertrieb von nordischem Nadelschnittholz in Ihrem Unternehmen im Vergleich zu den jeweilig anderen Distributionsformen (Verkaufsbüros/Agenturen/Importgroßhändler bzw. Streckengeschäftsabteilungen) unterscheidet (Arbeitsweise, Anforderungen, Anspruch usw.)?**

DRITTER TEIL: SPEZIELLE FRAGEN NR. 2
FRAGEN ZU DEN TRANSAKTIONSDIMENSION

Fragenteil für Verkaufsbüros und Importgroßhändler bzw. Streckengeschäftsabteilungen

Im folgenden werden eine Reihe von Aussagen aufgeführt, anhand denen ermittelt werden soll, in welcher Art und Weise die Distribution von nordischem Nadelschnittholz bei Ihrem(n) skandinavischen Partner-/Mutterunternehmen abgewickelt wird.

10. Aussagen zur Faktorspezifität

Bitte äußern Sie für die folgenden Aussagen den Grad Ihrer Zustimmung:
(0)= „Aussage trifft nicht zu“ (1)= „Aussage trifft weniger zu“ (2)= „Aussage trifft eher zu“ (3)= „Aussage trifft voll zu“

10/	***Aussage:***	**0**	**1**	**2**	**3**
/1	*Es ist wichtig für unser(e) skandinavisches(n) Partner-/Mutterunternehmen, dass wir genaue Kenntnisse über die Produkte, Produktionsabläufe, Produktionszeiten, Produktionsprozesse sowie Produktionstermine der jeweiligen Holzarten sowie der produzierten Dimensionen usw. besitzen!*	☐	☐	☐	☐
/2	*Es ist wichtig für unser(e) skandinavisches(n) Partner-/Mutterunternehmen, dass wir regelmäßig und umfassend informiert sind über auftretende Probleme und Schwierigkeiten innerhalb des Produktionsprozesses, um beim Verkauf entsprechend darauf reagieren zu können!*	☐	☐	☐	☐
/3	*Bei unserem(n) skandinavischen Partner-/Mutterunternehmen gibt es interne Fachschulungen, bei denen wir teilnehmen können, um über die Produkte bzw. sonstige unternehmensinterne Neuerungen informiert zu werden!*	☐	☐	☐	☐
/4	*Wir kennen bei unserem(n) skandinavischen Partner-/Mutterunternehmen die verantwortlichen Personen hinter dem Verkaufspersonal persönlich (Rundholzeinkäufer, Produktionschef, Exportverkäufer in andere Märkte, Verwaltungspersonal etc.)!*	☐	☐	☐	☐
/5	*Wir haben bei unserem(n) skandinavischen Partner-/Mutterunternehmen die Möglichkeit, Einfluss auf die Neuentwicklung von Produkten sowie deren Vermarktung zu nehmen!*	☐	☐	☐	☐
/6	*Wir besitzen bei unserem(n) skandinavischen Partner-/Mutterunternehmen Einflussmöglichkeiten auf Werbe- und Marketingstrategien bis hin zur Preisbildung!*	☐	☐	☐	☐
/7	*Wir beteiligen uns an Marketingveranstaltungen unseres(r) skandinavischen Partner-/ Mutterunternehmen(s), wie z.B. Holzfachmessen!*	☐	☐	☐	☐
/8	*Wir haben von hier aus direkten Zugang in das Computersystem unseres(r) skandinavischen Partner-/ Mutterunternehmen(s) um z.B. Informationen über verfügbare Lagerware oder den aktuellen Lieferstatus zu erhalten!*	☐	☐	☐	☐
/9	*Wir sind von hier aus über das allgemeine Maß (Internet) hinaus mit unserem(n) skandinavischen Partner-/Mutterunternehmen vernetzt, z.B. durch SAP o.ä., so dass z.B. Kontrakte, die hier ins Computersystem eingegeben werden, sofort überall eingesehen und entsprechend weiterbearbeitet werden können!*	☐	☐	☐	☐

11. Aussagen zur Unsicherheit

Bitte äußern Sie für die folgenden Aussagen den Grad Ihrer Zustimmung:
(0)= „Aussage trifft nicht zu" (1)= „Aussage trifft weniger zu" (2)= „Aussage trifft eher zu" (3)= „Aussage trifft voll zu"

11/	***Aussage:***	**0**	**1**	**2**	**3**
/1	*Wir leiten markt- bzw. produktrelevante Informationen im großen Umfang an unser(e) skandinavisches(n) Partner-/Mutterunternehmen weiter, damit diese(s) über die jeweilige Marktsituation möglichst umfassend informiert ist/sind!*	☐	☐	☐	☐
/2	*Wir erstellen für unser(e) skandinavisches(n) Partner-/Mutterunternehmen regelmäßig Marktberichte über die aktuellen, sowie Marktprognosen über die anstehenden Verkaufsperioden!*	☐	☐	☐	☐

12. Aussage zur Häufigkeit

Bitte äußern Sie für die folgende Aussage den Grad Ihrer Zustimmung:
(0)= „Aussage trifft nicht zu" (1)= „Aussage trifft weniger zu" (2)= „Aussage trifft eher zu" (3)= „Aussage trifft voll zu"

12/	**Aussage:**	**0**	**1**	**2**	**3**
/1	*Der Grund, warum unser(e) skandinavisches(n) Partner-/Mutterunternehmen genau diesen Vertriebsweg für sein/ihr Nadelschnittholz gewählt hat liegt darin, weil es/sie erhofft(en), durch diese Form eine möglichst hohe Menge an Schnittholz absetzen zu können und umgekehrt befürchten müsste, diese Menge nicht über die jeweils anderen Distributionsformen (Verkaufsbüros/Agenturen/Importgroßhändler bzw. Streckengeschäftsabteilungen) verkaufen zu können!*	☐	☐	☐	☐
/2	*Bei unserem(n) skandinavischem(n) Partner-/Mutterunternehmen könnte ich mir theoretisch vorstellen, dass, wenn sich die Verkaufsmenge nach Deutschland deutlich ändert, es/sie ernsthaft darüber nachdenken könnte(n), das nordische Nadelschnittholz über eine jeweils andere Distributionsform (Verkaufsbüros/Agenturen/Importgroßhändler bzw. Streckengeschäftsabteilungen) zu vertreiben!*	☐	☐	☐	☐

13. Aussagen zur Transaktionsatmosphäre

Bitte äußern Sie für die folgenden Aussagen den Grad Ihrer Zustimmung:

(0)= „Aussage trifft nicht zu" (1)= „Aussage trifft weniger zu" (2)= „Aussage trifft eher zu" (3)= „Aussage trifft voll zu"

13/	Aussage:	0	1	2	3
	Soziokulturelle Faktoren:				
/1	*Unser(e) skandinavisches(n) Partner-/Mutterunternehmen befindet(n) sich überwiegend **NICHT** im Privateigentum (also ist/sind im Eigentum von Forstkonzernen)!*	☐	☐	☐	☐
/2	*Die persönliche Geschäftsbeziehung zwischen uns und dem(n) Geschäftsführer(n)/ Firmeninhaber(n) unseres(r) skandinavischen Partner-/Mutternunternehmen(s) ist **OHNE BEDEUTUNG** dafür, damit das Schnittholz über diesen Vertriebsweg verkauft wird. Würden die verantwortlichen Personen auf einer der beiden Seiten ausgetauscht werden, würde der Vertrieb höchstwahrscheinlich in gleicher(m) oder ähnlicher(m) Form und Umfang weitergehen!*	☐	☐	☐	☐
	Technische Faktoren:				
/3	*Die Übermittlung von Kontrakten, Dokumenten, Stocklisten, Informationen etc. zwischen unserem(n) skandinavischen Partner-/ Mutterunternehmen und uns geschieht überwiegend in digitaler (Excel, Word, PDF Dateien) und nicht mehr in herkömmlicher Form manuell (z.B. per Fax, Post)!*	☐	☐	☐	☐

Vielen herzlichen Dank für Ihre Mitarbeit!

Anhang 2b: Fragebogen für die hybriden Unternehmungen

Fragebogen zur Ermittlung der Gründe unterschiedlicher Vertriebswege für nordisches Nadelschnittholz

Kurzvorstellung des Forschungsvorhabens

Eingegliedert in ein Forschungsprojekt der Universität Hamburg zum nordischen Holzmarktgeschehen soll anhand einer Doktorarbeit untersucht werden, warum nordisches Nadelschnittholz über unterschiedliche Kanäle (Verkaufsbüros, Holzagenturen, Importgroßhändler/Streckengeschäftsabteilungen) an die/das holzverarbeitende Industrie/Gewerbe in Deutschland verkauft wird.

Wirtschaftswissenschaftliche Forschungen besagen, dass es vor allem von der Höhe der jeweiligen Kosten (sogenannte Transaktionskosten) abhängig ist, für welchen Vertriebsweg sich ein Unternehmen entscheidet.

Um diese Aussagen anhand der Realität überprüfen zu können, werden diese Kosten in Form unterschiedlicher Dimensionen (sogenannte Transaktionsdimensionen wie z.B. Art und Intensität der Zusammenarbeit, Beziehungen zwischen den Geschäftspartnern, Verkaufsmenge, Marktsituation etc.) in messbare Größen überführt. Die Wirtschaftstheorie vermutet nun, dass, je stärker diese Dimensionen ausgeprägt sind, desto eher ein Unternehmen dazu neigt, seine Produkte über ein eigenes Verkaufsbüro zu verkaufen und umgekehrt.

Der vorliegende Fragebogen soll nun mit Ihrer Hilfe ermitteln, ob die Vermutungen dieser Wirtschaftstheorie auch für den Vertrieb von nordischem Nadelschnittholz aus Skandinavien nach Deutschland zutreffend sind.

ERSTER TEIL: ALLGEMEINE FRAGEN

1. Bitte ordnen Sie Ihr Unternehmen in das folgende Schema ein.

1/	1 ☐	*Verkaufsbüro eines skandinavischen Forstunternehmens für nordisches Nadelschnittholz*
	2 ☐	*Importgroßhändler bzw. Streckengeschäftsabteilung für nordisches Nadelschnittholz*
	3 ☐	*Holzimportagentur für nordisches Nadelschnittholz*

2. Welche Position nehmen Sie als antwortende Person in Ihrem Unternehmen ein?

2/	1 ☐	*Abteilungsleiter für den Verkauf von nordischem Nadelschnittholz*
	2 ☐	*Unternehmensinhaber*
	3 ☐	*Zuständiger Mitarbeiter für den Verkauf von nordischem Nadelschnittholz*

3. In welcher Größenordnung vertreibt Ihr Unternehmen skandinavisches Nadelschnittholz pro Jahr nach Deutschland?

3/	1 ☐	*bis 10.000 cbm/Jahr*
	2 ☐	*10.000 - 25.000 cbm/Jahr*
	3 ☐	*25.000 - 50.000 cbm/Jahr*
	4 ☐	*50.000 - 100.000 cbm/Jahr*
	5 ☐	*mehr als 100.000 cbm/Jahr*

4. Arbeiten Sie in Skandinavien mit mehren Sägewerken/Abladern zusammen?

4/	1 ☐	*Ja, wir arbeiten mit mehreren Sägewerken/Abladern zusammen! Anzahl:*
	2 ☐	*Nein, wir vertreiben Schnittholz nur von einem einzigen Sägewerk/Ablader!*

5. Falls Sie die Frage 4 mit „Ja" beantwortet haben, unterscheidet sich die Intensität der Zusammenarbeit mit den unterschiedlichen Sägewerken?

5/	1 ☐	*Ja, die Intensität der Zusammenarbeit zwischen uns und den jeweiligen Sägewerken unterscheidet sich!*
	2 ☐	*Nein, die Intensität der Zusammenarbeit zwischen uns und den jeweiligen Sägewerken unterscheidet sich nicht!*

ZWEITER TEIL: SPEZIELLE FRAGEN NR. 1
OFFENER FRAGENTEIL

Persönliche Einschätzung des Interviewpartners über die Wahl des skandinavischen Partner- bzw. Mutterunternehmens für die jeweilige Distributionsform

Nachfolgende Fragen sollen Ihre persönliche Einschätzung ermitteln, warum Ihre skandinavischen Partnerunternehmen Ihr Unternehmen für den Vertrieb seines nordischen Nadelschnittholzes gewählt haben.

6. **Aus welchen Gründen hat/haben sich Ihrer persönlichen Einschätzung nach ihr(e) skandinavischer(n) Partner dazu entschlossen, das Nadelschnittholz über den Distributionsweg, den Sie vertreten (Verkaufsbüros/Agenturen/Importgroßhändler bzw. Streckengeschäftsabteilungen) nach Deutschland zu verkaufen?**

7. **Erfolgt die Distribution von Nadelschnittholz von Ihrem(n) skandinavischen Partner(n) auch über eine der anderen Distributionsformen (Verkaufsbüros/Agenturen/Importgroßhändler bzw. Streckengeschäftsabteilungen) z.B. in anderen Ländern? Falls ja, welche Gründe sprechen Ihrer Meinung nach für diese unterschiedliche Herangehensweise (Gleichzeitige Nutzung unterschiedlicher Vertriebswege des(r) Sägewerks(e))?**

8. **Was glauben Sie, aus welchen Gründen sich andere skandinavische Lieferanten, für einen jeweils anderen Distributionsweg (Verkaufsbüros/Agenturen/Importgroßhändler bzw. Streckengeschäftsabteilungen) als den Ihrigen entschieden haben?**

9. **Was glauben Sie, worin sich die alltägliche Arbeit beim Vertrieb von nordischem Nadelschnittholz in Ihrem Unternehmen im Vergleich zu den jeweilig anderen Distributionsformen (Verkaufsbüros/Agenturen/Importgroßhändler bzw. Streckengeschäftsabteilungen) unterscheidet (Arbeitsweise, Anforderungen, Anspruch usw.)?**

DRITTER TEIL: SPEZIELLE FRAGEN NR. 2 B FRAGEN ZU DEN TRANSAKTIONSDIMENSION

Fragenteil für Holzimportagenturen

Im Folgenden werden eine Reihe von Aussagen getroffen, die ermitteln sollen, ob die Arbeitsweise in Ihrem Unternehmen beim Verkauf von nordischem Nadelschnittholz aus Skandinavien, eher in Richtung eines Verkaufsbüros oder eines selbständigen Holzhandelsunternehmens tendiert.

10. Aussagen zur Faktorspezifität

Bitte kreisen Sie an den Nummern (1-6) die Anzahl der Ablader ein, die Sie in diesem Fragebogen berücksichtigen. Bitte äußern Sie dann für die jeweiligen Aussagen den Grad Ihrer Zustimmung: (0)= „Aussage trifft nicht zu" (1)= „Aussage trifft weniger zu" (2)= „Aussage trifft eher zu" (3)= „Aussage trifft voll zu! Beantworten Sie bitte für jeden Ihrer Ablader die Aussagen separat.

10/	Aussage: Ablader Nr.	1	2	3	4	5	6
/1	*Wir besitzen bei unserem skandinavischen Ablader genaue Kenntnisse über die Produkte, Produktionsabläufe, Produktionszeiten, Produktionsprozesse sowie Produktionstermine der jeweiligen Holzarten sowie der produzierten Dimensionen usw.!*	☐	☐	☐	☐	☐	☐
/2	*Wir werden von unserem skandinavischen Ablader regelmäßig und umfassend über auftretende Probleme und Schwierigkeiten innerhalb des Produktionsprozesses informiert, um beim Verkauf entsprechend darauf reagieren zu können!*	☐	☐	☐	☐	☐	☐
/3	*Bei unserem skandinavischen Ablader gibt es interne Fachschulungen bei denen wir teilnehmen können, um über die Produkte bzw. sonstige unternehmensinterne Neuerungen informiert zu werden!*	☐	☐	☐	☐	☐	☐
/4	*Wir kennen bei unserem skandinavischen Ablader die verantwortlichen Personen hinter dem Verkaufspersonal persönlich (Rundholzeinkäufer, Produktionschef, Exportverkäufer in andere Märkte, Verwaltungspersonal etc.)!*	☐	☐	☐	☐	☐	☐
/5	*Wir haben bei unserem skandinavischen Ablader die Möglichkeit, Einfluss auf die Neuentwicklung von Produkten sowie deren Vermarktung zu nehmen!*	☐	☐	☐	☐	☐	☐
/6	*Wir besitzen bei unserem skandinavischen Ablader Einflussmöglichkeiten auf Werbe- und Marketingstrategien bis hin zur Preisbildung!*	☐	☐	☐	☐	☐	☐
/7	*Wir beteiligen uns an Marketingveranstaltungen unseres skandinavisches Abladers, wie z.B. Holzfachmessen!*	☐	☐	☐	☐	☐	☐
/8	*Wir haben von hier aus direkten Zugang in das Computersystem unseres skandinavischen Abladers um z.B. Informationen über verfügbarer Lagerware oder den aktuellen Lieferstatus zu erhalten!*	☐	☐	☐	☐	☐	☐
/9	*Wir sind von hier aus über das allgemeine Maß (Internet) hinaus mit unserem skandinavischen Ablader vernetzt z.B. durch SAP o.ä., so dass z.B. Kontrakte, die hier ins Computersystem eingegeben werden, sofort überall eingesehen und entsprechend weiterbearbeitet werden können!*	☐	☐	☐	☐	☐	☐

11. Aussagen zur Unsicherheit

Bitte kreisen Sie an den Nummern (1-6) die Anzahl der Ablader ein, die Sie in diesem Fragebogen berücksichtigen. Bitte äußern Sie dann für die jeweiligen Aussagen den Grad Ihrer Zustimmung: (0)= „Aussage trifft nicht zu“ (1)= „Aussage trifft weniger zu“ (2)= „Aussage trifft eher zu“ (3)= „Aussage trifft voll zu! Beantworten Sie bitte für jeden Ihrer Ablader die Aussagen separat.

11/	Aussage: Ablader Nr.	1	2	3	4	5	6
/1	*Wir leiten markt- bzw. produktrelevanten Informationen im großen Umfang an unseren skandinavischen Ablader weiter, damit dieser über die jeweilige Marktsituation möglichst umfassend informiert ist!*	☐	☐	☐	☐	☐	☐
/2	*Wir erstellen für unseren skandinavischen Ablader regelmäßig Marktberichte über die aktuellen sowie Marktprognosen über die anstehenden Verkaufsperioden!*	☐	☐	☐	☐	☐	☐

12. Aussage zur Häufigkeit

Bitte kreisen Sie an den Nummern (1-6) die Anzahl der Ablader ein, die Sie in diesem Fragebogen berücksichtigen. Bitte kreuzen Sie bei der Aussage 12/1 den Ablader entsprechend seiner Produktionskapazität an. Bitte äußern Sie dann für die Aussage 12/2 den Grad Ihrer Zustimmung: (0)= „Aussage trifft nicht zu“ (1)= „Aussage trifft weniger zu“ (2)= „Aussage trifft eher zu“ (3)= „Aussage trifft voll zu! Beantworten Sie bitte für jeden Ihrer Ablader die Aussagen separat.

12/	Aussage: Ablader Nr.	1	2	3	4	5	6
/1	*Bitte stufen Sie durch Ankreuzen den jeweiligen Ablader in nachfolgende Staffel entsprechend seiner Jahresproduktion an nordischem Nadelschnittholz ein:*						
	Bis 10.000 cbm Jahresproduktion	☐	☐	☐	☐	☐	☐
	10.000 - 25.000 cbm Jahresproduktion	☐	☐	☐	☐	☐	☐
	25.000 - 50.000 cbm Jahresproduktion	☐	☐	☐	☐	☐	☐
	50.000 - 100.000 cbm Jahresproduktion	☐	☐	☐	☐	☐	☐
	mehr als 100.000 cbm Jahresproduktion	☐	☐	☐	☐	☐	☐
/2	*Bei diesem skandinavischen Ablader könnte ich mir theoretisch vorstellen, dass er ab einer gewissen Verkaufsmenge nach Deutschland (z.B. ab 50.-80.000cbm/Jahr) ernsthaft darüber nachdenken könnte, ob er sein nordisches Nadelschnittholz über ein eigenes deutsches Verkaufsbüro vertreiben sollte!*	☐	☐	☐	☐	☐	☐

13. Aussagen zur Transaktionsatmosphäre

Bitte kreisen Sie an den Nummern (1-6) die Anzahl der Ablader ein, die Sie in diesem Fragebogen berücksichtigen. Bitte äußern Sie dann für die jeweiligen Aussagen den Grad Ihrer Zustimmung: (0)= „Aussage trifft nicht zu" (1)= „Aussage trifft weniger zu" (2)= „Aussage trifft eher zu" (3)= „Aussage trifft voll zu! Beantworten Sie bitte für jeden Ihrer Ablader die Aussagen separat.

13/	Aussage:	Ablader Nr. 1 2 3 4 5 6
	Soziokulturelle Faktoren:	
/1	*Die folgenden skandinavischen Ablader befinden sich **NICHT** im Privateigentum (also sind im Eigentum von Forstkonzernen)!*	☐☐☐☐☐☐
/2	*Die persönliche Geschäftsbeziehung zwischen uns und dem Geschäftsführer/Firmeninhaber unseres skandinavischen Abladers ist **OHNE BEDEUTUNG** dafür, damit das Schnittholz über diesen Vertriebsweg verkauft wird. Würden die verantwortlichen Personen auf einer der beiden Seiten ausgetauscht werden, würde der Vertrieb höchstwahrscheinlich in gleicher(m) oder ähnlicher(m) Form und Umfang weitergehen!*	☐☐☐☐☐☐
	Technische Faktoren:	
/3	*Die Übermittlung von Kontrakten, Dokumenten, Stocklisten und sonstigen Informationen zwischen unseren skandinavischen Abladern und uns geschieht überwiegend in digitaler (Excel, Word, PDF Dateien) und nicht mehr in herkömmlicher Form manuell (z.B. per Fax, Post)!*	☐☐☐☐☐☐

Vielen herzlichen Dank für Ihre Mitarbeit!

Sozialwissenschaftliche Schriften zur Forst- und Holzwirtschaft

Herausgegeben von Udo Mantau

Die Reihe möchte ein Forum für Arbeiten sein, die mit politikwissenschaftlichen, volkswirtschaftlichen, betriebswirtschaftlichen und rechtlichen Methoden Fragestellungen aus den Bereichen Forst- und Holzwirtschaft bearbeiten.
Besondere Bedeutung werden fachübergreifenden Ansätzen zur Entwicklung ganzheitlicher Problemlösungen eingeräumt.
Die Reihe strebt an, den Handlungsrahmen für Entscheider in Forst- und Holzwirtschaft zu erweitern, um damit mehr Möglichkeiten für nachhaltige Entwicklung zu eröffnen bzw. die Entwicklungschancen für forst- und holzwirtschaftliche Betriebe zu erweitern.

Band 1 Berthold Mertens: Absatzwege und Vertragskonzepte für forstliche Umwelt- und Erholungsprodukte. Schlussfolgerungen aus 98 Fallstudien vor dem Hintergrund des Transaktionskostenansatzes. 2000.

Band 2 Borris Welcker: Marketing für Umwelt- und Erholungsprodukte der Forstwirtschaft. Qualitative Analyse und theoriegeleitete Konzeptionen auf Grundlage von 98 europäischen Fallstudien. 2001.

Band 3 Stefanie Kaatz: Vermarktungsmöglichkeiten von zertifiziertem Tropenholz. Fallstudie kommunaler Forstbetriebe in Mexiko. 2004.

Band 4 Frank Goecke / Udo Mantau / Christian Sörgel: Der europäische Markt für Holzwerkstoffe. 2004.

Band 5 Hubert Speth: Der Erklärungswert der Transaktionskostentheorie für den Handel mit nordischem Nadelschnittholz. 2005.

www.peterlang.de

FSC
www.fsc.org
MIX
Papier | Fördert gute Waldnutzung
FSC® C083411

Kolibri 360 GmbH
Ferdinand-Jühlke-Straße 7
99095 Erfurt, Deutschland
produktsicherheit@kolibri360.de

Druck:
CPI Druckdienstleistungen GmbH
im Auftrag der
Kolibri 360 GmbH
Ferdinand-Jühlke-Str. 7
99095 Erfurt